"十二五"江苏省高等学校重点教材(编号 2014-1-083)
中国气象局　南京信息工程大学共建项目资助精品教材

大气探测学

（第二版）

主　编：王振会
副主编：黄兴友　马舒庆

气象出版社
China Meteorological Press

内 容 简 介

本教材是在2011年第一版基础上修订而成的。以介绍大气探测(含常规地面气象观测、常规高空气象探测、雷达卫星遥感探测、气象观测新技术、专业气象探测、数据传输与质量控制等内容)的基本概念和技术为主,偏重于宏观、定性、介绍性,多用图示图解,浅显易懂。本教材对其他课程或教材的依赖性较小,主要用于非大气科学类专业本科生的大气探测学通修课,也可作为大气科学类专业本科生、相关专业本科生和研究生以及工程技术人员的参考书。

图书在版编目(CIP)数据

大气探测学 / 王振会主编. ——2版. ——北京:气象出版社,2016.6(2020.4重印)
ISBN 978-7-5029-6350-7

Ⅰ. ①大… Ⅱ. ①王… Ⅲ. ①大气探测 Ⅳ. ①P41

中国版本图书馆 CIP 数据核字(2016)第 109632 号

Daqi Tancexue

大气探测学(第二版)

出版发行:气象出版社	
地　　址:北京市海淀区中关村南大街46号	邮政编码:100081
电　　话:010-68407112(总编室)　010-68408042(发行部)	
网　　址:http://www.qxcbs.com	E-mail:qxcbs@cma.gov.cn
责任编辑:王萃萃	终　　审:邵俊年
责任校对:王丽梅	责任技编:赵相宁
封面设计:燕　彤	
印　　刷:北京建宏印刷有限公司	
开　　本:720 mm×960 mm　1/16	印　　张:23.25
字　　数:472千字	彩　　插:4
版　　次:2016年6月第2版	印　　次:2020年4月第3次印刷
定　　价:68.00元	

本书如存在文字不清、漏印以及缺页、倒页、脱页等,请与本社发行部联系调换

目 录

0　绪论 …………………………………………………………………… (1)
　0.1　大气的基础状态 ………………………………………………… (1)
　0.2　大气探测的任务和发展特点 …………………………………… (8)
　0.3　我国的综合气象观测系统 ……………………………………… (11)
　0.4　大气探测原理及仪器特性 ……………………………………… (13)
　0.5　本教材使用须知 ………………………………………………… (16)
　习题 …………………………………………………………………… (17)

第 1 章　云的观测 ……………………………………………………… (18)
　1.1　云的分类与识别特征 …………………………………………… (18)
　1.2　云状的相互演变 ………………………………………………… (27)
　1.3　云量的观测 ……………………………………………………… (28)
　1.4　云高的观测 ……………………………………………………… (30)
　习题 …………………………………………………………………… (32)

第 2 章　能见度的观测 ………………………………………………… (33)
　2.1　气象能见度与气象光学视程 …………………………………… (33)
　2.2　气象能见度目测法 ……………………………………………… (35)
　2.3　能见度器测原理 ………………………………………………… (36)
　2.4　能见度仪的种类和应用 ………………………………………… (37)
　习题 …………………………………………………………………… (45)

第 3 章　天气现象的观测 ……………………………………………… (46)
　3.1　天气现象的特征 ………………………………………………… (46)
　3.2　天气现象人工观测和记录 ……………………………………… (55)
　3.3　天气现象器测简介 ……………………………………………… (56)
　习题 …………………………………………………………………… (60)

第 4 章　温度的测量 …………………………………………………… (62)
　4.1　温度单位和温标 ………………………………………………… (62)
　4.2　测温元件和仪器 ………………………………………………… (63)

4.3 测温元件的热滞效应 (70)
4.4 气温测量中的防辐射 (73)
习题 (76)

第5章 空气湿度的测量 (78)
5.1 湿度的表示和基本测量方法 (78)
5.2 干湿球温度表测湿 (81)
5.3 露点仪测湿 (83)
5.4 电子测湿元件 (85)
5.5 吸收光谱法湿度计 (86)
习题 (88)

第6章 气压的测量 (89)
6.1 水银气压表的原理及构造 (89)
6.2 水银气压表的安装和观测方法 (94)
6.3 气压及其订正 (95)
6.4 空盒气压表测压 (96)
6.5 空盒气压计测压 (98)
6.6 沸点气压表测压 (100)
6.7 气压测量传感器 (100)
习题 (102)

第7章 地面风的测量 (103)
7.1 风向与风速 (103)
7.2 风向的测量 (105)
7.3 风速的测量 (107)
7.4 测风仪器使用注意事项 (113)
习题 (114)

第8章 降水的测量 (115)
8.1 降水测量方法 (115)
8.2 自记雨量计 (119)
8.3 降雪和积雪的测量 (125)
习题 (130)

第9章 蒸发的测量 (131)
9.1 测量方法与仪器 (132)
9.2 小型蒸发器 (132)
9.3 E601B型蒸发器 (134)

9.4　美国 A 级蒸发器 ……………………………………………… (137)
9.5　俄罗斯 GGI-3000 蒸发器 …………………………………… (138)
习题 …………………………………………………………………… (139)

第 10 章　辐射及日照时数的观测 …………………………………… (140)
10.1　太阳直接辐射的测量 ………………………………………… (143)
10.2　短波总辐射和散射辐射的测量 ……………………………… (147)
10.3　全波辐射、净辐射和长波辐射的测量 ……………………… (150)
10.4　日照时数的测量 ……………………………………………… (154)
习题 …………………………………………………………………… (156)

第 11 章　地基雷电观测 ……………………………………………… (158)
11.1　低频/甚低频雷电定位技术 …………………………………… (158)
11.2　甚高频雷电定位技术 ………………………………………… (162)
11.3　雷电电磁场测量系统 ………………………………………… (167)
习题 …………………………………………………………………… (172)

第 12 章　自动气象站 ………………………………………………… (173)
12.1　自动气象站组成 ……………………………………………… (173)
12.2　自动气象站工作原理 ………………………………………… (175)
12.3　自动气象站主要功能 ………………………………………… (176)
12.4　自动气象站基本技术指标 …………………………………… (177)
12.5　自动气象站网 ………………………………………………… (179)
12.6　自动气象站应用和实例 ……………………………………… (180)
习题 …………………………………………………………………… (185)

第 13 章　高空探测 …………………………………………………… (187)
13.1　气球测风 ……………………………………………………… (187)
13.2　经纬仪测高空风 ……………………………………………… (190)
13.3　无线电探空 …………………………………………………… (192)
13.4　GTXⅡ系留气球低空探测系统 ……………………………… (194)
习题 …………………………………………………………………… (194)

第 14 章　飞机气象探测 ……………………………………………… (196)
14.1　飞机气象探测项目与仪器 …………………………………… (196)
14.2　有人驾驶飞机气象探测 ……………………………………… (201)
14.3　无人驾驶飞机气象探测 ……………………………………… (203)
14.4　飞机探测台风 ………………………………………………… (206)
习题 …………………………………………………………………… (210)

第15章 天气雷达探测 ································ (211)
- 15.1 天气雷达的工作原理、组成及技术指标 ············· (212)
- 15.2 天气雷达资料的分析应用 ·························· (228)
- 习题 ·· (238)

第16章 激光雷达探测 ································ (239)
- 16.1 激光雷达的结构与工作原理 ······················· (239)
- 16.2 激光雷达的应用 ···································· (241)
- 习题 ·· (252)

第17章 风廓线雷达 ···································· (254)
- 17.1 风廓线雷达的分类 ·································· (254)
- 17.2 风廓线雷达探测原理 ······························· (255)
- 17.3 相控阵风廓线雷达 ·································· (259)
- 17.4 风廓线雷达的应用 ·································· (261)
- 习题 ·· (267)

第18章 微波辐射计 ···································· (268)
- 18.1 微波辐射基本概念及测量原理 ····················· (268)
- 18.2 微波辐射计简介 ····································· (273)
- 18.3 微波辐射计的应用 ·································· (276)
- 习题 ·· (283)

第19章 卫星观测 ······································· (285)
- 19.1 卫星遥感的基本概念 ······························· (286)
- 19.2 气象卫星的轨道 ····································· (290)
- 19.3 星载辐射计及其观测 ······························· (294)
- 19.4 星载雷达及其观测 ·································· (298)
- 19.5 卫星资料的应用 ····································· (298)
- 19.6 国际新一代对地观测系统简介 ····················· (309)
- 习题 ·· (312)

第20章 GNSS气象探测 ······························· (313)
- 20.1 导航卫星系统原理 ·································· (314)
- 20.2 地基GNSS/MET ··································· (316)
- 20.3 天基GPS/MET（掩星观测） ······················ (318)
- 习题 ·· (322)

第21章 专业气象观测 ································ (323)
- 21.1 近地面通量观测 ····································· (323)

  21.2 生态气象观测 …………………………………………………………（327）
  21.3 海洋观测 ……………………………………………………………（333）
  21.4 冰雪、冰川、冻土观测 ………………………………………………（335）
  习题 ……………………………………………………………………………（338）
第 22 章 数据传输和质量控制 ………………………………………………（339）
  22.1 数据传输 ……………………………………………………………（339）
  22.2 质量控制 ……………………………………………………………（344）
  22.3 观测规范信息 ………………………………………………………（349）
  习题 ……………………………………………………………………………（349）
参考文献 …………………………………………………………………………（351）
附录 ………………………………………………………………………………（361）
  附录 A 气象观测工作中通常使用的单位 …………………………（361）
  附录 B 气象业务对仪器准确度等性能的要求 ……………………（361）
  附录 C 全球资料处理系统对三维场和地面场观测资料的要求 …………（363）

0 绪 论

我们生活在地球大气中。大气对我们非常重要——在没有食物的情况下也许我们能活几星期,没有水时我们能活几天,而没有了空气我们活不了几分钟(Ahrens,2001)。我们希望了解大气——大气的物理状态、化学成分、时空变化,等等。本绪论将简要回顾有关地球大气的基本状态和一些概念,为进一步阅读后面有关章节、学习本课程奠定基础。

0.1 大气的基础状态

0.1.1 大气成分

地球周围的大气是由多种气体组成的混合气体(Wallace 和 Hobbs,2006)。表 0.1 给出所占体积百分比较大的 12 种成分。

表 0.1 大气中各气体所占体积比例

大气成分(英文名称)	分子式	分子量	体积浓度
氮气(Nitrogen)	N_2	28.013	78.08%
氧气(Oxygen)	O_2	32.000	20.95%
氩气(Argon)	Ar	39.95	0.93%
水汽(Water vapor)	H_2O	18.02	0~5%
二氧化碳(Carbon dioxide)	CO_2	44.010	380 ppm
氖气(Neon)	Ne	20.18	18 ppm
氦气(Helium)	He	4.00	5 ppm
甲烷(Methane)	CH_4	16.042	1.75 ppm
氪气(Krypton)	Kr	83.80	1 ppm
氢气(Hydrogen)	H_2	2.02	0.5 ppm
一氧化二氮(Nitrous oxide)	N_2O	44.012	0.3 ppm
臭氧(Ozone)	O_3	48.00	0~0.1 ppm

注:ppm 表示百万分之一。

氮气(N_2)和氧气(O_2)是地球大气的主要成分,且含量比较恒定。动植物的呼吸、物质的燃烧、动植物的腐烂、钢铁的锈蚀都需要耗用大量的氧气,但是绿色植物在日光下进行光合作用,放出氧气的总量比它呼吸时需要氧的量多 20 倍左右。植物生长需要的氮元素靠闪电、豆科植物的根瘤菌和人工技术等来取自空气中的氮气,而一类叫反硝化细菌的微生物分解植物、将氮气返回大气。就这样,氮和氧在自然界中循环,使得大气中氮、氧含量几乎保持恒定。

大气成分中水汽的含量变化很大。在最冷地区,大气中的水汽仅占 10 ppmv,而在湿热的空气团中水汽可占总体积的 5%,这一变化范围可相差超过三个量级以上。由于水汽在全球能量循环、水循环以及生态平衡等过程中的重要作用,气象上对水汽含量的观(探)测一直都很重要。

大气中臭氧浓度变化也很大。大气中臭氧集中的高度层,称为大气臭氧层,一般指高度在 10~50 km 的大气层,也有指大约 20~30 km 的臭氧浓度最大的大气层。即使在臭氧层内浓度最大处,所含臭氧对空气的体积比也不过仅为百万分之几,在"标准状态(气压 1013.25 hPa、温度 273 K)"下,臭氧的总累积厚度为 0.15~0.45 cm,平均约 0.30 cm。其含量虽少,却能将大部分太阳紫外辐射吸收,使地球上的人类和其他生物免受强烈的太阳紫外辐射伤害。臭氧吸收太阳紫外辐射而引起的加热作用,则影响大气的温度结构和环流。据估计,大气臭氧层中臭氧的减少,最终将造成平流层变冷和地面变暖。空气中低浓度的臭氧可起到消毒作用,但超标的臭氧则是个无形杀手。若大气中的臭氧浓度大于 10 ppm,将威胁人类健康。臭氧强烈刺激人的呼吸道,引发支气管炎、肺气肿;臭氧会造成人的神经中毒,头晕头痛、视力下降、记忆力衰退;臭氧会对人体皮肤中的维生素 E 起到破坏作用,致使人的皮肤起皱、出现黑斑,甚至还会破坏人体的免疫机能,诱发淋巴细胞染色体病变,加速衰老,致使孕妇生畸形儿等。所以,对臭氧的观(探)测也非常重要。

大气中的惰性气体中百分比浓度最大的是氩(Ar),为 0.93%。其他如氖(Ne)、氦(He)、氪(Kr)等,含量都很少,故称为稀有气体。

大气中还有一些痕量气体分子元素,主要包含碳分子、氮分子和硫原子,这些都是最初形成生命有机体细胞的元素。这些气体通过植物和化石燃料的燃烧、植物的排放以及动植物的腐化而进入大气。由于大气中氢氧基(OH)的作用,这些化学物质又通过氧化作用从大气中排出。有些氮和硫的化合物结合成新的微粒并溶入雨滴,从而形成酸雨降到地面。

大气中还有气溶胶和云滴,它们仅占大气总质量的很小一部分,但在大气中却很重要:参与调节全球水循环过程中大气的水汽含量,参与并作为媒介发生一些重要的大气化学反应,引起大气中的正、负电荷分离,产生多种大气光学现象,等等。

0.1.2 光学和辐射特性

地球大气对来自于太阳的辐射(能量主要集中在可见光波段)基本是透明的,但对由地球表面发射的向外辐射(能量主要集中在红外波段)却是相当不透明的。这在地球系统能量平衡过程中起到非常重要的作用(见图0.1)。

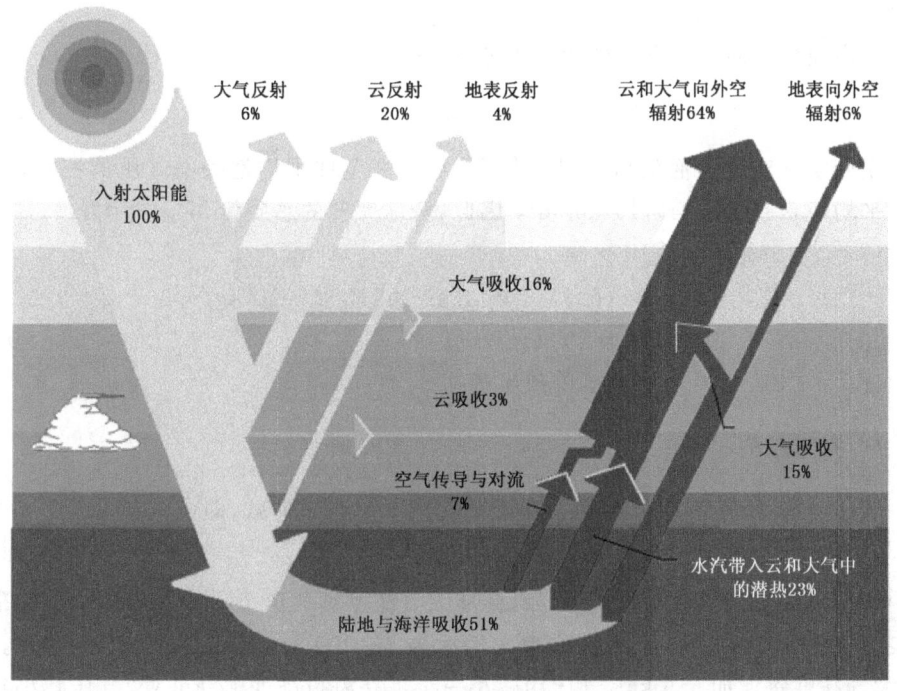

图 0.1 大气在地球系统能量平衡中的作用

大气对向外辐射的阻挡作用,使得地球表面的温度比没有大气时要高许多。大气的这种阻挡作用称为温室效应。有这种阻挡作用的大气成分称为温室气体,主要指表 0.1 中的水汽、二氧化碳、甲烷等。各种空气分子以及云和气溶胶既吸收向外辐射,同时也发射相同波长的辐射。

大气中的空气分子和云滴可以向外空反射太阳辐射,对穿过它的太阳辐射进行散射、折射、反射与衍射,从而产生一系列的大气光学效应,如蓝天、白云、虹、晕等。由于大气层中空气分子、云和气溶胶的存在,大约 26% 的入射太阳辐射被向外空散射而不被吸收。云层和气溶胶对太阳辐射的向外散射作用,对温室效应有抵消作用。关于温室气体以及云和气溶胶在全球气候变化中所起的作用,一直受人们关注。因此,大气探测也包含对温室气体的含量以及云和气溶胶的浓度、粒子大小、形状、成分的观测,以及对来自不同方向、处于不同波段的辐射强度的观测(即辐射观测)。

0.1.3 大气密度与大气质量

大气中任何高度处,单位体积空气的质量称为大气密度 ρ。海平面高度处的大气密度 ρ_0 近似等于 1.25 kg/m^3。一般情况下,大气密度 ρ 随高度增加而减小(如图 0.2)。

地表面单位面积上空气柱的总质量 m 为

$$m = \int_0^\infty \rho \text{d}z \qquad (0.1)$$

m 决定着空气对地表面的压强(即"气压"),根据全球平均地表面气压的测量,m 的全球平均值 $\overline{m}$ 为 $1.004 \times 10^4 \text{ kg/m}^2$,因此,全球大气的总质量 M_{atm} 估计为:

$$\begin{aligned} M_{\text{atm}} &= 4\pi R_E^2 \times \overline{m} \\ &= 4\pi \times (6.37 \times 10^6)^2 \text{m}^2 \times 1.004 \times 10^4 \text{kg/m}^2 \\ &= 5.12 \times 10^{18} \text{kg} \end{aligned} \qquad (0.2)$$

其中,$R_E = 6.37 \times 10^6 \text{ m}$ 为地球等效半径。

0.1.4 垂直结构

气压 p 和大气密度一样,也几乎随着高度 z 呈指数递减,即:

$$p \approx p_0 \text{e}^{\frac{-z}{H}} \qquad (0.3)$$

式中,p_0 为某一参考平面的气压(如,标准大气海平面气压 $p_0 = 1013 \text{ hPa}$,全球平均地表面气压为 985 hPa)。H 被称为大气标高,在 100 km 高度以下,$H \approx 8 \text{ km}$。由此,大气高度每增加 5.5 km,气压约减小一半。在海拔高度 17 km 处,气压减小到海平面气压的十分之一,如图 0.2 所示。

一般情况下,在大气层低层,大气中氮(N_2)、氧(O_2)、氩(Ar)、二氧化碳(CO_2)等气体分子在各高度上比例均衡(即均质层),基本不随高度变化[①]。但随着高度增高,分子间碰撞的平均距离(即分子自由程)增加,在大约 105 km 高度以上,分子自由程超过 1 m(如图 0.2 中点划线所示),此时,单个的分子都能充分自由地运动,就像只有它自己存在,而不受别的分子的制约。在这种情况下,较重气体(分子量较大)的浓度比例随高度迅速减少,各气体的标高与其分子量成反比。因此,大气层上层主要是分子量较小的气体,称之为非均质层。

大气最外层的气体主要由分子量最小的元素组成(氢原子、氢气和氦气)。当太

[①] 水汽和臭氧则不是这样。水汽一般集中在最低的几千米大气中,因为当空气被抬升后,上层的水汽将凝结降落下来。臭氧在大气中存留的时间较短,也难以使其在大气中充分地均匀混合。

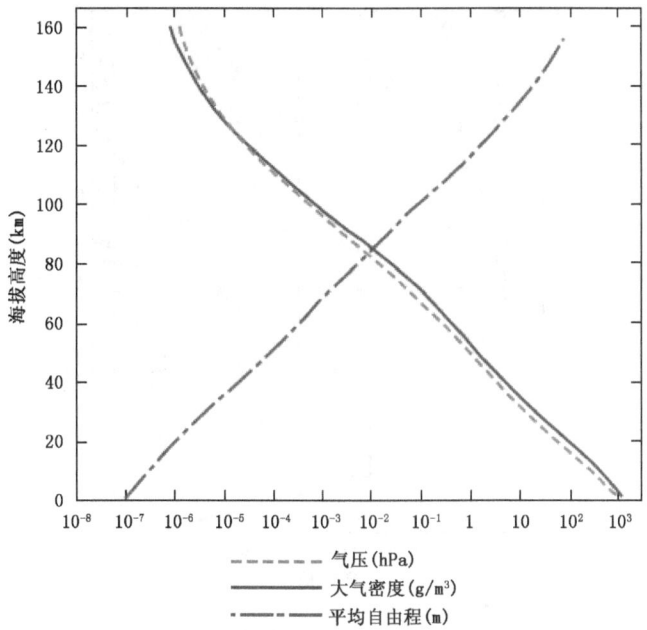

图 0.2 美国标准大气各变量的垂直廓线(Wallace 和 Hobbs,2006)

阳变得活跃时,距离地表 500 km 以外的一部分氢原子可获得很大的速度,足以从分子间碰撞的间隙中逃离地球引力场。在地球生命期中,氢原子的逃逸对地球系统的化学组成有重要的影响。

图 0.3 给出了有代表性的地球大气温度的垂直分布。按照温度结构,大气从下到上依次分为 4 层,即对流层、平流层、中间层和热层,各层的上边界限分别称为对流层顶、平流层顶、中间层顶和热层层顶。

对流层大气温度随高度递减,其平均递减率大约为 6.5℃/km。对流层内下暖上冷,因此利于气体上升运动、垂直混合强烈均匀。对流层大气占大气总质量的 80%。云滴和冰晶因吸附浮尘,可对该层大气起到净化作用,其中一些以雨或雪的形态降到地面。在对流层中,会有一些薄气层,其温度随高度增加(上暖下冷),称此为逆温层。逆温层中,几乎没有气体的垂直混合。对流层顶温度很低,这一"冷区",限制对流层内的水汽向上输送。

在平流层中,温度随高度增加(可以看成是深厚的逆温层),大气垂直混合非常有限。强雷暴或火山爆发而生成的云层,其云顶增长会因为对流层顶和平流层的抑制而形成砧状云。但火山爆发和人类活动所产生的浮尘一旦进入平流层,在平流层中停留的时间就会相当长。例如,20 世纪五六十年代氢弹试验产生的放射性物质在平

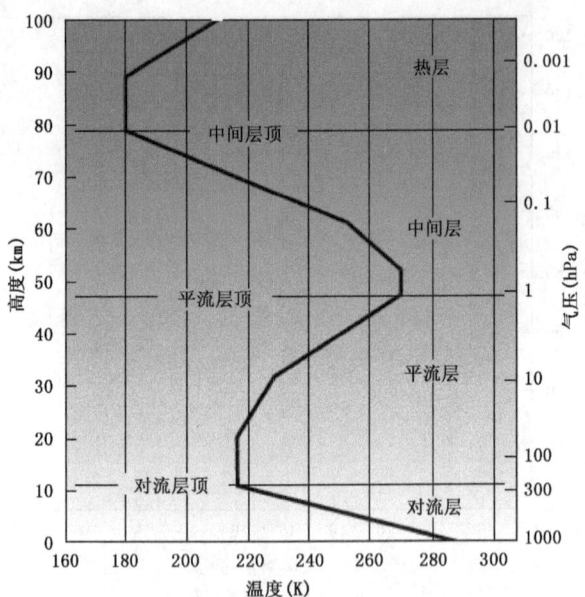

图 0.3　美国中纬地区标准大气温度廓线(Wallace 和 Hobbs,2006)

流层滞留了两年之久。

平流层中大气非常干燥,臭氧含量丰富。平流层中的臭氧层对太阳紫外线辐射的吸收作用,使得地球适合人类居住。臭氧分子吸收紫外线辐射,使得在约 50 km 高度处气温达到最高,该处称为平流层顶。

平流层以上为中间层。在该层气温随高度递减,到中间层顶达到最低。再向上就是热层。由于对太阳辐射的吸收、二价氮分子和氧分子的分离以及原子中电子的脱离等,使该层的温度随高度增加。这些过程称为光离解和光化电离。大气热层以外的温度,因太阳紫外线和 X 射线辐射的变化很大而变化很大。

在任一给定的高度,气温还随纬度变化。在对流层中,气温一般是向两极地区逐渐降低,如图 0.4 所示。经向温度梯度在冬半球会大一些,此时极圈内为极夜。热带对流层顶平均高度约为 17 km,温度可低达 −80℃,高纬度对流层顶平均高度为 10 km 左右。

0.1.5　风

风就是指大气的水平运动。通过大气的运动,进行热量和水汽的输送,产生多种天气变化。图 0.5 给出用 QuikSCAT 卫星测量的洋面上 12—2 月平均风场和 6—8 月平均风场以及伴随的全球降水分布。

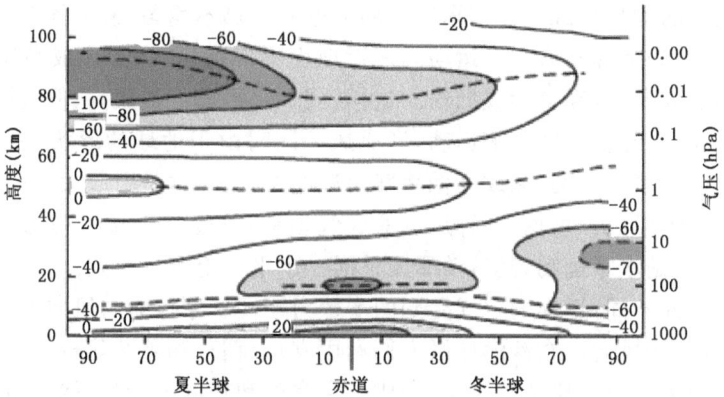

图 0.4 纬向平均温度(℃)的经向剖面图。等值线间距为 20℃;浅阴影代表较暖区,深阴影代表较冷区。虚线标注出了对流层顶、平流层顶和中间层顶的位置(Wallace 和 Hobbs,2006)

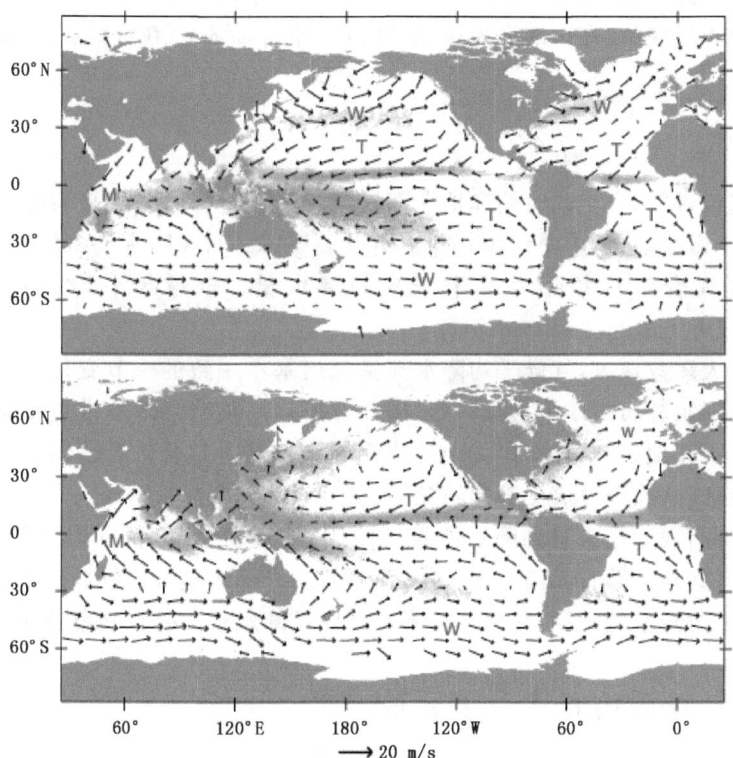

图 0.5 洋面风场分布。上部:12—2月平均,下部:6—8月平均。根据三年的卫星观测资料得到。图中较浅的阴影对应主要的降水带。M 代表季风环流,W 代表西风带,T 代表信风。图的下方注明了风力大小(Wallace 和 Hobbs,2006)

大气运动的能量来源于太阳辐射。局地地表受热不均匀,使空气做垂直运动(空气受热上升、冷却下降),有上升运动则在近地面形成低压、高空形成高压,而下降运动在近地面形成高压,高空形成低压。这样,同一水平面上形成高、低气压中心,产生水平气压梯度、引起空气做水平运动,形成风。同时由于地球的形状,造成各纬度获得的太阳辐射能多少不均,造成高低纬度间温度的差异,这是引起大尺度"三圈环流"大气运动的根本原因。可见,各种尺度的大气运动,首先是垂直运动,其运动原因是受热不均,其次是水平运动,其运动原因是同一水平面上有气压差。

下垫面条件不同,运动的空气受到的摩擦力不同。摩擦力与风向方向相反,它既减小风速,也影响风向。在沙漠地区人们利用麦草、稻草和芦苇等材料,在公路、铁路沿线流动沙丘上扎设方格状挡风墙,形成一定宽度和长度的沙障,就是为了增加地表面粗糙度而增大摩擦力,达到减小风速的目的。树林、建筑等都会改变风的速度和方向特征。山坡对气流有导向作用。当水平运动的气流爬上山坡时,气流拥有了上升运动分量,有可能引起空气中的水汽抬升凝结而产生云甚至降水。过山的爬流和绕流使降水分布呈块状,在山的迎风坡,空气抬升降水加强,而在背风坡空气下沉,降水被抑制。

0.1.6 降水

全球来说,降水发生的时间和地点都较集中,在不同地区,年平均降水量差别显著,可达两个量级以上,干旱地区每年只有几百毫米,而在降水最多的地区,例如在ITCZ(热带辐合带),每年有几千毫米的降水量。全球年平均降水量大约为1000 mm,或者说大约2.75 mm/d。

在世界大多数地方,气候平均降水都呈现出基本一致的季节变化。全球1月份和7月份的降水分布气候平均,如(彩)图0.6所示。狭窄强降水带主要分布在热带大西洋和太平洋地区,与洋面风场中的热带辐合带基本重合。热带辐合带两侧为宽广的干旱地区,从非洲沙漠一直向西延伸,覆盖大部分副热带海洋。

尽管如此,我们通常感到降水的发生时间、地点、强度等都有很大的不确定性。例如,我国有些地区数日无雨形成大旱,而有时一天降水量可达数百毫米、形成涝灾。因此,要加强对降水的观测,充分了解降水强度及降水量的时空分布特征。

0.2 大气探测的任务和发展特点

如上所述,虽然大气有比较确定的气候统计特征,但各要素(温度、湿度、气压、风向、风速、降水、辐射等)总会有时间和地点的差异,尤其是中小尺度降水天气,经常伴随着与气候统计特征差异很大的短时狂风骤雨。这就需要我们在熟知大气的气候统

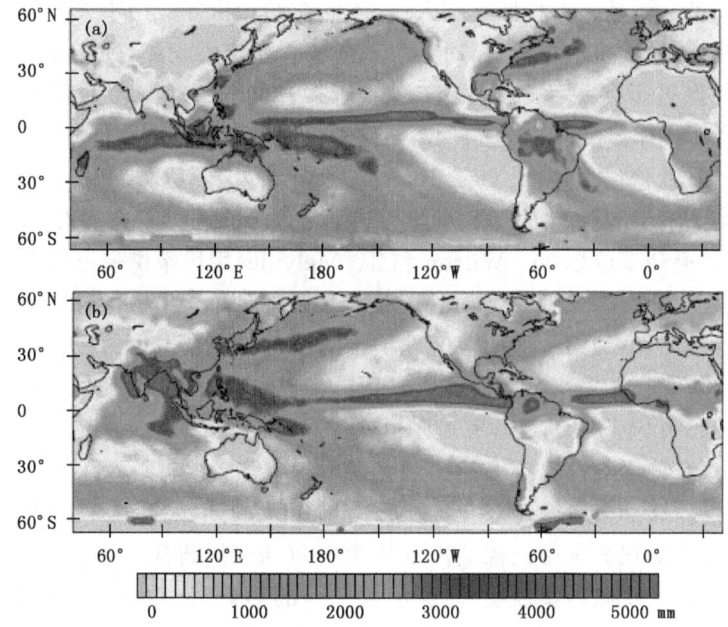

图 0.6 气候平均的降水分布图(a)1月；(b)7月
(Wallace 和 Hobbs,2006)

计特征基础上,进一步了解更加细致的时空变化分布特征。

大气探测,是了解大气的手段。大气探测的目的就是了解大气、监测大气状态并为预报大气状态各种参数的变化提供数据支撑。地球大气探测,主要针对地球大气对表征大气状况的要素(即气象要素)、天气现象及其变化过程进行系统地、连续地观察和测定,并对获得的记录进行整理,了解大气内部的物理、化学特征及其变化。

大气探测通常分为近地面层大气探测和高空大气探测。近地面层大气探测,主要是对地表层和近地层大气状况进行观测和探测,又分别称为地面气象观测和近地层大气探测。地面气象观测是对地球表面一定范围内的气象状况及其变化过程进行系统地、连续地观察和测定,为天气预报、气象情报、气候分析、科学研究和气象服务提供重要的依据。地面气象观测项目包括:气温、湿度、气压、风速、风向,云、能见度和天气现象状况,降水、蒸发、辐射,以及地温、土壤湿度等。近地层大气探测(0～3000 m)的项目包括:大气温度、大气湿度、压力、风速、风向等(标准气象观测站的风速、风向观测高度为 10 m)。通常把～1.5 km 高度以下的大气探测称为边界层大气探测。高空大气探测,主要对 3000 m 以上大气层的大气温度、气压、风速、风向和湿度等状况进行探测。

人类认识自然并与自然和谐相处的重要手段之一,就是气象观测。"早霞不出门,晚霞行千里",就是人类长期观察大气、不断总结知识并应用于天气预测而形成的谚语之一。随着科学技术的发展,对天气现象的一些定性观测,逐渐发展到借助仪器的定量测定,促进了各种大气探测仪器的研发。如,1593 年意大利人伽利略(G. Galileo)发明了气体温度表,其后 1643 年托里拆利(E. Torricelli)发明水银气压表,1659 年瑞士德索修尔(H. B. Desaussure)发明毛发湿度表,1665 年波义耳(R. Boyle)发明酒精温度表,等等。18 世纪中叶,人们开始进行高空探测的尝试。1749 年英国人威尔逊和麦威尔(A. Wilson 和 T. Melville)用风筝携带温度表观测低空温度;1752 年美国富兰克林(B. Franklin)用风筝研究雷暴云中电的性质;1783 年法国人查理(J. A. Charles)第一次用氢气球携带温度和气压自记仪器探测大气各高度上的状况,以后陆续有人采用系留气球、飞机及火箭携带仪器升空,进行所谓的"高空大气探测"。1928 年前苏联气象学家莫尔恰诺夫(P. A. Molchanov)发明无线探空仪,后来芬兰、法国、德国等国家都开始研制无线电探空仪,才实现了大气探测突破 30~40 km 的高空。20 世纪 40 年代中期以后,人们开始利用火箭技术从事更高层的大气探测。气象火箭把大气常规探测高度从 20~30 km 提高到 100 km。

科学研究以及观测事实表明,对流层大气内的物理、化学特征及其变化,与其上大气层的物理、化学特征及其变化,与其下地球表面陆地和海洋的物理、化学特征及其变化,都存在着相互影响。而且,人们的活动范围日益加大,人类活动对大气圈的影响进而大气圈与水圈、冰冻圈、岩石圈、生物圈之间的相互影响越来越受到人们的重视,社会发展、国家安全等对气象事业不断提出更高的保障要求,如,突发气象灾害以及泥石流等相关灾害事件的预警预报、气候和气候变化预测预估、重大气象灾害风险评估、载人航天飞行保障、航空和地面交通、核爆炸和危险品泄漏、城市热岛、海陆风、风能和太阳能利用等工作,都要立足于准确可靠的观测数据。传统的对流层大气探测,逐渐不能满足这些要求。为此,人们提出了综合气象观测系统(中国气象局,2013)和全球综合地球观测系统(GEOSS,Global Earth Observation System of Systems)(GEO,2015)。

综合气象观测系统正在从人工观测(人工目测和人工器测)向自动化遥测、遥感转变,从单一的大气圈观测向整个地球各大圈层及其相互作用的综合观测转变,从地基观测为主向地基、空基、天基相结合的立体观测转变(图 0.7)。综合气象观测系统的发展,与传感器技术、电子技术、信息技术、自动化技术、航天技术等领域的发展相互促进,不断提高气象观测的资料可靠性、连续性、项目多样性、全球覆盖率、时空分辨率和过程自动化。综合气象观测系统的产品,通过综合气象观测数据处理技术,尤其是遥感数据的反演、多种数据的融合和基于数值模式的资料同化,逐渐由简单地列出各种探测数据向带有高科技附加值的产品过渡。

从 16 世纪气象要素定量测量仪器出现,到 19 世纪末开始通过电传将地面气象

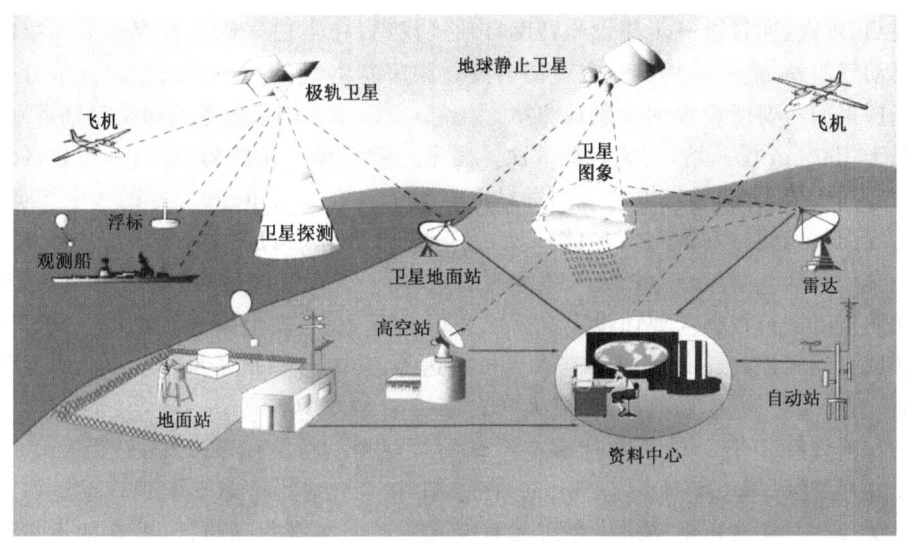

图 0.7 综合气象观测系统

观测资料进行区域汇集,发展成现在由世界各国的地面气象站(包括常规地面气象站、自动气象站和导航测风站)、海上漂浮(固定浮标、漂移浮标)站、船舶站和研究船、无线电探空站、航线飞机观测、火箭探空站、气象卫星及其接收站等组成的世界天气监视网(www. World Weather Watch)。它是几百年尤其是近一百多年来世界技术发展的成果结晶,也是国际合作的成功典范。

0.3 我国的综合气象观测系统

我国的综合气象观测系统(中国气象局,2013),如图 0.7 所示,主要包括以高轨道卫星(地球同步轨道卫星)、低轨道卫星(近极地太阳同步轨道卫星)为观测平台的天基遥感观测系统,以飞机、气球为观测平台的空基观测系统,以及由天气雷达和地面气象站网等组成的地球表面为观测平台的地基观测系统,涵盖了从原始观测信息获取到观测数据产品加工制作的全过程,通过地基、空基、天基观测系统综合集成,全面获取大气以及陆地、海洋、空间等相关领域物理过程、化学过程和生态过程信息,经过分析、加工和处理,形成不同尺度、不同时空分辨率的观测数据和产品。

我国地基气象观测系统包含国家基准气候站、国家基本气象站、国家一般气象站,此外还有无人值守气象站、机动地面气象观测站和承担气象辐射观测任务的站。国家基准气候站是根据国家气候区划以及全球气候观测系统的要求,为获取具有充分代表性的长期、连续气候资料而设置的气候观测站,一般 300~400 km 设一站,每天观测 24 次，通过进一步建设高精度自动气候站，在空白气候区补充建设国家级无人自动气候站，进一步提高时空观测密度。国家基本气象站是根据全国气候分析和天气预报的需要所设置的气象观测站，大多担负区域或国家气象情报交换任务，一般不大于 150 km 设一站，每天观测 8 次。国家一般气象站是按省（区、市）行政区划设置的地面气象观测站，获取的观测资料主要用于本省（区、市）和当地的气象服务，也是国家天气气候站网观测资料的补充，一般 50 km 左右设一站，每天观测 3 次或 4 次。利用自动气象站建立的无人气象观测站，用于天气气候站网的空间加密，观测项目和发报时次可根据需要而设定。目前全国共有 2000 多个国家气象观测站、20000 个区域自动气象站、160 多部多普勒天气雷达等，其中有些站还承担生态与农业气象观测、酸雨观测、沙尘暴监测、区域大气成分观测、雷电观测等。

我国现有基于 L 波段雷达探空系统的常规高空探测站 120 个，站距 200~300 km，每天探测 2 次，探测高度 25~30 km。其中 7 个站为全球气候观测系统探空站（GCOS 站）。未来几年我国将在西部地区及海洋高空资料稀疏区，补充建设自动探空系统，完善高空气象观测站布局。我国已经开发并在一些科学实验和气象保障中使用了无人驾驶探测飞机、气象火箭等。我国将发展基于北斗卫星导航系统并兼容其他卫星导航系统的下一代探空技术，改进高空风和位势高度观测精度。

我国是世界上同时拥有极轨和静止业务气象卫星的少数国家之一。我国的极轨卫星，轨道高度 830~870 km，从 1988 年开始 20 年发射了 FY-1 系列 4 颗极轨卫星，2008 年开始发射 FY-3 系列新一代极轨卫星。1997 年开始到 2015 年我国已经发射 FY-2 系列静止气象卫星 7 颗，研制中的风云四号（简称 FY-4）系列是我国第二代静止气象卫星。我国的卫星地面接收和应用系统负责我国气象卫星的运行、接收、处理和应用，同时兼容接收和利用美国极轨卫星（NOAA 和 EOS 系列）和日本、欧洲静止卫星数据。全国各省（区、市）气象局都可以接收或获取极轨和静止卫星数据和产品，并结合服务开发多种属地化产品。

到 2020 年，我国地面观测、高空观测以及农业、环境、交通、旅游、能源、风能、太阳能等专业气象观测实现自动化，统一观测数据流、设备状态流和运行控制流，实现各类要素自动化采集、信息快速传输和数据质量实时控制，观测准确度全面达到 WMO 业务要求。在综合观测能力上，气象卫星具备雷达主动观测和温室气体观测能力，区域加密观测和全球资料获取时效进一步提高。形成高空观测、商用飞机气象观测（AMDAR）以及地基遥感和气象卫星组成的垂直组网观测能力，观测准确度和时空分辨率达到数值预报要求。完成灾害易发区局地天气雷达布局，自动气象站实现乡镇全覆盖、重点区加密，基本消除气象灾害监测盲区。完成基准气候观测布局，实现气候区全覆盖，形成海—陆—气相互作用的综合观测能力，观测准确度达到全球气候观测系统（GCOS，Global Climate Observing System）技术要求（张人禾，徐祥德，2008）。

0.4 大气探测原理及仪器特性

本教材以介绍"大气探测"为主。

大气探测学是大气科学的重要分支,是大气科学的基础。大气探测学使基础理论与现代科学技术相结合,形成多学科交叉融合的独立学科,处于大气科学发展的前沿(邱金桓,陈洪滨,2005;张文煜,袁九毅,2007)。大气探测项目很多,因此仪器种类很多,原理各异。目前的常规定时观测项目如表0.2和表0.3所示(中国气象局,2003)。

表0.2　定时自动观测项目

时间	北京时		地方平均时	
	每小时	20时	每小时	24时
观测项目	气压、气温、湿度、风向、风速、地温及其极值、出现时间 降水总量 蒸发总量	日蒸发量	日照、 辐射时曝辐量 辐射辐照度及出现时间	日照总时数 辐射日曝辐量 辐射日最大辐照度及出现时间

注:地平时即地方平均太阳时。

表0.3　定时人工观测项目

时间	北京时			
	02时、08时、14时、20时	08时	14时	20时
观测项目	云 能见度 天气现象 气压 气温 湿度 风向、风速 0~40 cm地温	降水量 冻土 雪深 雪压	80~320 cm地温 地面状态	降水 蒸发 最高、最低气温 最高、最低地面温度

说明:未使用自动气象站的基准站除02时、08时、14时、20时外,其他正点时次还需观测云、能见度、天气现象、气压、气温、湿度、风向、风速。

大气探测从原理上主要有直接测量和遥感测量(张霭琛,2015)。直接测量,指感应元件与大气等被测对象直接接触,根据元件性质的变化,得到描述大气等被测对象状况的气象参数。如,探空仪上的热敏电阻利用其阻值随温度改变来测温;双金属片温度计测温,基于金属热胀冷缩的原理。直接测量包括现场测量和遥测两种方式。现场测量一般指可以从直接测量的仪器上读数,如玻璃棒温度表测地温。遥测是利用传感技术获得远距离处气象要素的直接测量信号、利用通信和数据处理技术将该信号传输到数据处理中心来实现远距离测量的一门综合性技术。遥测常按信号传输方式来进行分类。如有线遥测和无线遥测。电接风向风速计属于有线遥测,无线电探空仪属于无线遥测。

在遥感测量中,根据波(含电磁波、声波)在传播过程中波的反射、散射、折射、透射特征,反演出大气等被测对象的状态及其变化。遥感测量可以分为主动遥感和被动遥感两种方式。天气雷达、云雷达、激光雷达等是主动遥感探测的主要设备。地基微波辐射计、星载 VISSR(可见光红外自旋扫描辐射计)、AMSU(高级微波探测器)、AIRS(大气红外探测器)等都是典型的被动遥感探测仪器。遥感测量一般比直接测量复杂,故遥感测量数据一般分为 4 级,"0 级"数据指观测仪器输出的电信号(一般是电压值),"1 级"数据指由 0 级数据产生的物理量(如辐射强度、波的相移、偏振等),"2 级"数据指由 1 级数据产生的气象参数(如温度、湿度、冰晶含量等),"3 级"数据指由 2 级数据经时间、空间统计而产生的气候参数。

由于近地面层的气象要素存在着空间分布的不均匀性和时间变化上的脉动性,大气探测所获得的资料,通常从准确性、代表性、可比较性三方面来要求(林晔等,1993;孙学金等,2010)。准确性反映测量值与真实状况的差别,我们希望准确性要适当的高(即误差要小到满足使用目的的要求)。代表性是指所测得的某一要素值,在所规定的精度范围内,不仅能够反映观测站该要素的局地情况,而且能够代表观测站周围一定范围内该要素的平均情况。代表性分空间代表性和时间代表性,指观测资料所能代表的空间范围和时间间隔。我们对观测资料的代表性需求,与分析和应用的各种现象的时间和空间尺度两者均有关。WMO 对气象现象的水平尺度分四类:(1)小尺度(小于 100 km),例如雷暴、局地风、龙卷;(2)中尺度(100~1000 km),例如锋面,云团;(3)大尺度(1000~5000 km)例如低压、反气旋;(4)行星尺度(大于 5000 km),例如高空对流层长波。我们有时需要资料具有较高的时空分辨率,有时需要某个区域、某段时间内的平均值。可比较性指不同测站和不同时间的测量值能进行比较。不同测站同一时间测得同一气象要素值,要能够进行相互比较,并显示出要素的地区分布特征;另外,同一测站不同时间的同一大气要素,也能够进行比较,以说明该要素随时间的变化特点。这要求测量仪器、测量环境等要有很好的一致性。为了提高大气探测资料的代表性和可比较性,不仅要重视仪器本身性能的选择,还要对观测场地和仪器架设条件作统一要求,尽量减小仪器周围环境对测量的影响。例如,观测场一般是 25 m×25 m 的平整场地,场内保持均匀草坪,草高不超过 20 cm,不准种植作物;观测场四周设 1.2 m 高的稀疏围栏,内设 0.3~0.5 m 宽小路;观测场外四周要空旷平坦。图 0.8 是位于南京信息工程大学校园内的中国气象局大气探测基地观测场一角。

图 0.8　中国气象局大气探测基地(南京信息工程大学)观测场一角

描述仪器性能的技术参数有很多。基于不同工作原理的仪器,可能有不同重要性的性能参数。通常主要性能有分辨力、精确度、稳定性等。分辨力指仪器测量时能给出的被测量值的最小间隔。精确度包括仪器的精密度和准确度。精密度指若干独立测量值彼此之间的符合程度,反映仪器本身随机误差的大小。准确度是观测值与实际值(真值)接近的程度,可以通过仪器误差值表示,分为系统性误差和随机性误差。稳定性指仪器性能(如灵敏度、精确度)随时间的变化率。我们希望仪器有令人满意的稳定性。

大气探测要求仪器有适当的响应特性。这通常指仪器的时间响应特性,也称为仪器的惯性、仪器动态响应速度。被测量值阶跃变化后,仪器测量值都需要一定的时间才能达到最终稳定值的不同百分比。其中达到最终稳定值的 63.2% 所需的时间称为仪器的时间常数。仪器的惯性具有两重性,一般要求惯性的大小由观测任务所决定。如:探空仪的惯性不能太大,否则,在上升过程中就不能准确地反映温、湿、压随高度的变化;大气湍流探测仪器的惯性要很小,不然的话,仪器就会将高频湍涡过滤掉;而惯性太小,则容易受外界干扰,地面气象台站使用的观测仪器就要求具备一定的惯性,使其具备一定的自动平均的能力。

仪器的测量范围,即仪器量程。它应该满足所测要素的自然变化范围。例如,要选用一支温度表测量某一地区常年气温，−20℃和50℃为该地区100年一遇的最低和最高气温，为满足这一要求，则其量程应为"−20℃<t<50℃"。

多年来，气象上使用的自记仪器，多为感应元件的位移由杠杆放大、杠杆带动自记笔在自记纸上移动、自记纸则卷在由钟机驱动的钟筒上。这种自记仪器不仅在轴承处，而且在自记笔和自记纸之间应尽可能地减小摩擦。当然，这类仪器在逐渐被电子仪器淘汰(Harrison，2015)。

大气探测，实际上是在野外自然条件下的物理或化学实验测量。因此要求仪器结构简单，在经常性维护、定期检修、校验和检定工作中操作方便；牢靠耐用，能维持长时间连续运行，保证在规定的检定周期内仪器保持规定的准确度要求。同时，大气探测仪器对自然环境影响要有一定的抵抗能力。例如，自动站仪器外壳和支架应防自然环境腐蚀，气温测量仪器应防太阳照射，等等。用于寒冷气候区的仪器，必须特别注意确保它们的性能不受严寒和潮湿的影响，如润滑油冻结。

气象卫星，低轨道和高轨道相配合，作为理想的全球观测平台，所携带仪器的性能将继续注重提高其地面分辨率、光谱分辨率、时间分辨率、辐射能量分辨率、加强其垂直探测能力，并增加新型探测器，这包括基于被动遥感原理的可见光、红外、微波等各波段辐射计和基于主动遥感原理的星载测云雷达、测雨雷达以及测风激光雷达等。

0.5 本教材使用须知

本教材以介绍大气探测的基本概念和技术为主，适当包括与气象综合观测有关的其他内容，主要目的是为非大气科学类专业本科生开设大气探测学通修课用，以便使非大气科学类专业本科生对大气探测的基本概念和技术有一定的了解，提高"主动融入、主动服务"的能力。所以，期望本教材在第一版的基础上经过修订之后更加突出以下主要特色。

(1)全书共22章，前11章按"要素"编排，后11章按"系统"编排。

(2)在内容上本着浅显易懂，以概念为主。偏重于宏观、定性、介绍性。以关系式的物理意义为主。多用图示图解。

(3)内容具有一定的广度和引导性。如，常规地面气象观测、常规高空气象探测、雷达卫星遥感探测、气象观测新技术、专业气象探测等。但内容深度适当，学生课后可进一步阅读每章列出的参考文献。

(4)内容具有一定的独立性，对其他课程或教材的依赖性较小。

本教材编写执笔人为：王振会(绪论)、李艳伟(云观测)、陈钟荣(能见度观测)、杨军和吴迪(天气现象观测，杨军编写了第1版，吴迪完成了本书的修订版)、金莲姬(温度测量)、王成刚(湿度的测量)、胡方超(气压的测量)、曹念文(地面风的测量)、刁一伟(降水测量、蒸发测量)、王巍巍(辐射及日照时数的观测)、张其林(地基雷电观测)、席建辉(自动气象站)、陈爱军(高空探测)、马舒庆(飞机观测)、黄兴友(天气雷达探测)、卜令兵(激光雷达探测)、魏鸣(风廓线雷达探测、微波辐射计探测)、官莉(卫星观测)、王晓英(GNSS气象探测)、鲍艳松(专业性气象探测)、孟昭林(数据传输与质量控制)。本教材由王振会、黄兴友和中国气象局马舒庆研究员统稿,并得到北京大学张霭琛教授和中国气象局李柏研究员的编写指导和内容评审。

本教材所对应的课程学时一般为32~48学时左右。建议留出4~6学时实习,主要安排2~3次观测系统参观与讨论。其余学时用于课堂教学,以讲解和讨论相关概念为主,教材供课下预习或复习阅读。教师可以根据学生的专业方向指定精读或泛读本教材的部分章节。

绪论和每章之后,都列出了一些思考题,谨供师生参考使用。

习题

1. 试讨论大气对地球的保护作用。
2. 地球表面单位面积上空气柱的总质量的平均值是多少?
3. 按照地球大气温度的垂直分布结构(图0.3),大气可分为哪4层?分别处于什么高度?
4. 名词解释:均质层,非均质层,对流层,平流层,逆温层,边界层。
5. 计算验证"如果将地球缩小为篮球,地球周围的大气层就只有一张纸的厚度"。
6. 谈谈风的产生和作用。
7. 小结"大气探测"的含义和进行"大气探测"的重要性。
8. 我国的气象综合观测系统主要包括哪些内容(图0.8)?
9. 如何区分"直接测量"和"遥感测量"?
10. 试讨论仪器的"分辨力、精确度、稳定性"。
11. 请参观中国气象局大气探测基地(南京信息工程大学)观测场(图0.9),并绘制观测场内仪器设施之位置图。
12. 如果你是气象局局长,你会采取哪些措施使大气探测工作保质保量进行?

第 1 章　云的观测

云是悬浮在大气中的小水滴或冰晶微粒或两者混合组成的可见聚合体,底部不接触地面,并有一定厚度。云是水汽在空中的凝结(或凝华)现象,所含云粒的直径一般只有几微米。云滴可因凝聚或碰并而增长变大,并以降水的现象从云中降下。

云的形成和演变是大气中发生的错综复杂的物理过程的具体表现之一。云的外形、数量、分布、移动和变化都标志着当时大气运动的状况,并能作为天气变化的征兆。因此,借助于云的观测,对于间接地了解空中气象要素的变化和大气运动的状况,具有重要的作用。在探测技术如此发达的今天,云的观测仍然是判别天气系统和大气状态的有效方法。云的观测,不仅关系到航空飞行的安全,而且对于天气预报尤其是短期预报具有重要的价值。

云的观测主要包括:判定云状、估计云量、测定云高和选定云码。以前由于技术的限制,对云的观测主要靠目测判断。然而随着时代的发展,技术的进步,现代气象事业的需求,对云的自动化观测早已成了发展的必然趋势。中国气象局规定,2014 年以后,对于云量和云高的目测将被自动化观测所取代。但对于云状的识别比较复杂,目前暂时没有可以取代的仪器,因此还是依靠观测员识别,但已经不再纳入观测的常规业务。

1.1　云的分类与识别特征

云的形状多种多样,变化也比较复杂。根据云的常见云底高度,云被分为高云、中云和低云三族。按照云的外形特征和结构特点,世界气象组织 1956 年公布的国际云图分类体系又将云分为十属、二十九类(见表 1.1)。云状特征如下文所述(谭海涛等,1986;郭恩铭,1989;林晔等,1993;中国气象局,2003,2004)。

1.1.1　低云

低云的云包括积云、积雨云、层积云、层云和雨层云五属。低云由于形成的天气条件不同,外形特征有很大差异。

积云、积雨云产生于不稳定的气层中,常称为对流云。其基本特征是生成时云体垂直向上发展,消散时云体向水平扩展,常为分散孤立大云块。云底通常在 1500 m 以下,由微小水滴构成,对流发展旺盛时,上部有冰晶结构。

层积云、层云、雨层云则产生于稳定的气层中,主要由水滴构成,如云体较厚,其上部可能有冰晶(雪花)。云层低而黑,结构稀松。

(1)积云(Cu)——垂直向上发展的、顶部呈圆弧形或圆弧形重叠凸起,而底部几乎是水平的。云体边界分明。如图 1.1 所示。

积云类别有:

1)淡积云(Cu hum)——扁平,垂直发展不盛、水平宽度大于垂直厚度。在阳光下呈白色,厚的云块中部有淡影,晴天常见。

2)碎积云(Fc)——在淡积云形成之前或积云被风吹散时形成。是破碎的不规则的积云块(片),个体不大,形状多变。

3)浓积云(Cu cong)——浓厚庞大,顶部呈重叠的圆弧形凸起,很像花椰菜;垂直发展旺盛时,个体臃肿、高耸,在阳光下边缘白而明亮。

淡积云(Cu hum)和碎积云(Fc)

浓积云(Cu cong)

图 1.1 积云(Cu)

表 1.1 云状的分类

云族	云属		云类	
	中文名	简写	中文名	简写
低云	积云	Cu	淡积云	Cu hum
			碎积云	Fc
			浓积云	Cu cong
	积雨云	Cb	秃积雨云	Cb calv
			鬃积雨云	Cb cap
	层积云	Sc	透光层积云	Sc tra
			蔽光层积云	Sc op

续表

云族	云属		云类	
	中文名	简写	中文名	简写
低云	层积云	Sc	积云性层积云	Sc cug
			堡状层积云	Sc cast
			荚状层积云	Sc lent
	层云	St	层云	St
			碎层云	Fs
	雨层云	Ns	雨层云	Ns
			碎雨云	Fn
中云	高层云	As	透光高层云	As tra
			蔽光高层云	As op
	高积云	Ac	透光高积云	Ac tra
			蔽光高积云	Ac op
			荚状高积云	Ac lent
			积云性高积云	Ac cug
			絮状高积云	Ac flo
			堡状高积云	Ac cast
高云	卷云	Ci	毛卷云	Ci fil
			密卷云	Ci dens
			伪卷云	Ci not
			钩卷云	Ci unc
	卷层云	Cs	薄幕卷层云	Cs nebu
			毛卷层云	Cs fil
	卷积云	Cc	卷积云	Cc

(2)积雨云(Cb)——当形成浓积云之后,若空气对流运动继续增强,云顶垂直向上发展更加旺盛,达到冻结高度以上,会形成积雨云。云体浓厚庞大,垂直发展极盛,远看很像耸立的高山。云顶由冰晶组成,有白色毛丝般光泽的丝缕结构,常呈铁砧状或马鬃状。云底阴暗混乱,起伏明显,有时呈悬球状结构。云底高度一般约在400～1000 m。如图1.2所示。

积雨云常产生雷暴、阵雨(雪),或有雨(雪)幡下垂。有时产生飑或降冰雹。云底偶有龙卷产生。

积雨云类别有:

1)秃积雨云(Cb calv)——浓积云发展到鬃积雨云的过渡阶段,花椰菜形的轮廓渐渐变得模糊,顶部开始冻结,形成白色毛丝般的冰晶结构。秃积雨云存在的时间一般比较短。

2)鬃积雨云(Cb cap)——积雨云发展的成熟阶段,云顶有明显的白色毛丝般的冰晶结构,多呈马鬃状或砧状。积雨云的云底或云砧下面,有时可见悬球状云。

秃积雨云(Cb calv)　　　　　　　　　鬃积雨云(Cb cap)

图 1.2　积雨云(Cb)

(3)层积云(Sc)——团块、薄片或条形云组成的云群或云层,常成行、成群或波状排列。云块个体都相当大,其视宽度角多数大于 5°(相当于一臂距离处三指的视宽度)。云层有时布满全天、有时分布稀疏,常呈灰色、灰白色,常有若干部分比较阴暗。如图 1.3 所示。

类别有:

1)透光层积云(Sc tra)——云层厚度变化很大,云块之间有明显的缝隙;即使无缝隙,大部分云块边缘也比较明亮。

2)蔽光层积云(Sc op)——阴暗的大条形云轴或团块组成的连续云层,无缝隙,云层底部有明显的起伏。有时不一定布满全天。

3)积云性层积云(Sc cug)——由积云、积雨云因上面有稳定气层而扩展或云顶下塌平衍而成的层积云。多呈灰色条状,顶部常有积云特征。

4)堡状层积云(Sc cast)——垂直发展的积云形云块,并列在一条线上,有一个共同的底边,顶部凸起明显,远处好像城堡。

5)荚状层积云(Sc lent)——中间厚、边缘薄,形似豆荚、梭子状的云条。个体分明,分离散处。

(4)层云(St)——低而均匀的云层,像雾,但不接地,呈灰色或灰白色。如图1.4所示。

碎层云(Fs)——不规则的松散碎片,形状多变,呈灰色或灰白色。

透光层积云(Sc tra)

蔽光层积云(Sc op)

积云性层积云(Sc cug)

堡状层积云(Sc cast)

荚状层积云(Sc lent)

图 1.3　层积云(Sc)

层云(St)

碎层云(Fs)

图 1.4　层云(St)

(5)雨层云(Ns)——厚而均匀的降水云层,完全遮蔽日月,呈暗灰色,布满全天,常有连续性降水。如因降水不及地在云底形成雨(雪)幡时,云底显得混乱,没有明确的界限。如图 1.5 所示。

碎雨云(Fn)——低而破碎的云,灰色或暗灰色。不断滋生,形状多变,移动快。最初是各自孤立分离的,后来逐渐并合。常出现在降水时或降水前后的降水云层之下。

雨层云(Ns)

碎雨云(Fn)

图 1.5　雨层云(Ns)

1.1.2　中云

中云族的云包括高积云和高层云两属。

云底高度一般在 2500 m 至 5000 m 之间，由水滴(包括过冷却水滴)或水滴与冰晶(或雪花)混合构成。云体较稠密。

(1)高层云(As)——带有条纹或纤缕结构的云幕，有时较均匀，颜色灰白或灰色，有时微带蓝色。云层较薄部分，可以看到昏暗不清的日月，看上去好像隔了一层毛玻璃。厚的高层云，则底部比较阴暗，看不到日月。由于云层厚度不一，各部分明暗程度也就不同，但是云底没有显著的起伏。如图 1.6 所示。

透光高层云(As tra)

蔽光高层云(As op)

图 1.6　高层云(As)

类别有：

1)透光高层云(As tra)——较薄而均匀的云层，呈灰白色。透过云层，日月轮廓模糊,好像隔了一层毛玻璃,地面物体没有影子。

2)蔽光高层云(As op)——云层较厚,且厚度变化较大。厚的部分隔着云层看不见日月;薄的部分比较明亮一些,还可以看出纤缕结构。呈灰色,有时微带蓝色。

(2)高积云(Ac)——高积云的云块较小,轮廓分明,常呈扁圆形、瓦块状、鱼鳞片,或是水波状的密集云条。成群、成行、成波状排列。大多数云块的视宽度角在1°~5°。有时可出现在两个或几个高度上。薄的云块呈白色,厚的云块呈暗灰色。在薄的高积云上,常有环绕日月的虹彩,或颜色为外红内蓝的华环。如图1.7所示。

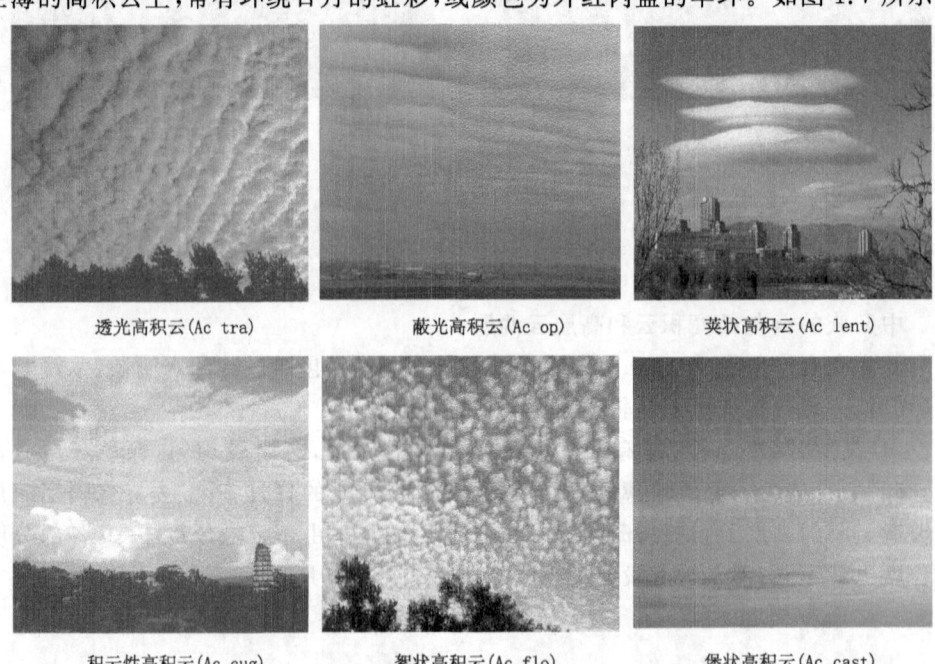

图 1.7　高积云(Ac)

类别有:

1)透光高积云(Ac tra)——云块的颜色从洁白到深灰都有,厚度变化也大.就是同一云层,各部分也可能有些差别。云层中个体明显,一般排列相当规则,但是各部分透明度是不同的。云缝中可见青天,即使没有云缝,云层薄的部分,也比较明亮。

2)蔽光高积云(Ac op)——连续的高积云层,至少大部分云层都没有什么间隙,云块深暗而不规则。因为云层厚,个体密集,几乎完全不透光,但是云底云块个体依然可以分辨得出。

3)荚状高积云(Ac lent)——高积云分散在天空,呈椭圆形或豆荚状,轮廓分明,云块不断地变化着。

4）积云性高积云（Ac cug）——这种高积云由积雨云、浓积云因上面有稳定气层而扩展或云顶下塌平衍而成。在初生成的阶段,类似蔽光高积云。

5）絮状高积云（Ac flo）——类似小块积云的团簇,没有底边,个体破碎如棉絮团,多呈白色。

6）堡状高积云（Ac cast）——垂直发展的积云形的云块,远看并列在一线上,有一共同的水平的底边,顶部凸起明显,好像城堡。云块比堡状层积云小。

1.1.3 高云

高云族的云包括卷云、卷层云和卷积云三属。

高云是由冰晶构成的,云体呈白色,有蚕丝般的光泽,薄而透明。阳光通过高云时,地面物体的影子清楚可见,云底高度一般在 5000 m 以上。

（1）卷云（Ci）——具有丝缕状结构,柔丝般光泽,分离散乱的云。云体通常白色无暗影,呈丝条状、羽毛状、马尾状、钩状、团簇状、片状、砧状等。如图 1.8 所示。

毛卷云(Ci fil)

密卷云(Ci dens)

伪卷云(Ci not)

钩卷云(Ci unc)

图 1.8　卷云（Ci）

卷云类别有：

1)毛卷云(Ci fil)——纤细分散的云,呈丝条、羽毛、马尾状。有时即使聚合成较长并具一定宽度的丝条,但整个丝缕结构和柔丝般的光泽仍十分明显。

2)密卷云(Ci dens)——较厚的、成片的卷云,中部有时有暗影,但边缘部分卷云的特征仍很明显。

3)伪卷云(Ci not)——由鬃积雨云顶部脱离母体而成。云体较大而厚密,有时似砧状。

4)钩卷云(Ci unc)——形状好像逗点符号,云丝向上的一头有小簇或小钩。钩卷云的曳尾常是云体的冰晶下落过程中,因风的切变而产生的。

(2)卷层云(Cs)——白色透明的云幕,日、月透过云幕时轮廓分明,地物有影,常有晕环。有时云的组织薄得几乎看不出来,只使天空呈乳白色;有时丝缕结构隐约可辨,好像乱丝一般。如图1.9所示。

毛卷层云(Cs fil)

薄幕卷层云(Cs nebu)

图1.9 卷层云(Cs)

卷层云类别有：

1)毛卷层云(Cs fil)——白色丝缕结构明显,云体厚薄不很均匀的卷层云。

2)薄幕卷层云(Cs nebu)——均匀的云幕,有时薄得几乎看不见,只因有晕,才证明其存在;云幕较厚时,也看不出什么明显的结构,只是日月轮廓仍清楚可见,有晕,地物有影。

(3)卷积云(Cc)——似鳞片或球状细小云块组成的云片或云层,常排列成行或成群,很像轻风吹过水面所引起的小波纹。白色无暗影,有柔丝般光泽。如图1.10所示。

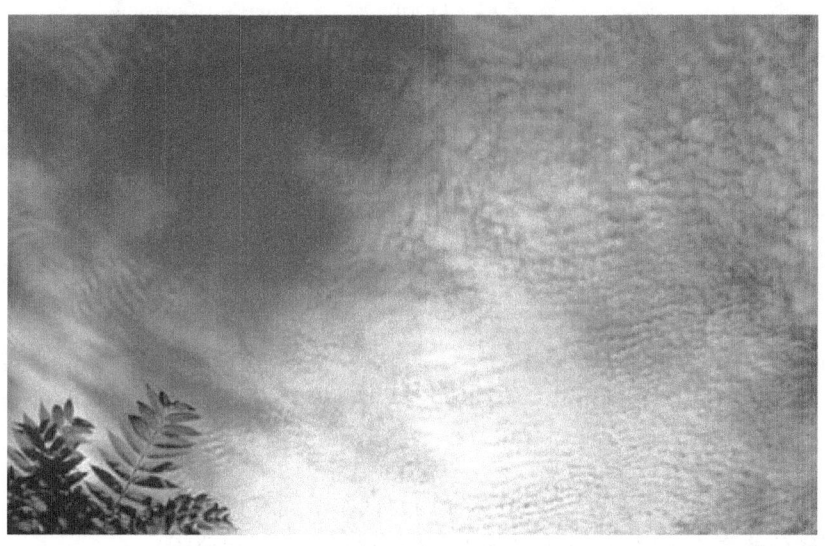

图 1.10　卷积云（Cc）

1.2　云状的相互演变

云和云之间的互相演变是极为频繁的。一种云可能由别种云衍生扩展而成，也可能由别种云转变（增厚、变薄、融合、蒸发）而成。例如积云性云往往是由 Cu 顶部扩展衍生而成；而如 Ci 变成 Cs、St 变成 Sc 则是云本身整体的内部变化。除了衍生和转变以外，当然一种云也常可以消失无踪或在无云的晴空中生成。

云的演变很复杂，根据长期观测的经验，以及对云形成原因的分析研究，云状的演变一般有一些规则，还是可以归纳出一些常见的互相演变模式来。下面以一些图例来说明云和云之间一般可能的演变。

(1) 非对流云一些主要类别的互相演变，如图 1.11 所示。

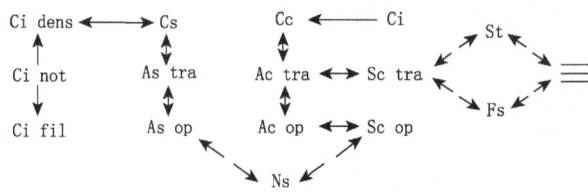

图 1.11　一般云的演变

(2) 对流云的转变和衍变，如图 1.12 所示。

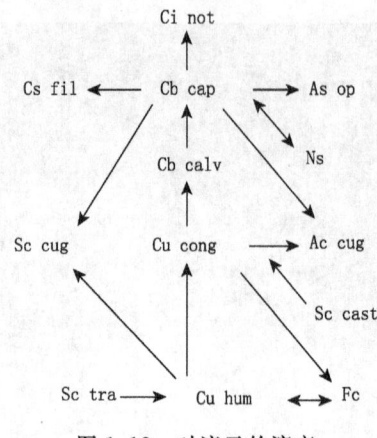

图1.12 对流云的演变

值得注意的是,实际上,云天变化还因地因季节而有许多不同的变化形态。指出一些可能的演变模式,仅仅是为了帮助归纳,有利于识别和分析。

1.3 云量的观测

云量是指云遮蔽天空视野的比例。将天空视为10份,在这10份中为云所掩盖的份数,称为云量。

云量观测包括总云量、低云量。总云量是指观测时天空被所有的云遮蔽的总成数,低云量是指天空被低云族的云所遮蔽的成数。均只计整数,不计小数。总云量记在分子的位置,低云量记在分母的位置。

1.3.1 目测云量

观测云量的地点应尽可能见到全部天空,当天空部分为障碍物(如山、房屋等)所遮蔽时,云量应从未被遮蔽的天空部分中估计;如果一部分天空为降水所遮蔽,这部分天空应作为被产生降水的云所遮蔽来看待。

举例:

(1)总云量的记录

天空无云,总云量记0;天空完全为云所遮蔽,记10;天空完全为云所遮蔽,但只要从云隙中可见青天,则记10^-;云占全天十分之一,总云量记1;云占全天十分之二,总云量记2,其余依次类推。

天空有少许云,其量不到天空的十分之零点五时,总云量记0。

(2)低云量的记录

低云量的记录方法,与总云量同。

目力估计云量的主观误差很大,这种习惯性误差往往因人而异。因此云量的目测已经被现代化仪器观测所取代。

1.3.2 全天空成像仪

近年来逐步发展并完善了全天空成像仪,用来定量观测云量,目前已经成为云量观测的常规仪器。

全天空成像仪(TSI)是一种自动观测、实时处理显示的系统,由向下观测的固态CCD成像仪获取被加热的半球形旋转镜面上形成的天空图像,用这种仪器的影像进行网格求和可以定量计算出云量来,自动保存结果并且可以实时显示界面。可以应用于白天太阳高度角大于 $5°\sim10°$ 的情况。如图 1.13 所示。

TSI 的基本组成包括成像器、自动旋转半球镜面、遮光带(阻止反射光损害成像器光学系统),如图 1.14 所示。

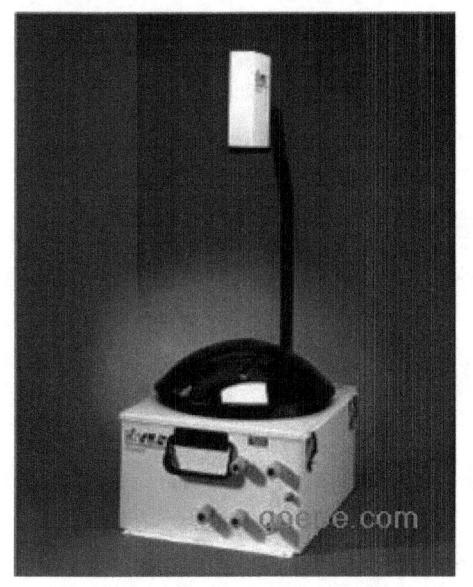

图 1.13 TSI-880 全天空成像仪

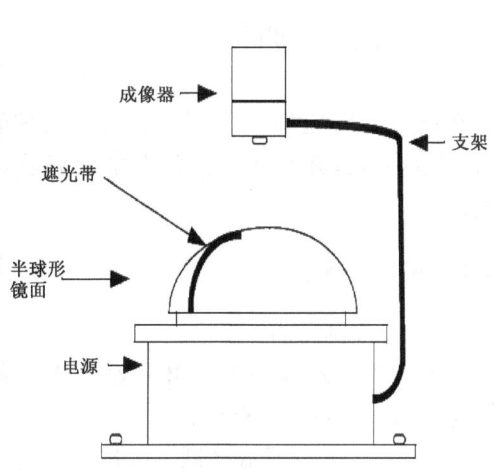

图 1.14 TSI 主体结构

成像器向下捕获半球形镜面的信息,遮光带根据星历信息自动跟踪太阳,阻止阳光损伤 CCD 成像系统。TSI 的以太网端口连接当地 PC 或网络电脑,用户可以控制TSI 成像器和处理系统进行工作,图像处理系统采用复杂的过滤算法,将未经处理的初始图像与蓝天背景区别,处理后的图像可以用 PNG 或 JPEG 格式存储,如图 1.15所示。

云量结果以 ASCII 码的形式存储,这些 ASCII 码信息可以直接以转换为电子数据表形式,也可以转换为图像形式,方便使用。

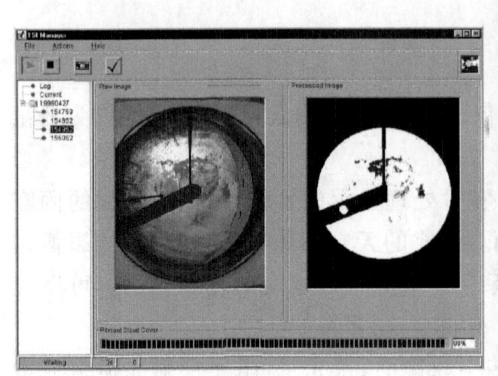

图 1.15　全天空成像仪结果

图 1.16　激光云高仪

1.4　云高的观测

在地面气象观测中云高指云底高度,即云底距测站的垂直距离,以米(m)为单位,记录取整数,并在云高数值前加记云状,云状只记十个云属和 Fc、Fs、Fn 三个云类。

1.4.1　实测云高

(1)云幕球测云高

云幕球测定云高,是用已知升速的氢气球,观测其从施放到进入云底的时间,乘以气球升速(m/min)。求得:

$$云底高度=气球升速×(分钟数+秒数/60) \qquad (1.1)$$

气球入云时间是指气球开始模糊时间,而不是气球消失时间。

(2)激光云高仪测云高

用激光云高仪测量云高,目前是台站观测云高的常规方式,图 1.16 是芬兰 VAISALA 公司的激光云高仪。

仪器由发射望远镜、接收望远镜和电子门组成。当激光通过发射望远镜发射激光的同时由参考脉冲使电子门打开,于是计数电路就对时标脉冲计数。激光脉冲遇到云层被云滴散射,其中后向散射部分被接收望远镜接收后,通过光电转换系统指令使电子门关闭,计数停止。计数电路记下从电子门开放到关闭的时间间隔,即为激光在测云仪和被测目标物之间往返一次所经历的时间。在这段时间内,激光以光速传播的距离是云高的两倍,计算得到云高 $H=CT/2$,其中 C 是光速,T 是激光的往返时间。

1.4.2 估测云高

(1)目测云高:根据云状来估测云高,首先必须正确判定云状,同时可根据云体结构、云块大小、亮度、颜色、移动速度等情况,结合本地常见的云高范围(见表 1.2)进行估测。

根据观测经验,目力估测云高有较大误差。所以有条件的气象站,应经常对比目测云高与实测结果,总结和积累经验,提高目测水平。

表 1.2 各云属常见云底高度范围

云属	常见云底高度范围(m)	说明
积云	600~2000	沿海及潮湿地区,或雨后初晴的潮湿地带,云底较低,有时 600 m 以下;沙漠和干燥地区,有时高达 3000 m 左右
积雨云	600~2000	一般与积云云底相同,有时由于有降水,云底比积云低
层积云	600~2500	当低层水汽充沛时,云底高可在 600m 以下。个别地区有时高达 3500 m 左右
层云	50~800	与低层湿度密切相关。低层湿度大时,云底较低;低层湿度小时,云底较高
雨层云	600~2000	刚由高层云变来的雨层云,云底一般较高
高层云	2500~4500	刚由卷层云变来的高层云,有时可高达 6000 m 左右
高积云	2500~4500	夏季,在我国南方,有时可高达 8000 m 左右
卷云	4500~10000	夏季,在我国南方,有时高达 17000 m;冬季在我国北方和西部高原地区可低至 2000 m 以下
卷层云	4500~8000	冬季在我国北方和西部高原地区,有时可低至 2000 m 以下
卷积云	4500~8000	有时与卷云高度相同

(2)利用已知目标物高度估测云高

当测站附近有山、高的建筑物、塔架等高大目标物时,可以利用这些物体的高度估测云高。首先应了解或测定目标物顶部和其他明显部位的高度,当云底接触目标物或掩蔽其一部分时,可根据已知高度估测云高。

(3)积云、积雨云云高可利用下列经验公式估算:$H \approx 124(t-t_d)$

式中,H 为云高(m),t 为地面气温(℃),t_d 为地面露点温度(℃)。

习题

1. 天空有两层云,下层为层积云 Sc,从云隙中判断上层为卷积云 Cc,布满全天。云量为( )。

   A. $10/10^-$　　　B. $10/10$　　　C. $10^-/10$　　　D. $10^-/10^-$

2. 天上有一种云,是似鳞片或球状细小云块组成的云片或云层,常排列成行或成群。白色无暗影,有柔丝般光泽。则这种云是( )。

   A. Cc　　　B. Ac tra　　　C. Sc tra　　　D. Cs fil

3. 有一种云,云块较小,轮廓分明,常呈扁圆形、瓦块状、鱼鳞片或水波状的密集云条,成群、成行、成波状排列。大多数云的视宽度角在 $1°\sim 5°$。则这种云是( )。

   A. 卷积云　　　B. 层积云　　　C. 高积云　　　D. 高层云

4. 有一种云,云层非常均匀,粗看好像碧空无云,但可见天空有晕,云层布满全天。这种云是( )。

   A. 雾　　　B. 层云　　　C. 高层云　　　D. 卷层云

5. 给出三族十属二十九类云的名称与国际简写。

6. 云观测的主要内容有哪几点?

7. 简述云高的观测方法。

8. 归纳小结:各类云的主要特征。

第 2 章　能见度的观测

"能见",在白天是指能看到和辨认出目标物的轮廓和形体;在夜间是指能清楚看到目标灯的发光点。凡是看不清目标物的轮廓,认不清其形体,或者所见目标灯的发光点模糊,灯光散乱,都不能算"能见"。

能见度(VIS,Visibility)即目标物的人眼可见距离,指具有正常视力的人在当时的天气条件下观测目标物时,能从背景分辨出目标物轮廓的最大距离,是反映大气透明度的一个指标。能见度和当时的天气情况密切相关。当出现降雨、雾、霾、沙尘暴等天气现象时,大气透明度较低,因此能见度较差。

大气能见度的测量,可用目测。但即使在观测者视力正常情况下,每个人感知的能见度不仅与大气光学状态有关,还与各自的视角、状态及所处环境、背景等多种因素有关。为了使能见度能单纯地反映大气的光学状态,气象上经典的能见度定义是:标准视力的眼睛观察水平方向以天空为背景的黑体目标物(视角在 $0.5°\sim5°$)时,能从背景上分辨出目标物轮廓的最大水平距离。

在航空领域,使用"跑道视程"(RVR,Runway Visual Range)的概念。RVR 是指航空器上的飞行员在跑道中线或在最常使用位置,能观察到跑道示踪物(如跑道标记或跑道信号灯如边界灯或中线灯)的最大视觉距离。RVR 值依赖于大气光学状况(即大气消光系数),并与背景亮度、跑道灯光强度等因素有关。而对于高速公路,汽车驾驶员最关心的则是汽车尾灯的"尾光能见度",需要测量的是汽车尾光的发现距离。

能见度是影响交通安全的最主要气象要素。能见度低对轮渡、民航、高速公路等交通运输和电力供应以至于市民的日常生活都会产生许多不利的影响。在经济高度发展的今天,能见度的影响更为明显。近些年来,因能见度过低而造成的重大交通事故屡有发生。随着能见度信息需求的增加,能见度的仪器观测以及仪器研制已为世界许多国家所关注。

2.1　气象能见度与气象光学视程

能见度是一复杂的大气光学现象,它受众多的因素影响,包括目标物的固有亮度和视角大小、背景的固有亮度、大气的物理光学状态、人眼的视觉功能、太阳和月亮等自然光照特征等。

在能见度问题中,视亮度对比是指目标物视亮度和背景视亮度之差与两者中较大的一个值之比。设目标物的视亮度为 I_T,背景的视亮度为 I_B,则视亮度对比(C)可表示为

$$C = \frac{I_B - I_T}{I_B} \tag{2.1}$$

视亮度对比值越大,越有利于人眼从背景中识别出目标物。当目标物是绝对黑色($I_T=0$),而背景明亮、形成鲜明的景象时,则 $C=1$,此时看得最清晰;当目标物与背景亮度相同,$C=0$,则目标物将不被察觉。我们把人眼能将目标物从背景上区别出来的视亮度对比的最小值,称为亮度对比感阈,用 ε 表示。只有当 $C \geqslant ε$ 时,才能看到物体。$C=ε$ 是目标物由能见转变为不能见的条件。

大气对视亮度的影响有两个方面:一方面是大气的吸收作用使固有亮度减小;另一方面是大气对光的散射作用。

为使大气能见度有一个统一的衡量指标,1957 年世界气象组织建议采用一种衡量大气光学状态的光学量度——气象光学视程(MOR, Meteorological Optical Range),定义为:白炽灯发出色温为 2700 K 的平行光柱,通过大气,光亮度减少到其初始的 5% 时的路径长度。

光亮度用光通量表示。对于单色光(波长为 λ)光通量,根据朗伯-布格(Lambert-Bouguer)定律:

$$F = F_0 e^{-\sigma L} \tag{2.2}$$

其中,F 是在大气中经过路径长度 L 后的光通量,F_0 为 $L=0$ 时的光通量,σ 为路径上的平均消光系数。大气消光系数 σ 是能见度的决定因子。在不同地域、不同季节,大气中的气压、温度、湿度等气象要素不同,造成大气透明度不同,能见度就有差异。

根据透过率(透射因子)T 的概念:

$$T = \frac{F}{F_0} \tag{2.3}$$

由式(2.2),透射率(透射因子)为

$$T = e^{-\sigma L} \tag{2.4}$$

由 MOR 的定义,令上式中 $T=0.05$,则 L 就是气象光学视程,可解得:

$$MOR = \frac{1}{\sigma} \ln \frac{1}{0.05} \approx \frac{3}{\sigma} \tag{2.5}$$

由此可见,气象光学视程只与大气消光系数 σ 有关,与白天、黑夜天空光强背景变化无关。

由式(2.4)和式(2.5)还可以得到

$$MOR = L \times \frac{\ln 0.05}{\ln T} \tag{2.6}$$

此关系式表明,由长度为 L 的大气路径上的透过率 T,可以确定气象光学视程。在此情况下,称长度 L 为"基线"。

对于点光源而言,1876 年 Allard 提出点光源亮度与距离平方成反比,即,从强度为 I 的点光源发出的光,在经过距离为 L、消光系数为 σ 的大气路径后,点光源的亮度为:

$$E = \frac{Ie^{-\sigma L}}{L^2} \tag{2.7}$$

用此关系解出 σ 并代入式(2.5)得到

$$MOR = L \times \frac{\ln\frac{1}{0.05}}{\ln\frac{I}{EL^2}} \tag{2.8}$$

假设水平大气的光学状态和照度特性均一,对以白天水平天空为背景的黑色目标物,其视亮度对比(C)可以表示为(Koschmieder 定律)

$$C = \exp(-r\sigma) \tag{2.9}$$

其中,σ 是大气水平消光系数,r 为目标物和观测者之间的距离。气象能见距离,是当 $C=\varepsilon=0.02$ 时的 r 值,以 R 表示。由式(2.9)解得能见度 R 的表达式为

$$R = -\frac{\ln(\varepsilon)}{\sigma} = \frac{3.912}{\sigma} \tag{2.10}$$

式(2.10)即气象能见度的计算公式。显然,式(2.10)定义的气象能见度是在以白天水平天空为背景的黑色目标物的假设下推出的,仅单纯考虑能见度对大气特性的依赖,仅仅与大气消光系数 σ 有关,即与 σ 成反比关系。地面上大气气溶胶污染越严重或雾越浓,大气消光系数就越大,能见度就越低。σ 与波长有关。人眼一般对 550 nm 波长的绿光最敏感,应当选取该波长的消光系数以计算能见度。但在实际的能见度探测中,由于技术上的一些原因,仪器的工作波长 λ 与 550 nm 往往有一定的差别。此情况下,气象能见距离 R 应为

$$R = \frac{3.912}{\sigma}\left(\frac{\lambda}{0.55}\right)^{0.585} \tag{2.11}$$

其中 σ 是波长 λ 处的大气水平消光系数。

比较式(2.5)和式(2.10)可见,气象光学视程 MOR 与气象能见度 R 之比约为 3∶4。

能见度的观测方法有两种:目测法和器测法。

2.2 气象能见度目测法

能见度的目测方法是一种古老而又传统的方法,它是由人眼从背景中分辨目标

物最远距离的观测方法。人眼在观察极限能见距离附近的目标物时,起着决定作用的是亮度差异。实际上,当透过一段大气去观测目标物时,人眼看到的是视亮度对比,即公式(2.1)。

能见度的目测对于人来说是一个复杂的心理和物理过程,它与许多因素紧密相关,其中包括人的视觉条件,因此,能见度的估计受具体人的知觉和反应能力的影响,在能见度的估计上存在一定的主观因素。

能见度目测法在白天采用目标能见距离(即晴空水平能见度),夜间采用灯光能见距离。

(1)白天气象能见度

白天能见度是指视力正常(亮度对比感阈为0.02)的人,在当时气象条件下,能够从天空无云背景中看到和辨认地面黑色目标物(大小适度,常取视场角为0.5°~5°)的最大水平距离,如式(2.6)和式(2.7)。

由于空气分子和气溶胶粒子对光有散射和吸收作用,人眼所感受到的背景与目标物的亮度并不是它们的固有亮度,而是视亮度。人眼至目标物之间的气层对目标物亮度的影响有两方面。一方面,气层对来自目标物的光进行吸收和散射,起到削弱作用;另一方面,气层散射太阳光,起增大目标物视亮度的作用。因此,白天能见度是一个很复杂的大气光学现象。

(2)夜间灯光能见距离和夜间气象能见度

世界气象组织对夜晚气象能见度的规定是可以看到中等强度的灯光的最大距离。根据这种定义,在夜间观测能见度有很多困难,因为它与发光能见目标的选择有很大关系。为此,有些国家应用白天等效能见度来定义并估计夜间能见度,把夜间能见度也规定成这样一个最大距离,即保持大气透明状态不变,在白天能看到标准暗目标的最大距离。

所谓夜间灯光能见度(能见距离),就是视力正常的观察者在逐渐远离灯光的过程中,观察它刚好消失时离灯光的那段距离。夜间能见度观测所需要的参照目标物,应根据测站四周不同方位、不同距离,选择比较有代表性的、固定的目标物。对于夜间的目标物,应尽量选择灯塔、引航灯,或带有常亮灯光的建筑物等。

在夜间观测能见度时,可以利用影响大气透明度的因子,通过对比观测,找出相关规律,来判定夜间能见度。

2.3 能见度器测原理

能见度测量仪器的理论基础是1876年Allard提出的大气灯光照度传输公式(2.7)、式(2.8)及1924年Koschmieder提出的白天目标物视程理论(式(2.9)、式(2.10))。

公式(2.1)中 C 的临界值 ε 的大小因人而异。世界气象组织规定,对于气象能见度 V,取视觉阈值为 $\varepsilon=0.02$,相当于目标物消失时的距离。从而由式(2.10)得到由大气消光系数 σ 计算气象能见度的器测公式:

$$V_{0.02} = \frac{3.912}{\sigma} \qquad (2.12)$$

若取视觉阈值 $\varepsilon=0.05$(如在航空气象部门,为保证飞行安全,常取较高的 $\varepsilon=0.05$),则由大气消光系数 σ 计算气象能见度的器测公式为:

$$V_{0.05} = \frac{2.996}{\sigma} \qquad (2.13)$$

相当于气象光学视程式(2.5)。上两式即用仪器测量能见度的基本公式。公式表明,器测能见度的核心问题是如何准确测量大气的消光系数 σ。

而消光系数 σ 是由于大气气溶胶和分子的散射和吸收作用而造成的光的衰减,它等于散射系数 b 与吸收系数 c 之和,即

$$\sigma = b + c \qquad (2.14)$$

一般情况下,由于大气对光的吸收远小于对光的散射,因此,当光程有限时,可忽略大气对光的吸收 c,故可通过测量大气对光的散射系数 b 来估计大气的消光系数 σ,或者通过测量大气中有限光程的透过率式(2.4)来估计大气的消光系数 σ。

大气消光系数是一个与人的视觉无关的量。由此解决了能见度观测结果因人而异的问题。但仪器测量多是对有限体积空气的消光特性的测量,所以能见度的器测一般都假定大气是均质的,即大气是均匀分布的。例如,能见度的器测结果是 $V=10\ \text{km}$,这表示根据仪器对有限体积空气的消光特性的测量推定能见度为 10 km。这与目测的 10 km 在概念上是有差别的。

2.4　能见度仪的种类和应用

(1)能见度仪的种类

目前常见的能见度仪有透射式、前向散射式、后向散射式、侧向散射式、激光雷达式、CCD摄像式等。

1)透射式能见度仪

透射式能见度仪的工作方式,如图 2.1 所示,根据公式(2.6),设置一个人工光源,在一定的距离处检测光源的强度,计算大气衰减系数(即消光系数)则可得到能见距离。透射能见度仪测定能见度,是根据准直光束的散射和吸收导致光的损失的原理,所以它与气象光学视程的定义很一致。

透射仪器的优点是采样体积大,测量精度高,通常作为器测能见度的标准,但透

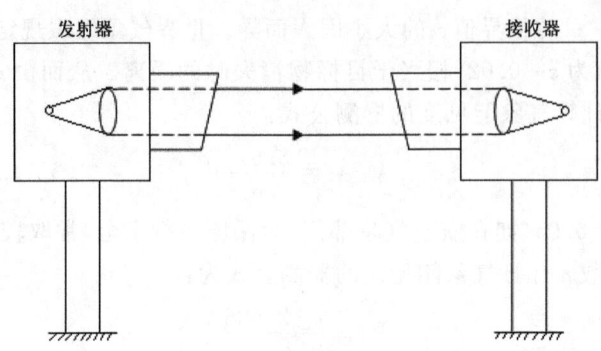

图 2.1 透射式能见度仪原理

射仪测量能见度需要长度为 L 的基线(接收器、发射器之间的距离),使得仪器占地面积相对增大,而且在光源-探测器之间要保持准确的光轴(如要避免大风引起支架的颤动),这样在实际业务应用中就使仪器的安装、使用及应用领域受到限制。为克服这些缺点,便出现了散射式能见度仪。

2) 散射式能见度仪

透射仪测量的是透过率,而散射仪则直接测量来自一个小的采样容积的散射光强。通过散射光强来有效地计算消光系数。

散射式能见度仪一般在光源光路的侧面测量由空气分子、各种气溶胶粒子、微细的雾滴等引起的侧向散射光通量。根据散射角度的不同,散射式能见度仪可以分为前向散射式、后向散射式和侧向散射式三种类型。其中前向散射式的工作原理与透射式比较相近。后向散射式安装最方便,仪器可以安装在室内,通过窗户向外发射并接收其回波信号,也可制成便携式。侧向散射式接收较宽视角的散射光,使它能具有较好的代表性。

①前向散射式能见度仪

影响大气能见度的粒子尺度谱很宽,但在散射特征上基本以"大"粒子散射为主,表现出很强的前向散射。当光线经过大气通路时,粒子对光的散射强度与粒子数密度密切相关,并在前向强信号散射区存在一定的角度与大气能见度具有很好的相关性。通过对光的散射原理和大气物理光学的研究可知,散射角在 25°~50°,大气散射相函数对气溶胶谱分布的变化不敏感,探测的散射光正比于大气消光系数。前向散射能见度仪(图 2.2)的设计就是根据以上机理,并选择合适的光源(波长、光强)和光路结构,通过检测专用光源在指定大气体积中的前向散射强度,以求得其散射系数。

前向散射仪的散射角一般在 20°~50°。前向散射仪种类有许多,有些仪器的散射角可根据当地盛行能见度情况或测量对比数据获得的需要而改变,这类仪器的发射器和接收器两端在结构上可以根据所需散射角的大小进行调整。前向散射仪的

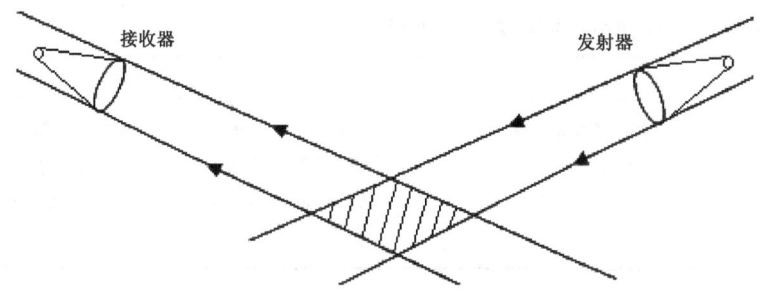

图 2.2 前向散射仪结构原理

收、发两端距离一般在 1~1.5 m,仪器与采样体积构成一个紧凑的测量空间,受外来影响很小。因此仪器安装维护方便,尤其适用于能见度低的情况下使用。这种仪器被广泛应用于船舶、港口、公路、铁路、机场、大型桥梁、气象台站等。

前向散射仪在高速公路能见度监测中的优缺点为:

优点	缺点
(1)米氏散射的前向散射强,有利于提高仪器的灵敏度; (2)仪器发射功率要求不高,价格较低,性价比高。	(1)不能准确测量非米氏散射粒子对大气能见度的影响,测量信号同样与视觉障碍(雨、雪、雾、霾等)有关,但好于后向散射仪; (2)体积较后向散射仪大。

②后向散射式能见度仪

后向散射式能见度仪的工作原理如图 2.3 所示,通过探测大气后向散射能量大小推断散射系数。工作方式是:由光发射器发出光束,光线被空气中的粒子散射后,其后向散射能量再被光接收器所接收,进而利用相关数学模型演算出大气能见度值。一般后向散射仪发射机与接收机的光轴并不平行而是在大约 15 m 的距离上相交。这样大的距离足以防止仪器工作对后向散射取样空间内空气状态的影响。

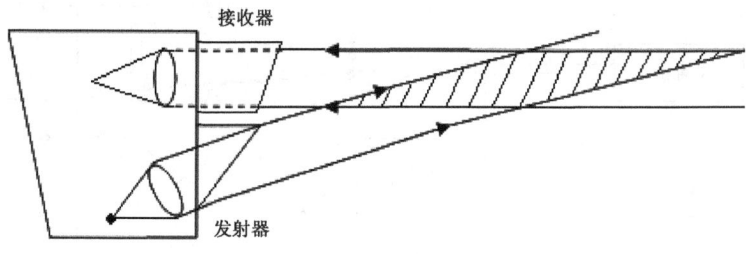

图 2.3 后向散射仪结构原理简图

后向散射式能见度仪的优缺点主要是:

优点	缺点
(1)采用相对测量方式,不需要标定光源发射能量,镜头污染对探测结果的影响较小; (2)采样空间相对较大; (3)仪器的尺寸很小。	(1)一般后向散射能量较小,要求仪器具有高发射功率、高灵敏度、高抗外界杂光干扰能力; (2)测量信号无规则振荡较大,能见度测量值波动大。

③侧向散射式能见度仪

原理见图 2.4,在光源 L 前置一乳白玻璃,产生漫射光,照射到采样体积(阴影部分)上被散射;R 为侧向散射接收器,V 是一光阱。由侧向散射光强估算散射系数。目前,侧向散射仪灵敏度低、测量精度差,实际中极少应用。

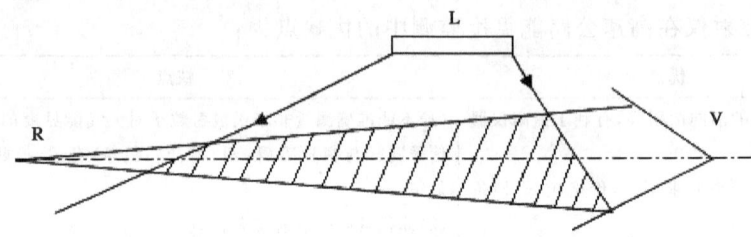

图 2.4 侧向散射仪原理简图

3)激光雷达式能见度仪

激光雷达(图 2.5)结构上与后向散射仪相似。激光雷达发射激光脉冲,激光脉冲在大气中传输时,会因大气中的空气分子和气溶胶粒子而产生散射和吸收。通过接收和测量大气后向散射的光信号,便可以提取出不同距离处空气分子和气溶胶粒子光学参数的有关信息,进一步反演获取大气消光系数和大气水平能见度。激光雷

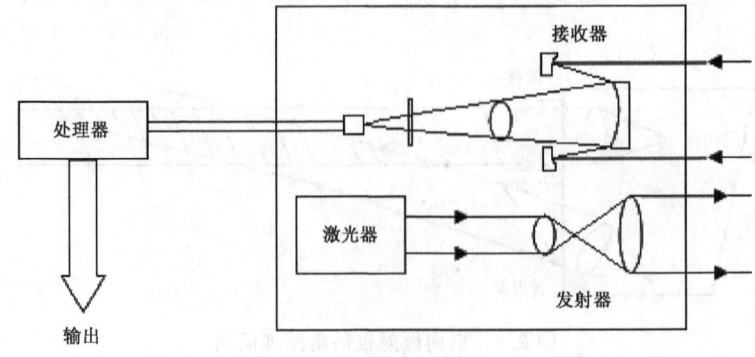

图 2.5 激光雷达式能见度仪结构原理简图

达不仅能测量水平能见度,而且也能测量倾斜能见度和垂直能见度。

通常大气在水平方向上是比较均匀的,因此水平方向上测量的激光雷达方程可写为:

$$P(R) = CR^{-2}\beta\exp(-2\sigma R) \tag{2.15}$$

式中,$P(R)$是激光雷达接收到来自距离 R 处的大气后向散射回波功率,C 是激光雷达系统常数,β 是大气水平体积后向散射系数,σ 是大气水平消光系数。对上式两边取对数并对距离 R 求导得:

$$\frac{d[\ln(P(R)R^2)]}{dR} = \frac{1}{\beta}\frac{d\beta}{dR} - 2\sigma \tag{2.16}$$

由于已假定大气水平均匀,故 $d\beta/(\beta dR)=0$。因此,对 $\ln[P(R)R^2]$ 和 R 进行最小二乘法线性拟合,拟合直线斜率的一半则是激光雷达工作波长(如 532 nm)处大气的水平消光系数 σ,它包含来自大气中气溶胶粒子和空气分子的共同贡献,此即所谓确定大气消光系数 σ 的斜率法。

激光雷达测量的实际回波信号中包含天空背景辐射和各种电子仪器的本底热噪声,因此在大气水平能见度数据处理前必须进行背景信号的扣除。

由于激光雷达能见度仪发射器光源采用激光,使得仪器结构复杂,成本相应增高,其业务使用受到一定的限制。多年来,许多国家都在尝试将激光雷达式能见度仪改进为实用型仪器。2009 年,由安徽循环经济技术工程院依托中科院安徽光机所研制的激光雷达能见度监测范围可达 50~5000 m,可实现每 1~10 分钟输出一组能见度值,并且可与高速公路现有的通信系统实现无线和有线方式互联互通,从而达到能见度的实时监测、预警。

4)CCD 摄像能见度仪

CCD(Charge-Coupled Device)即电荷耦合组件,也称为"数字摄影头"或"数字摄影机"。CCD 是一种半导体装置,能够把光学影像转化为数字信号。CCD 上植入的微小光敏物质称作像素(Pixel)。一块 CCD 上包含的像素数越多,其提供的画面分辨率也就越高。CCD 的作用就像胶片一样,但它是把图像像素转换成数字信号。CCD 在摄像机、数码相机和扫描仪中应用广泛,只不过摄像机和数码相机中使用的是二维点阵 CCD,用于摄取平面图像,而扫描仪中使用的是一维线型 CCD,配合扫描仪的机械装置完成平面扫描。

摄像式能见度测量仪是建立在摄像机数字图像分析基础上的能见度测量系统,主要由标准靶物、CCD 摄像机、转动云台、计算机图像采集控制,图像处理和反演模块等几个部分构成。利用 CCD 摄像机采集标准靶物(夜间为灯箱)的数字图像,对图像进行去噪、特征提取等处理后,根据反演模型计算能见度值。与散射式能见度仪的对比试验表明:系统能够准确地测量 2000 m 以内的能见度,可广泛用于高速公路的低能见度监测。

对于在一定距离以外的物体所发出的或所反射的光,在进入人眼前要经历从所在位置到观察者之间的一段空气柱的辐射传输,不难写出距观察者 R 处目标物及其背景的视亮度表示式,分别为

$$\begin{cases} B_t(R) = B_{\tilde{t}}\tau(R) + D(R) \\ B_g(R) = B_{\tilde{g}}\tau(R) + D(R) \end{cases} \tag{2.17}$$

上面两个方程中,$B_{\tilde{t}}$、$B_{\tilde{g}}$ 分别是目标物、背景的固有亮度,

$$\tau(R) = \exp\left\{-\int_0^R \sigma(r)\mathrm{d}r\right\} \tag{2.18}$$

$\tau(R)$ 为空气柱(厚度为 R)的透过率,$\sigma(r)$ 为大气消光系数;$D(R)$ 是空气柱本身的附加亮度对视亮度的贡献。

若仅考虑观察点与目标物处在同一高度的水平能见度问题,同时假设大气消光系数不随距离变化;在以天空为背景,取 $C=\varepsilon$ 时,从以上两式可推导得到白天的水平能见度公式

$$V_h = \frac{\ln\left(1-\dfrac{B_{\tilde{t}}}{B_{\tilde{g}}}\right) + \ln\dfrac{1}{\varepsilon}}{\ln\left(1-\dfrac{B_{\tilde{t}}}{B_{\tilde{g}}}\right) - \ln\left(1-\dfrac{B_t}{B_g}\right)} R \tag{2.19}$$

进一步假设目标物为绝对黑色,$B_{\tilde{t}}=0$,并取对比阈值 ε 值为 0.02,可得到

$$V_h = \frac{-3.912R}{\ln(1-\dfrac{B_t}{B_g})} \tag{2.20}$$

式(2.20)便是摄像法测量能见度的基本公式,由该式可知,在符合目标物为黑色的条件下,只要知道目标物与测站仪器之间的距离 R,测站测得目标物的视亮度 B_t 与天空背景的视亮度 B_g 比值,即可计算出水平气象能见度 V_h。

基于 CCD 的数字摄像法能见度仪器系统 DPVS(Digital Photography Visiometer System)测量能见度的具体做法是:首先在 CCD 的正前方从近到远选定几个目标物,作为本系统用于观测能见度的参考目标,并对这些选定目标的距离、亮度等相关信息进行测定并存储作为参考信息。观测能见度时 CCD 直接摄取这些选定的目标物图像,通过图像采集卡将图像传送到计算机,计算机再对这些目标物的图像信息分别进行分析处理,然后带入能见度计算公式进行计算,最后得到能见度值。

数字摄像能见度仪,是仿照人眼观测能见度的原理、根据人工观测能见度定义研制而成的,是取代人工观测能见度的最佳仪器。随着 CCD camera 技术的发展,其像素数早已过 1000 万,已经达到人眼分辨率(300 dpi),价格却在直线下降,这无疑给用数字摄像技术测量能见度带来更加光明的前景。这种成本低、体积小、方便可靠的

能见度仪一定会在高速公路的关闭、车辆的限速、机场飞机的起降、甚至人们的日常出行和野外施工作业等领域得到广泛的应用。

(2)能见度仪的应用

在空气特别干净的北极或山区,能见度能够达到 70~100 km,然而能见度通常由于大气污染以及湿气而有所降低。各地气象站报道的有霾(干)或雾(湿)。烟雾可使能见度降低,这对于开车、行船来说是非常危险的,同样在沙尘暴发生的沙漠地区以及有森林大火的地方驾车都是十分危险的。雷雨天气的暴雨不仅使能见度降低,同时由于地面湿滑而不能紧急制动。暴风雪天气也属于低能见度的范畴内。国际上对烟雾的能见度定义为不足 1 km,薄雾的能见度为 1~2 km,霾的能见度为 2~5 km。烟雾和薄雾通常被认作是水滴的重要组成部分,霾和烟的粒径相对要小一些,所以一些探测器如热影像仪(Thermal Imagers TI/LIR)利用远红外(波长为 10 μm 左右),能更好地穿透霾和一些烟雾。

在实际应用中,一般情况下对能见度还进行如下分类。

A)航空能见度:ⓐ当在明亮的背景下观测时,能够看到和辨认出位于近地面的一定范围内的黑色目标物的最大距离;ⓑ在无光的背景下,使用 1000 cd 左右的灯光能够看到和辨认出的最大距离(国家标准规定新轿车两个前大灯不低于 18000 cd)。

B)有效能见度:指观测点四周一半以上的视野内都能达到的最大水平距离。目前,中国民航观测和报告包含有效能见度。

C)主导能见度:指观测点四周一半或以上的视野内能达到的最大水平距离。

D)跑道能见度:指从机场跑道的一端沿跑道方向可以辨认跑道本身或接近跑道的目标物(夜间为指定的跑道边灯)的最大距离。

E)垂直能见度:指浑浊天气中的垂直视程。

F)倾斜能见度:指从飞行中的飞机驾驶舱观察未被云层遮蔽的地面上的明显目标物(夜间为规定的灯光)时,能够辨认出来的最大距离。从地面向斜上方观察时能见度也称为倾斜能见度。

G)最小能见度:指能见度因方向而异时,其中最小的能见距离。

能见度仪主要有以下几方面的应用:

在航空业务观测方面,能见度的准确测量,对保证飞机安全着陆和起飞是极为重要的。与气象因子有关的飞行事故中有 19.2% 是低能见度所造成的。在所有的航报站上都专门进行了应用于飞行业务的天气观测,必须经常报告快速变化的天气情况,特别是关于低云高度和低能见度。

能见度反映大气浑浊程度,是表征近地表大气污染程度的一个重要物理量。能见度的好坏能够直接反映出一个地区的大气环境质量,因为城市排放的大量污染物悬浮在空中,对太阳辐射产生吸收和散射作用,降低了大气透射率,并削弱了到达地面的太阳直接辐射,使大气能见度降低。与空气污染有关的能见度工作中,特别强调人对空气质量的视觉感受和发展与目测非常相似的仪器。

在陆上交通方面,大气能见度的优劣是保证超速干道、高速公路等公路系统畅通的重要的条件之一,较差的大气能见度影响车辆的正常行驶,而且极易出现交通事故。国内外的许多高速公路上的一些恶性交通事故都是在低能见度天气条件下发生的。在能见度不足 100 m 的情况下,道路通常会被封锁,自动警示灯和警示牌会被激活以提醒汽车驾驶员,这些警示牌通常放在经常性出现低能见度的区域,尤其是发生了重大的交通事故比如汽车连环撞击事件的地方。

在舰船安全航行、边防安全、舰载光电装备的使用过程中,大气能见度是一个重要的参数,其实时、精确的获取对目标的准确快速识别、探测和打击起着重要的作用。

能见度的准确测量在电力供应、通信工程、工农业生产等众多领域都有着极其重要的意义。在城市环境改善和沙尘暴监测治理等部门,能见度也是重要的气象参数。为了保证交通安全和改善大气环境质量,开展大气能见度的研究尤为重要。

总之,能见度的观测,在气象上,它可以用来了解大气稳定度,判别气团属性;在国防和国民经济建设方面,它是保证航空、航海、交通运输安全的一个重要因素;在环保方面,它能反映出大气污染的一些基本状况。

(3)能见度仪布设要求

根据能见度仪的工作原理,在地形、植被变化不大的平原地区,能见度传感器对 10 m 基线内的空气进行采样监测,其监测数据的代表性大致可反映 15~20 km 范围内空气母体的统计学特征。但对于受地形等因素影响而形成的雾情多变区域,其测试数据的代表性则极为有限,必须考虑增加能见度仪布点密度,以解决观测数据的代表性问题。

能见度仪的布设应尽量设置在气象环境比较恶劣的地方,如易产生雾的水网地区,易产生横切风和局部小气候的谷地、山崖地区等。

最合理的布置距离一般为:能见度仪在城区范围最好每 5 km 布设 1 台,在郊区范围最好每 10~20 km 布设 1 台。

对于高速公路安全能见度监测而言,我们关心最多的是雾的能见度。而雾滴直径一般在几微米到 100 μm 之间,但其粒子大小变化很大,既有大到 50~80 μm、状如毛毛雨的雾滴,更有大量直径小于 1 μm 的微滴,其密度可达每立方厘米几千个,一般陆面雾雾滴的峰值直径在 3.5 μm 附近,平均直径在 9.4~16.1 μm,海雾粒子尺度更大。根据米氏散射理论,由半径 r 大于波长 λ 的粒子所引起的散射与波长几乎无关,具有较强的前向散射能力。据此,世界气象组织和国际民航组织的要求,高速公路推荐采用前向散射原理的能见度检测设备。

目前部分自动气象站都设有自动能见度观测仪,高速公路气象监测站点的布设应遵循以下原则：一是站点布局要在现有气象站网建设的基础上，按照既能满足要求、又节约资金的原则进行布设。二是依据气象行业标准《高速公路能见度监测及浓雾的预警预报》（中华人民共和国气象行业标准 OX/T 76—2007）进行布设，在浓雾偶发地区，监测站点的间距为 20~50 km；在季节性浓雾多发地区，监测站的间距为 10~15 km；在浓雾多发山区和水网地区，监测站的间距为 3~5 km。三是站点布设尽量靠近高速公路收费站口或者服务区内，以保障站点稳定供电、安全管理及方便维护等。四是站点建成后要由相关部门承担其维护保障任务，使得气象部门能够及时获取高速公路沿线的气象观测资料，确保气象部门准确、及时发布高速公路气象灾害预警信息。

习题

1. 选择题

1) 以下（　　）大气层结最有利于形成雾、造成低能见度。
A. 稳定　　　　B. 中性　　　　C. 绝对不稳定　　　　D. 条件不稳定

2) 在水面温度远高于气温情况下，最容易形成（　　）。
B. 锋面雾　　　　B. 蒸发雾　　　　C. 平流雾　　　　D. 辐射雾

3) 造成低能见度持续时间最长的雾是（　　）。
A. 辐射雾　　　　B. 平流雾　　　　C. 蒸发雾　　　　D. 锋面雾

2. 器测能见度的基本原理是什么？

3. 简述形成低能见度时雾的种类？

4. 器测能见度仪的种类有哪些？

第 3 章 天气现象的观测

在气象观测中,"天气"这一术语概括了大气状态及与之相伴的现象。因此,天气现象是指发生在大气中和地表能够被人直接感知的一些物理现象,包括降水现象、地面凝结现象、视程障碍现象、雷电现象、光学现象、风的特征现象及地表状况等。

各种天气现象都是在一定的天气条件下产生的,反映着大气中不同的物理过程,是天气变化的直接反映。在我国,天气现象观测是按照气象行业标准《地面气象观测规范 第 4 部分:天气现象观测》(中国气象局政策法规司,2007)的具体规定对天气现象进行观察和记录,以供气象及相关领域的业务和科研工作使用,直接或间接地服务于社会经济发展。我国气象行业标准与世界气象组织的相关要求(World Meteorological Organization,2008;World Meteorological Organization,2003)一致。与其他气象要素观测不同的是,对任何时间出现的天气现象必须随时进行观测和记录。有时为了正确判定某一天气现象,还要与其他天气现象和气象要素的变化情况进行综合分析。

以上天气现象的概念,国际上也将其称为大气现象(Atmospheric phenomenon) (American Meteorological Society,2000),在航空气象观测中将大气现象分为天气现象和视程障碍现象两类。本章术语遵照我国气象行业标准。

3.1 天气现象的特征

本节将对各类主要天气现象的基本特征、天气条件等予以简述,特别是对于那些较容易混淆的天气现象,说明其识别要点。

3.1.1 降水现象

降水现象指云中液体、固体水凝物或二者的混合物向地面降落并能够产生降水量的天气现象,如雨、毛毛雨、雪、米雪、霰、冰雹、冰粒等。

(1)雨

从云中降落的滴状液态降水,下降时清楚可见,落在水面上会激起波纹和水花,落在干地上可留下湿斑。

降水现象有连续性、间歇性及阵性之分:

连续性降水指持续时间较长,在降水过程中强度变化很小,多降自雨层云与高层云中；

间歇性降水指时降时止，或降水虽未停止而强度变化却时大时小，但这些变化都很缓慢；在降水停止或强度变小的时间内，云况和气象要素没有显著变化。此种降水多降自高层云与层积云中；

阵性指降水强度变化很快，骤降骤止，天空时而昏黑时而部分明亮开朗（但也不是每次天空都开朗），气压、气温和风等要素有时也发生显著变化。此种降水多降自积雨云中。出现阵雨时，有时伴有雷暴。

（2）毛毛雨

稠密、细小而十分均匀的液态降水，下降情况不易分辨，看上去似乎随空气微弱的运动飘浮在空中，徐徐落下。迎面有潮湿感，落在水面无波纹，落在干地上只是均匀地润湿，地面无湿斑，与人面接触有潮湿感。毛毛雨多降自层云或雾，偶或降自层积云。

（3）雪

由水汽凝华而成的固态降水，多呈白色不透明六出分枝的星状、六角形片状结晶，互相攀连的雪花可粘附成雪片，温度较高时多成团降落。半融化的雪或雪与雨同时降落称为湿雪或雨夹雪。雪常缓缓飘落，强度变化较缓慢。但阵雪和阵性雨夹雪的强度变化较大，降落和停止比较突然。

（4）霰

冰晶在下降时俘获过冷却云滴而生成的白色不透明球状或锥形固态降水物，或称软雹。直径 2～5 mm，降于雪前或与雪同降。下降时常呈阵性，松脆易碎，着硬地反跳。

（5）冰粒

由雨滴（或大部分已融的雪花）在空中冻结而成的透明丸状或不规则的固态降水，直径一般小于 5 mm。较硬，着硬地反跳，常降自高层云或雨层云。冰粒内部有时还有未冻结的水，如被碰碎，则仅剩下破碎的冰壳。

（6）冰雹

坚硬的球状、锥状或形状不规则的固态降水，雹核（雹胚）一般为霰和冰粒，外面包有透明的冰层，或由透明的冰层与不透明的冰层相间组成，常伴随雷暴出现。冰雹大小差异大，大的直径可达数十毫米。

（7）米雪

白色不透明的比较扁的或比较长的小颗粒固态降水，常降自含有过冷水滴的层云或雾中。直径常小于 1 mm，着硬地不反跳。

表 3.1 列出了各种降水现象的特征和出现时的天气条件。

表 3.1 降水现象的类别和特征（中国气象局政策法规司，2007）

天气现象	符号	直径(mm)	外形特征及着地特征	下降情况	一般降自云层	天气条件
雨	●	≥0.5	干地面有湿斑，水面起波纹	雨滴可辨，下降如线，强度变化较缓	Ns,As,Sc,Ac	气层较稳定
阵雨	▽	≥0.5	同上，但雨滴往往较大	骤降骤停，强度变化大，有时伴有雷暴	Cb,Cu,Sc	气层不稳定
毛毛雨	9	<0.5	干地面无湿斑，润物渐匀，水面无波纹	稠密飘浮，雨滴难辨	≡,St	气层稳定
雪	✳	大小不一	白色不透明六角或片状结晶，固态降水	飘落，强度变化较缓	Ns,Sc,As,Ac,Ci	气层稳定
阵雪	✳	同上	同上	飘落，强度变化较大，开始和停止都较突然	Cb,Cu,Sc	气层较不稳定
雨夹雪	✳	同上	半融化的雪(湿雪)，或雨和雪同时下降	同雨	Ns,Sc,As,Ac	气层稳定
阵性雨夹雪	✳	同上	同上	强度变化大，开始和停止都较突然	Cb,Cu,Sc	气层较不稳定
霰	✱	2~5	白色不透明的圆锥或球形颗粒，固态降水，着硬地常反跳，松脆易碎	常呈阵性	Cb,Sc	气层较不稳定
米雪	△	<1	白色不透明，扁长小颗粒，固态降水，着地不反跳	均匀、缓慢、稀疏	≡,St	气层稳定
冰粒	△	1~5	透明丸状或不规则固态降水，有时内部还有未冻结的水，着地常反跳，有时打碎只剩冰壳	常呈间歇性，有时与雨伴见	Ns,As,Sc	气层较稳定
冰雹	△	2~数十	坚硬的球状、锥状或不规则的固态降水，内核常不透明，外包透明冰层或层层相间，大的着地反跳，坚硬不易碎	阵性明显	Cb	气层不稳定（常出现在夏、春、秋季）

3.1.2 地面凝结(华)现象

在地面或地物上产生的水汽凝结或凝华现象，如露、霜、雨凇、雾凇等。

(1) 露

由于夜间辐射冷却,水汽在地面及近地面物体上凝结而成的水珠。在草上及树叶上,它可汇聚成较大的水珠。但须注意,由植物叶面排出的水珠不是露,由霜融化成的水珠也不记为露。

(2) 霜

夜间辐射冷却使温度达到0℃以下时,水汽在地面和近地面物体上凝华而成的白色松脆的冰晶,或由露冻结而成的冰珠。易在晴朗风小的夜间生成。

(3) 雨凇

过冷却液态降水(雨或毛毛雨)碰到地面物体后直接冻结而成的坚硬冰层,呈透明或毛玻璃状,外表光滑或略有隆突,也称为明冰。而形成雨凇的过冷却液态降水现象或过程则称为冻雨。

(4) 雾凇

由过冷却雾滴迅速冻结,或由空气中水汽直接凝华在物体上的乳白色冰晶物。常呈表面起伏不平的粒状(粒状雾凇)或毛茸茸的针状(晶状雾凇)。雾天及静风时易出现,多附着在细长的物体或物体的迎风面上,有时结构较松脆,受震易塌落。粒状雾凇凝聚厚度有时可达1 m(山顶),而晶状雾凇的凝聚厚度一般不超过1 cm。

表3.2列出了地面凝结现象的特征、成因和出现时的天气条件等。

表3.2 地面凝结现象的类别和特征(中国气象局政策法规司,2007)

天气现象	符号	外形特征及凝结特征	成因	天气条件	容易附着的物体部位
露	⌒	水珠(不包括霜融化成的)	水汽冷却凝结而成	晴朗少风湿度大的夜间地表温度0℃以上	地面及近地面物体(如草叶上)
霜	⊔	白色松脆的冰晶或冰珠	水汽直接凝华而成或由露冻结而成	晴朗微风湿度大的夜间,地面温度在0℃以下	同上
雾凇	V	乳白色的冰晶层或粒状冰层,较松脆,常呈毛茸茸针状或起伏不平的粒状	过冷却雾滴在物体迎风面冻结或严寒时空气中水汽凝华而成	气温较低(−3℃以下),有雾或湿度大时	物体的突出部分和迎风面上
雨凇	∽	透明或毛玻璃状的冰层,坚硬光滑或略有隆突	过冷雨滴或毛毛雨滴在物体(低于0℃)上冻结而成	气温稍低,有雨或毛毛雨下降时	水平面、垂直面上均可形成,但水平面和迎风面上增长快

3.1.3 视程障碍现象

固态和(或)液态颗粒物悬浮在大气中,影响能见度且其强度与能见度直接相关的天气现象,有雾、轻雾、霾、沙尘、烟、吹雪等。

(1)雾

接地的大气中悬浮的小水滴或(和)冰晶的聚集体,常呈乳白色(工业区常呈土黄色或灰色),使水平能见度小于1.0 km。冬季或严寒地区,雾中可降米雪或冰针的固态降水。根据能见度雾分为三个等级:1)雾,能见度0.5 km~小于1.0 km;2)浓雾,能见度0.05 km~小于0.5 km;3)强浓雾,能见度小于0.05 km。

(2)轻雾

微小水滴或已湿的吸湿性质粒构成的灰白色稀薄雾幕,使水平能见度大于或等于1.0 km至小于10.0 km。

(3)霾

大量极细微的干尘粒等均匀地浮游在空中,使水平能见度小于10.0 km的空气普遍混浊现象。霾使远处光亮物体微带黄、红色,使黑暗物体微带蓝色。

(4)烟尘

由于燃烧或其他化学反应而散布于空气中的极小固体微粒(10^{-6}~10^{-4} cm)形成的混浊现象,使水平能见度小于10.0 km。有烟幕时,黄昏太阳呈红色,其他时间稍带红色。城市、工矿区上空的烟幕常呈黑色、灰色或褐色。远处森林火灾形成的烟幕,天边可呈浅灰色或淡蓝色。烟幕浓时可以闻到烟味。

(5)沙尘

泛指风自土壤表面,将尺度10^{-6}~10^{-5} cm到10^{-3}~10^{-2} cm的大量质粒卷入空中所造成的视程障碍现象。包括沙尘暴、扬沙及浮尘等。

沙尘暴由强风将地面大量尘沙吹起,使空气相当混浊,水平能见度小于1.0 km。根据能见度分为三个等级:1)沙尘暴,能见度0.5 km~小于1.0 km;2)强沙尘暴,能见度0.05 km~小于0.5 km;3)特强沙尘暴,能见度小于0.05 km。

扬沙出现时,水平能见度大于或等于1.0 km至小于10.0 km。

浮尘指尘土、细沙均匀地浮游在空中,使水平能见度小于10.0 km的现象。浮尘多为远处尘沙经上层气流传播而来,或为沙尘暴、扬沙出现后尚未下沉的细粒浮游在空中而成。

(6)吹雪

由于强风将地面积雪卷起,使水平能见度小于10.0 km的现象。

(7)雪暴

大量的雪被强风卷着随风运行,并且不能判定当时天空是否有降雪。水平能见度一般小于 1.0 km。

表 3.3 列出了视程障碍现象的类别和主要特征。

表 3.3 视程障碍现象的类别和特征(中国气象局政策法规司,2007)

天气现象	符号	特征或成因	影响能见度的程度(km)	颜色	天气条件	大致出现时间
雾	≡	大量微小水滴浮游空中	<1.0	常为乳白色(工厂区为土黄灰色)	相对湿度接近100%	日出前,锋面过境前后
轻雾	=	微小水滴或已湿的吸湿性质粒组成的稀薄雾幕	1.0~<10.0	灰白色	空气较潮湿、稳定	早晚较多
吹雪	᛭	强风将地面积雪卷起	<10.0	白茫茫	风较大	本地或附近有大量积雪时
雪暴	᛭	大量的雪被风卷着随风运行(不能判定当时是否降雪)	<1.0	同上	风很大	
扬沙	$	本地或附近尘沙被风吹起,使能见度显著下降	1.0~<10.0	天空混浊,一片黄色	风较大	冷空气过境或雷暴飑线影响时,北方春季易出现
沙尘暴	⊕		<1.0		风很大	
浮尘	S	远处尘沙经上层气流传播而来或为沙尘暴、扬沙出现后尚未下沉的细粒浮游空中	<10.0,垂直能见度也差	远物呈土黄色,太阳苍白或淡黄色	无风或风较小	冷空气过境前后
霾	∞	大量极细微尘粒,均匀浮游空中,使空气普遍混浊	<10.0	远处光亮物体微带黄色、红色,黑暗物体微带蓝色	气团稳定、较干燥	一天中任何时候均可出现
烟尘	⊓	城市、工厂或森林火灾等排出的大量烟粒弥漫空中,有烟味	<10.0	远处来的烟幕呈黑、灰、褐色,日出、黄昏时太阳呈红色	气团稳定,有逆温时易形成	早晚常见

3.1.4 雷电现象

大气中与放电、电离有关的现象,包括非连续的电现象(如雷暴、闪电)和相对较连续的电现象(如极光)。

(1)雷暴

为积雨云云中、云间或云地之间产生的放电现象。表现为闪电兼有雷声,有时亦可只闻雷声而不见闪电。通常能听到雷声的距离一般不超过 15~20 km。

(2)闪电

为积雨云云中、云间或云地之间产生放电时伴随的电光。有枝状、片状、珠状及球状闪电之分,以枝状闪电为最常见。闪道长度短的约 2~3 km,长的可达 20 km,直径约 10^1 cm。地平线远处的雷暴,往往只见电闪而不闻雷声,称为远电。

(3)极光

在高纬度地区(中纬度地区也可偶见)晴夜见到的一种在大气高层辉煌闪烁的彩色光弧或光幕,常呈动态变化。是太阳发出的高速带电粒子,因受地球磁场作用而折向高纬地区,激发了高层大气分子或原子而形成。其亮度一般像满月夜间的云。光弧常呈向上射出活动的光带,光带往往为白色稍带绿色或翠绿色,下边带淡红色;有时只有光带而无光弧;有时也呈振动很快的光带或光幕。

表 3.4 列出了雷电现象的类别和主要特征。

表 3.4 雷电现象的类别和特征

天气现象	符号	形成原因	特征	出现条件
雷暴	⚡	云中、云间或云地之间产生的放电现象	兼有雷声,有时可只闻雷声而不见闪电	一般有 Cb 出现
闪电	⚡	云中、云间或云地之间产生放电时伴随的电光	不闻雷声	同上
极光	⚡	太阳粒子流受地球磁场影响折向极地,激发高层大气而形成	色彩绚丽的光弧、幕或带,常呈红、绿等色	多见于地球高纬地区

3.1.5 大气光学现象

由太阳光或月光在大气中发生反射、折射、衍射或干涉而形成的发光现象,如晕、虹、华等。

(1)虹

日、月光经云滴或雾滴发生折射和反射而形成的彩色大弧。常出现于日、月的相反方向。在云、雾滴中光线发生一次内反射和两次折射所形成的虹,称为主虹。主虹外侧呈红色,内侧呈紫色,外侧角半径约为 42°。在主虹之外,有时可见另一同心大光弧,色带排列与主虹相反,其内侧角半径约为 50°,光彩也较暗淡,称为霓或副虹。它是光线在云、雾滴中发生两次内反射和两次折射而形成的。

(2)晕

日、月光线通过云中冰晶发生折射或(和)反射而产生的位于日、月周围的光圈、光柱、光弧、光点的总称。最常见的晕角半径为 22°,由光线通过六角柱冰晶产生折射而形成的。晕多出现在卷层云或卷云上,有时光圈不全。晕的出现常是天气转变的一种预兆。天气谚语中有"日晕三更雨,月晕午时风"等。

(3) 华

日、月光线通过云滴或小冰晶时,由衍射作用而形成的环绕日、月光轮外的彩色光象。通常出现于高积云上,有时也出现在卷积云、层积云上。色彩内侧微蓝色、外侧红褐色,有时可能有好几重。华的大小变化可预示云的结构和天气变化的趋势。天气谚语中有"大华晴、小华雨"的说法。

(4) 峨眉宝光

日(月)光从观测者后面投射到前方云幕或雾幕上,因受云、雾滴的衍射而产生的彩环。观测者的头部或人影可见于彩环之中。彩环常呈外红内黄白色,有时也很鲜艳。由于在四川峨眉山最常见,故名。在其他山地或飞机航行于云上时,也可见到此光象。

(5) 霞

清晨或傍晚,在太阳附近或太阳相对一侧的天空或云层上出现的色彩现象。它是由阳光透过气层时受空气分子及大气中的尘埃、水汽等的选择性散射,余下较长波长的日光所形成。因为波长较短的蓝紫光大多已被散射掉,所以霞光多数为红光。霞有预示天气变化的作用,如天气谚语中有"朝霞不出门,晚霞行千里"等。

(6) 海市蜃景(蜃楼)

来自远处物体的光线,经过密度分布反常的空气层,发生显著折射(或同时有全反射)时,使远处景物发生位置、形状、大小的变化和晃动的奇异幻景。比实物高的称上蜃,比实物低的称下蜃,常发生在海边或沙漠地区,故有"海市"之称。

表 3.5 列出了大气光学现象的类别和主要特征。

表 3.5 大气光学现象的类别和特征

天气现象		符号	成因和特征	颜色	出现于何处
虹		⌒	日、月光经水滴折射、反射而形成的彩弧。角半径为 42°的为主虹,50°的为副虹	主虹外红内紫,副虹反之	日、月相反方向的低云或雾层
晕	日晕	⊕	日、月光经冰晶发生折射、反射的光圈、光柱、光弧、光点的总称。常见的有 22°晕、46°晕等	光圈内红外紫,月晕呈白色	日、月周围的 Cs 或 Ci 上
	月晕	⌣			
华	日华	⊙	日、月光经云滴或冰晶衍射而成的彩色光象,角半径一般在 1°~5°	内微蓝外红褐	环绕日、月光轮的 Ac (Cc、Sc)上
	月华	⌣			
峨嵋宝光		A	日(月)光经观测者前方云雾滴衍射而成的彩环,观测者可投影于彩环之中	常为外红内黄白	山顶或飞机上

续表

天气现象	符号	成因和特征	颜色	出现于何处
霞		阳光经气层或云层散射或反射而成的色彩现象	红光为多	太阳附近或对面
海市蜃景	)(	因近地(水)面空气密度分布反常而发生光线的折射或全反射,导致远处景物出现变幻。幻景比实物高为上蜃,反之为下蜃		常见于海边或沙漠

3.1.6 特征风及其他天气现象

(1)大风

瞬时风速达到或超过 17.2 m/s(或目测估计风力达到或超过 8 级)的风。

(2)飑

突然发作的强风,持续时间短促。出现时瞬时风速突增,风向突变,气象要素随之亦有剧烈变化,如气压猛升,气温骤降。通常出现于飑线或冷锋过境时,常伴随雷雨出现。

(3)龙卷

一种小范围的强烈旋风,从外观看,是从积雨云底盘旋下垂的一个漏斗状云体。有时稍伸即隐或悬挂空中,有时触及地面(称为龙卷风)或水面(称为水龙卷)。龙卷能吸起地面的尘土、沙石等,常伴有雷电和冰雹。它的直径在地面上一般只有几米到几百米,最大为 1 km 左右。风速极大,最大可达 100~200 m/s。过境时地面气压可降到 400 hPa,甚至 200 hPa,持续时间一般为几分钟到几十分钟,对树木、建筑物、船舶等均可能造成严重破坏。

(4)尘卷风

在多尘沙地区,因地面局部强烈增热,而在近地面气层中产生的小旋风,尘沙及其他细小物体随风卷起,形成尘柱,直径约几米,高度一般可达几十米,在高温的沙漠地区发展旺盛时可高达几百米。很小的尘卷风,直径在 2 m 以内,高度在 10 m 以下的不记录。

(5)冰针

飘浮于空中的微小片状或针状冰晶,也可降落地面,在阳光照耀下,闪烁可辨。冰针由空中水汽在严寒时直接凝华而成,多出现在高纬度和高原地区的严冬季节。有时可形成日柱或其他晕的现象。

(6)积雪

雪(包括霰、米雪、冰粒)覆盖地面达到气象站四周能见面积一半以上。

(7)结冰

指露天水面(包括蒸发器的水)冻结成冰。

表3.6列出了特征风及其他天气现象的类别和主要特征。

表3.6 特征风及其他天气现象的类别和特征

天气现象	符号	形成原因或定义	主要特征	出现条件及危害
大风	ᚲ	瞬时风速达到或超过17.2 m/s(风力8级)的风	出现大风时,风可折毁小树枝,人迎风前行阻力很大	可与飑、龙卷等现象同时出现
飑	∇	突然发作的强风,持续时间短促	风速突增,风向突变,气象要素随之亦有剧烈变化	常伴随雷雨出现(如飑线或冷锋过境时)
龙卷	)(	一种小范围的强烈旋风,是云底下垂的漏斗状云体	有时稍伸即隐或悬挂空中,有时触及地面或水面	Cb或剧烈发展的浓积云过境时,可造成严重破坏
尘卷风	⅋	因地面局部强烈增热,在近地面气层中产生的小旋风	尘沙及其他细小物体随风卷起,形成尘柱	华北午后出现较多
冰针	↔	由空中水汽直接凝华而成的微小冰晶	飘浮于空中的,也可降落地面。在阳光照耀下,闪烁可辨	多出现在高纬度和高原地区的严冬季节,有时可形成日柱或晕
积雪	⊠	雪(包括霰、米雪、冰粒)覆盖地面达到气象站四周能见面积一半以上		
结冰	⊔	露天水面(包括蒸发器的水)冻结成冰		

3.2 天气现象人工观测和记录

天气现象直接影响人类活动和运输安全等方面,同时考虑到它们在了解和预报天气系统时的重要性,因此对天气事件进行定性描述是气象观测的基本内容。

3.2.1 总体要求和规定

(1)天气现象既包括只需单凭观测员的感觉便可独立地对其进行描述的现象,如雷暴;也包括需要根据感觉和相关物理量进行综合判断的现象,如降水。观测时应根据具体天气现象的定义和识别指标进行确定。

(2)应随时观测和记录出现在视区内的全部天气现象。夜间不守班的气象站,对夜间出现的天气现象,应尽量判断记录。

(3) 为正确判断某一现象,应参照气象要素的变化和其他天气现象综合进行判断。

(4) 凡与水平能见度有关的现象,均以有效水平能见度为准,并在能见度观测地点观测判断天气现象。

3.2.2 观测记录

根据相关文件规定(中国气象局综合观测司,2013),对天气现象进行观测并用符号记入观测簿天气现象栏。天气现象分为 21 种:雨、阵雨、毛毛雨、雪、阵雪、雨夹雪、阵性雨夹雪、冰雹、露、霜、雾凇、雨凇、雾、轻雾、霾、沙尘暴、扬沙、浮尘、大风、积雪、结冰等。

出现雪暴、霰、米雪时,记为雪。前 3 种和半融化的雪这 4 种天气现象与雨同时出现时,记为雨夹雪。

3.3 天气现象器测简介

在气象观测站,当前对各种各样的天气的观测仍然主要依靠受过专业训练的观测员的视觉和听觉进行。根据世界组织的观测要求(World Meteorological Organization,1981,1995,2008)制定的严格而具体的规范和标准(中国气象局政策法规司,2007)使观测员能够根据复杂的现象对天气现象进行准确的观测和记录。

最近二十年来,随着自动化观测技术的提高,加之考虑到维持人工观测所需的高额费用和劳动强度,一些国家正在观测系统中逐步增加自动观测仪器和设备的应用,同时将自动观测系统用于边远地区作为人工观测站网的补充。

基础研究已经证实可以通过对一组数据变量的逻辑分析来确定天气现象。目前尚无可识别现在天气的单一传感器,更确切地说,需要从多种不同传感器获得的数据(如能见度、温度、露点、风速以及区分雨和雪)进行天气现象的确定。计算机化的自动观测系统已有能力进行这种逻辑分析,但它们的观测性能完全决定于组成系统的仪器种类、功能,以及算法的精确性。天气现象涉及的气象要素和条件复杂多变,对其进行观测所涉及的技术也相当复杂,因此实现所有类型天气现象的自动观测目前仍是不现实的。虽然自动观测系统目前还不能观测所有类型的天气事件,但是由于能自动观测一些相对重要的项目,促使了它们在一定程度上可作为人工观测的替代方案(Van der Meulen,2003)。

3.3.1 降水现象的测量

早期的自动雨量计可通过笔尖在自记钟筒上记下的实际降雨量迹线的斜率进行降水强度的划分。数字降水测量仪器同样感应降水的量和持续时间,如果取样频率达到分钟量级,降水强度就可以从降水随时间的变化直接测定。

目前，降水测量仪器主要用于降水类型的识别，正在业务中使用和进行评估的设备主要包括光学设备或雷达(Van der Meulen，2003)。外场测试表明(Leroy等，1998)，所有这些系统都能检测出除了非常小的雪和毛毛雨以外的大多数降水，检出率超过90%。对于非常小的降水率则检出率通常很低，因此需要使用精确的算法进行识别。例如，湿雪或正在融化的雪就很难同雨分开。

使用多普勒原理的降水发生检测传感器系统(Mezösi等，1985；Wiggins和Sheppard，1991)可以通过测量降落速度来区分雨、雪和冰雹，其降水量则可以从总的后向散射强度估计得出。降水发生检测传感器系统可以检测到大多数降水(除极小的雪或毛毛雨)的开始和结束。

利用光学原理的天气现象检测传感器可以检测到降水的出现、降水类型，在某些情形下，还能测量出降水量，此类仪器采用不同技术来检测降水粒子的光效应。如有仪器可以分析当降水粒子下落时对红外光束的扰动(Gallagher，1989)，其他的仪器与测量能见度的方法类似，多使用前向或后向散射光进行测量(Gaumet等，1991)。对于所有的光学设备，测量原理均基于降水微粒的大小、形状、降落速度和浓度导致的不同光学效应，这些效应通常与光信号的强度变化或频率变化有关。对于不能仅从这些仪器确定降水类型时，则同时使用如温度、露点等其他传感器的测量结果进行综合确定，同时这也可作为一种质量控制的方式。光学降水探测仪器需要定期标定和校准，并经常对镜头进行清洁。

使用激光技术的光学设备价格相对较高，同时也不便于维护。由于在发射器和接收器之间有很长的基线，因此这些设备还普遍存在着定标漂移的问题。

此外，利用降水粒子落地动量由速度和质量决定的原理，通过压电传感器进行检测，则可测量降水滴谱、强度和类型等，如Vaisala公司的RAINCAP降水传感器(图3.1)。

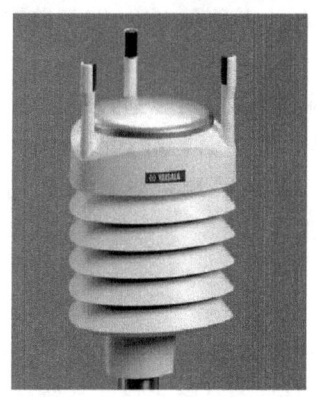

图3.1 RAINCAP降水传感器
(Vaisala Inc.)

图3.2 6495型冻雨或雨凇传感器
(All Weather Inc.)

一种专门设计用于检测冻雨或雨凇的传感器(图 3.2,Starr 等,1991)已投入业务使用,它能感应探头上的积冰量。探头以一个与其质量成比例的频率进行振动,当冰冻结在探头上时,造成探头质量增加,振动频率降低。传感器内设有加热器,可以在需要时进行除冰。此外,还发现这种传感器能有效地识别湿雪。

3.3.2 大气视程障碍现象的测量

对多种观测要素进行综合处理是识别大气视程障碍现象的一种可能的办法,这种方法首先确定伴随视程障碍现象发生、发展和消亡的大量气象参量,从而判别大气现象的类别。自 20 世纪 80 年代开始,采用这种方法对雾、轻雾、霾、雪暴和尘暴进行识别(Mezösi 等,1985),其中气象视程起着最重要的指示作用,在其他变量中,风速、湿度、温度和露点也是重要的判别标准。

与测量能见度相类似,光被雾滴散射可产生明显的信号强度变化,基于后向散射强度测量原理的光学设备对识别雾具有较好的检测效果(Gaumet 等,1991)。

3.3.3 特殊天气现象的测量

漏斗云或龙卷的出现常可通过天气雷达来确定。现代多普勒天气雷达已成为识别中尺度气旋的十分有效的设备,因此可以比仅凭视觉观测提供更详细、更先进的关于这种灾害性天气现象的信息(参见第 15 章)。

飑可通过风速随时间的快速变化进行确定。若风速测量设备与风向传感器、温度或湿度传感器组合在一起,就有可能识别出飑线。

雷暴可使用闪电计数器来检测,用于闪电定位的自动检测系统在许多国家已投入业务使用(参见第 11 章)。根据不同气象机构发布的并提供给观测员的指导,一定时间间隔内的闪电次数可供选择,通过与降水率或风速联合应用,即可确定弱、中度和强雷暴。

土壤的主要状况(干燥、湿润、潮湿、积雪、结凇或结冰)可以通过反射和散射现象进行区分(Gaumet 等,1991)。此外,对于道路等人造表面,专门设计的内嵌式传感器已开始广泛应用,如图 3.3~3.4 所示的路面传感器,可测量路面温度、冻结温度、湿度、表面水膜厚度、盐浓度等,从而确定路面道路状态。

3.3.4 天气现象综合观测仪

根据以上部分测量原理,目前已研制出多种天气现象综合观测仪。这类仪器是一种智能型多变量传感器,通常由一个散射能见度仪,一个降水检测系统传感器以及温度、湿度、风向、风速等传感器组成。通过对这些数据变量的逻辑分析来判定天气现象。

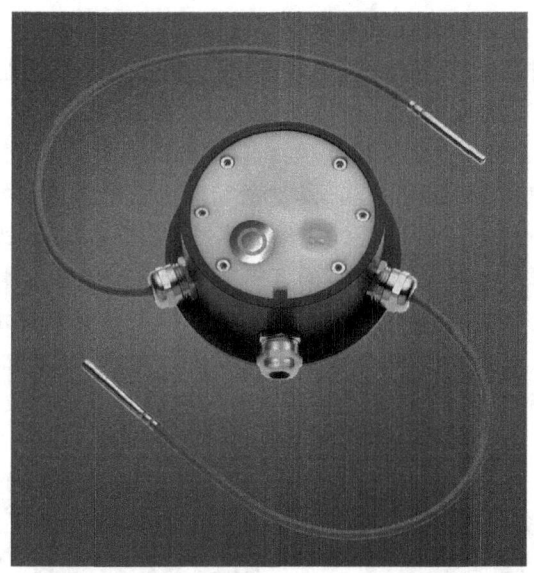

图 3.3 IRS21 型路面传感器(Lufft Inc.)

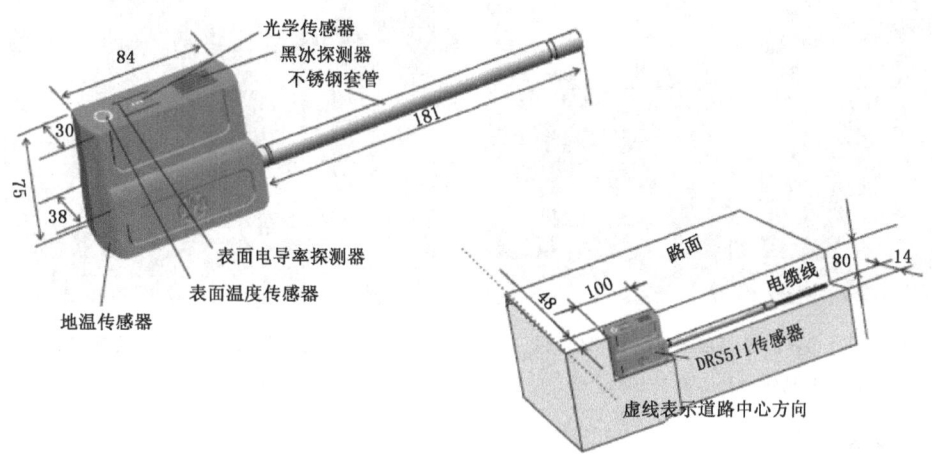

图 3.4 DRS511 型路面传感器及其安装示意(Vaisala Inc.)(注:传感器顶面应低于路面 1~3 mm)

散射能见度仪不仅能测量 0~50.0 km 气象光学视程的连续变化,而且根据散射信号的速度变化来探测降水粒子,并从光学角度估计降水强度和降水量。

降水检测系统,主要由光学雨量计等组成,其工作原理是测量雨滴经过一束光线时由于雨滴的衍射效应引起的光的闪烁,闪烁光被接收后进行谱分析,其光谱特性不仅与单位时间通过光路的雨强有关,也与雨滴的半径大小和雨滴降落速度有关,从而判断降水种类、降水强度与有无降水等。

根据能见度与相对湿度可判定雾、轻雾、霾。再参照风及其他资料可判定沙尘暴与扬沙等,从风的变化确定飑。

目前使用较广泛的天气现象综合观测仪(如图 3.5、图 3.6)能够对能见度以及引起能见度变化的天气现象、降水类型、降水量和降水强度等进行探测。除此之外,英国的 Biral VPF-730 和 PWS100 天气现象传感器、德国的 OTT Parsivel 雨滴谱仪和 Thies Clima 激光降水监测仪,加拿大的 TPI-885 降水现象传感器等均能够对降水现象和其他现象进行测量。这些仪器所采用的技术主要是光学技术,利用降水粒子对不同波段光的散射、衰减、吸收等特性来实现对降水类型、强度和降水量的探测。由于降水现象涉及多种气象要素,因此使用多种传感器对降水现象进行综合探测也是有效手段之一。

图 3.5　OWI-430 DSP-WIVIS 型天气现象观测仪(Optical Scientific)

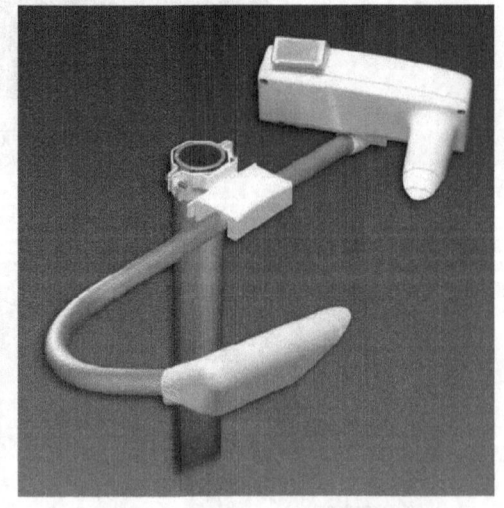

图 3.6　PWD22 型天气现象观测仪(Vaisala)

习题

1. 雨夹雪指半融化的雪(湿雪),或雨和雪同时下降,出现的天气条件包括(　　)。

A. 气层稳定；　　　　B. 气层较不稳定；　　　　C. 气层很不稳定

2. 能见度在 1.0 km 以上,10.0 km 以内可能出现的天气现象有(　　)。

A. 雾；　　B. 轻雾；　　C. 霾；　　D. 吹雪；　　E. 扬沙

3. 当雨很小时如何与毛毛雨区分？

4. 如何区别霰和米雪、冰雹和冰粒？

5. 如何区别雾凇和雨凇？它们常在什么天气下出现？外形特征怎样？常附着于什么物体？

6. 吹雪与雪暴，浮尘和霾，霾与轻雾，浮尘、扬沙和沙尘暴怎样区别？

7. 如何区别大风、飑、尘卷风、龙卷风？

8. 连续性、间歇性和阵性降水，应按哪些特点进行判别？

第4章 温度的测量

温度是表征物体冷热程度的物理量。微观上它反映了物体或系统中大量分子热运动的激烈程度或平均动能的大小。宏观上温度的概念是建立在热平衡基础上的,当两个物体或系统通过热交换达到动态平衡(热平衡)时,具有一个共同的物理性质——温度(李家瑞,1994)。

温度是一项重要的气象要素,陆地气象观测站的测温项目包括气温和地温。气温是指空气的温度,地温是指地表面和地面以下不同深度处土壤温度的统称(《大气科学辞典》编委会,1994)。气温的水平分布不均匀,可引起空气发生垂直与水平运动,这是形成各种天气现象与天气变化的重要原因之一。气温也是构成一地气候的重要因素,而且各地气温与地温的长年平均与极端情况,是国民经济建设部门进行合理设计与正确指导生产的重要参考资料之一。特别是农业生产方面,它与作物的生长、发育有着密切的关系,是气象工作为生产服务的重要项目(谭海涛等,1986)。

气温的测量项目包括地面气温和高空气温。目前我国测定的地面气温是以离地1.5 m高处的空气温度为标准。因为这一高度的气温既基本脱离了地面温度剧烈变化的影响,又处于人类活动的一般范围(谭海涛等,1986)。高空气温是指离地面各高度处的气温。地温的测量项目一般包括地表温度、土壤浅层(5 cm、10 cm、15 cm、20 cm)及土壤深层(40 cm、80 cm、160 cm、320 cm)温度。

4.1 温度单位和温标

最常用的温度为热力学温度和摄氏温度,习惯上分别用符号 T 和 t 表示,单位分别为开尔文(K)和摄氏度(℃)。在热力学温度绝对零度(0 K)下,任何物质的分子不再具有动能。热力学温度的数值用与 0K 的差值来表示,定义 1 K 等于水的三相点热力学温度的 1/273.16。水的三相点对应了一个确定不变的温度 0.01℃(273.16 K)和气压值 6.11 hPa。摄氏温度与热力学温度的关系为:

$$T - t = 273.15 \tag{4.1}$$

另外,华氏温度(符号 F,单位为华氏度,华氏度的符号为°F)在英、美等国的日常生活中仍被采用。华氏温度中冰点温度为 32°F,水的沸点温度为 212°F。华氏温度与摄氏温度之间的换算关系为:

$$t = \frac{5}{9}(F - 32) \tag{4.2}$$

$$F = \frac{9}{5}t + 32 \tag{4.3}$$

为了能定量地表示物体的温度,就必须选定衡量温度的尺度,称为温标。

历史上曾使用过多种温标。从 1990 年开始,通用的温标是"国际温标(ITS,International Temperature Scale)—90"(国家技术监督局计量司,1990)。ITS-90 是以若干个可再现的平衡态温度作为参考点,其中与大气测量有关的一类参考点如表 4.1 所示。在大气环境中,测温范围通常在 $-80 \sim +60$ ℃,为了测温仪器校准上的方便,另外设置了一些二类参考点,例如,在标准大气压(1013.25hPa)下,二氧化碳的升华点 -78.464 ℃,汞的凝固点 -38.829 ℃,冰点 0℃,二苯醚的三相点 26.864℃。二类参考点的精度低于一类参考点,但能满足大气科学工作的要求。在参考点之间的刻度通常利用铂电阻温度表作为标准仪器进行内插(张霭琛等,2015)。

表 4.1 ITS-90 中与大气测量有关的一类参考点

平衡状态	国际温度指定值	
	$T(K)$	$t(℃)$
氩的三相点	83.8058	-189.3442
汞的三相点	234.3156	-38.8344
水的三相点	273.16	0.01
镓的凝固点	302.9146	29.7646
铟的凝固点	429.7485	156.5985

注:标准大气压为 1013.25 hPa。

4.2 测温元件和仪器

测温仪器也叫温度表或温度计,它们都是利用物体的某一属性随温度而变化的特性作为测温依据的。在气象观测中习惯于把能进行连续记录示度的仪器称为"计",而把那些不能连续自记的仪器称为"表"。但工业上及医药上却把温度表称为温度计,或不作严格的区分(林晔,1993)。

测温仪器的种类繁多。接触式和非接触式(或称遥感式)测温仪器均被使用。

接触式测温仪器,是根据一切互为热平衡的物体具有相同温度的特性测温的。当温度表与被测物体相接触时,热量将由温度高的物体向温度低的物体传递,直到两物体的温度相同为止。如果温度表的热容量足够小,被测物体的热容量足够大,温度表的示度就会足够接近被测物体的温度。制作接触式测温仪器时,常利用下列几种关系：液体（或气体）的体积（或压强）与温度的关系；热电偶的温差电动势、导体或半导体的电阻与温度的关系；以及金属的体膨胀或线膨胀大小与温度的关系等等。根据以上关系可制成玻璃液体温度表、电测温度表、机械式温度表等。其中，玻璃液体温度表是最经典的测温仪器。在我国目前的气象观测业务系统中，电测温度表由于适合遥测和自动化，在很多台站已经取代了玻璃液体温度表，而机械式温度表由于误差太大已经被淘汰。本章主要介绍玻璃液体温度表和电测温度表。

遥感式测温仪器，是根据接收来自被测物体的电磁波或声波信息，来探测被测物体的温度的。这种仪器不需要使其感应元件与被测物体直接接触，因此，称为遥感式测温仪器。主要随着气象雷达和卫星的发展而得到了广泛的应用。相关仪器将在"卫星遥感"章节中进行详细的介绍。值得一提的是，遥感式测温仪器不仅被广泛应用在大气探测领域，而且也被应用到生物体温测量上。例如，现代人们采用红外线体温计测量人体的温度。

4.2.1 玻璃液体温度表

玻璃液体温度表是利用液体的体积随温度而变的特性来测量温度的。具体地说，主要利用一个由玻璃球部以及与之相通的毛细管组成的表柱。由于球内液体的热胀系数远大于玻璃，因此当温度变化时，引起球内测温液体体积膨胀或收缩，使进入毛细管的液柱高度随之变化。然后用标准温度表进行校准，并把温度标度刻在表柱上，或是刻在一个固定于表柱的标尺上。

常用的测温液有水银、酒精和二甲苯。用水银作温度表的优点是：1）纯水银容易得到；2）比热小；3）导热系数高；4）对玻璃无湿润；5）饱和蒸汽压小。用水银作温度表的缺点为：1）温度在 $-38.862℃$ 以下不能用；2）膨胀系数小。对于低温的测量可采用含铊4%的汞合金，可以在 $-62℃$ 以上的温度条件下使用。利用有机液体（酒精和二甲苯）作玻璃温度表的优点是：1）可用于低温；2）膨胀系数大。缺点是：1）湿润玻璃，易发生断柱现象；2）导热系数小，球内温度分布不均匀；3）饱和蒸汽压高，温度降低时会有液体小滴凝结在毛细管上部中空部分。

制作温度表的玻璃都是专门经过热处理和陈化过的，以减少日久后玻璃自然老化变形而引起温度的零点位移。

(1)各种玻璃液体温度表

气象台站用来测定气温与地温用的温度表有以下几种。

1)普通（气象站用）温度表

它是一种内标式玻璃液体温度表，由感应球部、毛细管、标尺板、外套管组成。球部形状为圆柱体状或洋葱头状。如图 4.1 所示。通常采用水银作为测温液体。

2)最高温度表

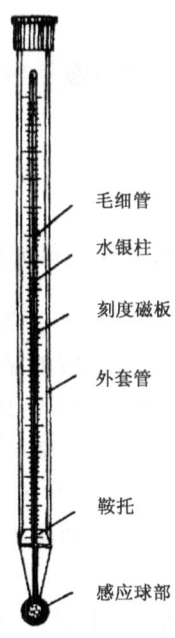

图 4.1 普通温度表

它是专门用来测定一定时间间隔内的最高温度的一种仪器。温度表的构造与普通温度表基本相同,但在接近球部附近的内管里嵌有一根玻璃针,如图 4.2 所示。

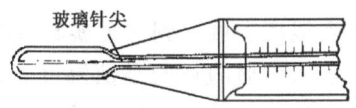

图 4.2 最高温度表

当温度上升时,球部水银发生膨胀,产生的压力大于狭管处的摩擦力,故水银仍然能够在毛细管管壁和玻璃针尖之间挤过;温度下降时,水银收缩,当水银由毛细管流回球部时,在狭管处的摩擦力超过了水银的内聚力,水银就在此中断,因此在温度下降时,处在狭管上部的水银柱仍然留在管内,温度表的最高示度就被保留下来。

最高温度表毛细管的上部,不像一般温度表那样充有干燥气体,而是真空的。这是为了避免气体分子压力作用于水银柱顶部,从而增加水银回到球部的作用力,破坏其最高性。

3)最低温度表

是专门用来测定一定时间间隔内的最低温度的一种仪器。它的测温液是酒精。构造如图 4.3 所示。

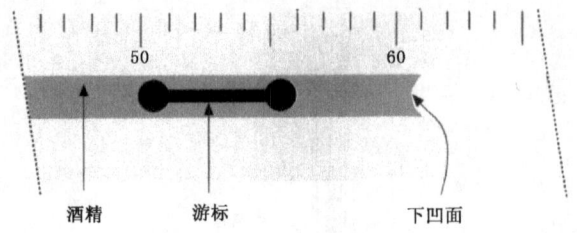

图 4.3 最低温度表

最低温度表水平放置时,游标停留在某一位置。当温度上升时,酒精膨胀绕过游标而上升,而游标由于其顶端对管壁有足够的摩擦力,使它能维持在原处不动;当温度下降时,酒精柱收缩到与游标顶端相接触时,由于酒精液面的表面张力比游标对管壁的摩擦力要大,使游标在表面张力作用下随酒精柱顶一起向低温一侧移动,而不会从酒精柱顶露出。由此可知游标是只能向低温一侧移动而不能向高温一侧移动。故游标离球部较远一端的示度,即是一定时间间隔内曾经出现过的最低温度。

4)曲管地温表

用来测定浅层各深度的地中温度。温度表球部附近的管子弯曲成 135°角,玻璃套管下部(自球部到温标起点)用石棉灰充填,上面再用棉花填塞,并用火漆作成若干道分隔板,以防止玻璃套管内空气的对流。整套曲管地温表包括深度为 5 cm、10 cm、15 cm、20 cm 的四支温度表。

5)直管地温表

直管地温表是将一支普通温度表嵌入到有金属底盖的特制塑料套管内。在温度表球部周围填有很多铜屑。填入铜屑的目的是使温度表具有必要的滞后性,使其在被观测员从地中抽出进行读数的一段时间内,示度保持不变。

套管连同温度表用螺丝旋紧于木棒上,木棒另一端镶有带圆环的帽,木棒的长度随着温度表安装的深度而各不相同。木棒连同固定在它上面的套管一起插入胶木管内,胶木管的末端有金属底盖,为了防止管内空气的对流,在木棒上装有 3~4 个毡圈。

直管地温表有 40 cm、80 cm、160 cm、320 cm 四种深度。

(2)温度表的读数

应注意下列几点:1)温度表应在保证准确度的情况下尽快读数,以避免由于观测员的出现而影响到温度示度;2)观测员应该保证从其眼睛到弯液面或游标的直线与温度表柱成直角,从而避免出现视差;3)如果有标度误差的订正值,则应当用其进行读数订正;4)最高与最低温度表的读数与调整,应当每日至少进行两次。它们的读数应经常与普通温度表的读数进行对比,以保证它们的读数不发生严重的误差。

(3)安置

不管是普通温度表还是最高和最低温度表都要安置在百叶箱的同一个支架上。极端温度表安放在水平支架上,使其与水平面有一个大约 2 度的倾斜角,球部略低。

4.2.2 电测温度表

电测温度表是根据电阻、电动势等电参数随温度而变化的特性来测量温度的。它的主要优点是适合温度的遥测和自动化,因为电测元件便于温度信号的远距离显示、记录、存储或传送。最常用的元件是金属电阻元件、热敏电阻和热电偶(WMO,2005)。

(1)电阻温度表

1)金属电阻温度表

金属(或合金)电阻温度表是根据某种金属或合金的电阻随温度变化的特性来测量温度的。当温度变化量 $T-T_0$ 较小时,金属电阻的变化量 R_T-R_0 正比于温度变化量 $T-T_0$,对该正比关系进行简单变形,得到

$$R_T = R_0[1+\alpha(T-T_0)] \tag{4.4}$$

式中,α 是该金属电阻在 T_0 附近的温度系数。

温度变化大时,对于某些合金,需要考虑 R_T-R_0 与温度变化量 $T-T_0$ 的非线性关系,最好用下式表示它们的关系,

$$R_T = R_0[1+\alpha(T-T_0)+\beta(T-T_0)^2] \tag{4.5}$$

式中,系数 α 与 β 的数值可通过温度表的校准来确定。

一个好的金属电阻温度表,应满足下列要求(WMO,2005):

(a)在温度测量范围内,它的物理和化学性质保持不变;

(b)在测量范围内,其电阻随温度的增加稳定且无任何不连续性;

(c)诸如湿度、腐蚀或物理变形等外界影响都不会明显改变其电阻;

(d)在两年或两年以上期间,其特性将保持稳定;

(e)它的电阻值和温度系数应大到足以在测量电路中使用。

纯铂最满足上述要求,因此把它用在地区间传递国际温标 ITS-90 所需要的一级标准温度表。铜是适用于二级标准器的材料。

气象用的实用温度表,通常都是由铂合金、镍或铜(偶尔用钨)制成,在使用前都经人工老化处理,它们通常用玻璃或陶瓷进行密封绝缘,但它们的时间常数仍然比玻璃液体温度表的要小。

2)热敏电阻温度表

常用的另一类型的电阻元件是热敏电阻。这是一种电阻温度系数相对大的半导体,随实际材料的不同,电阻温度系数可能为正或负值。金属烧结氧化物的混合体适

合于制作实用热敏电阻,成形通常为小圆片状、棒状或球状,并且常常外裹玻璃。热敏电阻的电阻 R 随温度变化的一般表达式为:

$$R = a\exp(b/T) \tag{4.6}$$

其中,a 和 b 是定标常数;T 是热敏电阻的温度,以 K 为单位。在 $-40 \sim +40$ ℃ 温度范围内,典型的热敏电阻的阻值有 $100 \sim 200$ 倍的变化。可见,热敏电阻具有相当高的灵敏度,这是该元件的优点。

采用导体或半导体电阻器制成的温度表,根据测定种类的不同,其构造也不同。但不论是哪类电阻温度表,归根到底在于确定温度表的电阻。测量电阻的准确度直接影响着温度测量的准确度。采用桥式电路测量电阻可使结果相当准确。一般采用平衡电桥和不平衡电桥两种(林晔,1993),其中平衡电桥多用在对温度测量的准确度要求高时。

(2)热电偶

由两种不同的金属材料(或半导体)组成的一个闭合回路,使两个接点保持在不同的温度 T_1 和 T_2 下,可以发现,闭合回路中有电流通过,这种现象叫做温差电现象,也叫贝塞克效应。这种热电路装置也称热电偶或温差电偶。回路中产生的电动势,叫做温差电动势。温差电动势的大小和符号,取决于连接的金属类型和接点处的温度差,通常接触点间的温差愈大,回路中的电动势也愈大。具体可用下式表示:

$$E = a(T_1 - T_2) + b(T_1 - T_2)^2 \tag{4.7}$$

式中,a 和 b 是常数。

温差电动势的大小,可以使用检测电动势的仪表来指示,例如电位差计、电子电位差计、数字电压表等,见图 4.4。当然,一个实用的检测线路往往还包括其他部件,如引线、接线板、切换开关以及测试仪表等。

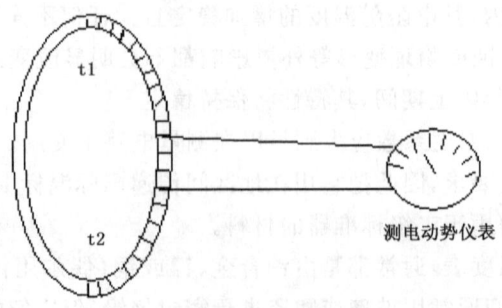

图 4.4 温差电动势的测量

人们已经获得了一些热电偶(例如,铁—康铜、铜—康铜、镍—镍铬等)在气象常用工作段中的温差电动势和温度的关系(林晔,1993)。利用热电偶测定温度时,常使一个接触点维持在已知温度(例如,0℃)下,根据回路中温差电动势的大小以及两金属的温差电动势和温度的关系,可求得另一接触点的温度。

(3)安装(WMO,2005)

电测温度表的安装要求,一般与玻璃液体温度表的相同。此外,在进行下列项目的测量时,有一些特殊的安装要求。

1)极端值测量。如果电测温度表与一个连续运行的数据记录系统相连,那么就不再需要安装最高和最低温度表。

2)表面温度测量。电测温度表的辐射特性有别于玻璃液体温度表。因此,电测温度表如果用作草面(或其他表面)最低温度表,其所测的值与相同条件下安装的普通温度表所测的值是不一样的。将电测温度表放在一个玻璃套里可以减少这种差异。

3)土壤温度测量。放在垂直钢管里的水银温度表非常不适用于测量土壤温度的日变化。把电测温度表置于铜套中并按深度要求插入未经干扰的垂直土壤截面,该土壤截面通过开挖已暴露在外。电气连接线通过埋在深沟的塑料管引出,然后用同样的方法将土回填,恢复原来的土层和排水特性。这样就可能获得更有代表性的读数。

(4)误差来源(WMO,2005)

1)金属电阻和热敏电阻

(a)温度表元件自身加热。自身加热的发生是因为电阻元件有电流通过而产生热量,这样,温度表元件的温度比周围介质温度要高。

(b)导线电阻补偿不当。连接线的电阻将引起温度读数误差。长的引线会使误差更为明显,比如当电阻温度表放在离测量仪器相当远的地方,读数误差也会因电缆温度改变而有所变化。这些误差可以用外接导体(平衡电阻)和一个合适的电桥网络来补偿。

(c)传感器或处理仪器非线性补偿不当。在扩大的温度范围内,电阻温度表和热敏电阻温度表都不是线性的,但是如果在一个有限的温度范围内使用,仍可以取得接近线性的输出。因此必须采取措施,对这种非线性进行补偿。热敏电阻温度表可能最需要这种补偿,以达到一个可用的气象测量范围。

(d)开关接触电阻的突变。当开关使用年限增加时,就会发生开关接触电阻的突变。除非定期进行系统校准检查,否则可能不易察觉。

2)热电偶

(a)导线电阻随温度而变。减少这种影响的办法是,使所有的导线尽量短而紧凑,并使绝缘良好。

(b)当温度测量点附近存在一个温度梯度时,从接头出来的导线上就会有热传导。

(c)由于联接电路里使用与热电偶不同的金属,偶尔会产生第二种热电动势。因此,电路其余部分的温差必须尽量地小;当被测电动势较小的时候尤其重要(这种情况需要定期重新校准)。

(d)电源电路近旁会有泄露电流。适当屏蔽导线可以使这种影响减至最小。

(e)如果导线或接点沾水,就会产生激励电流。

(f)电流计的温度变化引起其特性改变(主要是改变其电阻)。这绝不会影响用电位法测得的读数,但会影响直接读数的仪器。使电流计的温度尽量接近校准时电路的温度,可以使这种影响减至最小。

(g)在电位法测量中,标准电池电动势(电位计电流据此进行调整)的变化,和各次调整之间的电位计电流的变化都会引起测量电动势的相应误差。如果使用校准电池,而且电位计的电流只在温度测量前进行调整,则这种误差一般很小。

4.2.3 一种新型测温技术简介

利用晶体二极管的测温技术发展较快。二极管温度表(带隙温度表)是利用晶体管 P-N 结在恒电流下正向降压随温度而变的特性进行测温的。在 $-80 \sim 120$ ℃ 温度范围内正向电压降与温度有较好的线性关系。温度系数约为 -2.3 mV/℃,即温度升(降)时,正向压降增大(减小)。因此测量正向压降就可推得温度。

把 P-N 结作成针状、柱状、片状等各种测温头,即可测点温或表面温度。

4.3 测温元件的热滞效应

在使用接触式测温元件测温时,需要使测温元件与被测对象相接触,进行热交换建立热平衡,从而使测温元件与被测对象的温度相同。由于测温元件与被测对象进行热交换需要一个过程,所以测温元件对被测对象温度变化的响应总是滞后,这种现象称为热滞效应。

热滞效应将引起测温误差,称为热滞误差。当被测对象的温度作阶跃或线性变化时,热滞误差是指测温元件的示度与被测温度的差值;在被测温度作周期变化时,热滞误差是指振幅、相位在测温元件输出与被测温度之间的差异。值得一提的是,造成测温仪器滞后的原因除热滞效应以外,还可由指示系统的延迟特性所造成。

设 t 和 θ 分别为测温元件与被测对象(介质)的温度,M 为测温元件的质量,S 为元件的有效面积,C 为元件比热,h 为热交换系数,定义 $\lambda = \dfrac{MC}{hS}$ 为元件的热滞系数,具有时间量纲。元件温度的变化速率可表示为

$$\frac{dt}{d\tau} = -\frac{1}{\lambda}(t-\theta) \qquad (4.8)$$

式中，τ 代表时间。热滞系数 λ 是反映测温元件响应外界温度变化快慢的一个参量。由式(4.8)可知，λ 越小，则元件温度随时间的变化率的绝对值越大，表明测温元件的响应越快。而由公式 $\lambda = \frac{MC}{hS}$ 可知，元件的热容量 MC 越小，有效面积 S 越大，热交换系数 h 越大，则热滞系数 λ 越小，相应地，元件的响应越快。这与定性分析所得到的结论是一致的。

下面对热滞误差和元件滤波能力（即自动平均能力）进行阐述。

4.3.1 介质温度 θ 恒定时的热滞误差

假设在测量实验中，λ 为常数，在初始条件：$\tau = 0$ 时，$t = t_0$ 下，求解微分方程(4.8)，得到

$$t - \theta = (t_0 - \theta)e^{-\tau/\lambda} \qquad (4.9)$$

由式(4.9)可知，热滞误差 $(t-\theta)$ 随时间 τ 按负指数规律减小，即当被测介质的温度恒定时，测温元件以指数规律逐渐趋近于被测介质的温度。热滞系数 λ 的数值等于测温元件经过响应使热滞误差 $(t-\theta)$ 成为初始误差 $(t_0-\theta)$ 的 $1/e$ 所需要的时间。所以热滞系数 λ 又称为传感器的时间常数。

4.3.2 介质温度 θ 呈线性变化时的热滞误差

假设介质温度 θ 呈线性变化，即 $\theta = \theta_0 + \beta\tau$，其中 β 为常数。假设初始时刻元件与介质已达到热平衡，即 $\tau = 0$ 时，$t = t_0 = \theta_0$，求解微分方程(4.8)，得到热滞误差为

$$t - \theta = -\beta\lambda(1 - e^{-\tau/\lambda}) \qquad (4.10)$$

而当时间 $\tau \gg \lambda$ 时，上式近似为

$$t - \theta \approx -\beta\lambda \qquad (4.11)$$

也就是说，当介质温度线性变化，且初始时刻元件与介质的温度相同时，在观测时间足够长以后，热滞误差将近似为常数，并且等于介质温度的变化率与测温元件热滞系数的乘积。

以探空仪测温为例。当大气温度垂直递减（$\beta < 0$）时，热滞误差 $t-\theta$ 为正值；而在逆温层中，$t-\theta$ 为负值。而且因为热滞系数将随高度上升而增大（元件与外界的热交换能力变弱），所以热滞误差将随高度增加。

4.3.3 介质温度呈周期变化时的热滞误差

以介质温度呈正弦变化为例，即

$$\theta = \theta_0 + A_0 \sin\omega\tau \tag{4.12}$$

式中,θ_0 和 A_0 为介质温度的平均值和变化振幅,ω 为角频率。假设初始时刻元件与介质已达到热平衡,即 $\tau=0$ 时,$t=t_0=\theta_0$,求解微分方程(4.8)。在 τ 足够大时,其解可近似为

$$t = \theta_0 + \frac{A_0}{\sqrt{1+\omega^2\lambda^2}}\sin(\omega\tau - \phi) \tag{4.13}$$

其中,$\phi = \tan^{-1}\omega\lambda$。

式(4.13)表明:1)测温元件的温度也呈正弦变化,而且与介质温度变化的角频率相同,都是 ω;2)测温元件温度变化振幅比介质的小,减小到介质温度变化振幅的 $\frac{1}{\sqrt{1+\omega^2\lambda^2}}$,即 $A = \frac{A_0}{\sqrt{1+\omega^2\lambda^2}}$;3)测温元件温度变化的位相比介质的落后 $\phi = \tan^{-1}\omega\lambda$。由以上 2)和 3)可见,测温元件的温度变化振幅和位相的改变情况与介质温度变化的角频率 ω 和测温元件的热滞系数 λ 有关。对于给定的测温元件,介质温度变化的角频率越高,则所测得的温度变化振幅减小比例越大,同时位相落后也越多。对于给定的介质温度变化特征,测温元件的热滞系数 λ 越大,则所测得的振幅减小比例越大,同时位相落后也越多。温度变化振幅减小比例越大意味着测温元件对介质温度变化的平滑作用越大,位相落后越多意味着测温元件对介质温度变化响应的滞后作用越大。

由此可见,若想使所测温度尽可能真实地反映介质的温度变化,应当尽可能选用热滞系数 λ 小的元件。相反,若希望测温元件对介质温度变化有较强的平滑作用,则应当选用热滞系数 λ 较大的元件。

4.3.4 元件自动平均能力

对测温元件自动平均能力的研究发现(金莲姬等,2003),每个时刻测温元件的输出值,是此时刻之前一段时间内外界温度输入值的不等权平均值,其权重随着输入与输出时刻间隔的增大呈指数减小。当时间间隔足够大时,权重会足够小。可取某一下限权重函数值,把它所对应时刻与温度信号的输出时刻间的时段定义为有效平均时间。热滞系数 λ 越大的测温元件,所对应有效平均时间越长;反之则相反。

通常只有专门研究大气湍流时,才需要测定温度的迅速变化,而天气气候气象站的气温观测侧重于测定气温的日变化过程,而那些短周期的温度脉动则不是重点,甚至完全不需要将它们记录下来。对于这种用途的温度传感器,热滞系数不宜过小,适当的热滞系数不仅可以自动有效地削弱短周期的温度脉动,而且使温度观测资料能代表更长时段内的平均值,从而代表更大空间范围内的平均值。

下面通过具体实例来说明如何根据观测要求来选择不同热滞系数的测温仪器。

例1：观测资料表明，离地面1.5 m处的气温日变化近似正弦变化，振幅为10℃，为使记录下来的日振幅误差 $A_0 - A \leqslant 0.05℃$，即 $\dfrac{1}{\sqrt{1+\omega^2\lambda^2}} \geqslant \dfrac{10-0.05}{10}$，将 $\omega = \dfrac{2\pi}{T} = 2\pi/(24\times 3600)$ 代入可得热滞系数应满足

$$\lambda \leqslant \frac{T}{2\pi}\sqrt{\left(\frac{A_0}{A}\right)^2 - 1} = 1380 \text{ s} \tag{4.14}$$

例2：若要使最高、最低气温出现时刻的误差不超过2分钟，则由式(4.13)可得热滞系数应满足

$$\lambda \leqslant \frac{T}{2\pi}\tan\phi = 120 \text{ s} \tag{4.15}$$

例3：世界气象组织对地面观测中气温测量元件的要求为：当通风速度为5 m/s时，热滞系数在30~60 s。

例4：对于边界层的温度探测，为了响应几千赫兹的温度脉动，热滞系数 λ 应小于1 ms，这需要采用直径为十分之几微米的金属丝做测温元件才能达到。

4.4 气温测量中的防辐射

目前气象台站常用的气温温度表(除精细金属丝电阻温度表外)的热状态，一方面与空气所进行的热量交换有关，另一方面还受太阳及周围物体辐射的影响。具体地说，测温仪器的感应部分与空气相比，对太阳及周围物体辐射能的吸收能力要大得多。因此，太阳及周围物体的辐射对测定空气温度有严重的影响，产生"辐射误差"，需要在气温测量时加以克服。同时，为使温度表的示度尽可能接近原气温，还得有大量的空气流经球部。此外，降水等天气现象也会影响空气温度的测定。为消除上述影响，气象台站一般采用两种措施：一种是将温度表置于百叶箱内；另一种是温度表上增设通风和防辐射装置。

4.4.1 百叶箱

百叶箱是安装温、湿度仪器用的防护设备。它的内外部分应为白色。百叶箱的作用是防止太阳对仪器的直接辐射和地面对仪器的反射辐射，保护仪器免受强风、雨、雪等的影响，并使仪器感应部分有适当的通风，能真实地感应外界空气温度和湿度的变化。

(1)结构

百叶箱通常由木质或玻璃钢两种材料制成，箱壁两排叶片与水平面的夹角约为45°，底为中间一块稍高的三块平板，箱顶为两层平板，上层稍向后倾斜(见图4.5)。

图 4.5 百叶箱

木制百叶箱分为大小两种:小百叶箱内部高 537 mm、宽 460 mm、深 290 mm,用于安装干球和湿球、最高、最低温度表、毛发湿度表;大百叶箱内部高 612 mm、宽 460 mm、深 460 mm。用于安装温度计、湿度计或铂电阻温度传感器和湿敏电容湿度传感器。

玻璃钢百叶箱内部高 615 mm、宽 470 mm、深 465 mm。用于安装各种温、湿度测量仪器。

(2)安装

百叶箱应水平地固定在一个特制的支架上。支架应牢固地固定在地面或埋入地下,顶端约高出地面 1.25 m;埋入地下的部分,要涂防腐油。支架可用木材、角铁或玻璃钢制成,也可用带底盘的钢制柱体制成。多强风的地方,须在四个箱角拉上铁丝纤绳。箱门朝正北。

(3)维护

百叶箱要保持洁白,木质百叶箱视具体情况每一至三年重新油漆 1 次;内外箱壁每月至少定期擦洗 1 次。寒冷季节可用干毛刷刷拭干净。清洗百叶箱的时间以晴天上午为宜。在进行箱内清洗之前,应将仪器全部放入备份百叶箱内;清洗完毕,待百叶箱干燥之后.再将仪器放回。清洗百叶箱不能影响观测和记录。

安装自动站传感器的百叶箱不能用水洗,只能用湿布擦拭或毛刷刷拭。百叶箱内的温、湿传感器也不得移出箱外。

冬季在巡视观测场时,要小心用毛刷把百叶箱顶、箱内和壁缝中的雪和雾凇扫除干净。

百叶箱内不得存放多余的物品。

在人工观测中,箱内靠近箱门处的顶板上.可安装照明用的电灯(不得超过25 W),读数时打开,观测后随即关上,以免影响温度。也可以用手电筒照明。

4.4.2 其他的人工通风屏蔽罩

除把温度表放置在自然通风的百叶箱中之外,另外的方法是把温度表放在两个同心圆筒形的防辐射套管的轴线位置上,以防太阳直接辐射照射到温度表球部。在防辐射套管之间,引入速度在 2.5~10 m/s 流经温度表球部的气流。阿斯曼通风干湿表就是这种类型的实例(如图 4.6)。原则上,防辐射套管应由绝热材料制作,虽然在阿斯曼干湿表中,辐射套管采用高度抛光的金属管,以减少其对太阳辐射的吸收。防辐射的内套管与其两侧流动的气流都保持接触,以使内套管的温度,以及温度表的温度都能极为接近空气的温度。这种防辐射套管安置时,通常使其中轴线垂直。从地面经由这些套管底部进入的直接辐射量很小,并且可以籍延长套管底部到温度表球部下端的长度而减少辐射量。用电动风扇提供人工通风时,应当防止任何从电机和风扇来的热量传给温度表。

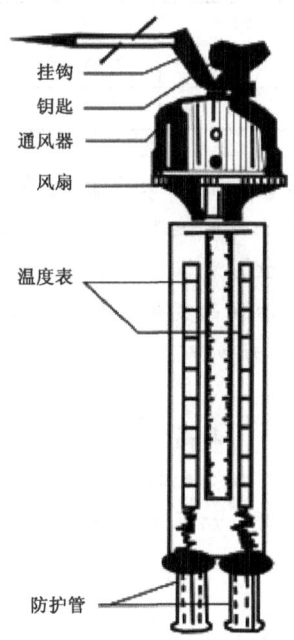

图 4.6 阿斯曼通风干湿表(张文煜和袁九毅,2007)

还有一种就是 WMO 标准干湿表,它的设计充分考虑了辐射影响和人工通风及屏蔽罩的使用,能确保温度表元件处于平衡而真实的气温中(WMO,2005)。

习题

一、问答题

1. 玻璃液体温度表和电测温度表的测温原理是什么?
2. 水银和酒精作为测温液各有哪些优缺点?
3. 什么叫测温元件的热滞效应?当被测介质的温度分别是常数、线性变化、周期变化时,热滞误差各有什么特点?
4. 气温测量中的辐射误差是如何产生的?气象台站一般采用哪两种措施来减小辐射误差?

二、计算题

1. 设金属的电阻值与温度的关系为:$R = R_0(1+\alpha t)$,其中 R_0 为 $t=0℃$ 时金属的电阻。现已知 5 种金属的电阻温度系数 α 和 $t=0℃$ 时的电阻率 ρ_0(见下表)若仅考虑灵敏度而不考虑其他因素,其中最好的温度表材料是哪种金属材料?

5 种金属材料的电阻特性

	铂	镍	铁	钨	铜
$\alpha(℃^{-1})$	3.9×10^{-3}	4.3×10^{-3}	5.2×10^{-3}	4.2×10^{-3}	3.9×10^{-3}
$\rho_0(\mu\Omega\cdot cm)$	10	6.8	10	5.5	1.7

2. 在一次无线电探空中,假设被测大气温度直减率为 $1℃/100\ m$,探空仪以 $7\ m/s$ 的速度上升,所携带测温元件的热滞系数 $\lambda=10\ s$,求热滞误差。

3. 设一支温度表的热滞系数 λ 为 $50\ s$,若介质温度变化周期 $T=100\ s$,温度变化振幅为 $A=1℃$,求此时温度表示度的变化振幅。但若 $T=2000\ s$,而其他已知条件不变,则温度表示度的变化振幅为多少?

三、选择题

1. 气温的测量项目包括(　　)和高空气温。
   A. 地表温度　　B. 离地 10 m 高处的气温　　C. 地面气温　　D. 边界层气温

2. 接触式测温仪器,是根据一切互为热平衡的物体具有(　　)温度的特性测温的。
   A. 不同　　B. 相似　　C. 互为接近　　D. 相同

3. 最高温度表与普通温度表在结构方面的差异主要体现在(　　)。
   A. 前者比后者只是多一个游标
   B. 前者比后者只是多一根玻璃针
   C. 测温液不同

D. 无差异

4. 电测温度表的主要优点是(　　)。

A. 温度表中准确度最高　　　　　　　B. 适合遥测

C. 携带方便　　　　　　　　　　　　D. 便于自动观测

四、归纳小结题

气象上最常用的测量温度的电测元件有哪些？它们的测温原理如何？通常使用何种材料制造该元件？

第 5 章 空气湿度的测量

空气湿度是表征大气中水汽含量和潮湿程度的物理量。水汽是大气的重要组成部分之一。大气中水汽含量虽然很少,但对能量输送、辐射平衡、云雨形成以及天气、气候变化都有非常大的影响。自然界的水汽在一定条件下可以完成"气—液—固"三种相态的相互转变,如气态转变为液态就会形成云滴和雨滴,转变为固态就会形成雪花和冰雹,进而形成天气现象的千变万化。水汽的相变还是一种重要的能量转换方式,其潜热的释放对大气垂直稳定度有显著影响,在灾害性天气的监测和预报中,有特别重要的指示意义。自然界中的水分通过蒸发、凝结、降水、渗透、径流以及植物蒸腾等一系列过程将大气圈、水圈、土壤圈、冰雪圈、生物圈有机地联系起来,如图 5.1 给出的示意图。所以空气湿度的测量在气象、环境、水文等方面的研究中占有重要地位。

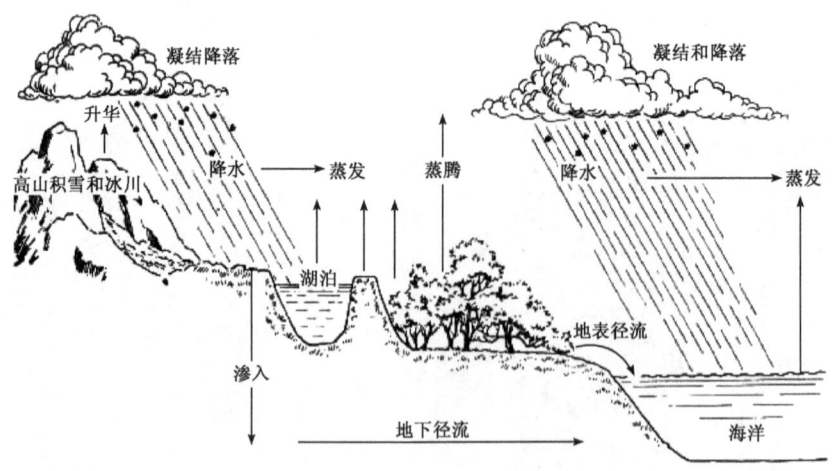

图 5.1 自然界中水分循环过程示意图

5.1 湿度的表示和基本测量方法

本节将主要介绍一些表征湿度的物理量以及湿度测量的基本方法。

5.1.1 表征湿度的物理量

大气科学中用于表征湿度的物理量较多,大致可以分为:混合比 γ、比湿 q,水汽压 e、饱和水汽压 e_{sw} 和 e_{si},露点温度 t_d 和霜点温度 t_f,相对湿度 U,绝对湿度 ρ_w 等。下面将各个物理量的具体定义作进一步阐述。

(1)混合比 γ

混合比是指湿空气中水汽质量 m_v 与干空气质量 m_a 的比值:

$$\gamma = \frac{m_v}{m_a} \tag{5.1}$$

(2)比湿 q

比湿是指湿空气中水汽质量 m_v 与湿空气总质量($m_v + m_a$)的比值:

$$q = \frac{m_v}{m_v + m_a} \tag{5.2}$$

(3)水汽压 e

水汽压是指湿空气中的水汽在单位面积上产生的压力。在大气压为 p、混合比为 γ 时,湿空气的水汽压 e 定义为

$$e = x_v p = \frac{\gamma}{0.62198 + \gamma} p \tag{5.3}$$

单位:hPa。式(5.3)中 x_v 为水汽的相对摩尔分数,定义为

$$x_v = \frac{n_v}{n_v + n_a} = \frac{\dfrac{m_v}{M_v}}{\dfrac{m_a}{M_a} + \dfrac{m_v}{M_v}} = \frac{\dfrac{m_v}{m_a}}{\dfrac{M_v}{M_a} + \dfrac{m_v}{m_a}} = \frac{\gamma}{0.62198 + \gamma} \tag{5.4}$$

式中,M_a 和 M_v 分别为干空气和水汽的摩尔质量;n_a 和 n_v 为干空气和水汽的摩尔数。

(4)饱和水汽压 e_{sw} 和 e_{si}

水面饱和水汽压 e_{sw} 是指气压和温度不变的条件下,水汽和水面达到气液两相中性平衡时纯水蒸气产生的压强。冰面饱和水汽压 e_{si} 是指气压和温度不变的条件下,水汽和冰面达到气固两相中性平衡时纯水蒸气产生的压强,单位用 hPa。(注:这里的水面和冰面是指不含任何杂质的纯净水形成的平整水面和冰面。否则,当水质不同,液面高低起伏时,实际测量值与理论计算值有较大差异(李英干等,1987))

大量科学实验表明,饱和水汽压仅是温度的函数,可由克劳修斯-克拉珀龙方程表示(Clausius-Clapeyron)。然而在实际测量过程中,水汽与水面(冰面)很难达到绝对的中性平衡,再加上液面平整度和水质的影响,e_{sw} 和 e_{si} 的计算通常用经验公式来计算(WMO,2005),如下:

$$\text{水面}(t = -45 \sim 60\,℃): e_{sw}(t) = 6.112 \exp\left(\frac{17.62t}{243.12 + t}\right) \tag{5.5}$$

冰面($t = -65 \sim 0℃$): $e_{si}(t) = 6.112\exp(\dfrac{22.46t}{272.62+t})$ (5.6)

由式(5.5)与式(5.6)可知,在同一温度下,水面上的饱和水汽压大于冰面上的饱和水汽压。

(5)露点温度 t_d 和霜点温度 t_f

空气在水汽含量和气压不变的条件下,通过冷却达到饱和时的温度称为露点温度 t_d;倘若冷却至对冰面达到饱和时的温度则为霜点温度 t_f,单位:℃。当空气中的水汽达到饱和时,气温与露点温度相同 $t = t_d$,而水汽未达到饱和时,$t > t_d$,因此,t 与 t_d 的差值($t - t_d$),即温度露点差,可以表征空气的饱和程度。这一物理量广泛应用于高空湿度的判断,如高空天气图中湿度量通常用温度露点差来表示。

(6)相对湿度 U

相对湿度定义为空气中实际水汽压 e 与当时饱和水汽压 e_{sw}(e_{si})的比值。

水面 $\quad U = (\dfrac{e}{e_{sw}})_{p,T} \times 100\%$ (5.7)

冰面 $\quad U = (\dfrac{e}{e_{si}})_{p,T} \times 100\%$ (5.8)

(7)绝对湿度 ρ_w

在体积为 V 的湿空气中,所含水汽的质量为 m_v,绝对湿度可表示为:

$$\rho_w = \dfrac{m_v}{V} \quad (5.9)$$

单位用 kg/m^3,表征单位体积的湿空气中水汽含量的多少。

5.1.2 空气湿度测量方法的分类

大气科学领域内用于测量空气湿度的方法,主要有以下几种。

(1)称量法:该方法利用干燥剂从已知体积的湿空气中吸收水汽来得到水汽占湿空气的比重。水汽的质量可以通过称量干燥剂在吸收水汽前后的重量差来测定。此法测量精度高,误差可小于 0.2%,故此通常用于其他测湿仪器的校准,但测量过程较为复杂,对工作环境要求也较高。

(2)干湿表法:利用蒸发表面冷却降温的程度随湿度变化的原理来测定水汽压。主要用于业务观测。

(3)凝结法:又称冷镜法,该方法通过测量镜面产生水汽凝结时的温度来得到露点温度(霜点温度)。测量仪器有露点仪等。

(4)吸湿法:利用吸湿物质吸湿后的理化特性或电学特性变化来测相对湿度。测量元件有毛发、肠膜元件、氯化锂元件、高分子湿敏电容、碳膜湿度片等。

(5)光学法:利用水汽对电磁波辐射的吸收衰减作用来测定水汽的含量。测量仪器有红外湿度计和赖曼湿度计等。

本章下面几节主要针对常规气象观测中普遍使用的干湿表法、凝结法、吸湿法和光学法的测量原理、使用方法、误差来源等作介绍。除此之外,毛发湿度表、肠膜湿度表、氯化锂湿度表等器件的工作原理及测量过程中的注意事项请参见参考文献(林晔等,1993;张霭珲等,2000,2015;张文煜等,2007;孙学金等,2009;王振会等,2011)。

5.2 干湿球温度表测湿

干湿球温度表法是目前普遍使用的精度较高的一种测湿方法。干湿球温度表是由两支结构和性能完全相同的普通温度表组成,其中一支温度表球部包扎有湿润纱布,叫湿球温度表,另一支叫干球温度表(用来测量气温)。安置在百叶箱内的干湿表如图 5.2 所示,用支架使其保持直立,球部在最下端。

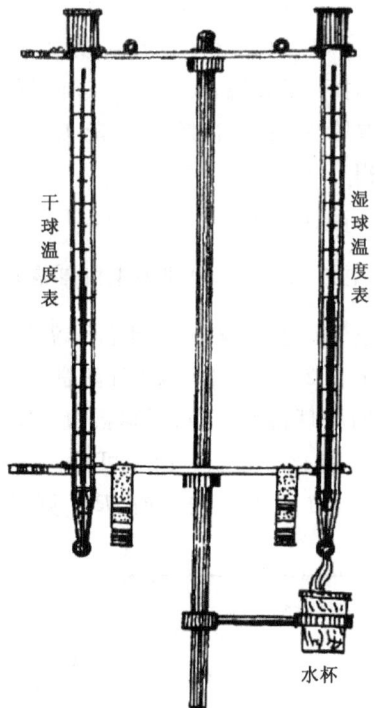

图 5.2 干湿球温度表的安置

当湿球周围空气未达到饱和时,由于表面水分蒸发会不断地消耗热量,使湿球温度下降,湿球所示温度为 t_w,而此时干球所示温度为 t,二者之差 $(t - t_w)$ 就指示空气的湿度。

根据道尔顿蒸发定律，单位时间内湿球表面的蒸发量 M 与湿球表面附近的饱和差 $(e_{tw}-e)$ 成正比，与当时的气压 p 成反比，与湿球球部表面积 S 成正比，即

$$M = \frac{CS(e_{t_w}-e)}{p} \tag{5.10}$$

式中，e_{t_w} 为湿球所示温度下的饱和水汽压，e 为空气的实际水汽压。C 为空气与湿球之间的水分交换系数，该值的大小与湿球附近的通风速度密切相关。湿球因表面蒸发所消耗的热量可表示为式（5.11）：

$$Q_1 = ML = \frac{LCS(e_{t_w}-e)}{p} \tag{5.11}$$

式中，L 为蒸发潜热。

同时，由于湿球蒸发降温，周围空气必然以对流方式向湿球传递热量，根据牛顿热传导公式，此热量为：

$$Q_2 = h_c S(t-t_w) \tag{5.12}$$

式中，h_c 为对流热交换系数，$(t-t_w)$ 为干湿球温度差。

由于水分不断蒸发，湿球不断降温，$(t-t_w)$ 逐渐增大。当湿球温度稳定在 t_w 时，湿球收入的热量 Q_1 与因蒸发而消耗的热量 Q_2 达到平衡，即 $Q_1 = Q_2$，由式（5.11）和式（5.12）可解得

$$e = e_{t_w} - Ap(t-t_w) \tag{5.13}$$

式中，$A = \dfrac{h_c}{CL}$，称为测湿系数。式（5.13）即为干湿球温度表测湿公式。从式中可以看出，干湿球温度差越大，空气湿度就越小；当干湿球温度相等即 $t = t_w$ 时，$e = e_{t_w}$，空气达到饱和。图 5.3 给出了 2015 年 4 月 23 日南京信息工程大学大气探测实习基地利用干湿球温度表测定的干球温度（T）、湿球温度（T_{wet}）及计算得到的相对湿度（RH）和露点温度（T_{dew}）的日变化分布图。由图可见，T 的变化趋势与 RH 变化趋势呈负相关关系。此外，当 T 与 T_{dew} 差异较小时，RH 则较大；当 T 与 T_{dew} 差异较大时，RH 则较小。

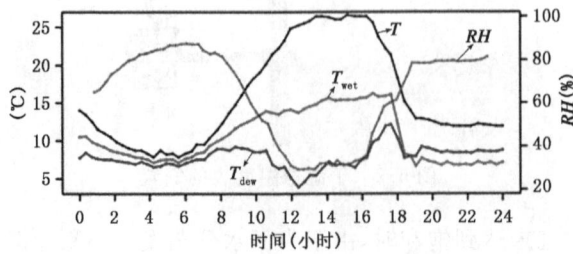

图 5.3 干湿球温度表测得的干球温度（T）、湿球温度（T_{wet}）及计算得到的相对湿度（RH）和露点温度（T_{dew}）的日变化图。

在整个测湿过程中,湿球的管理与维护至关重要。湿球通常采用一块纱布套紧紧地贴在感应元件的四周,使其外表有一层均匀的水套,水可以直接注入或者以毛细管方式从贮水器中引出。纱布套上端延伸至温度表球部上端表身至少 2 cm。为不影响纱布套的效果,使用之前,纱布套必须在碳酸氢钠溶液中清洗干净,并在蒸馏水中漂洗几次。对于连续使用的干湿表,需定期更换纱布套。在气温低于 0℃ 时,要等结冰过程结束并检查了纱布上的冰粒全部融化后才能读数。在结冰与融冰过程中湿球温度的指示应保持在 0℃ 位置。

在自然通风状况下,贮水器提供的水温与气温相同,在换上新的纱布套之后,需等候约 15 分钟才能获得正确的湿球温度。如果新加的水导致贮水器水温明显不同于气温,则需要等候 30 分钟。在测定 t_w、t、p、e_{t_w} 及已知 A 值的条件下,即可通过式(5.13)计算得出实际水汽压。

此外,在仪器的使用过程中还需注意以下几点。

(1) A 值的确定

虽然 A 值可以从理论上进行计算,但在实际使用过程中 A 值都是通过实验的方法直接测定。根据实验得知,影响 A 值的外界环境因素较多,主要有流经湿球的风速,湿球的形状、大小、湿润方式等。为了使 A 值趋于常数,要尽可能保持观测环境稳定不变。

(2) 低温条件下的使用

当湿球纱布结冰尤其是结冰时间很长时,会增加温度表滞后效应而造成干湿球温度表的读数误差,并将导致湿度测量值产生较大误差。这种误差是非线性的,特别在低温时误差较大。因此,中国气象局规定,在 $-10℃$ 时,即停止使用干湿表测湿(中国气象局,2003)。

5.3 露点仪测湿

在气压不变的条件下,湿空气通过冷却降温达到水面饱和(或冰面饱和)时,会有露(或霜)凝成。此时的温度叫露点温度(或霜点温度),测得露点温度 t_d(或霜点温度 t_f)就能求出空气中实际水汽压大小:

$$e_{sw}(t_d) = e \quad \text{或} \quad e_{si}(t_f) = e \tag{5.14}$$

式中,e_{sw} 为露点温度 t_d 时的水面饱和水汽压,e_{si} 为霜点温度 t_f 时的水面饱和水汽压,e 为实际水汽压。露点仪(或霜点仪)是按此原理设计的测量湿度的仪器。

冷镜露点仪是用于测定露点温度和霜点温度的最佳测量仪器。测量原理如图 5.4 所示。在一个光洁的金属镜面上等压降温(形成冷镜),当温度降低至空气的露点温度时,金属面上开始有微小的露珠凝结。测定金属片的表面温度,就可确定流过镜面样本空气的露点温度。当气温低于零度,镜面上的凝结物可能是小冰晶,此时镜面所处温度则为霜点温度。这种系统使用半导体温控装置冷却,用光学检测器来检测镜面的凝结或凝华过程。

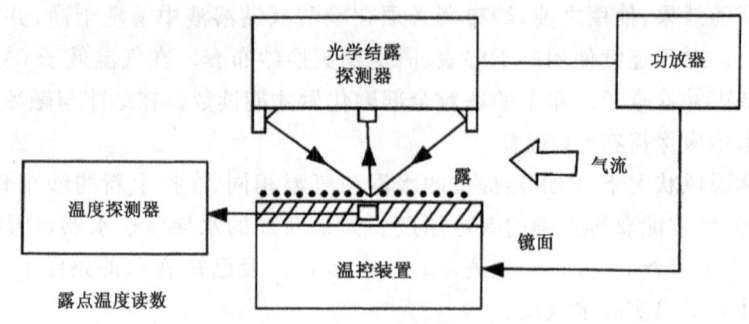

图 5.4 冷镜露点仪测量原理图

典型的冷镜露点仪主要由感应器、光学检测器、温度控制装置三部分组成。

(1) 传感器

常见的传感器系统是一个很薄、很小(直径 2~5 mm)的抛光的金属镜反射面。镜面通常具有较高的导热性、光学反射能力和防锈能力以及很低的水汽渗透率。适宜于制作镜面的材料有:金、银基铑片、铜基铬片和不锈钢。

(2) 光学检测器

光学检测器的主要功能是用于检测镜面水汽的凝结过程,并向调节镜面温度的伺服控制系统提供输入信号,控制系统调节温度的升高和降低。该系统通常用一窄光束以约 55°的入射角投射到镜面上,由一个光检测器测量直接反射光强度。镜面反射率随镜面上液体的沉积厚度增加而降低。一旦出现薄的沉积(反射率减低到 5%~40%),即应停止冷却。在更高级的探测系统中,还使用一个辅助的光检测器用以检测沉积物的散射光,还可以增加一个无需冷却的第二镜面以提高探测精度。

(3) 温度控制

温度控制装置从光学检测器系统取得输入信号,并驱动伺服系统实现镜面温度控制。帕尔帖效应(Peltier Effect)(Peltier,1834)的热接点装置可提供一个可逆的热泵,其直流电供电的极性可以决定热量是从镜面泵出还是向镜面泵入。温度控制装置紧贴在镜面下面并保证有良好的热接触。对于非常低的露点,可采用多级帕尔帖装置。镶嵌在镜面下方的电测温度表可准确地获取带有露滴的镜面温度,即空气样品的露点温度。

冷镜露点湿度表使用中需要安装气流调节和热循环装置,并在读数之前需要一定的稳定运行时间。观测过程中要保持仪器通风,工作人员不应站在仪器的空气入口和出口处。镜面需要经常检查,确认镜面洁净。

5.4 电子测湿元件

电子测湿元件(又称湿敏元件)利用吸湿物质的电学参数(如电阻或电容)随湿度变化进行湿度测量。能够用来制造湿度传感器的吸湿物质,其自身的电学参数应与湿度具有很好的相关特性,同时具有良好的重复性。湿敏元件,配上适当的电路便构成相应的湿度测量仪表。与常用的干湿球温度表等测湿元件相比,目前的电子测湿元件具有响应速度快、重复性好、无冲蚀效应和滞后环窄等优点,因此被广泛应用于常规气象观测和外场科学试验。

5.4.1 电阻式湿度计

电阻式湿度计又称为湿敏电阻,是利用湿敏材料吸收空气中的水分而导致本身电阻值发生变化这一原理制成。常用的湿敏电阻主要有:(1)半导体陶瓷湿敏元件;(2)氯化锂湿敏电阻;(3)碳膜湿敏电阻(王珍媛等,2007)。其中碳膜湿敏电阻(碳膜湿度片)测量准确度最高。故此,被广泛应用,该仪器是利用导电材料碳黑加上粘结剂配成一定比例的胶状液体,涂盖到高分子聚合物(如聚苯乙烯基)上,在其两边配上金或银电极,构成碳膜湿度片。碳膜湿度片中的高分子聚合物对湿度相当敏感,会随空气湿度的变化发生膨胀或收缩,于是均匀分布在其上的碳粒相对距离随之变化,从而使电阻率发生变化。当膨胀时碳粒的距离增大,电阻率增大,元件阻值增大,反之阻值减小。碳膜湿度片的测量准确度可达5%,比干湿球测湿精度高。但是湿敏元件的抗污染性差,很容易被污染从而影响其测量精度。同时该元件还存在一定的升湿和降湿滞差,即在湿度上升时测量值偏高,湿度下降时偏低。这种滞差有别于动态测量中的滞后效应,是一种永久性的落后效应。此外,碳膜湿度片的另一个缺点是存在明显的温度系数,即在不同温度下测量系数有较大差别(Brock等,2001)。

5.4.2 电容式湿度计

电容式湿度传感器是由有机高分子聚合物薄膜夹在两个电极之间所构成的电容器。聚合物的介电特性与环境湿度有密切的关系。由于水分子有较大的偶极子力矩,吸附在聚合物中的水可改变聚合物的介电特性。故此,电容量可以作为湿度的一种度量,其测量原理如图5.5所示。

现阶段,常用的湿敏电容是芬兰Vaisala公司开发的"Humicap",其结构如图5.6所示,该仪器的传感部分平铺在一片玻璃基底上,首先在基底上真空喷涂一层金膜作为电容器的一个基本电极,然后在基片电极上均匀喷涂0.5~1 μm 厚的吸湿材料

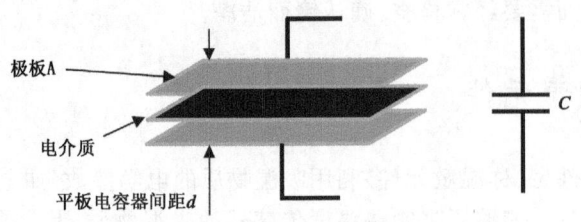

图 5.5 湿敏电容测量原理图

(醋酸纤维素),最后在吸湿材料上真空喷镀上表面电极。表面电极的厚度约 0.02 μm,可保证水汽分子能通过表面电极渗透进入吸湿层。由于表面电极的厚度太薄,因而无法进行任何引线的焊接,基本电极实质上是由两块相互分离的金属膜组成,并分别引出焊接线,它们分别对表面电极形成两个电容,因而从基底引线测量其电容量,实际上为两个电容的串联值(王振会等,2011)。

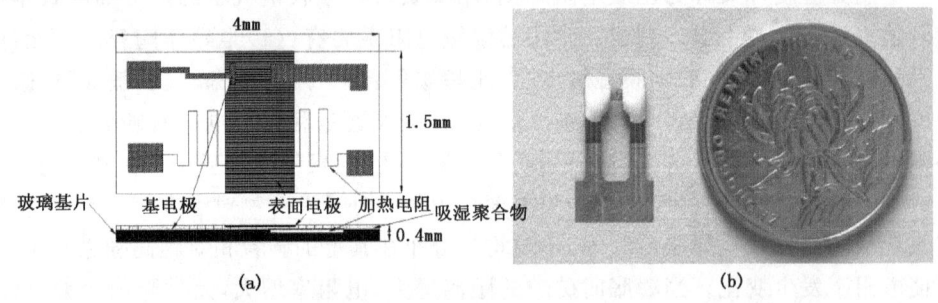

图 5.6 "Humicap"湿敏电容的结构示意图(a)(张霭琛等,2015)及实物图(b)

湿敏电容的使用过程中应注意以下几点:(1)保持探头的清洁,当有污染物吸附于探头时,测量误差将大大增加,而且还会缩短仪器的工作寿命;(2)探头的滞后系数。湿敏电容的滞后系数在常温下可保持在 1 s 左右;−20℃时可增加到 10 s 左右;−50℃时可达 100 s 左右,故此在业务使用中必须考虑到环境温度对电路元器件的影响。

5.5 吸收光谱法湿度计

随着光学技术和光集成技术的发展,光学湿度传感器在湿度测量中占的比重越来越大(Rittersma 等,2002;吴晓庆等,2004)。传感器主要是利用空气中的水汽对某特定波段的光通量产生的衰减量来进行湿度测量。图 5.7 给出了水汽在红外波段(1000~3000 nm)的吸收率。由于,该类传感器具有体积小、响应速度快、抗电磁干扰、抗高温、动态范围大、灵敏度高等优点,解决了湿敏元件长期暴露在待测环境中,容易被污染及腐蚀,从而影响其测量精度及长期稳定性的难题。

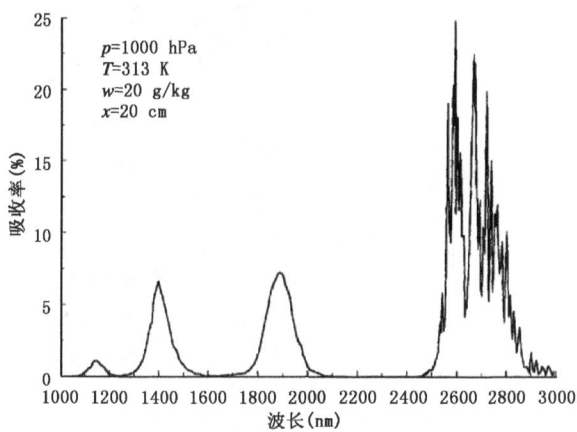

图 5.7 红外波段水汽吸收带的分布(Harrison,2014)

根据 Beer 定律,单色光辐射透过吸收介质的衰减可表示为

$$F(\lambda) = F_0(\lambda)\exp(-\alpha_w\rho_w l) \tag{5.15}$$

$$f(V) = \ln\frac{F(\lambda)}{F_0(\lambda)} = -\alpha_w\rho_w l \tag{5.16}$$

式中,$F_0(\lambda)$ 为发射光源的辐射通量密度,$F(\lambda)$ 为接收器获取的通量密度,α_w 为水汽对该波长的吸收系数,ρ_w 为水汽密度,l 为发射端到接收端的光学路径长度。由式(5.15)或式(5.16)可知,在 α_w 和 l 一定的条件下,通过测定 $F_0(\lambda)$ 和 $F(\lambda)$ 或相应的电压值 $f(V)$ 即可算出当时的水汽密度 ρ_w。

现阶段常用的湿度计多采用双通道方式,以便达到绝对定标的目的。该方法选择两个不同的波长,一个对应于强水汽吸收带,另一个是弱水汽吸收带,通过比较两个吸收系数的差异来获取 ρ_w。目前最先进的水汽测定仪为 LI-7550 双红外通道水汽分析仪,它是高频响、高精度的水汽开路分析仪。探测器由红外线光源、检测器和滤光片组成,图 5.8 给出了仪器的结构示意图。仪器的工作波段选在 2.59 μm 和 3.95 μm 两个波段,其中 2.59 μm 为水汽的弱吸收区,3.95 μm 为水汽的强吸收区。调制码盘上装有带宽为 50 nm 的滤光片,在直流电机带动下以数百周的频率运转,造就交替出现的 2.59 μm,3.95 μm 和遮蔽光源的信号,以便将 2.59 μm 和 3.95 μm 信号从背景和日光的红外信号中分辨出来,并对仪器零点进行反复校准。以吸收波长与参照波长透过辐射强度之比作为透过率。用 1 减去这个比值就可以算出吸收率。将所得的吸收率代入关系式,再经过大气校正就可以得到水汽密度。

湿度计的光源管为常见的砷化镓红外发光管,检测管为硫化铅光电检测管。在仪器的接收端特意加装了小型半导体制冷器,将检测管的工作温度保持在−10℃上下,从而使检测管的输入输出关系保持稳定,并取得较高的信噪比。

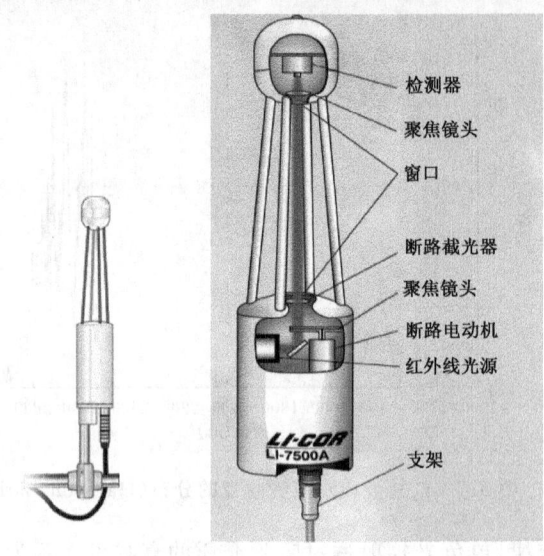

图 5.8　双红外通道水汽分析仪(LI-7550)结构示意图
(Campbell Scientific. Inc.，2012)

习题

1. 表示空气中湿度的特征量有(　　)。
   A. 比湿　　　B. 水汽压　　　C. 温度露点差　　　D. 相对湿度
2. 电学湿度表测湿是通过测量元件的(　　)来确定空气的相对湿度。
   A. 电阻值　　　B. 电容值　　　C. 重量　　　D. 温度
3. 简述干湿球温度表的测量原理。
4. 简述露点仪测量湿度原理。
5. 气温是否一定大于露点温度,为什么?
6. 为什么在−10℃时,即停止使用干湿表测湿?
7. 高分子薄膜湿敏电容的工作原理是什么?
8. 某次观测测得干球温度为 24.1℃,湿球温度为 23.0℃,气压为 998.7hPa。已计算知 24.1℃、23.0℃ 所对应的饱和水汽压分别为 30.01 hPa、28.08 hPa。求此时的水汽压(单位:hPa,保留一位小数)和相对湿度(单位:%,取整数)。(提示:可利用公式(5.13)计算,其中 $A=6.2\times10^{-4}$)
9. 请归纳湿度测量的方法有哪些,并简述各自的测量原理?

第6章 气压的测量

大气分子因具有一定的质量故受到地球引力的作用而使地球大气圈对地球表面产生压强,叫做大气压强,简称气压。又因气体具有流动性,故能在各个方向上产生气压。在静止大气中、海拔高度为 h 的表面上,由地球大气重量所产生的压强,等于从此水平单位底面积向上直至大气层顶的整个垂直气柱的重量,

$$p_h = \int_h^\infty \rho g \, dz \tag{6.1}$$

式中,气压 p 采用国际单位制(SI)单位帕斯卡(Pa)。在标准大气条件下,气温为 0℃时,重力加速度 $g=9.80665$ m/s²,空气密度为 $\rho=1.293$ kg/m³。显然,气压随高度增加而减小。

气象上为使用方便,常用百帕(hectopascal,hPa)为气压单位。同时,百帕也与过去曾常用的"毫巴(mb)"等同。气象上还常用"毫米汞柱高度(mmHg)"为单位。气象上规定 760 mm Hg 高度为一个"标准大气压",简称一个"大气压"。它们之间的换算关系(包云轩,2002)为:

1 mb=1 hPa=100 Pa=100 N/m²

1 个大气压=760 mmHg=1013.25 mb=1013.25 hPa=101325 Pa

1643 年意大利人托里拆利(E. Torricelli,1608—1647),用一根玻璃管插入水银槽中制成了测量气压的仪器,即气压表(周诗健,1984)。气压观测是气象台站观测的基本项目之一。

6.1 水银气压表的原理及构造

6.1.1 水银气压表测压原理

现在的水银气压表仍基于托里拆利实验原理:把一根一端封闭、长约 1 m 的玻璃管装满水银。然后倒转过来,把开口的一端插在盛水银的槽子里(见图 6.1);这时管中水银并未全部流入槽中,高出槽中水银面约 76 cm,此段水银柱之所以能维持是由于大气压强的作用。根据大气压力与倒插在槽内玻璃管中的水银柱重量相平衡,水银柱底部对槽表面的压强即等于作用于槽面的大气压强。当大气压强增大时,水银柱就升高;大气压强减小时,水银柱就降低。所以根据水银柱的高度随大气压强变

化的规律,就可以测定大气压强。

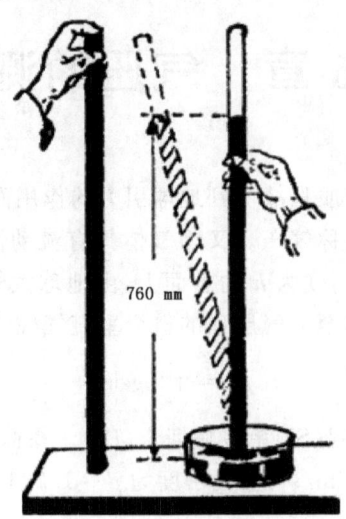

图 6.1 水银气压表测压原理

设水银柱的高度为 H,指水银柱顶与槽部水银面之间的垂直距离,则当时的大气压强 p_h(海拔 h 处)因此确定为,

$$p_h = \rho_{Hg}(t)g(\varphi,h)H(t,g) \quad (6.2)$$

式中,$\rho_{Hg}(t)$ 为水银的密度与温度 t 有关,$g(\varphi,h)$ 为当地的重力加速度,与纬度 φ 和高度 h 有关。0℃时水银标准密度值为 $\rho_{Hg}(0) = 1.35951 \times 10^4$ kg/m³。气压测量的国际规定为:在水银气压表处于标准温度(0℃)和标准重力(9.80665 m/s²)的条件下,水银气压表的标尺代表实际气压读数。根据玻璃管内水银柱高度、水银密度和重力加速度,即可计算得大气压强值。由于水银比重大、蒸气压低(不易蒸发)、温度膨胀系数小,因此是最普遍应用的测压液。水银气压表形式多样,气象上应用最广泛的有动槽式水银气压表和定槽式水银气压表。

6.1.2 动槽式水银气压表

如图 6.2,由感应部分、读数部分和附温表等组成。其特点是在标尺上有一固定的零点,即象牙针尖。每次读数时,要将水银槽的表面调整到此处。

(1)感应部分,由一根内管和水银槽组成。

(a)内管,由玻璃制成。管长 865 mm±3 mm,一端开口,另一端闭合。管的内径一般在 3～10 mm 以内。用于低压地区(如高山)的,内径小;准确性要求比较高的,其内径大。内管外有铜套管保护,为防止其晃动,在铜套管的中部和顶部都用软木塞垫紧。

(b)水银槽,分上下两部分组成。中间有一个玻璃圈,用三个长螺杆将上下两部分扣紧。通过玻璃圈可以看到槽内水银面。槽的上部是一个羊皮或麂皮制成的上皮囊,其特性是能通空气而不漏水银;槽的下部是一个下皮囊,特性与上皮囊相同。下皮囊外有铜保护筒,其底部的中心有一个用来调整槽内水银面的螺旋,螺旋的顶部有一个木托顶住下皮囊。拧动调整螺旋,木托便可上下升降,挤压或放松下皮囊,槽内的水银面也随着上升或下降。

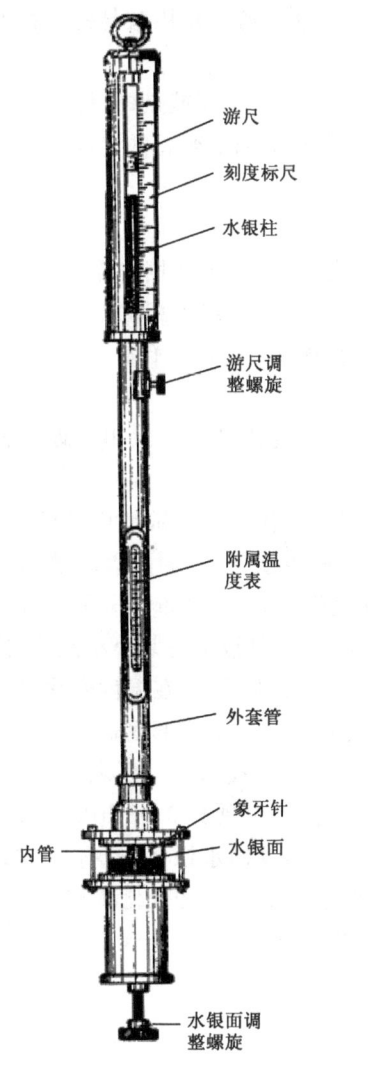

图 6.2 动槽式水银气压表
(中国气象局,2003)

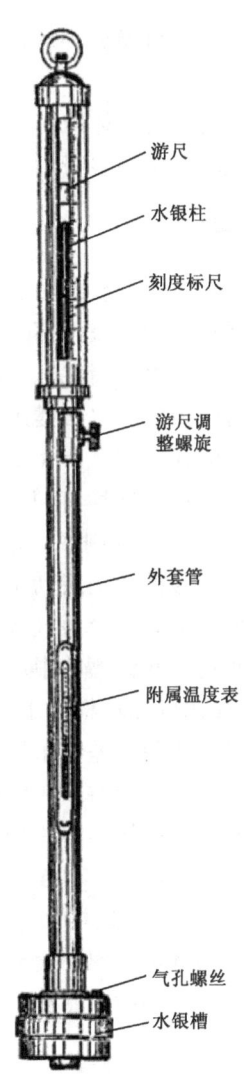

图 6.3 定槽式水银气压表
(中国气象局,2003)

(2)读数部分,由标尺、游尺和象牙尖等组成。

(a)标尺,位于表身(即铜套管)上部,刻度就刻在铜套管上,在铜套管前后都开有长方形窗口,其外有玻璃套管保护。通过长方形窗口可以看到内管中的水银柱。

(b)游尺,由游尺托、齿条和游尺调整螺旋组成。游尺位于铜套管的长方形窗口内,并与窗口的左右两边紧密吻合,要求游尺与标尺之间的间隙不大于 0.1 mm。游尺固定在游尺托上,其下与传动齿条相连,具有弹性的卡片将齿条压向转动齿轮,这样,当转动调整螺旋时,可操纵游尺在窗口间上下移动。游尺是用来与标尺相配合读取气压的小数值的。

(c)象牙针,固定在上木杯的平面上,尖端向下。它的尖端就是标尺刻度的零点。

(3)附属温度表,固定在表身的中部。用以测定水银和铜套管的温度。

6.1.3 定槽式水银气压表

如图 6.3 所示,定槽式水银气压表由感应部分、读数部分和附属温度表等组成。它与动槽式的区别只在于水银槽部。它的水银槽是一个固定容积的铁槽,没有羊皮囊、水银面调节螺钉以及象牙针尖。通气孔是位于槽顶上的螺钉孔。

(1)感应部分,由内管和水银槽组成。

(a)内管,是一根直径约 8 mm、长约 840 mm,一端开口一端封闭的玻璃管。要求内管使用部分的直径必须均匀,并成正圆柱形。

(b)水银槽,用铁或胶木制成。水银槽通常分上、中、下三层,利用螺纹结合,其结合处都有垫圈。水银槽的上层利用螺纹与铜套管相接,中心固定着玻璃内管。在槽部上层外面的平面上有一个通气螺钉,拧松通气螺钉,可使槽部与外界空气相通而感应大气压强的变化。水银槽的中层里面是一块隔板,隔板上有几个小圆孔,使槽内水银互相连通,隔板用以减小槽内水银的振荡和节省水银量,并在温度变化时可以补偿一部分槽部容积变化的误差。水银槽的下层实际上是一个槽部底盖。

(2)读数部分,由标尺和游尺等组成。其构造与动槽式水银气压表基本相同,所不同的是标尺的刻度不是按实际 1 hPa 的长度刻制的,而只有 0.98 hPa。因为管的横截面积通常是水银槽的 1/50,当气压变化 1 hPa 时,槽内水银面约变化 0.02 hPa,水银柱顶端变化 0.98 hPa,这样加起来水银柱的总长度才刚好变化 1 hPa。所以定槽式水银气压表无须调整水银面,仍能测出当时的气压。

(3)附属温度表,与动槽式水银气压表的相同。

6.1.4 虹吸式标准水银气压表

虹吸式标准水银气压表,精度较高,可作为标准仪器用于台站气压表的校准。

(1)原理。如图 6.4,设顶端密封的长管中的水银柱高为 h_1,顶端开口的短管中

的水银柱高为 h_2。则 (h_1-h_2) 这段水银柱高就表示当时的气压。因长管上部使用部分的截面积与短管同样大小,故水银柱液面的曲率几乎相同,引起的毛细压缩误差就小,因对零点指标和读数指标都采用同样的形状来观测,这样就可以消除观测上的习惯误差,因此,虹吸式标准表有较高的精度。

为了使刻度尺的零点位置固定,就把水银槽做成活动的,旋转槽底调整螺丝就能使长、短管中水银柱高度发生变化,如果使短管中水银柱顶恰与刻度尺零分度线相接,则根据刻度尺读得的长管中水银柱的高度,即为当时的气压。

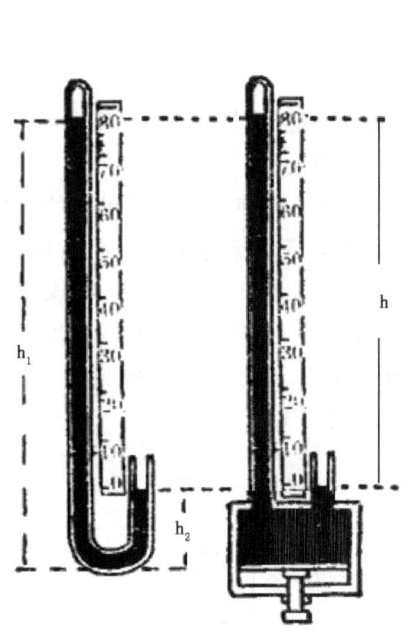

图 6.4　标准水银气压表原理图
（谭海涛等,2003）

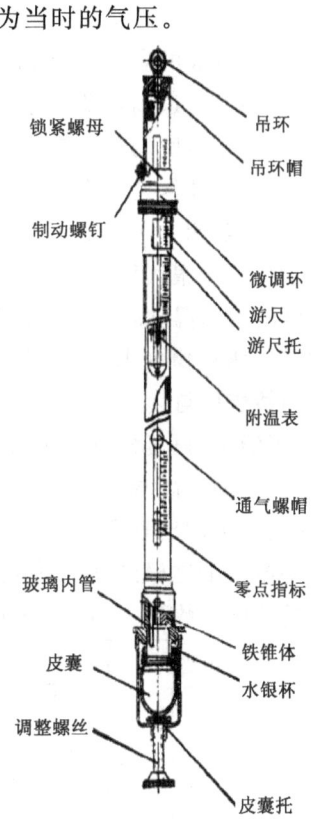

图 6.5　标准水银气压表构造图
（谭海涛等,2003）

(2)具体构造(图 6.5)

(a)内管,长管是一根上粗下细的玻璃管。短管是与长管上部粗细相同的玻璃管,上端封死并在正面开有通气孔,装有通气螺帽。

(b)外套管,它的上下部都开有前后相对的窗孔。上面窗孔为读数窗孔,下面窗孔为零点调节窗孔,其侧面装有一个零点指标,上、下窗孔正面一侧刻有气压刻度,外套管上部装有游尺微调环,中部装有附属温度表。

(c)槽部,其主体是一个钢制的圆筒,分上、下两部分,上部有一钢制锥体,长、短管固定在锥体上;下部是一个正圆形的水银杯,下端扎有皮囊,其中充满水银,借槽底调整螺丝,可以调节水银柱的升降。

6.2　水银气压表的安装和观测方法

气象站气压表的安置位置和场所选择很重要。主要要求是:温度均匀,采光良好,防止阳光直射,远离热源和通风风道,有一个稳定的垂直而坚固的支撑物。因此气压表应悬挂在温度均匀稳定的室内,最好是安置在坚固而不受振动的墙壁上。必须使气压表的汞柱保持竖直。

气压表的观测方法如下。

(1)动槽式水银气压表

(a)观测附属温度表(简称"附温表"),读数精确到0.1℃,而且要读得越快越好。

(b)调整水银槽内水银面,使之与象牙针尖刚好接触。

(c)调整游尺与读数。先使游尺稍高于水银柱顶,并使视线与游尺环的前后下缘在同一水平线上,再慢慢下降游尺,直到游尺环的前后下缘与水银柱凸面顶点(即水银柱的弯月面的最高端)刚刚相切,这时为最佳状态。此时,通过游尺下缘零线所对标尺的刻度即可读出整数。再从游尺刻度线上找出一根与标尺上某一刻度相吻合的刻度线,则游尺上这根刻度线的数字就是小数读数。读数应当准确到0.1 hPa。如图6.6a的气压读数为1010.0 hPa,图6.6b为993.5 hPa。

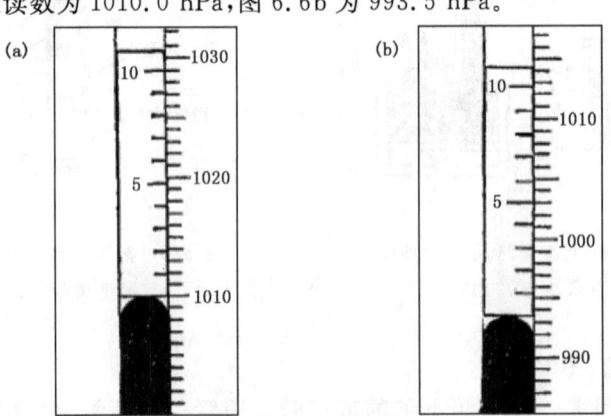

图6.6　气压表读数示意图(中国气象局,2003)
(a)1010.0 hPa, (b) 993.5 hPa

(d)读数复验后,降下水银面。旋转槽底调整螺旋,使水银面离开象牙针尖 2～3 mm。其目的是使象牙针尖不致被水银磨损和脏污,但应注意不宜降低过多。

观测时如光线不足,可用手电筒或加遮光罩的电灯(15～40 W)照明。采光时,灯光要从气压表侧后方照亮气压表挂板上的白磁板,而不能直接照在水银柱顶或象牙针上,以免影响调整的正确性(或不使用照明,可以用乳白色玻璃片、白色塑料片或一张白纸作为背景)。

(2)定槽式水银气压表,由于不必调整水银面,故其观测较动槽式简单。

(a)观测附温表(方法同动槽式水银气压表)。

(b)用手指轻击表身(轻击部位以刻度标尺下部附温表上部之间为宜)。目的是使附在内管壁上的水银滴下落,并使水银液面保持正常弯月面的稳定状态。

(c)调整游尺与读数记录,方法同动槽式水银气压表。

(3)虹吸式标准水银气压表

(a)读取附温,精确到 0.1℃。

(b)打开通气孔螺丝,旋转槽底螺丝,逐渐升高水银柱,使短管中水银柱凸形弯月面正好与零点指标相切。

(c)拧松游尺固定螺丝,拉动游尺读数环在接近水银柱顶端处固定,再转动游尺套管微调环,使游尺下沿与长管中水银柱顶端相切。

(d)读数,用放大镜进行,精确到 0.01～0.02 hPa。读数时,整数从标尺上贴近游尺零线或与游尺零线相重合的刻度线上直接读出。小数部分的数值则需根据游尺刻度线与标尺刻度线相吻合的情况来测定,如果游尺上任何一根刻度线都不和标尺刻度相重合时,那么,游尺上必然有两根相邻的刻度线嵌在两根相邻的标尺刻度线之间。这样就可以根据游尺刻度线与标尺刻度线相嵌的情况,测定小数部分的数值。首先,可以根据嵌在标尺间的两条游尺刻度线中下面的刻度线得出准确到 0.05 的小数。然后再根据游尺上与标尺上相嵌的刻度线的相互距离,用眼睛按比例估计准确到 0.01 的数值(因为游尺每一分度线值与标尺上每分度值相差 0.05),并将这部分数值(0.01～0.04)加到原来粗略得出的数值上。

(e)降低水银面,使短管中水银面降至外部主管槽孔下边沿以下 2～3 mm 处为止。

(f)拧紧通气帽盖。

6.3 气压及其订正

为了使不同地点和不同时间获得的水银气压表读数可以进行比较,对水银气压表的读数必须进行必要的订正。

6.3.1 本站气压及其订正

本站气压,指在测站气压表高度处的气压值。水银气压表本身仪器误差;水银及标尺升高同样的温度,其膨胀程度有差异;各地重力加速度又有不同,故测站水银气压表的读数要经器差订正、温度订正和重力订正后方可得到本站气压。对于在定点使用的气压表来说,可以制作一个以气压值和温度值为自变量的订正表。

影响本站气压准确度的因素还有很多。如附属温度表所指示的温度,及风会引起气压室内气压的波动。

6.3.2 海平面气压及其订正(陆忠汉等,1984)

在不同的海拔高度上由于承受大气柱长度不同,所以各站间的本站气压是不同的。为使在不同海拔高度的气象站所测得的气压值可以相互比较,将各站的气压值订正到同一海拔高度。订正到平均海平面高度上的气压值,称为海平面气压。

记 P_0 为海平面气压,P_h 为本站气压

根据压高公式:

$$\lg \frac{P_0}{P_h} = \frac{h}{18400(1+\frac{t_m}{273})} \tag{6.3}$$

其中,t_m 为气柱平均温度(℃)。令

$$m = \frac{h}{18400(1+\frac{t_m}{273})} \tag{6.4}$$

则
$$C = P_0 - P_h = P_h(10^m - 1) \tag{6.5}$$

此为高度差 C 的计算公式。

在海平面气压计算中,上面 t_m 计算公式为:

$$t_m = \frac{t+t_{12}}{2} + \frac{\gamma h}{2} = \frac{t+t_{12}}{2} + \frac{h}{400} \tag{6.6}$$

式中,t 和 t_{12} 分别为本站观测时气温和观测前12小时气温(℃)(其平均值近似地代表本站日平均温度),γ 为气温垂直梯度(气温直减率),规定采用 0.5℃/100m。

由上述思路得到 C 后,则有海平面气压 $P_0 = P_h + C$。

6.4 空盒气压表测压

空盒气压表,通常装在轻便综合观测箱内,适应于野外工作。但因机械传递结构怕震动,野外工作中需要注意防震。

6.4.1 构造与原理

如图 6.7,空盒气压表由感应、传动放大、指示和调节等部分及外壳组成。

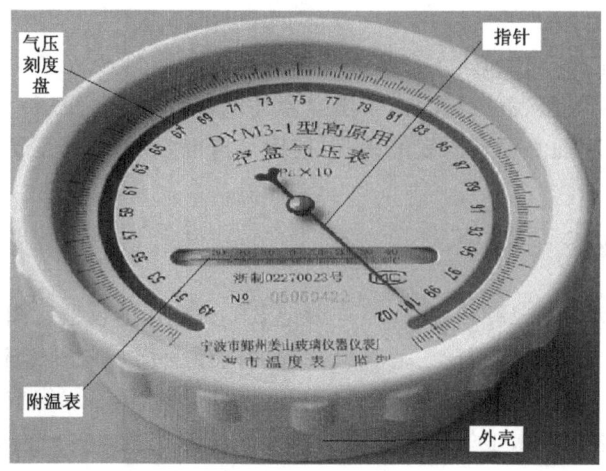

图 6.7 空盒气压表

空盒气压表(或称金属气压表)也是较常用的测气压仪器。它的感应元件是空盒,即一个圆形密封的扁盒,具有折皱而有弹性的顶面及坚固的侧壁,盒内空气几乎抽空。外界气压作用在空盒的顶面上时,空盒将发生形变。直到盒面和盒中气体的弹力与外界气压相等时为止。为了增加测量的灵敏度,常常将多个空盒串联在一起使用。空盒的形变通过机械传递放大,带动指针。

空盒气压表是根据空盒能随大气压强变化而变形的规律来测定气压的。当气压升高时,空盒组被轴向压缩变形,于是就拉紧连接杆,带动中间轴钟向旋转,指针就指示出当时气压升高的变化;当气压下降时,空盒组就朝着轴向扩张变形,推动连接杆,带动中间轴反钟向旋转,指针就指示出当时气压降低的变化。当空盒组的弹性应力与大气压强相平衡时,空盒组形状就停止变化,指针就停止转动,指针所指示的气压值即是当时的大气压强。

6.4.2 观测方法

打开盒盖后,先读附温,准确到 0.1℃。然后轻敲盒面,待指针静止后再读数。读数时视线垂直于刻度面,读取指针尖端所指示的数值,精确到 0.1 mm。

空盒气压表的读数还需经过下述三种订正后,才是准确的本站气压。

(1)温度订正。由于温度变化,空盒弹性改变进而造成误差。温度订正值可由下式求得:

$$\Delta P = \alpha t \tag{6.7}$$

式中，t 为附温读数，α 为空盒的温度系数，可以从检定证中查得。

(2)刻度订正。仪器制造或装配不够精密而造成误差。刻度订正值可从仪器检定证上查出。

(3)补充订正。空盒的残余形变会引起误差。空盒气压表必须定期(每隔 3～6 个月)与标准水银气压表进行比较，求出空盒气压表的补充订正值。

空盒气压表不如水银气压表准确，但使用与携带方便，尤其适于野外考察使用。

6.5 空盒气压计测压

气压计(朱炳海等，1985)是自动、连续记录气压变化的仪器。图 6.8 是台站常用的空盒气压计。它可以自动记录一天或一周的气压变化。它由感应部分(金属弹性膜盒组)、传递放大部分(两组杠杆)和自记部分(自记钟、笔、纸)组成。空盒气压计精度有限，其记录必须与水银气压表测得的本站气压值比较，进行差值订正，方可使用(中国气象局，2003)。

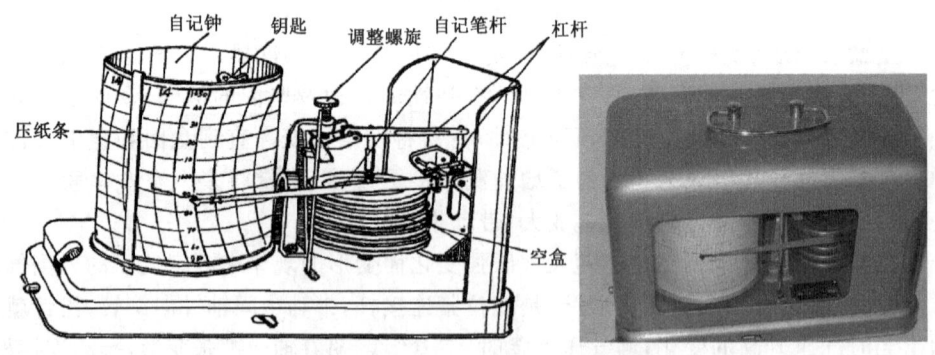

图 6.8 台站用空盒气压计(左为示意图，右为实物图)

6.5.1 安装与观测

气压计应安装在无温度突变的场所，要避免震动和污染，不要受太阳直射。气压计应稳固地安置在水银气压表附近的台架上，仪器底座要求水平，距地高度以便于工作为宜。气压计应放置在有均匀亮光的地方，必要时也可采用人工照明。

在用水银气压表做完定时观测后，便读气压计读数，将读数记入观测簿相应栏中，并在自记纸上作时间记号。作时间记号的方法是，轻轻地按动一下仪器右壁外侧的按钮(见图 6.8)，使自记笔尖在自记纸上划一短垂线(无记时按钮的仪器须掀开仪器盒盖,轻抬自记笔杆使其作一个记号)。

6.5.2 自记记录的订正

(1)日转仪器每天换纸一次,周转仪器每周换纸一次。在换下的自记纸上,要把定时观测的实测值和自记读数分别填在相应的时间线上。

(2)日最高、最低值的挑选和订正。

(a)从自记迹线中找出一日中最高(最低)处,标一箭头,读出自记数值,然后进行订正。订正方法:根据自记迹线最高(最底)点两边相邻的定时观测记录计算出仪器差,再用内插法求出各正点的器差值,然后取该最高(最低)点靠近的那个正点的器差值进行订正(如恰在两正点之间,则用后一正点的器差值),即得该日最高(最低)值。如图 6.9,某日自记迹线最高点读数为 1019.3,正好在 10 时与 11 时的正中间,器差取 11 时的 +0.2,最高值为 1019.3+0.2=1019.5 hPa,迹线最低处读数为 1016.2,靠近 17 时,用 17 时器差 -0.2,最低值为 1016.2-0.2=1016.0 hPa。

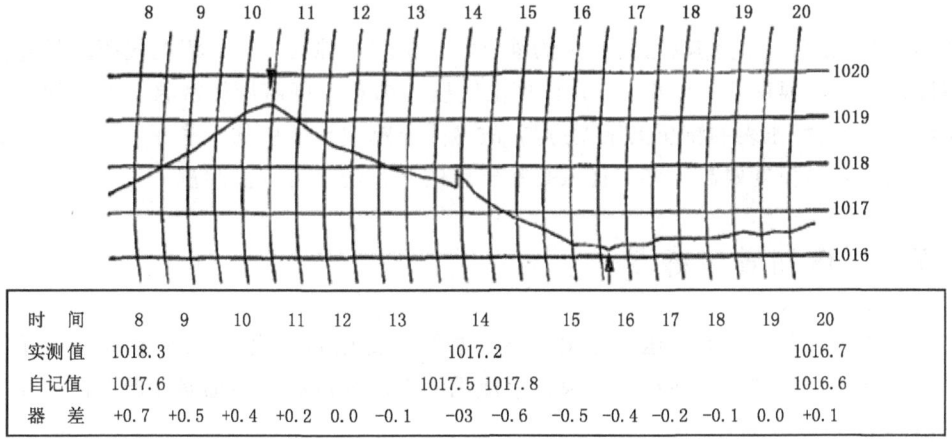

图 6.9 日自记记录与订正

(b)按上述订正后的最高(最低)值如果比同日定时观测实测值还低(高)时,则直接挑选该次定时实测值作为是高(低)值。

(c)仪器因摩擦等原因使自记迹线在作时间记号后,笔尖未能回到原来位置,当记号前后两处读数差 ≥0.3 hPa(温度 ≥0.3℃,湿度 ≥3%)时,称为跳跃式变化(如图 6.9 中 14 时处),自记值有两个值。在订正极值时,器差应按跳跃前后的读数分别计算,见图 6.9 中 14 时前、后的计算方法。

6.5.3 误差来源与准确度(WMO,1996)

除了空盒的误差外,气压计笔尖与自记纸间的摩擦是个重要的误差源。对于一个制作良好的空盒气压计其笔尖处的摩擦显然要大于仪器所有轴枢部分的摩擦。因此,需特别注意减少这一误差,如,可使用足够大的空盒。

一级气压计的读数经订正后准确度应为±0.2 hPa,并在1～2个月内仍能保持这一准确度。

6.6 沸点气压表测压

沸点气压表是测量液体的沸点温度而获得相应的大气压强的仪器。液体的沸点温度 T 随外界压力 P 的变化而改变,其关系(朱炳海等,1985)为:

$$\ln P = C - \frac{L}{RT} \tag{6.8}$$

式中,C 为常数,L 为蒸发潜热,R 为液体蒸汽的气体常数,P 为蒸汽气压。只要测得液体的沸点温度 T,就可由上式计算出气压。沸点温度需用精密温度表测量。气压愈低,沸点气压表的测压灵敏度愈高,故常用于高空探测中的一些探空仪上。它比空盒气压表的精度要高得多。优点是将气压的测量转化为温度测量。

6.7 气压测量传感器

气压传感器是将大气压强变化转换成电信号变化的装置,一般配有后端电子测量电路来处理电信号。在自动气象站常使用的有硅气压测量传感器和振动筒气压传感器等。

6.7.1 硅气压测量传感器

硅是地球上储藏最丰富的材料之一。硅材料因其具有耐高温和抗辐射性能较好等优点得到广泛应用。下面介绍两种硅气压测量传感器。

(1)硅膜盒电容式气压传感器

硅膜盒电容式气压传感器,如图6.10所示。其主要部件为变容式真空硅膜盒。传感器的基板是一个厚单晶硅层,其上有一镀有金属导电层的玻璃片,把一单晶硅薄膜用静电焊接方法焊接到这个玻璃片上,对硅膜采用镀金方法使其具有导电性,从而使导电玻璃片与硅膜构成平行板电容器,中间形成真空而构成硅膜盒。当大气压强发生变化时,真空膜盒的弹性单晶硅膜片产生形变而引起其电容量的改变,通过测量电容量来测量气压。硅膜盒电容式气压传感器已广泛用于我国自动气象站,其性能较为稳定,具有测量范围宽,滞差极小,重复性好及无自热效应等优点。

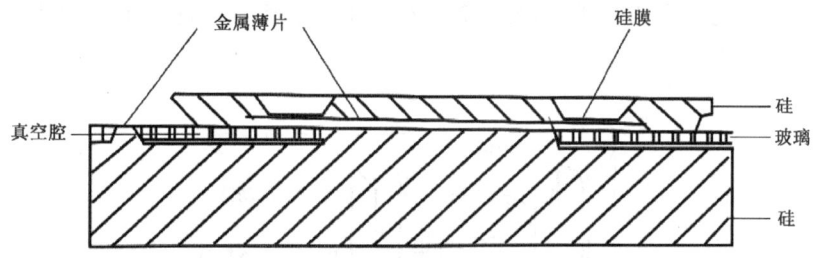

图6.10 硅膜盒电容式气压传感器结构(张文煜,袁久毅,2007)

(2)固态压阻式传感器

固态压阻式传感器是利用压阻效应制成的硅单晶膜片式结构的压强传感器,如图6.11。其核心敏感元件是在周边固定的硅单晶膜片上,采用集成工艺,在适当位置扩散4个半导体应变电阻,并将它们接成电桥。膜片两侧分别为密封真空腔和通大气的气压腔。当膜片两侧存在气压差时,膜片变形,应变电阻在应力作用下阻值变化,电桥失去平衡,输出相应的电压。

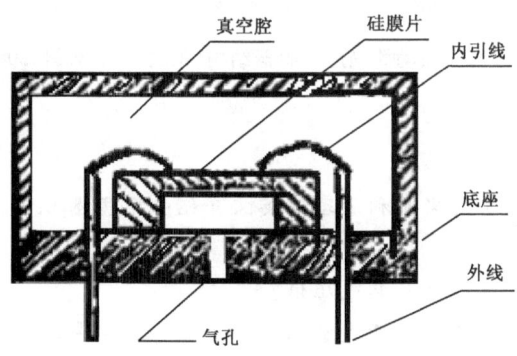

图6.11 固态压阻式传感器结构

6.7.2 振动筒气压传感器

弹性金属圆筒在外力作用下发生形变从而对应不同的谐振频率。当筒壁两边存在压强差时,其振动频率随压强差而变化。由筒的谐振频率与压强间的关系可以测出频率就计算得到气压。根据这一原理制成如图6.12所示的振动筒气压传感器。它由两个同轴圆筒组成。外筒为保护筒,内筒为振动筒(其弹性模数的温度系数很小)。两个筒的一端固定在公共基座上,另一端为自由端。两筒之间为真空,作为绝对压强标准。内筒与被测气体相通,筒壁受筒内表面压强作用,使筒的固有频率随压强的增加而增加,测出其频率即可知气压。线圈架安装在基座上,位于筒中央。线圈架上相互垂直地装有两个线圈,其中激振线圈用于激励内筒振动,拾振线圈用来检测内筒的振动频率。

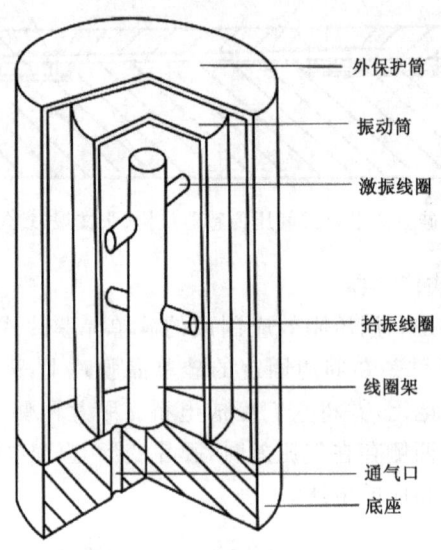

图 6.12 振动筒气压传感器结构(张文煜,袁久毅,2007)

习题

1. 在网上搜索关于托里拆利原理的英文介绍并根据图 6.1 推出 1 个大气压的近似值。

2. 用水银气压表如何求本站气压值?

3. 动槽式水银气压表和定槽式水银气压表的构造主要的不同是什么?

4. 如何避免和消除水银气压表的仪器误差?

5. 为什么要对水银气压表进行读数订正?说明各项订正的物理意义。

6. 比较空盒气压表和气压计的构造并分析它们产生测量误差的主要原因是什么?

7. 某测站海拔高度 80 m,本站气压为 1010.0 hPa,气温 6.8℃,前 12 小时的气温为 -2.2℃,求海平面气压。

8. 为什么要进行海平面气压订正,其精度和什么因素有关?

第 7 章 地面风的测量

风是空气流动的现象。它是许多不同时空尺度的三维运动的叠加,有小尺度的随机脉动、有大尺度的规则气流(如大气环流)。气象上常将空气在水平方向的流动称为风,垂直方向的空气运动则称为上升或下沉气流。水平方向的气流,是因相邻区域的气压不同、空气从高气压处向低气压处流动所致。通常用风向和风速(或风级、风力)表示风的特性。在地球上的不同地区,风的变化特征也是不相同的,例如,在信风带中,风是很稳定的;而在中纬度地带,特别是在欧洲,风是迅速变化的。在近地面(在离地面几百米以内),由于乱流条件在一日内有变化,风也表现出日变化的特点。风还随着高度而变化,取决于地面摩擦力和气压梯度随高度的变化。

7.1 风向与风速

地面气象观测中,用风速和风向表示风的大小和方向。风向是指风的来向,也就是风向标箭头所指的方向。地面人工观测用 16 个地理方位表示风向(图 7.1)。它们分别为北、北东北、东北、东东北、东、东东南、东南、南东南、南、南西南、西南、西西南、西、西西北、西北以及北西北。也可以用角度表示:以正北为基准,按照顺时针方向,依次为东风(90°),南风(180°),西风(270°),北风(360°)。风向的变化常常很快,因而气象上风向有瞬间风向和平均风向之分。通常所说的风向不是瞬间的风向,而是观测 1~2 分钟的平均风向。"最多风向"是指在规定的时间段内出现频数最多的风向。

风速是指单位时间内气流走过的距离,常用单位是 m/s。观测时取 1 位小数。瞬时风速是指 3 秒钟内的平均风速。最大风速是指在某个时段内出现的 10 分钟平均最大风速值。极大风速(阵风)是指某个时段内出现的最大瞬时风速值。表 7.1 给出我们可以看到的现象与风速大小描述方式之间的当量关系。风的平均量是指在规定时段的平均值,有 3 秒、1 分钟、2 分钟和 10 分钟的平均值。人工测量时,测量平均风速和最多风向。自动观测时,测量平均风速、平均风向、最大风速、最多风向。

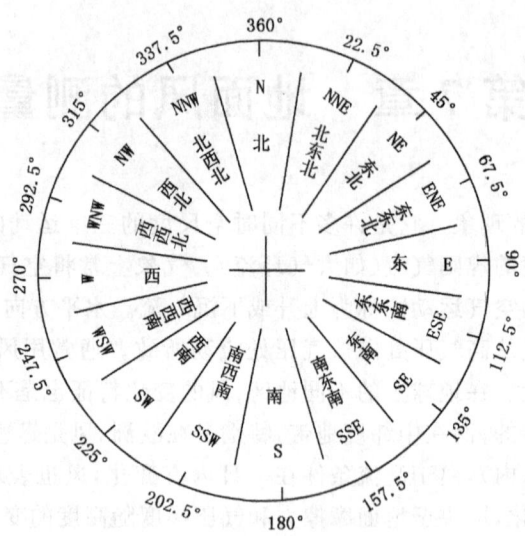

图 7.1 风向 16 扇区划分

表 7.1 风速当量表

蒲福风级及描述	在开阔、平坦地面上方 10 m 标准高度处的风速当量 (m/s)	(km/h)	在陆上估计风速的征象
0 静风	0~0.2	<1	静,烟直上。
1 软风	0.3~1.5	1~5	飘烟能表示风向,但风向标尚不能指示风向。
2 轻风	1.6~3.3	6~11	人面感觉有风,树叶有微响,普通的风向标能随风移动。
3 微风	3.4~5.4	12~19	树叶与嫩枝摇动不息,旌旗展开。
4 和风	5.5~7.9	20~28	灰尘和碎纸扬起,小树枝摇动。
5 清劲风	8.0~10.7	29~38	有叶的小树开始摇晃,内陆水面形成波浪。
6 强风	10.8~13.8	39~49	大树枝摇动,电线呼呼有声,打伞困难。
7 疾风	13.9~17.1	50~61	全树摇动,迎风步行感到不便。
8 大风	17.2~20.7	62~74	树枝折断,行进受阻。
9 烈风	20.8~24.4	75~88	发生轻微的建筑破坏(烟囱管和房顶盖瓦吹落)。
10 狂风	24.5~28.4	89~102	内陆少见,见时树木连根拔起,大量建筑物遭破坏。
11 暴风	28.5~32.6	103~117	极少遇到,伴随着广泛的破坏。
12 飓风	≥32.7	≥118	

我国的测风仪器主要是电接风向风速仪,是风杯式的。其风速值通常用电动式测风器或齿轮、电感式测风器测得。由于风速一般随离开地面的高度升高而增大,因此世界各国基本上都以 10 m 高度处观测为基准,但取多长时间的平均风速并不统一,有取 1 分钟、2 分钟、10 分钟平均风速,有取 1 小时平均风速,也有取瞬时风速等。我国气象站观测时有三种风速,一日 4 次定时 2 分钟平均风速,有自记 10 分钟平均风速和瞬时风速。风能资源计算时,都用自记平均 10 分钟风速。安全风速计算时用最大风速(10 分钟平均最大风速)或瞬时风速。只要风速仪的指针一旦达到 17.2 m/s,气象员就必须记载这一天为大风日,而不管它持续多长时间。如果观测时没有风,则称为静稳。对风的观测还要进行年、月的统计。

下面主要介绍风向与风速测量仪器。

7.2 风向的测量

风向的测量一般使用风向标。

7.2.1 风向标

风向标有单翼型、双翼型和流线型等。风向标的组成一般分为:尾翼,指向杆,平衡锤及旋转主轴 4 部分(图 7.2)。在风的动压力作用下,风向标平衡时、指向风的来向。有的风向标很轻,不用平衡器就可用摩擦力与尾翼取得平衡;有的风向标需在指向杆上装有平衡重锤使得整个风向标对支点保持平衡。

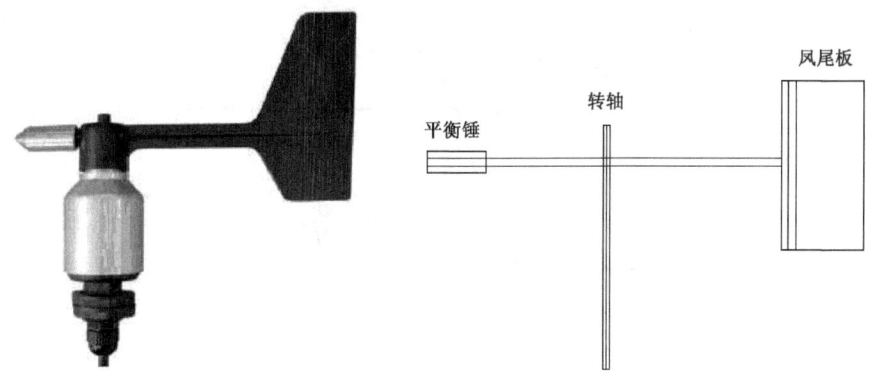

图 7.2 风向标及其示意图

7.2.2 风向标结构的特点

风向标的结构一般都具有以下特点。

1)平衡锤与尾翼应有良好的平衡,使风向标的重心落在转轴的中心,可以绕轴自由旋转。

2)灵敏度很好的风向标,转轴的摩擦力应尽量小,易启动。

3)具有良好的动态特性,能迅速准确地跟踪外界的风向变化。

7.2.3 风向标的动态特性

风向标的动态特性参数是描述风向标动态性能好坏的重要的标志参量。风向标偏离风向之后,它必须迅速地做出反应以适应新的风向。风向标的这一动态响应是一个复杂的力学过程。

风向标的偏向角 β 随时间的变化如图7.3中实线所示。实线可以表示为

$$\beta = \beta_0 \exp(-\frac{D}{2J}t - 2\pi i \frac{t}{t_d}) \tag{7.1}$$

其中,β_0 为初始偏向角,D 为阻力矩(主要是空气阻力),J 为风向标转动惯量(由风向标大小和质量决定),t_d 为振动周期。

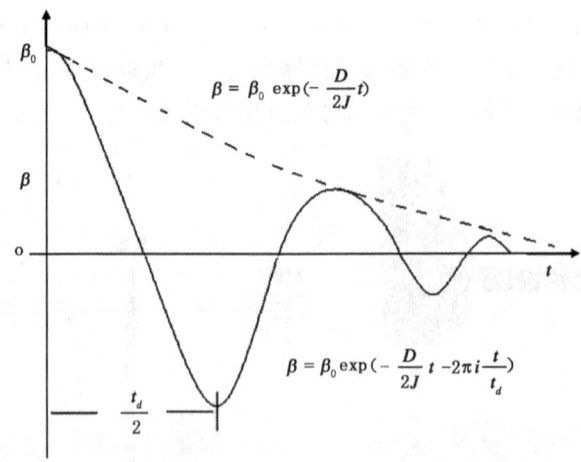

图7.3 风向标的偏向角 β 随时间的变化

考虑两种极端情况:

1)如果阻力矩比较小、风向标所受空气阻力可近似为零时($D=0$),即风向标的转动能量不减弱,则风向标一直做周期振动,

$$\beta = \beta_0 \exp(-2\pi i \frac{t}{t_d}) \tag{7.2}$$

偏向角的振幅不衰减。这不是我们测量风向所希望的,实际的空气阻力矩也不会为零。

2)如果阻力矩比较大、使 $t_d \to \infty$ 时,风向标呈现一个单纯的衰减运动,

$$\beta = \beta_0 \exp(-\frac{D}{2J}t) \tag{7.3}$$

如图 7.3 中的虚线。风向标的偏向角呈指数衰减,不存在振动起伏,偏向角渐渐降低到零为止,最后停下来,即风向标的凤尾不会超过零位置(风向位置)而又摆回来做来回振动,只是从最大偏向角渐渐转动到零角度(平衡位置或风向位置)并停下来。

可见,阻力太大、太小都不好。如果随着阻力由小变大,使风向标刚好无须作周期性振动时就能最快地回到平衡位置。这种状态称为临界阻尼。这需要空气阻力矩为

$$D = D_0 = 2\sqrt{NJ} \tag{7.4}$$

风向标动态特性的好坏决定于风向标是否能很快的跟踪实时风速的变化,换句话说风向标偏离风向后要很快能通过振荡衰减回到平衡位置(风向位置),或者说当风向改变后,风向标要很快能通过振荡衰减回到(跟踪)新的平衡位置(风向位置)。风向标动态特性由风向标尾部本身的结构性质决定。

7.3 风速的测量

这里介绍旋转式风速表、压力风速仪、热力式风速表和声学风速表四种测量风速的仪器。

7.3.1 旋转式风速表

旋转式风速表的感应部分是一个固定在旋转轴上的感应组件。常见的有风杯和螺旋桨翼片。

(1)风杯风速表

风杯是测定风速最常用的传感器,如图 7.4 所示。风杯风速器的旋转轴垂直于风的来向,与风向无关是它的主要优点之一。风杯风速表一般有 3~4 个半球形或圆锥形空杯组成。风杯安装在十字架或星形架的等长横臂上,杯的凹面沿圆周顺着同一方向,支架固定在能旋转的垂直轴上。

风速 v 和风杯的转速 ω 成正比:

$$v = K\omega = 2\pi KN \tag{7.5}$$

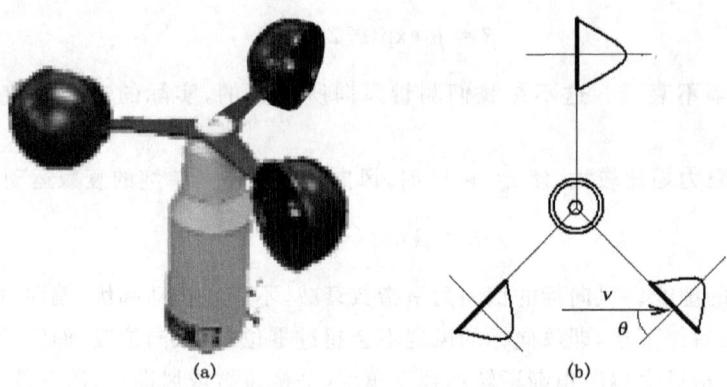

图 7.4 风杯风速表(a)实物照片;(b)原理示意

其中,K 为风杯系数,N 为单位时间内的风杯的转数,可以通过机械传动方法来测定转数。风杯系数 K,与风杯的结构、机械特性、惯性以及传动装置有关,一般由实验测定。对于杯形风速器,K 值在 2.2～3.0。在已知 K、N 之后,由公式(7.5)就可以确定风速 v。

风向和风速的测量可以同时进行而且可以直接从电子仪表盘读出数据,或将数据直接传输到计算机。如图 7.5 所示。

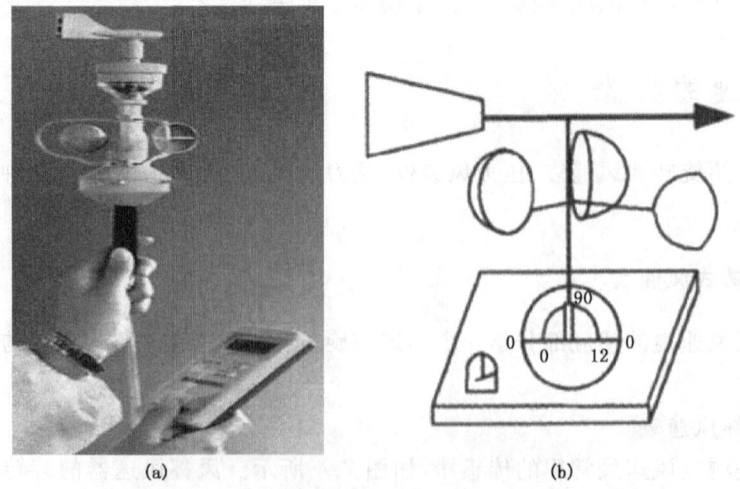

图 7.5 风向风速计(a)实物,(b)示意

(2)螺旋桨式风速表

旋转式风速表的另一种感应器是风车上的螺旋桨翼片(如图 7.6),又称为螺旋桨式风速表。螺旋桨转轴水平放置且与风向平行。螺旋桨翼片的迎风角 θ(一般取

45°)。如忽略机械摩擦和空气的阻力,翼片的转动速度为 N 与风速 v 成正比,为

$$v = \frac{N}{B\tan\theta} \tag{7.6}$$

其中,B 为风车系数。一般情况下,对一风车来说,B 和 θ 与风车的结构和机械特性有关,可以通过实验测定。因此,通过一定的方法测得翼片的转动速度 N,从而计算出风速。

图 7.6 风车
可同时测风向风速

(3)旋转式风速表风速信号的转换方式

一般情况下,由旋转式风速仪测量的风速信号有以下 4 种转换方式。

1)机械式。通过蜗杆带动蜗轮转动,即通过机械传动方式读出风速的大小。

2)电接式。通过齿轮传动加上适当的电路使计数器工作,记录出风速。

3)电机式。风速感应器驱动一个小型发电机中的转子,输出与风速感应器转速成正比的交变电流,输送到风速的指示系统,指出瞬时风速。

4)光电式。风杯带动圆盘转动,圆盘上存在等距离的小孔,光源照射到圆盘小孔上,形成光脉冲信号,通过脉冲频率可得到风的行程。

(4)旋转式风速表的误差

风速表的误差包括安装误差、仪器本身误差和测量误差。测量误差由以下原因引起。

1)由于风速表存在转动惯量,机械摩擦和空气阻尼等因素,它在风速变化的时间响应上有滞后,因而风速表存在滞后误差。

2)由于风速表的转动存在惯性,当风速由高到低和由低到高变化时,风速表跟踪风速变化的能力不一样,因而风速表测量结果存在惯性系统误差。

3)由空气密度引起的误差。就地面来说,通常温度和气压变化不大,所以空气的密度变化比较小,造成的误差小。但对于海拔比较高的台站,空气密度比较稀薄,影

响就比较大。因为仪器是在一定空气密度的条件下进行定标的,若用于不同的空气密度时,就会造成误差。故,对高海拔台站,对风速表的测量数据要进行修正。

4)大气湍流对风速的测量准确度也会造成一定的影响。风速仪影响风的垂直分量,在不同的水平风速条件下,仪器对实际风的垂直涨落量的影响复杂,不同情况下造成的误差不同。对于风杯风速表,这个误差大约为测量值的6%左右。

7.3.2 压力风速仪

压力风速仪利用流动气体产生的动压力(又称风动压)来测量风速。风动压与风速平方成正比,为 $\rho u^2/2$,其中 ρ 是气体的密度。风动压测量如图7.7所示。风速测定仪器的动压口迎着风向,管内测到的总压力 p_1 为静压力 p_s 与风动压 $\rho u^2/2$ 之和,

$$p_1 = p_s + \frac{1}{2}\rho u^2 \tag{7.7}$$

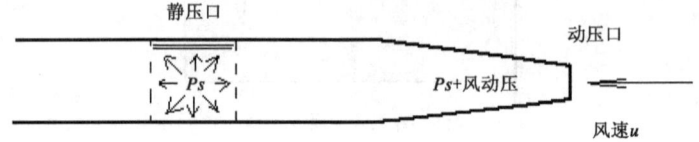

图 7.7 风动压测量示意图

静压孔处测得的总压力 p_2 等于静压力 p_s 加上风动压的影响 $\frac{c}{2}\rho u^2$,

$$p_2 = p_s - \frac{c}{2}\rho u^2 \tag{7.8}$$

其中,c 称为仪器常数,与仪器的结构和形状有关,表示风动压对静压力产生负压作用,数值为大于0、小于1的常数。可见,p_1 和 p_2 的差值,

$$\Delta p = p_1 - p_2 = \frac{1+c}{2}\rho u^2 \tag{7.9}$$

就代表风速。由此,风速 u 与压力差 Δp 的平方根成正比

$$u = \left[\frac{2\Delta p}{\rho(1+c)}\right]^{1/2} = k \times (\Delta p)^{1/2} \tag{7.10}$$

显而易见:只要测量出动压口与静压口处的压强差,根据气体的密度和仪器的常数就可得到空气气流的速度 u。

实际测量风动压的原理见图7.8。在动压口和静压口的出口处分别用管子引到一个充满液体的密封容器内。由于静压同时作用于2个管子,因此密封容器内两个液面高度之差就是风速压强。将风速压强换算成风速,需要用到公式(7.10)。

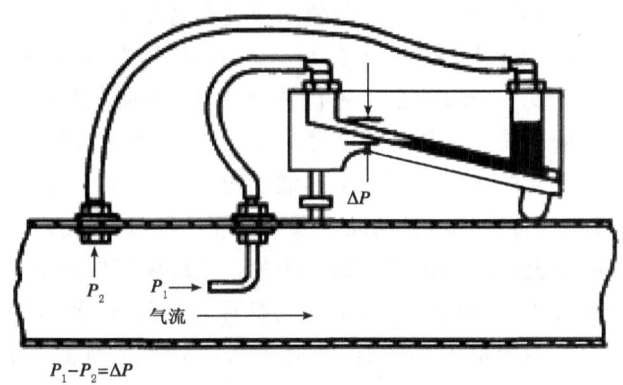

图 7.8 测量风动压的原理

7.3.3 热力式风速表

热力式风速表是根据被加热物体的散热速率与周围空气流速的关系来测量风速。这里主要讲述热线风速表。原理是,在温度为 θ 的气流中放置一根通电加热的细金属丝(称热线),记热线温度为 t,热线温度与气温之差 $t-\theta>0$,热线在气流中的散热量与流速有关。被电流加热的电阻丝,产生的热能为:

$$Q_a = 0.24 I^2 R_t \tag{7.11}$$

其中,R_t 为热线电阻。气流速度为 v,电阻丝垂直于气流方向,它散射到空气中的热能为:

$$Q_b = (A + B\sqrt{v})(t - \theta) \tag{7.12}$$

A 表示分子的扩散作用,$B\sqrt{v}$ 表示气流的作用。当气流的速度 v 足够大时,可以不考虑分子的扩散(即令 $A=0$)。当热交换平衡时,$Q_a = Q_b$,

$$0.24 I^2 R_t = B\sqrt{v}(t - \theta) \tag{7.13}$$

从式(7.13)可以看出,若使通过热线的电流 I 保持不变(称为恒流式),则流速 v 越大、热线温度越低(温差 $t-\theta$ 越接近于 0),这样,温差 $(t-\theta)$ 由流速 v 决定,测定温差 $(t-\theta)$ 就可得到流速;若使热线与空气的温差 $t-\theta$ 保持不变(称为恒温式),如保持 150℃,根据所需施加的电流 I 就可确定出流速 v。

热线风速表也可分为旁热式和直热式两种。

(1)热线仅作为风速的感应元件,温差 $(t-\theta)$ 用其他测温元件测量,则称为旁热式热线风速表。旁热式的热线一般为锰铜丝,其电阻值随温度变化近于零,它的表面另置有测温元件。

(2)若热线在测量风速的同时可以直接测定热线本身的温度,则称为直热式热线风速表。直热式的热线多为铂丝,其电阻值随温度升高而增大。

热线长度一般在 0.5~2 mm,直径在 1~10 μm,材料为铂、钨或铂铑合金等。若以一片很薄(厚度小于 0.1 μm)的金属膜代替金属丝,即为热膜风速仪,功能与热丝相似,但多用于测量液体流速。热线除普通的单线式外,还可以是组合的双线式或三线式,用以测量各个方向的速度分量。从热线输出的电信号,经放大、补偿和数字化后输入计算机,可提高测量精度,自动完成数据处理过程,扩大测量功能,如同时完成分速度和合速度、瞬时值和时均值等参数的测量。热线风速仪与皮托管相比,具有探头体积小,对流场干扰小;响应快,时间常数只有百分之几秒,能测量非定常流速;在小风速时灵敏度较高,能测量很小风速(如低达 0.3 m/s)等优点。它是大气湍流和农业气象测量的重要工具。

影响热力式风速计测量精确度的因素有以下几点。

(1)环境气温 θ 测量不精确,将导致风速表测量结果的变化。

(2)热线方向与气流方向不垂直。热流交换系数会随热线与风向的夹角的变化而变化,测量要求热线与气流方向垂直。

(3)空气密度的改变而造成的误差。由于对流热交换系数与空气密度有关,实际的空气密度与仪器标定时的空气密度存在偏差,因而会导致测量结果的不准确。

7.3.4 声学风速表

声波在实际大气中的传播速度为声波在静止大气中的传播速度与大气中的气流速度之和。因此,在一定距离内,声波顺风传播与逆风传播所需要的时间,有一定的差别。测得这个时间差即可得到气流的速度,即气流速度的测量可以通过测量这一时间差来实现。这就是声学风速表的基本原理。

基于这一原理的声学测风速仪器,如图 7.9 所示。图中,T_1、R_1 为一对声波发射、接受器,T_2、R_2 为另一对声波发射、接受器,两对声波收发器安置方向相反,记 d

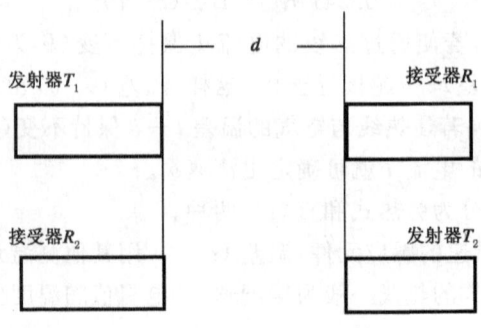

图 7.9 声学测风速示意图

为成对的声波发生器和接受器之间的距离，t_1、t_2 分别为声波从 T_1 传播到 R_1、从 T_2 传播到 R_2 所需要的时间，v_d 为风速沿该方向的分量，可以得到：

$$t_2 - t_1 = \frac{d}{c - v_d} - \frac{d}{c + v_d} = \frac{2dv_d}{c^2 - v_d^2} \approx \frac{2dv_d}{c^2}$$

其中，c 为静止大气中的声速（大约是 340 m/s 左右），$c \gg v_d$，故：

$$v_d \approx \frac{c^2}{2d} \Delta t \tag{7.14}$$

可见，风速 v_d 与时间差 $\Delta t = t_2 - t_1$ 成正比。测得时间差，就得到风速 v_d。

另外，由于

$$t_1 + t_2 \approx \frac{2d}{c} \tag{7.15}$$

所以，如果能测出时间 t_1 和 t_2，就可以同时测出风速 v_d 和声速 c。而将声速 c 代入下式

$$c = 20.067 \left[T \left(1 + 0.378 \frac{e}{p} \right) \right]^{\frac{1}{2}} \tag{7.16}$$

就可以解出温度 T，其中，T、p、e 分别为气温、气压、水汽压（假设 p 和 e 可另外测得）。

声学测风仪器具有以下优点：没有运动部件，不存在机械磨损；时间响应快；灵敏度高，检测风速最小值可达几厘米/秒，广泛适用于大气湍流等要素的精确测量；测量的结果属于线性输出，准确度较高；可以测量任意方向的风速，且在测风的同时还可以测量大气的温度。

7.4 测风仪器使用注意事项

考虑到测量数据的准确性和代表性，使用测风仪器要注意以下一些问题。

(1) 为了提高测风仪器测量结果的区域代表性，考虑到地形和障碍物对风速测定的影响，一般要求测风仪器安装在开阔地、10 m 高处，即测风仪器与障碍物的距离必须至少 10 倍于障碍物高出测风仪器的高度。

(2) 为了提高测风仪器测量结果的时间代表性，对一段时间内测量的数值进行平均。

(3) 为了使测风仪器测量结果具有可比较性，必须使用统一规定型号的测风仪器。

(4) 选择测风仪器时必须考虑到测风仪器的机械构造特性和空气动力学特性。机械构造方面的特性，指准确度、灵敏度、分辨率、启动风速、量程范围等。空气动力学特性，指阻尼比、时间常数、距离常数、惯性等。

习题

1. 谈谈地面气象观测对风向、风速的定义。
2. 描述风向标的运动特征。
3. 从理论上来说,在什么样的特殊情况下,风向标作周期运动,停不下来?
4. 测风仪器一般安装在什么地方?
5. 怎样使测得的风速具有代表性,可比性?
6. 选择测风仪器需要考虑哪些因素?
7. 你知道哪几种主要的风速测量仪器?
8. 热力式风速表的工作原理。
9. 推导皮托管的测风计算公式。
10. 声速风速表的测风原理是什么?

第 8 章 降水的测量

降水是指从云中降落或从大气中沉降到达地面的固态或者液态的水汽凝结物，主要包括雨、雪、雹、露、霜、雾、白霜、雾凇和轻雾。

降水的观测包括降水量、降水强度以及降水时间。

降水量是指在一段时间内的降水总量，用降水所覆盖的水平地表面上的垂直深度来表示，通常以毫米为单位。降雪等固态降水可以用水的当量表示，也可用覆盖在平坦水平表面上的新雪深度来表示。

降水强度(也称降水率)是指单位时间内的降水量，常用单位为 mm/h。例如，降水强度的等级划分是根据日降水量确定的，24 小时内降水小于 10 mm 为小雨，10～24.9 mm 为中雨，25～49.9 mm 为大雨，50～100 mm 为暴雨，100～200 mm 为大暴雨、大于 200 mm 的为特大暴雨。

由于降水观测是气象观测的重要组成部分，为天气预报、气象情报、气候分析和气象科学研究，以及社会生产建设提供资料服务，所以准确无误的降水观测显得十分重要。为实现这一目的，就必需借助于降水观测仪器。

雨量器是观测降水量最常用的仪器，一般使用侧边垂直的开口受水器，通常为圆柱形的筒。各个国家所使用雨量器的受水口形状和尺寸以及筒的高度，均不相同。我国气象站目前常用的测量降水的仪器主要有普通雨量器、称重雨量计、虹吸式雨量计、翻斗式雨量计等。雨量器收集到的降水量的测量，可以通过一根有刻度的量尺确定其深度，或者通过测量容积或重量来实现。

8.1 降水测量方法

8.1.1 选址与安置

测量降水是为了获取在所要代表的区域真实降水的有代表性的样本。测雨区内降水站场地的选择与测量的系统误差同样重要(Sevruk 和 Zahlavova,1994)。这是因为雨量器的场地位置和雨量器的数量决定了其测量结果对该地区真实降水量具有多大程度的代表性问题。WMO(1992,1994)对雨和雪的区域代表性和区域降水和地形修正的计算方面做了详细的讨论。由于场地周围风场对当地降水量的影响，因此雨量器离障碍物的距离应大于障碍物与雨量器受水口高度差的两倍以上。对每一场地，应当估算其障碍物的平均仰角，并绘制平面图。场地不宜选择在斜坡或建筑物的顶部。测量降雪和/或积雪的地点应当尽量选在避风的地方，最好的地点是在树林或果园中的空旷地方，或者在有其他物体能对各个方向的来风起到有效屏障的地方。然而，对液态降水，采用与地面齐平的雨量器可以有效地减少风的影响和场地对风的影响，或采用下列方法使气流在雨量器受水口上方水平流动。这些方法，按其效果大小排列如下：(a)将雨量器安装在有稠密而均匀的植被的地方。植被应当经常修剪，使其高度与雨量器受水口高度保持相同；(b)在其他地方，可采用合适的围栏造成类似(a)的效果；(c)在雨量器周围装防风圈。雨量器周围地表可用短草覆盖，或用砾石或卵石铺盖，但应避免像整块混凝土那样坚硬而平整的地面，以防止过多的雨水溅入。

8.1.2 普通雨量器

8.1.2.1 工作原理

普通雨量器，如图 8.1 所示。通常包括一个垂直周边的开口承水器（为正圆筒），它置于漏斗的上方，漏斗则导向储水器（或储水瓶），两次观测之间累积的水及融化的雪水就贮存在储水器中。在固体降水很经常并很重要的地方，要对雨量器作一些特殊的改动以提高测量的准确度。这些改动包括在雪季开始的时候，取下雨量器漏斗或准备一个特殊的雪十字架以防止落入的雪被风吹走。雨量器周围安置防风圈能减少因雨量器上方风场变形及吹雪所导致的误差。对降雨尤其是降雪建议使用防风圈。水储存在雨量器中可直接测量，或从储水器中倒入雨量器中进行测量，或者用一根有刻度的尺直接测量储水器中的水深。对液态降水来说，集水器受水口尺寸的大小并不是关键，但如果固态降水的量比较大，则需要至少是面积为 200 cm^2 的，200～500 cm^2 的雨量器是最为适用的。量筒应当用具有合适热膨胀系数的透明玻璃或塑料制成，并应清楚地标明它所适用的雨量器类型和尺寸。其直径应小于雨量器受水口直径的 33%，直径越小，测量精确度越高。刻度应精细，一般来说，每隔 0.2 mm 刻线，在整毫米刻线处要清楚地标明数字。也可以是每隔 0.1 mm 刻线。2 mm 或大于 2 mm 的标度最大误差不应超过 ±0.05 mm，小于 2 mm 的标度最大误差不应超过 ±0.02 mm。测量小的降水量时，如想获得合适的精确度，可将量筒底部的内直径逐渐变小。为避免视线误差，读数时应使量筒保持垂直，并以量筒内水弯液面的底部作为水面位置。重复读取量筒背面的主要刻度线有助于减少此类误差。量尺材料应采用杉木或其他一些吸水不明显的毛细作用小的合适材料。量尺刻度任意点的最大误差不能超过 ±0.05 mm。只要有可能，应当用容积测量法来检验量尺的测量结果。

8.1.2.2 操作

读数时，应使量筒保持垂直，观测者应注意视线误差。每次观测后，应立即对非

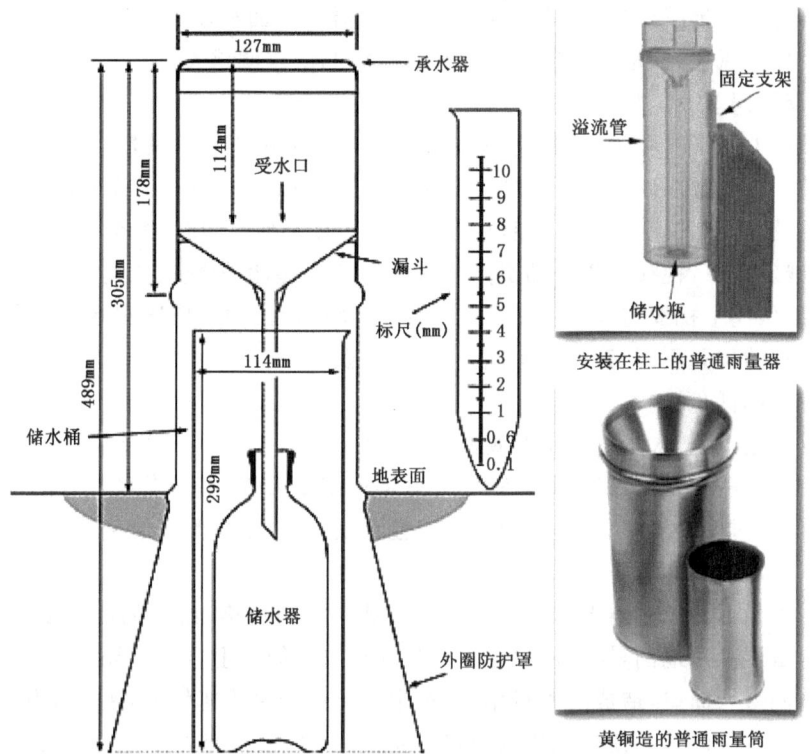

图 8.1 普通雨量器结构示意图及实际外观

自记雨量器收集到的雪进行称重或将其融化,再用有刻度线的量筒进行测量。也可以一起称重,这一方法有若干优点。先称出储水器和水的总重量,再减去储水器的已知重量。这种方法没有水溅出的危险,并且任何附着在筒壁上的水也包括在所称的重量之中,这是很普通的方法,简易可行。

8.1.2.3 雨量器误差

普通雨量器测量降水量比较直接,在定时观测时间将储水瓶的降水倒入雨量杯中,读取的数值即为降水量。观测者的工作态度、技术水平以及情绪的变化,都会对观测成果的质量产生一定影响。但也存在人为因素的误差,如湿润误差、读数误差、测量过程中的操作误差等,同样会导致雨量的测量偏差。

(1)湿润误差

普通雨量器的承水器和贮水瓶内壁对部分降雨的吸附造成的水量损失,称湿润误差。湿润误差是一种负向系统误差,使观测的降水量系统偏小。因为观测者的感觉器官的鉴别能力有一定的局限性,所以在雨量器的安置、校准、读数等方面都会产生误差。另外,雨量器的材料、结构、风速、空气湿度以及气温都能引起湿润误差。普通雨量器内壁如果越光滑,瓶的口径越小,承雨器湿润面积就越小,产生的湿润误差就越小。如果风速大、地面湿度小、气温偏高,湿润误差就越大。

(2)读数误差

读数误差是指对测量仪器示值不准确读数所引起的误差。读数误差包括视差和估读误差。视差常在读取测量值的方向不同或刻度面不在同一平面时所发生,两刻度面相差约在 0.3~0.4 mm,若读取视线不是垂直于刻度面时,即会产生的误差量。俯视,视线斜向下,视线与筒壁的交点在水面上,所以读出的数值比实际值数值偏大。仰视,视线斜向上视线与筒壁的交点在水面下,所以读出的数值比实际值偏小。观测时眼睛所在的位置不同,读数也不同,产生读数误差。

(3)观测时间误差

根据规范规定,人工每日定时观测降水;在炎热干燥的天气,降水停止后要及时进行观测。在两次定时观测时间段内,尤其遇连阴雨天气,由于降水未停止而得不到及时测量,同时夏天气温较高,雨水会有缓慢蒸发,造成雨量测量值偏小。

(4)外界环境误差

普通雨量器的承水器上口的四周没有安装防溅雨栅格,雨量的测量受风场影响很大。雨量器高出地面,风对雨量器的绕流作用导致筒口上方出现局部的上升气流,阻碍了雨滴落入筒口,造成降水量偏小,产生误差。如果风速较大,风向变化快,普通雨量器上方的气流扰动使雨滴落入筒口不均匀,因此也会产生误差。如发现环境条件对测定结果有影响时,应重新进行测定。

(5)仪器误差

仪器误差是仪器作为工厂的合格产品本身具有的误差,不包括仪器现场安装调试不合格、器口安装不水平等人为原因所产生的误差。普通雨量器每月应至少定期检查1次,不注意及时维护或来不及维护,由于自动站雨量传感器承水器呈漏斗状,其中过滤小圆护网的网眼细小,容易使承水器漏斗处易积聚灰尘、杂物而造成轻微堵塞,使自动站雨量无示值、雨量示值偏小或雨量示值滞后。

8.1.2.4 校准与维护

无论选择何种尺寸的集水器,量筒或量尺的刻度都应与之相匹配。雨量器的校准包括检查雨量器受水口的直径并确保它在允许的误差范围内。校准还包括对量筒或量尺的容量值检查。常规维护应当包括:随时对雨量器的水平状态进行检查,以防超出限度(Rinehart,1983 和 Sevruk,1984);外储水器及刻度在任何时候都要使其内外部分保持干净,这可通过使用长柄刷、肥皂水和清水洗刷达到,应当按要求更换破损部件;在有可能的地方,雨量器周围的植被应当修剪到 5 cm 高;应对仪器的安置状况进行检查并作出记录。

8.2 自记雨量计

自记雨量计比人工观测有更好的时间分辨率,而且也能减少人工操作引起的蒸发和沾湿误差。下面主要介绍一般应用的 3 种自记雨量计:称重式雨量计、虹吸式雨量计和翻斗式雨量计。另外,一些新的无运动部件的自动雨量计也可采用,这些雨量计使用诸如电容探头、压力传感器,以及光学或小型雷达装置以提供与降水当量成正比关系的数字信号。

8.2.1 称重式自记雨量计

8.2.1.1 工作原理

利用载荷元件,通常是一个弹簧装置或一个重量平衡系统,将储水器连同其中积存的降水的总重量作连续记录(图 8.2)。所有降水,包括固体和液体形式,在其降落时就记录下来。这种雨量计通常没有自动倒水的装置,其容积(在倒水前的最大蓄积量)相当于量程 150~750 mm。这类雨量计必须使之保持最小的蒸发损失,为达到此目的,可向储水器内添加足够的油或其他蒸发抑制液,在水面上形成一层薄膜。由于强风破坏平衡而引起的困难,可通过一种油阻尼装置予以减少,或者假如目前的工作已有实质性进展,就可以设计一个合适的微处理器从读数上消除这种影响。因为对固体降水在记录前不要求融化,因此称重式自记雨量计特别适用于记录雪、冰雹、

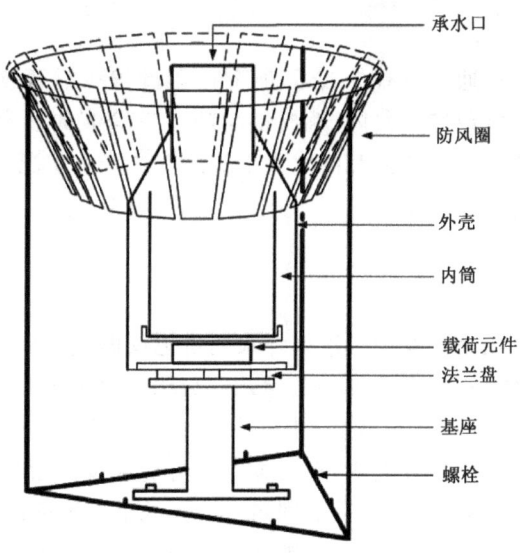

图 8.2 称重式自记雨量计

雨夹雪。冬季到来前,须向储水容器内注入防冻液融化固体降水。防冻液的用量要依据预测降水量的多少以及预测在最小浓度时的最低温度来决定。用校准的弹簧对集水器作重量测量,通过一组杠杆或滑轮把垂直位移变为角位移,再通过机械把角位移传递到自记钟钟筒或带状记录纸上,或通过转换器进行数字化记录。这些类型的雨量计的准确度与它们的测量和/或记录特性有直接关系,这些特性由于制造厂家不同而有所不同。

8.2.1.2 误差分析

称重式是通过重量的变化来反映降水量的大小,它的传感器灵敏度很高。噪声产生的原因有以下几个方面:

(1)蒸发损失和湿润损失。降水的蒸发损失量取决于蒸发时间内的气温以及雨量器器口的风速和饱和差,进而影响称重重量的变化;

(2)电阻应变式传感器受温度的影响,温度的变化会影响测量电路中桥接零点和灵敏度;

(3)仪器自身的电路噪声和风等随机噪声;

(4)降水下落有动量产生,使得称重受到干扰。因此,风、温度以及一些随机因素都能引起传感器重量测量的变化,数据会产生波动,如果不加以过滤处理,对测量结果的精度影响较大,如何有效滤除随机因子的影响,并修正温度以及风的因素的影响对测量降水量的精度至关重要。由于称重感应部分是密封在雨量测量仪器内部,风的影响不会使传感器单独重量的增加,只是引起数据的小幅振荡。

8.2.1.3 校准与维护

称重式自记雨量计通常没有什么运动部件,因此很少需要校准。校准通常是用一组砝码放置在集水器或储水器内,就提供与降水量等值的预定值。设备的日常维护应每3~4个月进行一次,具体时段取决于观测点的降水状况。

8.2.2 虹吸式雨量计

8.2.2.1 工作原理

虹吸式雨量计是用来连续记录液体降水的自记仪器,它由受水口、浮子室包括浮筒和虹吸管等、自记钟、铁制圆筒形外壳等几部分组成,如图8.3所示。受水口的开口部呈圆筒形,底部呈圆椎形漏斗状,中间有一个小圆孔,装在圆筒形外壳的顶部。浮子室和自记钟均装在铁皮外壳内,有一金属管与受水口的漏斗相连,使雨水能直接流入浮子室。浮子室内有一浮子,其上固定一金属直杆,直杆的顶端从浮子室伸出。直杆上连接一支自记笔,用以在自记钟钟筒所卷的自记纸上进行记录。

其工作原理如下:有降水时,降水从承水器经漏斗进水管引入浮子室;浮子室是一个圆形容器,内装浮子,浮子上固定有直杆与自记笔连接,浮子室外连虹吸管;降水使浮子上升,带动自记笔在钟筒自记纸上划出连续记录曲线。当自记笔尖升到自记纸刻度的上端(一般为 10 mm)浮子室内的水恰好上升到虹吸管顶端。虹吸管开始迅速排水,使自记笔尖回到刻度"0"线,又重新开始记录。自记曲线的坡度可以表示瞬时降水强度。由于虹吸过程中落入雨量计的降水也随之一起排出,因此要求虹吸排水时间尽量快,以减少测量误差。

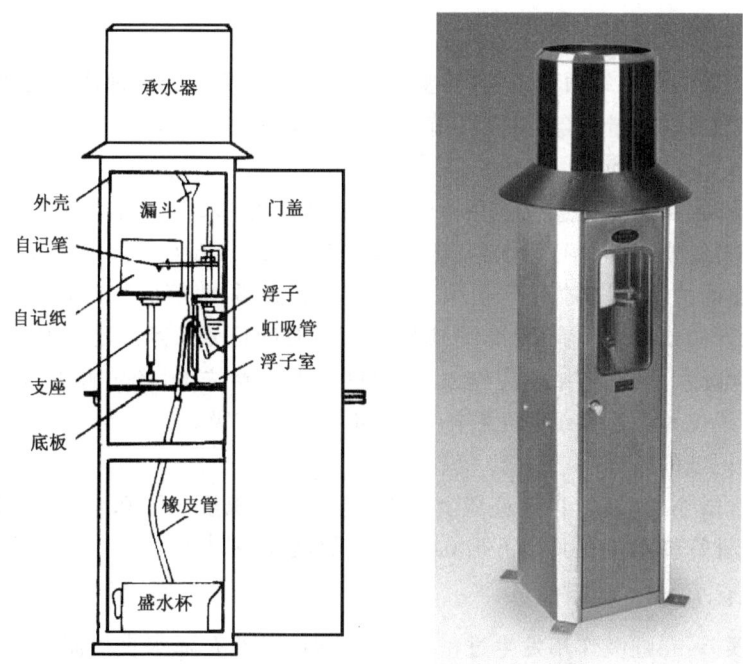

图 8.3 虹吸式雨量计示意图

8.2.2.2 安装

仪器安装的地方和要求与翻斗式雨量计相同。

内部机件的安装:先将浮子室安好,使进水管刚好在承水器漏斗的下端;再用螺钉将浮子室固定在座板上;将装好自记纸的钟筒套入钟轴;最后把虹吸管插入浮子室的侧管内,用连接螺帽固定。虹吸管下部放入盛水器。

开始使用前必须按以下顺序进行调整检查。

(1)调整零点。往承水器里倒水,直到虹吸管排水为止。待排水完毕,自记笔若不停在自记纸零线上,就要拧松笔杆固定螺钉,把笔尖调至零线再固定好。

(2)用 10 mm 清水,缓缓注入承水器,注意自记笔尖移动是否灵活;如摩擦太大,要检查浮子顶端的直杆能否自由移动,自记笔右端的导轮或导向卡口是否能顺着支柱自由滑动。

（3）继续将水注入承水器，检查虹吸管位置是否正确。一般可先将虹吸管位置调高些，待 10 mm 水加完，自记笔尖停留在自记纸 10 mm 刻度线时，拧松固定虹吸管的连接螺帽，将虹吸管轻轻往下插，直到虹吸作用恰好开始为止，再固定好连接螺帽。此后，重复注水和调节几次，务必使虹吸作用开始时自记笔尖指在 10 mm 处，排水完毕时笔尖指在零线上。

8.2.2.3 观测与记录

自记记录供自动站雨量缺测时，整理各时降水量及挑选极值用。遇到固体降水时，采用与翻斗式雨量计（见 8.2.3 节）相同的处理方法。

（1）自记纸的更换

无降水时，自记纸可连续使用 8～10 天，用加注 1.0 mm 水量的办法来抬高笔位，以免每日迹线重叠。有降水（自记迹线上升≥0.1 mm）时，必须换纸。自记记录开始和终止的两端须做时间记号，可轻抬自记笔根部，使笔尖在自记纸上划一短垂线；若记录开始或终止时有降水，则应用铅笔做时间记号。当自记纸上有降水记录，但换纸时无降水，则在换纸前应作人工虹吸（给承水器注水，产生虹吸），使笔尖回到自记纸"0"线位置。若换纸时正在降水，则不作人工虹吸。

（2）自记纸的整理

在降水微小的时候，自记迹线上升缓慢，只有累积量达到 0.05 mm 或以上的那个小时，才计算降水量。其余不足 0.05 mm 的，各时栏空白。

8.2.2.4 误差与修正

虹吸误差：在虹吸作用发生过程中有降水时，必然有降水直接流入储水器，造成记录纸上的降水量系统偏小，故需要测量储水器中的自然虹吸水量进行订正。

检查虹吸式自记雨量计记录，常见的不正常的记录线产生的原因和故障排除方法如下。

（1）虹吸线倾斜与时间坐标线不平行，一般是因浮子室的中心轴与钟筒中心轴互不平行，两中心轴与水平面不垂直造成的。应松开钟筒支撑杆下端的固定螺母，在支撑杆与横隔板连接处加垫硬纸片，扭紧固定螺母，然后注水检查，如此进行反复调整，直到虹吸线与时间坐标线平行为止。

（2）虹吸终止记录笔低于零线时，不应用向承雨器注水的办法使笔尖升至零线位置，而应调整笔架在浮子连杆上的位置。虹吸终止记录线高于零线时，应检查虹吸管与浮子室连接处是否紧密，橡皮垫圈是否失效。

（3）虹吸作用在大于或小于 10 mm 处发生，应调整虹吸管安装高度，直至在整 10 mm 处发生虹吸为止。

(4)虹吸作用不能恰在 10 mm 处发生,或虹吸终止记录笔尖不能恰好落在零线的原因,还有可能因浮子底部凹进变形,水面与凹进部分之间存有空气,在浮子上升或下降过程中有空气挤入或排出,使浮子入水深度不能稳定不变,致使记录笔尖在零和 10 mm 处或高或低,记录线不够正常。

(5)虹吸作用不可靠,有时不发生虹吸,经连续注水试验,若开始注水 10 mm 即不发生虹吸而呈现平头记录线,通常是由于虹吸管或浮子室脏污所致,细心用肥皂或碱水清洗即可排除。若前两三次虹吸正常,而后由于注水更缓慢(或降水强度变小)记录线沿 10 mm 波动或呈平头直线,一般是虹吸管质量不好,管壁摩阻力太小,使水体沿着虹吸管的内壁向下滴流,浮子室暂时维持水量进出平衡而使记录线呈水平直线,直至雨强变大才发生虹吸,此时应另选虹吸管。

(6)记录断线或记录笔跳动上升,记录线呈阶梯形,多数是由于仪器各部件安装不协调所致。

如自记钟或浮子室不铅垂向前后倾斜;浮子连杆穿过两轨道孔不在同一轴线上;笔尖不润滑,笔架的轨道生锈,使笔尖在上升过程中受到较大的摩擦力。应针对原因进行调整擦洗,使记录线呈光滑的连续曲线。

(7)虹吸历时超过 14 秒,检查是否有杂物进入虹吸管的进口处,或是虹吸管的质量不符合要求。

(8)自记钟日记走时误差超过±5 分钟,应调整钟芯的快慢针微调螺钉,使走时误差不超过±5 分钟。如果调整达不到要求,可能是钟芯脏污,或转动部件缺油,需要对钟芯进行清洗上油。

(9)记录降水量与自然虹吸量之差为一常数,一般是由于浮子室内径不标准造成的,应进行仪器常数差的检定,并将记录值进行器差订正。

8.2.2.5 维护

(1)保持各部件清洁,无灰尘、虫网,光洁无锈蚀,牢固无位移。定期清检时应特别注意虹吸管弯曲处有无污垢,保持洁净明亮。恶劣天气时加强巡视、清洁维护,开门后及时锁紧。

(2)规定使用期间,出现低温结冰天气,可加盖停用,排尽浮子室内的水,以防冻裂仪器,温度回升后,恢复正常;也可采用热保护的方法,保持其正常运行。停用后,及时排水,内部机件取回室内,清洁干燥,妥善保存,并将承水器加盖。

8.2.3 翻斗式遥测雨量计

8.2.3.1 工作原理

翻斗式雨量计适用于降雨率和降雨累计总量的测定。其工作原理见图 8.4。一个翻斗分隔成两部分,置于一个水平轴上并处于不稳定的平衡状态。在其正常位置时,翻斗应停靠在定位销之上,定位销使翻斗不致完全翻转。雨水由集水器导入斗的上部,进入翻斗的上部分后,累积达到设定雨量时,翻斗变得不稳定并倾倒至另一停靠位置。翻斗的两部分设计成这样一种形式:雨水会从翻斗的较低部分流空,与此同时,继续降落的雨水落入刚进入位置的翻斗的上部。随着翻斗的翻转运动可用以操作一个继电器开关,使之产生一个由不连续的步进脉冲构成的记录,记录上每一步的距离代表技术指标设定的降雨量发生的时间。对于需要详细记录的情况下,设定雨量不应超过 0.2 mm。

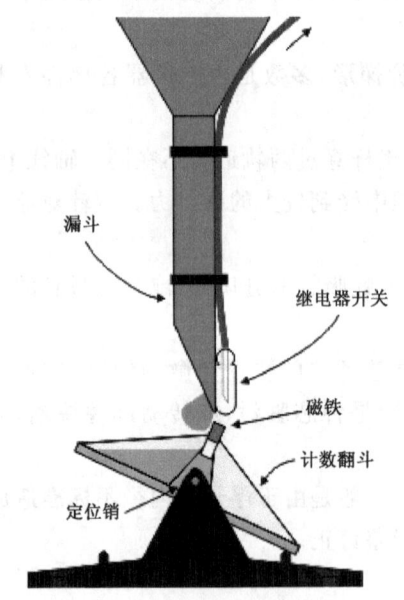 

图 8.4　翻斗式雨量计工作原理及实际外观

翻斗的翻转需要短暂而有限的时间。在其翻转的前半段时间,可能会有额外的雨水流入已经容纳规定雨量的斗内。在大雨时(250 mm/h),这一误差十分显著。但这种误差是可以控制的,最简单的方法是在漏斗底部安装一个类似虹吸管的装置引导雨水以可控的速率流入翻斗内。但这样做的缺点是会平滑掉短时降水强度的峰值。此外,还可附加一个装置以加快斗的翻转过程,如,利用一个小薄片受到从集水器注入的雨水冲击,从而给斗施加一个随降雨强度而变化的额外的力。

翻斗式雨量计适合于数字化遥测技术,所以特别适合于组建自动天气站。由继电器开关所产生的脉冲,能用数据记录仪进行监测,还能对选择时段的脉冲进行合计以提供降水量值。

8.2.3.2 误差与修正

翻斗雨量计的误差来源与其他雨量计有些不同,因此需要专门的预防措施和修正方法。其误差来源包括:

(a)翻斗翻转时的水损失导致测量误差,虽能减少但无法根除,大雨时尤为显著;

(b)通常设计的翻斗,其暴露的水面较大,导致水分有明显的蒸发损失,特别是在炎热地区,这种误差在小雨情况下比较显著;

(c)在毛毛雨或很小的雨的情形下,记录的不连续性导致无法提供满意的数据,特别是降雨起止时间无法准确界定;

(d)雨水可能附着于翻斗壁和翻斗边上,导致翻斗内残存水,翻转动作就需要克服这额外重量,经测试,打过蜡的翻斗翻转所需水量比未打蜡的翻斗少4%,在没有调整翻斗校准螺丝的情况下,由于表面氧化或受杂质污染以及由于表面张力的变化等原因而使翻斗的沾水性能改变,也使得容量的校准值发生改变;

(e)从漏斗流入承水斗的水流可能导致略高的读数,这取决于进水嘴的尺寸、形式和位置;

(f)由于雨量计的水平状态未调整好,仪器极易产生摩擦和使翻斗处于非正常平衡状态,仔细的校准可对系统误差提供修正,仪器安置对翻斗雨量计测量值的影响可以像其他雨量计一样加以修正。在寒冷季节特别是对于固体降水进行测量可以用加热装置,但是,由于风和融雪的蒸发导致大的误差,加热式翻斗雨量计的测量效果非常之差,因此,不提倡在一个长期处于0℃以下的地区用这种雨量计进行降水的测量。

8.2.3.3 校准与维护

翻斗雨量计的校准通常在实验室条件下如下进行:让已知水量以不同的速率通过翻斗装置,调整翻斗装置使其达到已知的水量。与标准雨量器每日进行比对,可以提供有用的修正系数,这是一种好的方法。各站的修正系数会不一样。对于小强度降雨,修正系数通常大于1.0(读数低),对于高强度降雨,修正系数小于1.0(读数高)。修正系数与降雨强度之间的关系不是线性而是一曲线。由于误差来源多样,翻斗雨量计的校准和修正是许多因素综合作用的结果。日常设备维护应包括清洁漏斗和翻斗内积存的灰尘和杂物,并确保雨量计的水平状态。应大力提倡每年用新校准的翻斗装置更换旧的。

8.3 降雪和积雪的测量

降雪是指在一段时间内(一般24小时)降落的新雪深度,但不包括飘雪和吹雪。

为了测量深度,雪这一名词还应包括直接或间接地由降水形成的冰丸、雨凇、冰雹和片冰。雪深通常指观测时地面上雪的总深度。积雪的水当量是融化积雪而得到的水的垂直深度。WMO(1994)和 WMO(1992)是这方面内容的权威性文本,它涵盖了水文学方面有关降雪过程中对雪的研究,包括测量方法。

8.3.1 降雪深度

雪深的观测地段,应选择在观测场附近平坦、开阔的地方。入冬前,应将选定的地段平整好,清除杂草,并做上标志。在开阔地上的新雪深度用有刻度的直尺或标尺作直接测量(图 8.5)。

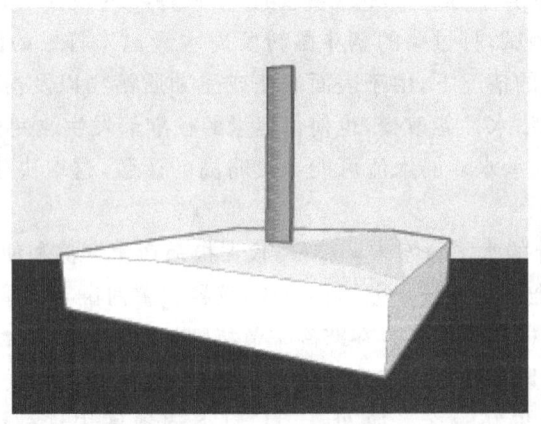

图 8.5 利用标尺直接测量降雪深度

(1)当气象站四周视野地面被雪(包括米雪、霰、冰粒)覆盖超过一半时要观测雪深。

(2)一般用量雪尺(或普通米尺)来测量雪深。量雪尺是一木制的有厘米刻度的直尺。

(3)符合观测雪深条件的日子,每天 08 时在观测地点将量雪尺垂直地插入雪中到地表为止(勿插入土中),依据雪面所遮掩尺上的刻度线,读取雪深的厘米整数,小数四舍五入。使用普通米尺时,若尺的零线不在尺端,雪深值应注意加上零线至尺端距离的相当厘米数值。

(4)每次观测应做三次测量,记入观测簿相应栏中,并求其平均值。三次测量的地点,彼此相距应在 10 m 以上(丘陵、山地气象站因地形所限,距离可适当缩短),并做出标记,以免下次在原地重复测量。

(5)平均雪深不足 0.5 cm 记 0;若 08 时未达到测定雪深的标准,之后因降雪而达到测定标准时,则应在 14 时或 20 时补测一次;记录记在当日雪深栏,并在观测簿备注栏注明。

（6）若气象站四周积雪面积过半,但观测地段因某种原因而无积雪,则应在就近有积雪的地方、选择较有代表性的地点测量雪深。如因吹雪或其他原因使观测地段的积雪高低不平时,应尽量选择比较平坦的雪面来测定。

（7）丘陵、山地的气象站四周积雪达到记录积雪标准,但由于地形影响,测站附近已无积雪存在时,雪深不测量,但应在观测簿备注栏注明。

8.3.2 积雪深度的直接测量

将雪尺或有同样刻度的测杆插入雪中至地表面来进行地面积雪深度的测量。在开阔地带,由于积雪被风吹起而重新分布,加之下面可能埋有冰层,使得雪尺不能插入,用这种方法去获取有代表性的雪深测量值会有些困难。要注意确保测出总深度,包括可能存在的冰层深度。在每个观测站要作多次测量并取其平均。

一种用于雪深测量的超声波探测器已经研发,是标准观测的可行的替代品。它既可以用来测量雪深,也可以用来测量降落的新雪(Goodison等,1988)。可以用这种传感器提供的降水类型、总量和时间来实施对自记雨量计测量值的质量控制。

8.3.3 雪水当量的直接测量

测量雪水当量的标准方法是用采雪管采出样芯并称其重量。这是很多国家测量雪水当量的常用方法,是雪测量的基础。这个方法包括：既可融化每一样本并测量其液体重量,也可以称取冻结的样本重量。可以用经过测量的定量热水或热源来融化样本。新雪的圆柱形样本可以用一个合适的采雪器获得,并进行称重或融化。我国地面气象观测站通常使用体积雪量器来直接测量降雪的水当量。

体积雪量器是由内截面积为 $100\ cm^2$ 的金属筒、小铲、带盖的金属容器和量杯组成(见图 8.6)。观测步骤如下。

（a）观测前半小时,把量雪器拿到室外。取样前,应把量雪器清理干净。取样时,拿住把手,将量雪器垂直插入雪中,直到地面。然后拨开量雪器一方的雪,把小铲沿量雪器口插入,连同量雪器一起拿到容器上,再抽出小铲,使雪样落入容器内,加盖拿回室内。等雪融化后,用量杯测定其容积。

（b）取样时,要注意清除样本中夹入的泥土、杂草。所取样本不应包括雪下地面上的水层和冰层,但应包括积雪上或积雪层中的冰层,遇此情况,应在观测簿备注栏中注明。

（c）当雪深超过取样的量雪器金属筒高度时,应分几次取样。在取上层雪样时,注意不要破坏下层雪样。

（d）每次观测后,必须将仪器擦净,并防止金属筒的刀刃口变形、变钝。

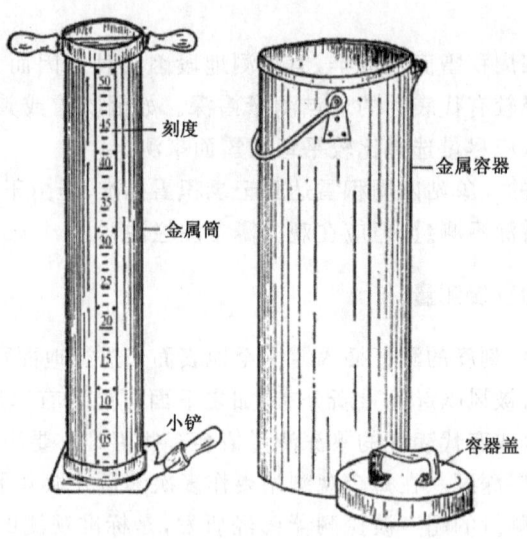

图 8.6 体积量雪器

8.3.4 雪枕

各种材料制作的大小不同的雪枕,可用于测量枕上的积雪重量(如图 8.7)。最普通的雪枕是用橡胶材料制成的直径为 3.7 m 的圆而扁平的容器,其中充有甲醇与水混合的或甲醇-乙醇-水溶液的防冻液。雪枕安装在地面上,与地齐平,或者埋在一薄层土或砂下。为了避免雪枕受损坏和使积雪保持其自然状态,最好在安置场地

图 8.7 雪枕(引自 http://www.water.ca.gov/floodmgmt/hafoo/hb/sss/snowpillow.cfm)

周围用栅栏围住。在正常情况下,雪枕可使用 10 年以上。雪枕能够测量积雪重量是因为雪枕上的积雪改变雪枕内的液体静压力。此力可通过压力传感器测量,从而可以连续测量积雪的水当量。雪枕温度的变化可以引起测量准确度的变化。在浅积雪地区,每天温度变化导致枕内液体的膨胀或收缩,造成出现虚假的降雪或融雪的指示。在深山地区,除了在降雪的开始和结束的季节,每天的温度变化不大。应将连接测量单元的连通管装在可控温的保护管内或埋入地中以减少温度的影响。用雪枕测量的雪水当量与标准称重方法的测值相比,其差异可达 5%~10%。

8.3.5 放射性同位素雪量器

测量系统基于水、雪或冰对辐射造成衰减的原理,用来测量积雪水当量的总量和/或提供密度廓线。仪器由辐射源和辐射检测器两部分组成。用放射性同位素作为人工辐射源。它不会造成样本的破坏,可用于现场记录和/或遥测系统。把检测器部分安放在雪场的地基上,另一部分安装在高出最大雪深的高度上。随着雪的积聚,计数速率随雪水当量增加而成比例地减小。放射性同位素可采用铈,辐射源呈环形,环形中央是单柱检测器,这种系统已成功地用于测量雪水当量达 500 mm 或雪深为 150 cm 的积雪。

廓线雪量器可用来提供雪水当量的总量和密度,并可用于监测雪场的雪水运动与密度随时间的变化(Armstrong,1976)。发射式廓线雪量器由两根管子组成,分别用于悬挂伽马射线源和带光电倍增管的闪烁伽马射线检测器。测量时要将两管相互平行、相隔大约 66 cm 且与地面垂直地置于积雪之中,从而获得两管所触及雪层范围内不同深度处雪的垂直密度廓线。

基于后向散射原理的便携式仪器(Young,1976)用来测量积雪密度,是掘洞测雪法的可行的替代品。由于仪器携带方便,故使之能对该区域的雪密度和雪水当量的区域变化作出评估。

采用人工辐射源的系统安装于固定的地点、只能反映该点的测量值。

8.3.6 自然伽马辐射

土壤顶层有自然辐射元素放射的伽马辐射。用伽马辐射测量仪器测得的辐射强度受到雪水的衰减。雪水当量越大,辐射的衰减也就越大。所以利用辐射强度测量值可以获得雪水当量信息。仪器包括一个轻便的伽马线分光仪。这种方法也可以用于飞机上进行大范围的测量。在发生积雪之前,要对测点或沿着测线来回作伽马强度的测量,作为"背景"数据。频谱仪计数率与雪水当量之间的关系,通常需要预先用采雪管测量值进行定标。土壤上层 10~20 cm 深的湿度会有变化、宇宙射线的背景辐射也会变化,以及仪器漂移和降水中的氡气(它也产生伽马辐射)随降水进入土壤或雪中等,这些因素都会影响雪水当量观测,必须进行修正。

自然伽马射线法可以用于雪水当量小于 300 mm 的雪场,经过适当的修正,其准确度可达到 ±20 mm。自然辐射方法与人工辐射源相比,其优点是没有辐射危险。

习题

1. 影响降水量测量的因子有哪些?
   A. 雨水溅失　　　　B. 蒸发损失　　　　C. 风的影响　　　　D. 太阳辐射
2. 请具体描述翻斗式雨量器和虹吸式雨量器的工作原理。
3. 降水量、降水率和降水强度这三个名词有何不同?
4. 降雨和降雪观测的仪器主要有哪些?
5. 雨量筒最好安置在空旷地方,这样降水量测量才能准确,对吗?为什么?
6. 降雪深度的测量方法有哪些?
7. 翻斗式雨量计的误差来源有哪些?

第 9 章　蒸发的测量

水面蒸发指水面的水分从液态转化为气态、逸出水面的过程。蒸发的物理过程直接体现热量交换与动量交换。水面蒸发包括水分化汽(又称汽化)和水汽扩散两个过程。(1)水分汽化。水体内部水分子处在连续运动状态,其速度各不相同。当水面的一些分子,得到的动能大于其他水分子对它的吸引力,就逸出水面。水温越高,水分子运动越快。由于水汽分子的不规则运动,有一部分水汽分子回到水中,产生凝结。实测的蒸发量指从水面逸出的水分子数量与返回水中的水分子数量之差。(2)水汽扩散。水汽扩散有三种形式:由于水汽压差而引起的水汽分子从水汽压高处向水汽压低处输送,称分子扩散;由于温差而引起的下层暖湿空气上升和上层干冷空气的下沉,称对流扩散;由于刮风,水分子随风吹离,称湍流扩散。

关于蒸发的一些基本概念如下。

实际蒸发量:地表处于自然湿润状态时来自土壤和植物蒸发的水总量。

潜在蒸发量:在给定气候条件下,覆盖整个地面且供水充分的成片植被蒸发的最大水量的能力。

蒸发率:单位时间内从单位表面面积蒸发的水量,可以表示为在单位时间内单位面积所蒸发的液态水的质量或容积,通常表示为单位时间内从全部面积上所蒸发的液态水的相当深度。

蒸发量:气象上测定水面的蒸发量,它是指一定口径的蒸发器中,在一定时间间隔内因蒸发而失去的水层深度,以毫米(mm)为单位,取 1 位小数。

英国 E.哈雷于 1687 年首先应用蒸发器来测定水面蒸发量。1802 年英国 J.道耳顿提出蒸发量与水汽压差成比例的定律。1915 年 W.施米特应用热量平衡方程估算洋面蒸发。1939 年 C.W.索恩思韦特与 B.霍尔兹曼导出蒸发计算公式。此后,H.L.彭曼于 1948 年把热量平衡与质量转移理论结合,提出计算蒸发的组合公式。1925 年 E.K.里迪尔应用各种脂肪酸,首先观测单分子膜抑制水面蒸发的作用。中国于 20 世纪 50 年代设立了 100 m^2 和 20 m^2 蒸发池,进行器测法的实验,60 年代起先后提出了计算蒸发的各种经验公式(朱岗崑,2000)。

气象上,在一定口径的蒸发器皿内放入一定深度的清水,在一定时间间隔内因蒸发而失去的水层深度,以毫米(mm)为单位,称为蒸发量。单位时间内从单位面积表面蒸发的水量为蒸发率,通常时间单位为一天,深度单位可用 mm、cm 表示。气象上测定水面的蒸发量,精确到 0.1 mm。

9.1 测量方法与仪器

对自然水面或地表的蒸发或蒸散进行直接测量,目前还不现实,只能用间接测量方法。气象上常用蒸发器测量水面蒸发,即,利用标准的器皿(称为蒸发器)测量饱和水面上水分的损失。蒸发器可分为小型蒸发器(器口面积较小)和大型蒸发器(器口面积较大)。在气象记录中,大型和小型蒸发器测得的蒸发量分别记在"大型"与"小型"栏内。国内外常用大型蒸发器包括:E601B型蒸发器、美国A级蒸发器和俄罗斯GGI-3000蒸发器。

9.2 小型蒸发器

小型蒸发器为口径20 cm、高约10 cm的金属圆盆,口缘镶有内直外斜的刀刃形铜圈,器旁有一倒水小嘴(图9.1)。器口附有一个上端向外张开成喇叭状的金属丝网圈,以便防止鸟兽饮水对测量的影响。蒸发器要安放稳定,其口缘保持水平,距地面高度为70 cm。冬季积雪较深地区的安装同雨量器。

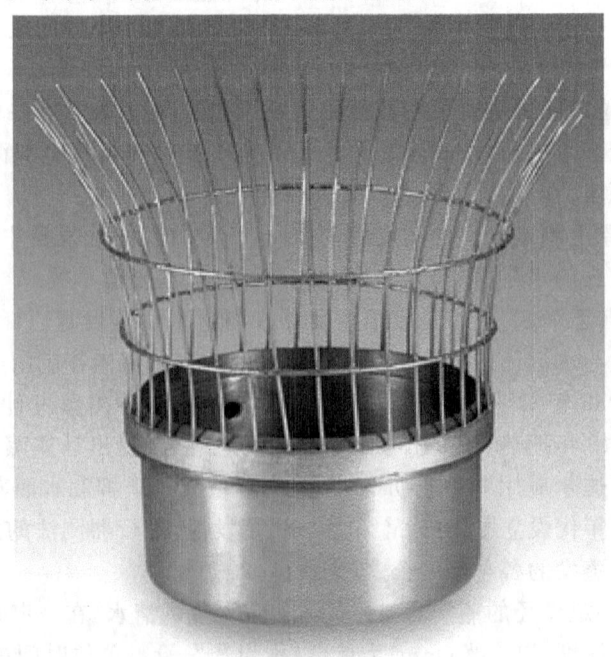

图9.1 小型蒸发器

9.2.1 观测方法

在气象观测中要求每天 20 时进行蒸发量观测,即测量前一天 20 时注入蒸发器皿的 20 mm 清水(即今日原量)经 24 小时后所剩余的水量(称为余量),记入观测簿余量栏。然后量取专用雨量筒中的日降水量,并记入观测簿"降水量"栏内。蒸发量为:

$$蒸发量 = 原量 + 降水量 - 余量$$

测量工作中要注意几点。在有降水时,应取下金属丝网圈;有强降水时,应注意从器内取出一定的水量,以防有水溢出。取出的水量要及时记入观测簿备注栏,并加在该日的"余量"中。因降水或其他原因,致使上式计算出的"蒸发量"为负值时,记 0.0。蒸发器中的水量全部蒸发完时,按加入的原量值记录,并加">",如">20.0"。如在观测当时正遇降水,在取走蒸发器时,应同时取走专用雨量筒中的储水瓶;放回蒸发器时,也同时放回储水瓶。每天蒸发量观测后均应倒掉蒸发器中的余量、清洗蒸发器,并换用 20 mm 厚的干净水层。在干燥地区和干燥季节,须量取 30 mm 厚的干净水层注入蒸发器内,并记入次日原量栏。冬季结冰期间,可十天换一次水。应定期检查蒸发器是否水平,有无漏水现象,并及时纠正。

9.2.2 蒸发器的误差来源

蒸发器的安装方式会导致测量误差。如,装设在地面以上的蒸发器,易于安装、维护,比埋入土中的蒸发器清洁,灰尘等污物不会从周围大量溅入或吹入,蒸发器出现的任何漏水也能比较容易地发现,但蒸发的水量要比埋入土中的大,主要是由于蒸发器器壁受到了额外的辐射能,大气与蒸发器器壁之间存在热交换。若使用隔热蒸发器可大大消除这种不利的侧壁影响,但这样会增加仪器成本。

把蒸发器埋入地中,有助于减少器壁辐射和热交换因素引起的不良影响。但其不利之处在于:(a)导致蒸发器内会聚集更多的杂物,难以消除;(b)渗漏不易检测与纠正;(c)邻近蒸发器的植被高度影响更大。同时,蒸发器与土壤之间存在热交换(决定于土壤类型、含水量及植被覆盖等因素),同样引起误差。

湖面上漂浮的蒸发器要比安置于岸上地面以上或地平面上的蒸发器更接近于湖面的蒸发,尽管漂浮蒸发器的储热特性与湖泊不同。

蒸发器桶体应由防腐蚀材料制成,要尽量减小发生渗漏的可能性。

蒸发器内的水面高度要适当。如果蒸发器内的水太满,降雨就可能溅出,尤其是大雨及强风可能使蒸发器内的水溅出,致使测量无效,造成蒸发量过高估计。若蒸发器内水面太低,由于边缘过分荫蔽及屏障,可导致蒸发量降低(在温带地区,若水面高度在标准高度 5 cm 以下时,每降低 1 cm 将会导致蒸发率降低约 2.5%)。如果水深度非常小,则由于增强了水表加热而使得蒸发率增大。因此,在观测工作中每次读数时要调整水面,当水面达到上限标记时就取出水,而当水面达到下限标记时就添加水,使水面限制在允许的高度范围内。

9.2.3 蒸发器的维护

至少每月要进行一次检查,特别要注意检查有无漏水。应根据需要经常清洗蒸发器,以保持其不存有污物、沉积物、泡沫及油膜。建议在水中加适量硫酸铜或其他一些合适的除藻剂,以抑制藻类生长。如果水冻结了,应破碎蒸发池中所有的冰并使之脱离池边,在碎冰漂浮情况下再进行水面测量。这样,部分水的冻结就不会明显影响水面高度。如果冰太厚不能破碎,应延期至冰能破碎时再测量,然后确定延期后的蒸发。在无人值守的场地,特别是干燥和热带地区,必须经常保护蒸发器不使其受鸟和小动物的干扰。这可通过以下办法来实现:(a)化学防护剂。凡进行这种保护的地方,在任何情况下必须注意不能明显改变蒸发器中水的物理特性;(b)在蒸发器上装网罩。这种类型的标准网罩,在若干地区已作为常规使用。它们可防止鸟和动物造成的水量损耗,但由于这种网罩会部分遮挡水面上的太阳辐射,同时也减小水面上的风,因而使蒸发减小。为估计网罩对风场的作用及蒸发器的热力特性引起的误差,最好把从受到保护的蒸发器得到的读数与从最接近的可比较的有人值守场地上的标准蒸发器的读数相比较。用圆筒形保护网罩做的试验表明:在两年时段内,三个不同场地蒸发率一致减少10%。此网罩是由钢丝制成,有一个 8 mm 粗的钢框架支撑,其风眼是边长为 25 mm 的六角形。

9.3 E601B 型蒸发器

目前,各气象观测站虽然有人工和自动站的 E601B 型蒸发器观测项目,但所使用的 E601B 型蒸发器是同一台仪器,只是分别在上面安装了各自的测量工具或传感器。大型蒸发器的构造由蒸发桶、水圈、溢流桶和超声波蒸发传感器等组成(见图 9.2~9.3)。E601B 型蒸发器测量范围 0~100 mm,分辨率为 0.1 mm,测量准确度±1.5%(0~+50℃)。

蒸发桶:由白色玻璃钢制作,器口面积为 3000 cm^2、口径为 61.8 cm、高 68.7 cm 有圆锥底的圆柱形桶,器口要求正圆,口缘为内直外斜呈 40°~ 45°的刀刃形。器口向下 6.5 cm 器壁上设置测针座,座上装有水面指示针,用以指示蒸发桶中水面高度。在桶壁上开有溢流孔,孔的外侧装有溢流嘴,用胶管与溢流桶相连通,以承接因降水较大时从蒸发桶内溢出的水量。

水圈:是安装在蒸发桶外围的环套,材料也是玻璃钢。用以减少太阳辐射及周围

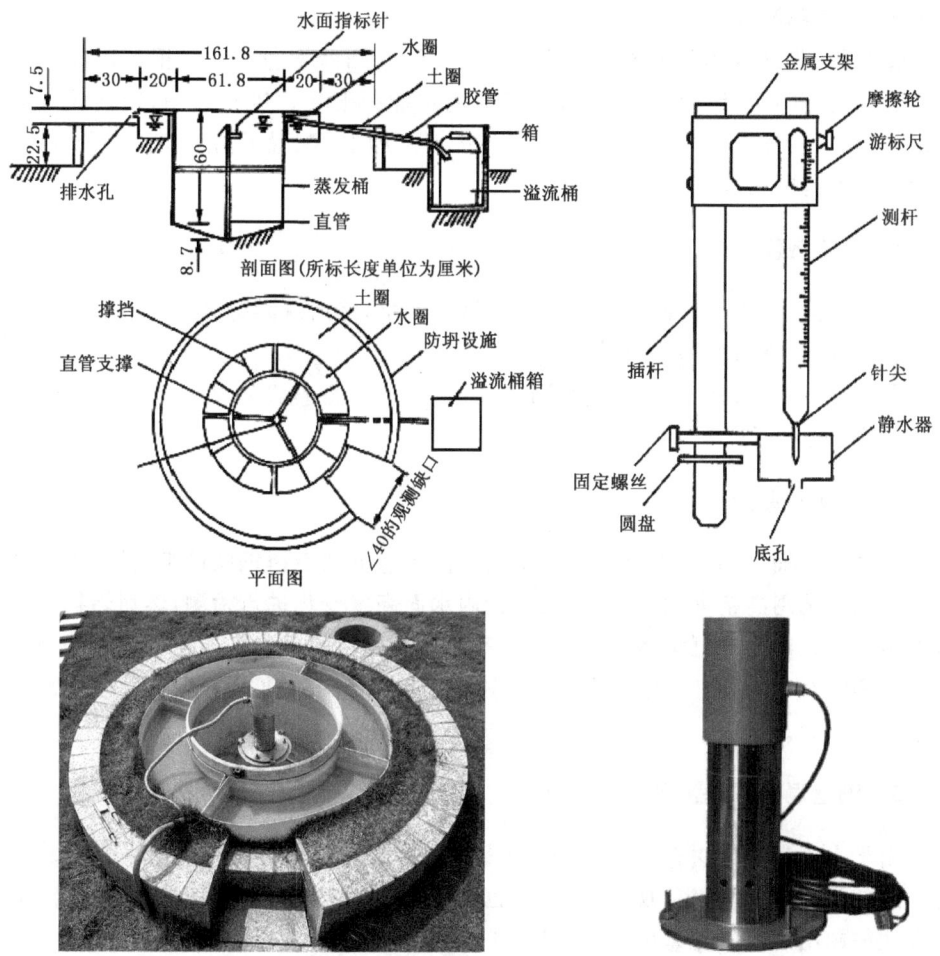

图 9.2 E601B 型蒸发器安装示意图、实物图和超声传感器

溅水对蒸发的影响。它由四个相同的弧形水槽组成。内外壁高度分别为 13.7 cm 和 15.0 cm。每个水槽的壁上开有排水孔。为防止水槽变形,在内外壁之间的上缘设有撑挡。水圈内的水面应与蒸发桶内的水面接近。

溢流桶:圆柱形盛水器,用于承接因降水较大时而由蒸发桶溢出的水,可用镀锌铁皮或其他不吸水的材料制成。桶的横截面以 300 cm^2 为宜,溢流桶应放置在带盖的套箱内。

测针:是专用于测量蒸发器内水面高度的部件,应用螺旋测微器的原理制成(见图 9.2)。读数精确到 0.1 mm。测针插杆的杆径与蒸发器上测针座插孔孔径相吻合。测量时使针尖上下移动,对准水面。测针针尖外围还设有静水器,上下调节静水器位置,使底部没入水中。

传感器:蒸发传感器由超声波传感器和不锈钢圆筒架组成。根据超声波测距原理,选用高精度超声波探头,对标准蒸发皿内水面高度变化进行检测,转换成电信号输出,由配套软件进行分析处理后记录备份。系统同时配置了温度校正部分,以保证在使用温度范围内的测量精度。

9.3.1 人工观测部分

人工观测时,先调整测针针尖与水面恰好相接,然后从游标尺上读数。再按照以下计算公式(林晔,1995)进行计算求得:

蒸发量＝原量(前1日的水面高度)＋降水量(以雨量器观测为准)－余量(当日20:00观测的水面高度)

9.3.2 自动站部分

在原蒸发桶中加入蒸发传感器(由超声波传感器和不锈钢圆筒组成)。根据超声波测距原理选用高精度超声波探头,对桶内水面高度变化进行检测,然后转换成电信号输出。传感器自动测量蒸发桶内水面高度的连续变化,采集器自动计算每小时和1日内(20:00—20:00时)的蒸发量(采集器会自动将同时间内的降水量减去)(中国气象局,2003)。

9.3.3 测量误差或缺测的原因分析

由于人工观测方法存在许多的主观因素,故观测的数据与自动站采集的数据具有一定的偏差,《地面气象观测规范》中也规定允许一定范围内的偏差,但人工观测的数据往往超出规定的偏差范围,可见人工观测仍然存在不少问题。常见有以下几种:

(1)观测时调整不够规范,未在水面相对平稳时读数,容易造成读数偏大或偏小;

(2)观测完没有复读,计算时也没与自动站进行比较,从而不能及时发现误读;

(3)溢流量漏测,造成蒸发量无法计算,故以缺测处理;

(4)强降水时处理方法不恰当,没有及时取水或加盖,从而造成无法计算蒸发量,或者已经取水但没有备注或对自动站部分进行"刷新"操作,只能以缺测处理。

上述人为因素造成的蒸发量误差或缺测是完全可以避免的。

9.3.4 减少观测误差的观测要点

在了解蒸发量的误差、缺测原因之后,可按以下几个要点去观测,从而减小E2601B型蒸发器误差甚至可以避免缺测。

(1)注意操作规范:在水面相对平稳时慢慢调整测针与水面恰好相接,然后准确读出游标尺上的读数,再复读1次,这样可以避免误读。实践中慢速调整测针可以避免"调过了"的情况发生(即测针调入水里,而需重新再调),不会浪费观测时间而影响其他项目的观测。

(2)注意溢流量的观测:未进行取水就因强降水溢出的水量应进行观测,并加以备注以待计算用。实际工作中许多观测员在有限的观测时间内往往漏测溢流量,造成蒸发量无法计算而做缺测处理。当出现强降水就应该注意检查溢流桶情况,可以在20:00观测时提前观测溢流量(除了在20:00突发强降水外),加以备注即可,这样不但可以节省20:00观测时间,还可避免因漏测溢流量而使蒸发量缺测。

(3)控制蒸发桶中的水面高度:在遇强降水时,应该注意采取措施对大型蒸发器进行观测。当突发降大到暴雨时,应先做取水处理(从蒸发器中取出一定水量),加以备注,以待计算,并且马上对自动站部分进行刷新操作,取水后的蒸发桶的水面高度不能低于最低刻度线,否则影响自动站观测采集数据,也影响人工观测时无法调整测针进行读数,从而造成缺测;当预计可能降大到暴雨时做加盖处理(在加盖时段的蒸发量按"0.0"计算),加以备注,待降雨停止或转小后,开盖进行观测。实践中发现加盖比取水操作简单,但也存在漏洞,加盖的"盖子"在室外安放,经太阳暴晒容易变形,当需要加盖时,仍然有部分雨水流入蒸发桶,从而影响蒸发数据的观测;而取水操作虽然繁琐,但认真仔细规范地操作,反而对蒸发数据的计算影响不大。

9.3.5 测量蒸发量与蒸发雨量的时间差

当观测时正遇强降水,测量完蒸发余量后测量蒸发雨量,前后时间差的雨量差较大,加上有时打着雨伞量蒸发余量,或者观测员身体挡住雨落入蒸发器中,雨量差就会更大,自然会出现蒸发量偏大的问题。遇到这种情况,可以采取其他观测员协助同时量取的办法,或在取走蒸发器时,同时取走专用雨量筒中储水瓶;放回蒸发器时,也同时放回储水瓶,以减少误差。

9.4 美国A级蒸发器

美国A级蒸发器是用0.8 mm厚的白铁或铜制成的圆桶,深25.4 cm,直径120.7 cm,也属于大型蒸发器,如图9.3所示。蒸发器由一个木框架平台支撑,底部高出地面3~5 cm,使得蒸发器下部的空气流通,在雨季可保持蒸发器的底部位于地上水面以上,并可以毫无困难地检查蒸发器的底。在蒸发器内注水到上缘以下5 cm处(即通常所说的标准面)。水面用钩形水位计或定点水位计测量。钩形水位计,有一个可移动的刻度尺和配有一个钩的游标。水位计调整正确时,钩的尖端与水面接触。大型蒸发器内有一个直径为10 cm、深30 cm的静水管,在底部有一小孔可用来阻止器内可能有的水面波动，观测时起到支撑钩形水位计的作用。当水位计显示器内水面降到低于标准面 2.5 cm 以下时，蒸发器应加水。

图 9.3　美国 A 级蒸发器

（引自 http://commons.wikimedia.org/wiki/File:Evaporation_Pan.jpg）

9.5　俄罗斯 GGI-3000 蒸发器

俄罗斯 GGI-3000 蒸发器呈圆桶形，表面面积为 3000 cm^2，深度为 60 cm，如图 9.4 所示。蒸发器的底部呈圆锥形。蒸发器安装在土壤中，其上缘高出地面 7.5 cm。在蒸发器的中央有一金属指标管，在进行蒸发测量时，在这个指标管上放一个容积量筒。这个量筒有一个阀门，打开阀门可使量筒的水面与蒸发器的水面高度相同，然后关闭阀门并精确测量量筒内的水容积。从量筒内水的容积以及量筒口径大小，确定金属指标管以上水面的高度。与金属指标管相连的指针，指示蒸发器内水面应该加（或减）到的高度。水面要保持在不低于指针尖 5 mm，不高于指针尖 10 mm。在邻近 GGI-3000 蒸发器的地方通常安装一个 GGI-3000 雨量筒，其收集器面积也为 3000 cm^2。

图 9.4 俄罗斯 GGI-3000 蒸发器
（引自 http://www.chmi.cz/meteo/ok/oba/obs/o11e.html）

习题

1. 蒸发观测的误差来源有哪些？
2. 请描述 E601B 型蒸发器的观测原理。
3. 如何做好小型蒸发器的日常维护？

第 10 章　辐射及日照时数的观测

　　自然界中的一切物体,只要其温度在 0 K 以上,均以电磁波的形式向外传送热量。这种传送能量的方式称为辐射。辐射能量随电磁波波长变化,称此为电磁波谱。物体温度越高,其最大辐射所处的波长就越短。太阳表面的温度很高,约 6000 K,在地球大气圈外处太阳辐射能量的 99.9% 集中在 0.17~4 μm 波段内,所以太阳辐射又称为短波辐射。地球表面(温度约 300 K)、大气中气体、气溶胶和云,因温度较低,向四周放射的能量 90% 集中在 4~40 μm,称地球大气辐射为长波辐射。

　　常用的辐射量是辐照度(E)和曝辐量(H)。辐照度,又称辐射通量密度,是指在单位时间内,投射到单位面积上的辐射能,即观测到的瞬时值。辐照度常用单位为瓦/米²(W/m²)。曝辐量,又称辐射通量,指一段时间(如一天)内辐照度的总量,或称累计量。曝辐量常用单位为兆焦耳/米²(MJ/m²),1 MJ = 10^6 J = 10^6 W·s。

　　到达地球表面的太阳辐射以及从地球表面发射的辐射,其概念如图 10.1 所示。通过辐射测量,可以研究地球-大气系统中的能量转换及其时空变化。

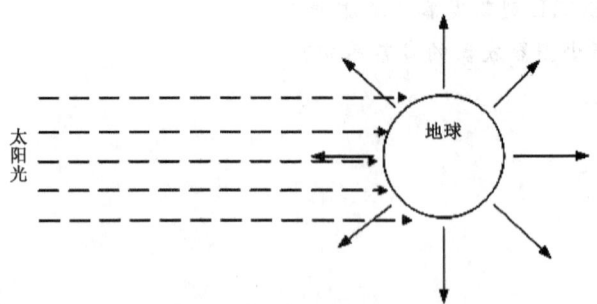

图 10.1　太阳、地球辐射

　　目前气象台站观测的主要是太阳短波辐射(0.29~3.0 μm)和长波辐射(3~100 μm)。气象站的辐射观测项目包括以下几种(如图 10.2 所示)。

　　(1)太阳直接辐射(S):包括来自太阳面的直接辐射和太阳周围一个非常狭窄(见表 10.1 中的"视角")的环形天空辐射,可以用直接辐射表来测量。测站处水平面上的辐射测量值(S_L)与 S 关系为:

$$S_L = S \cdot \sin H_A = S \cdot \cos Z \quad \text{或} \quad S = S_L / \cos Z$$

式中,H_A 为测站处太阳高度角,Z 为测站处太阳天顶距(又称太阳天顶角),$Z = 90°$

$-H_A$。

(2) 散射辐射($E_d\downarrow$):散射辐射是指太阳辐射经过大气、气溶胶以及云的散射和反射后,从天空 2π 立体角以短波形式向下传输,到达地面的那部分辐射。可在测站处水平面上用遮住太阳直接辐射的总辐射表进行测量。

(3) 总辐射($E_g\downarrow$):测站处水平面上,天空 2π 立体角内所接收到的辐射,是太阳直接辐射和散射辐射之和:

$$E_g\downarrow = S_L + E_d\downarrow$$

总辐射用总辐射表测量。白天太阳被云遮蔽时,$E_g\downarrow = E_d\downarrow$,夜间 $E_g\downarrow = 0$。

(4) 反射辐射(E_r):总辐射到达地面后被下垫面(称为作用层)向上反射的那部分短波辐射。将总辐射表感应面朝向下垫面安装,即可测量得到反射辐射。

(5) 全辐射(E):短波辐射与长波辐射之和,称为全辐射。在气象中全辐射波长范围为 $0.29\sim100\ \mu m$。

向上全辐射: $\qquad E\uparrow = E_r\uparrow + E_L\uparrow$

向下全辐射: $\qquad E\downarrow = E_g\downarrow + E_L\downarrow$

(6) 净全辐射:自太阳与大气向下传输、进入地表的全辐射和自地面向上传输的全辐射之差值,也称为净辐射或辐射差额。净全辐射代表测站处辐射收支的平衡状态。

净全辐射: $\qquad E* = E_g\downarrow + E_L\downarrow - E_r\uparrow - E_L\uparrow$

净短波辐射: $\qquad E_g* = E_g\downarrow - E_r\uparrow$

净长波辐射: $\qquad E_L* = E_L\downarrow - E_L\uparrow$

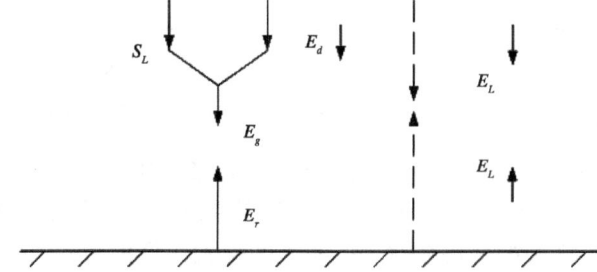

图 10.2 各辐射分量示意图($\uparrow$、$\downarrow$ 符号表示向上、向下辐射)

气象学上测量辐射的仪器较多,最重要的几类见表 10.1。

表 10.1 辐射测量仪器

仪器类型	测量参数	主要用途	视角(Sr)
绝对直接日射表 (Absolute Pyrheliometer)	直接太阳辐射	一级标准	5×10^{-3} (半角近似于 2.5°)
直接日射表 (Pyrheliometer)	直接太阳辐射	(a)校准用二级标准 (b)站网	$5\times10^{-3}\sim$ 2.5×10^{-2}
分光直接日射表 (Spectral Pyrheliometer)	宽谱带中的直接太阳辐射 (例如带有 OG_{530},RG_{630} 等滤光片)	站网	$5\times10^{-3}\sim$ 2.5×10^{-2}
太阳光度表 (Sunphotometer)	窄谱带中的直接太阳辐射 (例如在 500 nm±2.5 nm 和 在 368 nm±2.5 nm)	(a)标准 (b)站网	$1\times10^{-3}\sim1\times10^{-2}$ (全角近似于 2.3°)
总辐射表 (Pyranometer)	（Ⅰ）总辐射 （Ⅱ）天空辐射 （Ⅲ）反射太阳辐射	(a)工作标准 (b)站网	2π
分光总辐射表 (Spectral Pyranometer)	宽带光谱范围中的辐射 (例如带有 OG_{530},RG_{630} 等滤光片)	站网	2π
净总辐射表 (Net Pyranometer)	净总辐射	(a)工作标准 (b)站网	4π
地球辐射表 (Pyrgeometer)	（Ⅰ）向上长波辐射(下视) （Ⅱ）向下长波辐射(上视)	站网	2π
全辐射表 (Pyrradiometer)	全辐射	工作标准	2π
净全辐射表 (Net Pyradiometer)	净全辐射	站网	4π

辐射能的测量和其他物理量的测量一样,需要建立基准仪器。1905 年国际气象委员会(IMC)首次把 Kunt. Ångström 设计的绝对日射表定为日射测量基准(Ångström Scale),该基准仪器在欧、亚、非大陆得到广泛的应用。1913 年另外一种绝对日射表"水注日射表"被确认为美洲大陆的日射测量基准(Smithsonian Scale)。1956 年又确定了国际绝对直接辐射表标尺(IPS)。近年来,绝对辐射测量技术的发展大大改进了辐射测量的准确度。1981 年 1 月 1 日,世界辐射中心(WRC)根据 10 种不同类型的 15 台绝对直接辐射表多次比较的结果,定义了新的日射测量基准"世界辐射测量基准(WRR)"。通过使用下列关系,可以把旧标尺换成世界辐射测量基准:

$$世界辐射测量基准=1.026\times \text{Ångström Scale 1905}$$

世界辐射测量基准＝0.977×Smithsonian Scale 1913

世界辐射测量基准＝1.022×IPS 1956

经过对比，ACR(美国)、CROM(比利时)、PACRAD(美国)和POM(达沃斯世界辐射中心)四种新型绝对日射表被推荐为日射测量基准仪器。新型仪器对太阳各个波长的吸收率都接近于1，并能保持较好的长期稳定性。

校准辐射测量仪器的责任由世界辐射中心、区域和国家辐射中心承担。在瑞士达沃斯的世界辐射中心负责保存用以建立世界辐射测量基准(WRR)的仪器，即世界标准组WSG。为保证新基准(WRR)的长期稳定性，世界标准组至少由包括四种不同设计的绝对直接辐射表组成。在每五年组织一次的国际比对中，区域中心的标准要与世界标准组比对，并把它们的校准系数调整到世界辐射测量基准。然后，再用区域中心的标准定期地把世界辐射测量基准传递给国家中心，而国家中心再使用自己的标准来校准本国站网的辐射测量仪器。

我国气象辐射观测站根据观测项目不同分为三级。其中一级站进行总辐射、散射辐射、太阳直接辐射、反射辐射和净全辐射的观测；二级站进行总辐射、净全辐射的观测；三级站仅进行总辐射的观测。

10.1 太阳直接辐射的测量

绝对直接辐射表(表10.1)是测量太阳直接辐射的一级标准仪器。如ACR(美国)、CROM(比利时)、PACRAD(美国)和POM(达沃斯世界辐射中心)四种绝对日射表。要使一台辐射表具有世界标准组成员的资格，必须满足下列技术要求：

(1)长期稳定性必须优于±0.2%；

(2)仪器的准确度和精密度，必须位于世界辐射测量基准的不确定度限度(±0.3%)内；

(3)每个仪器的设计，必须不同于世界标准组内的其他仪器。

二级标准直接日射表，包括埃斯川姆补偿绝对日射表、银盘直接日射表等，可以用于校准总辐射和其他直接辐射表。

相对日射表，也叫太阳直接辐射表，精度要求比前两种略低，操作简便，适用于气象台站。

下面介绍PACRAD型绝对日射表、埃斯川姆补偿绝对日射表和目前我国台站广泛使用的直接辐射表等三种代表性辐射测量仪器。

10.1.1 PACRAD型绝对日射表

PACRAD型绝对日射表是由美国喷气推进实验室(Jet Propulsion Laboratory)

研制的,结构见图10.3,包括进光口、遮光筒、光阑、热汇、腔体接收器、加热电阻等。接受太阳辐射的主要部分是一黑体探测空腔,太阳辐射进入后在腔体内不断经历吸收—反射—再吸收的过程,使得腔内的吸收系数可以达到0.996±0.001,绝大部分辐射能被吸收。在探测腔体后面的是补偿空腔,以人工加热法保持和探测空腔具有相同的温度,使探测腔体的热量完全不向后传递。探测腔体吸收的热量通过热阻器传递到热汇,热阻器两端的温差正比于腔体吸收的辐射能,测量空腔和热汇的温差就可以测得太阳辐射强度。计算公式如下:

$$S = KV_i \frac{P - c_2 I^2}{V_e}$$

式中,V_i为腔体接收太阳辐射时的热电偶输出,V_e为腔体被电阻丝加热时的热电偶输出,工作时尽量使$V_i \approx V_e$,P为电流加热功率,K为仪器因子(理论上,应接近于1),I是通过加热电阻的电流,$c_2 I^2$代表加热电阻的外引线发热功率,$c_2 = 0.065$为系数。

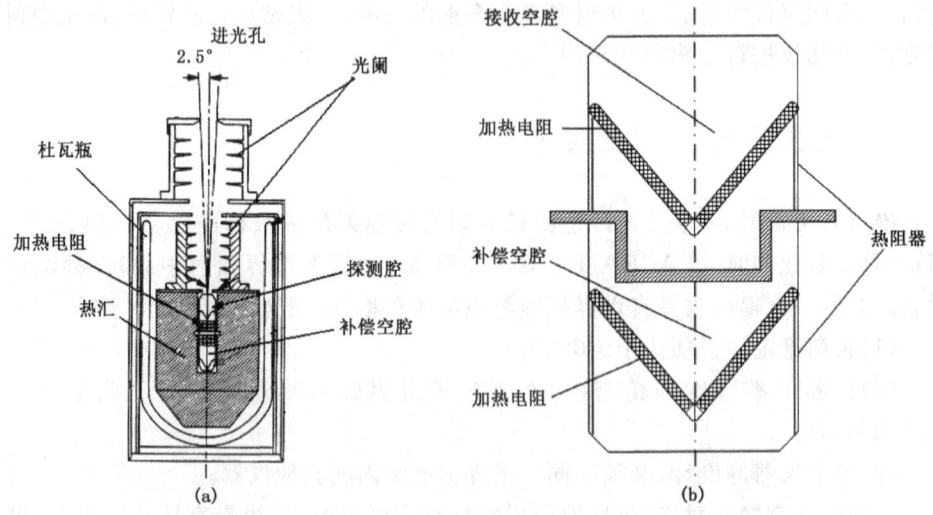

图10.3 PACRAD型绝对日射表基本结构图(a)及腔内详图(b)

这类仪器的测量精度较高,误差在0.25%左右。主要误差来源有以下几个方面:

(1)进光孔盖板打开接收辐射时,腔体通过进光孔向外辐射的热量;
(2)腔体与仪器内部其他部件的辐射热交换和热传导;
(3)非腔体吸收的热量通过热阻器向热汇传热;
(4)加热电阻引线传热;
(5)整个仪器温度不恒定,由于升(降)温所吸收的附加热量;

(6)仪器中的基本物理常数的测量误差:包括腔体开口的面积、腔体吸收辐射的有效面积、腔体的辐射吸收系数、仪器内部其他部件涂黑后的辐射吸收系数、仪器内部空气导热系数、热阻器导热系数和腔体热容量等。

10.1.2 埃斯川姆(Ångström)补偿式绝对日射表

埃斯川姆(Ångström)补偿式直接辐射表是 Kunt Ångström(1893)设计的一种绝对仪器。1905 年的埃斯川姆标尺(Ångström Scale)即以此为基础。

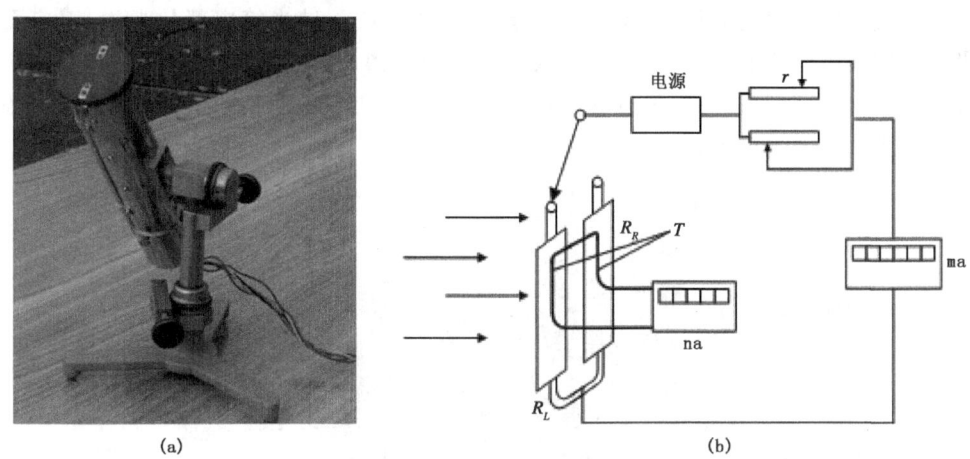

图 10.4 Ångström 补偿式直接辐射表(a)及原理线路图(b)

埃斯川姆补偿式直接辐射表感应部分由两个涂黑的锰铜片(图 10.4 中 R_L、R_R)组成,每片大约长 18 mm、宽 2 mm 和厚 0.02 mm。锰铜片接收系数近似为 1。观测时,圆筒正对太阳,使其中一块锰铜片受日光照射而增热,另一块不受照射的锰铜片通过电流加热,调节加热电流直到两块锰铜片温度相等,即两片温差为零,此为"零平衡"。显然"零平衡"时有直接辐射辐照度 $S(W/m^2)$ 与所加电流平方成正比。因此只要根据电流值即可给出辐照度。实际测量时,为避免两块锰铜片不对称的影响,左右两片交替对准太阳、交替施加电流(分别记作 i_L、i_R),一般需循环 10 次,最后分别取左、右两片电流的平均值(仍分别记作 i_L、i_R),再代入下式即可得到直接辐射辐照度 S:

$$S = K \cdot i_L i_R$$

式中,K 为仪器常数(单位为 $W/(m^2 \cdot A^2)$),不随温度变化,可在实验室内确定;电流值 i_L、i_R 以 A(安培)为单位。

在每次测量之前或之后,通过使两感应片同时被遮蔽或受辐照的方法来检验零点。绝对日射表使用时间久了,可能会出现感应片涂黑层剥蚀,导致感应片表面积缩小,因此,根据使用时间,需要与一级标准仪器进行比对校准。

10.1.3 太阳直接辐射表

太阳直接辐射表,一般使用热电堆作为探测器,接收表面安置在垂直于太阳方向,通过视窗仅测量从太阳和很窄的环日天空发射的辐射。太阳直接辐射表操作简便,气象台站、农业、能源科研等部门使用较为广泛。

(1)仪器结构和原理

直接辐射表由进光筒、自动跟踪装置及附件组成。进光筒内部是光阑、感应面等。感应面是光筒的核心部分,对着太阳的一面涂黑,另一面是热电堆,当有阳光从进光口照射到感应面时,温度升高,与另一面形成温差,从而产生电动势。该电动势与太阳直接辐射强度成正比。

图 10.5 太阳直接辐射表结构图

光阑用来减少内部反射,构成仪器的开敞角并且限制仪器内部空气的湍流。外筒口装有石英玻璃片,可透过 $0.3\sim3.2\ \mu m$ 波长的太阳光。抵达感应面的辐射能由半开敞角 α 和斜角 β 来定义(见图 10.6):

$$\alpha = \tan^{-1}(R/d)$$
$$\beta = \tan^{-1}[(R-r)/d]$$

式中,R 为进光前孔半径;r 是接收器半径;d 是前孔到接收器的距离。图 10.6b 中,β 角内的天空区域 1 的辐射能照射到全部感应面上,来自区域 2 和 3 的辐射能照射到部分感应面上,它们的交界处圆周上的辐射正好只能照射感应面积的一半;区域 3 外的辐射完全不能进入仪器。直接辐射表半张角从 2.5°到 5.5°,倾斜角从 1°到 2°。

(2)安装及维护

直接辐射表安装在专用的台柱上,台柱离地面约 1.50 m。直接辐射表跟踪太阳

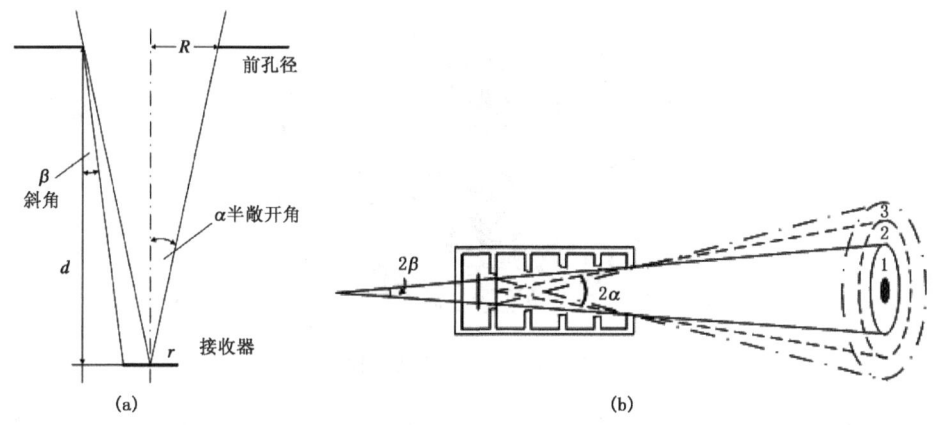

图 10.6　太阳直接辐射表
(a)进光筒 α、β 角的几何定义，(b)露光孔张角与接收辐射的关系

的准确度与仪表的正确安装关系极为密切，安装时必须对准南北向、纬度、调整水平以及观测时的赤纬和时间。

要保持直接辐射表在任何天气条件下常年不断地、准确可靠地跟踪太阳，获得准确的直接辐射量，是非常不容易的。因此要求每天工作开始时，检查进光筒石英玻璃窗是否清洁。跟踪架要精心使用，切勿碰动进光筒位置，每天上下午至少各检查一次仪器跟踪状况，遇特殊天气要经常检查。如有较大的降水、雷暴等恶劣天气不能观测时，要及时加罩，并关上电源。转动进光筒对准太阳，一定按操作规程进行，绝不能用力太大，否则容易损坏电机。直接辐射表每月检查的内容和总辐射表基本相同，即检查感应面、进光筒内是否进水、接线柱和导线的连接状况，仪器安装与跟踪太阳是否正确等。

10.2　短波总辐射和散射辐射的测量

短波总辐射（0.3～3.0 μm）的测量实际包括水平面上的太阳辐射、天空向下的散射辐射，以及地面对上述两项的反射辐射的测量。总辐射中把来自太阳的直射部分遮蔽后测得"散射辐射"或天空辐射。总辐射是辐射观测最基本的项目。总辐射表（亦称天空辐射表）用途较广，可以用来测短波总辐射、反射辐射和散射辐射等。

10.2.1　总辐射表

总辐射表由感应件、玻璃罩和附件组成（见图10.7）。

感应件由感应面与热电堆组成。感应面通常涂黑，为圆形或方形。热电堆由康

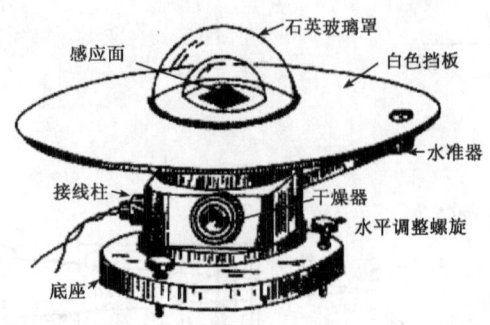

图 10.7 总辐射表及结构图

铜、康铜镀铜构成。另一种感应面由黑白相间的金属片构成,利用黑白片对热量吸收率的不同,测定其下端热电堆温差电动势,利用温差电动势与辐照度成正比的关系,转换成辐照度。仪器的灵敏度为 $7\sim14~\mu V/(W\cdot m^2)$。响应时间$\leqslant 60~s$(响应稳态值 99% 时)。余弦响应指标规定为:太阳高度角为 $10°$、$30°$时,余弦响应误差分别$\leqslant$10%、$\leqslant$5%。

外层玻璃罩为半球形双层石英玻璃构成,既能防风,又能透过 $0.3\sim3.0~\mu m$ 波长范围短波辐射,其透过率为常数且接近 0.9。双层罩的作用是为了防止外层罩的红外辐射影响,减少测量误差。

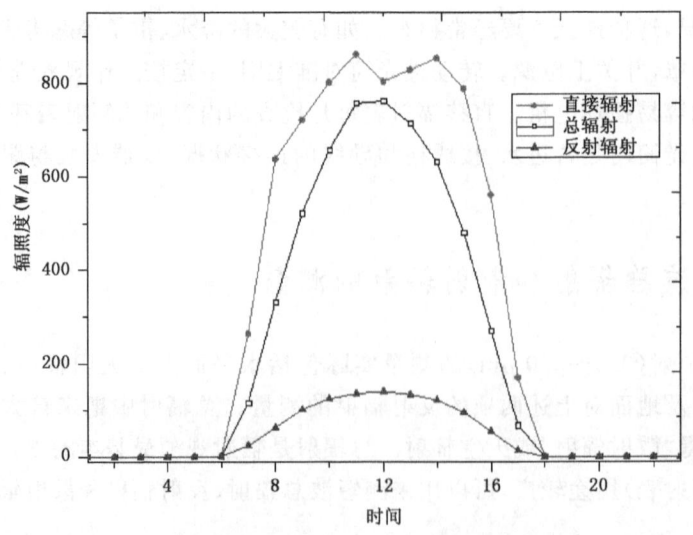

图 10.8 少云天空直接辐射、总辐射、反射辐射辐照度(W/m^2)日变化特征

附件包括机体、干燥器、白色挡板、底座、水准器和接线柱以及保护玻璃罩的金属盖(又称保护罩)等。干燥器内装干燥剂(硅胶)与玻璃罩相通,保持罩内空气干燥。

白色挡板挡住太阳辐射对机体下部的加热,又防止仪器水平面以下的辐射对感应面的影响,减少测量误差。底座上设有安装仪器用的固定螺孔及调整感应面水平的三个调节螺旋。

将总辐射表感应面朝下,即可测定短波反射辐射。

10.2.2 散射辐射表

总辐射中把来自太阳直射部分遮蔽后测得的为散射辐射或天空辐射。因此,散射辐射表由总辐射表和遮光环两部分组成,见图 10.9。遮光环的作用是保证从日出到日落这段时间能够连续遮挡住太阳直接辐射。通过调节遮光环的位置,使其正好平行对向当天太阳的运行轨迹,能保证全天任何时间没有太阳直接辐射照射在总辐射表的感应面上。

图 10.9 带手动跟踪装置的散射辐射表　　图 10.10 带自动跟踪装置的散射辐射表

我国用的遮光环圈宽度为 65 mm,直径为 400 mm,固定在标尺的丝杆调整螺旋上,标尺上刻有纬度刻度与赤纬刻度。太阳赤纬角以年为周期,在 23°27′N 与 23°27′S 的范围内移动。标尺与支架固定在底盘上,应根据架设地点的地理纬度而固定。总辐射表安装在支架平台上,其高度应正好使辐射感应平面(黑体)位于遮光环中心。通过调节赤纬,可使遮光环全天遮住太阳的直接辐射。需要注意的一点是,遮光环能遮住太阳的直接辐射,同时也遮住了与整个环带相应的那一部分天空辐射,因此测量值偏小,需要加以校正。不使用遮光环圈而使用带有自动跟踪太阳的遮光球(板)散射辐射表(见图 10.10),则不需这种校正。

连续运行的总辐射表应当每天至少检查一次。如果出现了冻雪、雨凇、白霜或雾凇,可用少量的除冰液尽可能轻轻地除去沉积物,随后把玻璃罩擦拭干净,注意不要划伤或磨损玻璃。每日的检查还应保证使仪器水平,保证在球形罩内没有水分凝结和感应表面保持黑色。

10.3 全波辐射、净辐射和长波辐射的测量

全辐射包括两部分:太阳发射的短波辐射($0.3\sim3.0~\mu m$)和地球、大气发射的长波辐射($3.0\sim100~\mu m$)。全辐射表根据安装方式可用来测量向上的或向下的辐射通量分量。成对使用时可测量两者之间的差值即净全辐射,也可直接用两侧都有感应表面的净全辐射表进行测量。净全辐射是研究地球热量收支状况的主要资料。净全辐射为正表示地表增热,即地表接收到的辐射大于发射的辐射;净全辐射为负表示地表损失热量。净全辐射用净全辐射表测量,其测量范围为 $0.3\sim100~\mu m$。长波辐射可用全辐射减去总辐射的量得到,或直接用长波辐射表来测量。

10.3.1 净全辐射表

(1)结构及原理

净全辐射表见图 10.11,其感应件也是由涂黑感应面与热电堆组成。但与总辐射表不同,它有上下两个感应面,两面均能吸收波长为 $0.3\sim100~\mu m$ 全波段辐射。热电堆两端与上下两个感应面相贴。由于上下感应面吸收的辐照度不同,使得热电堆两端产生温度差异,其输出的电动势与涂黑感应面接收的辐照度差值成正比。净全辐射表有长波与全波段两个灵敏度,白天(净全辐射为正值)采用全波段灵敏度,夜间(净全辐射为负值)采用长波灵敏度。为防止风的影响和保护感应面,净全辐射表上下感应面装有既能透过短波($0.3\sim3~\mu m$),又能透过长波辐射($3\sim100~\mu m$)的半球形专用聚乙烯薄膜罩,内充氮气或干空气。

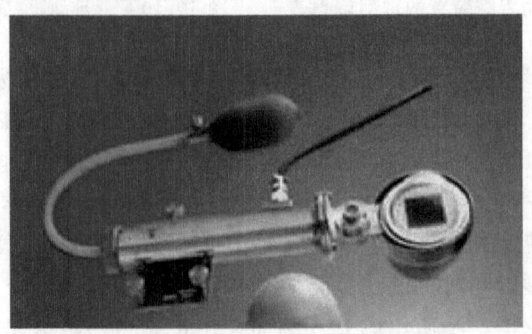

图 10.11 净全辐射表

附件有表杆、干燥器、底板、上下水准器与调节螺旋、接线柱和橡皮球等。干燥器(内装硅胶)装在表杆内与感应件相通,用橡皮球打气,通过干燥器即使上下薄膜罩充

气成半球形,并提供干燥气体,排除罩内潮气。

全辐射表和净全辐射表原理结构基本相同,全辐射表仅需一个感应面,净辐射表加上配件可测全辐射。用来测量全辐射或净全辐射的仪器因测量波长为全波段(0.3~100 μm)均面临一个问题:没有任何吸收体能在所考虑的如此宽的波长范围中具有完全一样的灵敏度。导致目前净(全)辐射通量的测定准确度低于总辐射通量。表10.2给出了全辐射表测量中引起的误差来源分析及提出确定这些误差的方法。

表 10.2 全辐射表测量中的误差来源

影响测量的效应	影响全辐射表的性质		对测量精密度的影响	确定这些特性的方法
	有罩	无罩		
防风罩的性质	透射的光谱特性	无	(a)校准系数的光谱变化 (b)罩中由于短波散射减少了入射到检测器上的辐射(决定于厚度) (c)传感器的老化和其他变化	(a)分光谱测定防风罩的削弱作用 (b)测量散射辐射的作用或测量随入射角变化的影响 (c)光谱分析;与一个新罩比较;确定罩的削弱
对流影响	传感器—防风罩环境由于非辐射的能量交换产生的变化(热阻)	传感器—空气由于非辐射的能量交换产生的变化(面能量交换系数的变化)	由于阵风产生的不受控制的变化,在计算最下层大气中辐射通量散度时是非常关键的	在风洞中研究仪器的动力学性能作为温度和风速的函数
水凝物(雨、雪、雾、露、霜)和灰尘的影响	光谱透射率的变化加上由热传导和物态变化构成的非辐射热交换	传感器光谱特性的变化和蒸发产生热消耗的变化	由于传感器光谱特性的变化和非辐射能量传输引起的变化	研究强迫通风对这些作用的影响
传感器表面的性质(发射率)	取决于传感器上涂黑材料的光谱吸收	校准系数的变化 (a)作为光谱响应的函数;(b)作为入射辐射强度和方位的函数;(c)作为温度效应的函数	(a)吸收表面校准的分光光度分析 (b)测量传感器灵敏度随入射角的变率	
温度影响	传感器的非线性作为温度函数	要求一个温度系数	研究强迫通风对这些效应的影响	

续表

影响测量的效应	影响全辐射表的性质		对测量精密度的影响	确定这些特性的方法
	有罩	无罩		
非对称性影响	(a)面朝上和朝下的传感器热容量和热阻之间的差别；(b)面朝上和面朝下的传感器在通风中的差别；(c)传感器水平的控制和调整	(a)对仪器时间常数的影响；(b)对两个传感器校准系数测定中的误差	(a)控制两个传感器表面的热容量；(b)在一个窄的温度范围中控制时间常数	

(2)仪器的安装、使用和维护

净全辐射表的架子是由台柱和伸出的长臂所组成，要求台柱离地面约 1.5 m，长臂基本水平，方向朝南。

净全辐射表观测的是全辐射差额，不仅白天观测，夜间也要观测。记录仪显示的是瞬时值、时累计量和 0~24 小时日总量，一般白天显示正值，夜间为负值。

净全辐射表和总辐射表一样，每日上、下午至少各检查一次仪器状态，夜间还应增加一次检查。每次检查和维护的内容如下。

1)感应面是否水平。

2)薄膜罩是否清洁和呈半球凸起。罩外部如有水滴，应用脱脂棉轻轻抹去，若有尘埃、积雪等，可用橡皮球打气，使凸起并排除湿气。薄膜罩通常每月更换一次，风沙多、大气污染严重或紫外光强易使聚乙烯老化的地区，要增加更换次数。如果感应面有脏物，要用橡皮球清除，不要用刷子等硬物去清除。

3)遇有雨、雪、冰雹等天气时，应将上下金属盖盖上，加盖条件同总辐射表，稍大的金属盖在上，以防雨水流入下盖内。降大雨时应另加防雨装置。降水停止后，要及时开启。干燥剂失效要及时更换。

4)注意保持下垫面的自然和完好状态。平时不要乱踩草面，降雪时要尽量保持积雪的自然状态。

(3)辐射作用层状态的观测

辐射作用层，就是与对向下辐射起反射作用的地表下垫面。辐射作用层状态的观测结果主要用于了解地表下垫面对净辐射或反射辐射观测值的影响。因此，有净辐射或反射辐射观测项目的气象站，应观测作用层状态。作用层状态的观测地点为净全辐射表支架下的观测场地面。每天地平时 09 时左右观测辐射作用层状态。作用层状态由作用层情况的十位数码和作用层状况的个位数码组成的两位编码表示

(见表 10.3),记录在备注栏靠日期一边栏内。例如:枯草上降新雪记"14"。

表 10.3 作用层状态编码表

十位数码	作用层情况	个位数码	作用层状况
0	青草	0	干燥
1	枯(黄)草	1	潮湿
2	裸露黏土	2	积水
3	裸露沙土	3	泛碱(盐碱)
4	裸露硬(石子)土	4	新雪
5	裸露黄(红)土	4	陈雪
6		6	融化雪
7		7	结冰

10.3.2 长波辐射表

(1)结构原理

长波辐射表见图 10.12,其构造、外观与总辐射表基本相合,由感应件(黑体感应面与热电堆)、玻璃罩和附件等组成。不同的是玻璃罩内镀上硅单晶,保证了波长 3 μm 以下的短波辐射不能到达感应面。

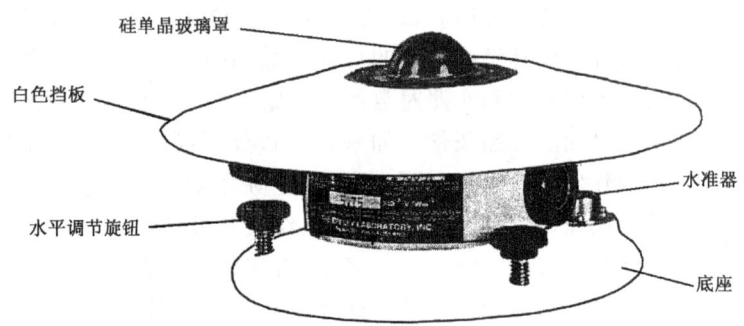

图 10.12 长波辐射表

仪器观测到的值,实际是感应面接收到的长波辐射 $E_{L.in}$ 以及感应面本身向外发射的长波辐射 $E_{L.out}$ 的差值:

$$E_{men} = E_{L.in} - E_{L.out}$$

式中,E_{men} 由热电堆输出算得,$E_{men}=mV/k$,k 为长波表灵敏度,mV 为传感器的输出电压。$E_{L.out}=\sigma T_b^4$,σ 为斯蒂芬—波尔兹曼常数,$\sigma=5.6697\times10^8 \mathrm{W/(m^2 \cdot K^4)}$,$T_b$ 为仪器腔体温度,由安装在腔体内的热敏电阻测量。因此感应面接收到的长波辐射由下面公式算出：
$$E_{L,in} = mV/k + 5.6697 \times 10^{-8} \times T_b^4$$

此外，为减少仪器灵敏度的温度系数，热电堆线路中并有一组热敏电阻，使测量更加准确。

白天太阳辐射较强，使得硅单晶玻璃罩的温度 T_a 明显高于腔体温度 T_b，感应面从硅罩得到附加的热辐射，导致仪器数据系统偏高。新型长波辐射表增加一个热敏电阻，测量硅罩温度 T_a，用来修正上述误差。长波辐射表维护方法同总辐射表。

(2) 用长波短波辐射表观测和计算净全辐射

针对目前净全辐射测量准确性较差的现状，气象站用短波辐射仪器观测总辐射 E_g、反射辐射 E_r，用 2 台长波辐射表分别观测 $E_L\downarrow$ 与 $E_L\uparrow$。然后计算出净全辐射 E^*：

$$E^* = E_g + E_L\downarrow - E_r - E_L\uparrow$$

以及长波净辐射 E_L^*：

$$E_L^* = E_L\downarrow - E_L\uparrow$$

这种方式计算出的 E^* 与 E_L^* 比用净全辐射表观测的值，更加准确。

10.4 日照时数的测量

太阳照射时间的长短称为日照时数，简称日照，单位为小时。它又分为可照时数和实照时数两种。从日出到日没的时间叫可照时数；在这段时间内实际有太阳照射的时间叫实照时数。可照时数和实照时数的百分比叫日照百分率。日照百分率可以衡量一个地区在某一时期的日照条件。如果日照百分率很小，说明在那个时期会经常出现阴雨天气，实照时数短，因此日照不足，农作物生长缓慢，容易受到病虫害的袭击。例如水稻在结穗期间，在其他条件都能满足结实壮籽的要求，则日照越长，产量就越高。所以日照时数的观测非常重要。目前，常用的观测日照的仪器有暗筒式日照计、聚焦式日照计、太阳直射辐射表等。此外还有 Foster 日照转换器（利用日光使一对硒光电池产生不平衡信号触发记录器记录）和 Marvin 日照计（由一定辐射热驱使水银膨胀导致电路闭合来实现自记）。因篇幅有限且在国内应用较少暂不作介绍。

10.4.1 暗筒式日照计

暗筒式日照计又称乔唐式日照计，由金属圆筒（底端密闭，筒口带盖，两侧各有一进光小孔，筒内附有压纸夹）、隔光板、纬度盘和支架底座等构成（见图 10.13）。它是利用太阳光通过仪器上的小孔射入筒内，使涂有感光剂的日照纸上留下感光迹线，上午阳光从东侧孔射进，下午阳光从西侧孔射进。因此感光纸上每天有两道感光迹线，上下午日照时间加起来就是全天的日照时间。

日照纸在使用前要预先均匀地涂上用柠檬酸铁铵和赤血盐按比例配制成的感光液,待阴干后放入日照计暗筒内,并用压纸夹将纸压好,盖上筒盖。每天傍晚日落后换日照纸。换下的日照纸,应按照感光迹线的长短,在其下描画铅笔线,然后将日照纸放入足量的清水中浸漂3~5分钟拿出(全天无日照的纸,也应浸漂);待阴干后,再复验感光迹线与铅笔线是否一致。如果感光迹线比铅笔线长,应补上这一段铅笔线,然后按铅笔线计算各个日照时数以及全天的日照时数。如果全天无日照,日照时数记为0.0。暗筒式日照计的日照纸所用药品质量好坏、涂药方法是否得当,是造成该仪器测量误差的主要原因。

10.4.2 聚焦式日照计

聚焦式日照计又称康培司托克式日照计,它由固定在弧型支架两端的实心玻璃球、金属槽(安装自记纸用)、纬度刻度尺和底座等构成(见图10.14)。实心玻璃球半径为94~96 mm,起着聚光的作用。太阳经玻璃球聚焦后烧灼日照纸(卡片)留下的焦痕,随着太阳的移动,可在自计纸上留下连续的焦痕线条,即刻记录一天的日照时数。我国高纬度地区使用这种仪器。

图10.13 暗筒式日照计　　　图10.14 聚焦式日照计

金属槽内有上、中、下三道沟:下面一道,插夏季(4月16日—8月31日)用的长弧型纸片;中间一道,插春、秋季(3月1日—4月15日,9月1日—10月15日)用的直型纸片;上面一道,插冬季(10月16日至次年2月底)用的短弧型纸片。放纸时,12时的时间线应与槽内中线对齐。安装要求同暗筒式日照计。日落后换纸,应注意纸型与季节是否匹配，是否插错槽。换下纸后，根据纸上的焦痕(不论烧灼程度如何，只要看得出是焦痕就算)，夏季短时间的太阳往往使焦痕烧得偏长应扣去，然后计算逐时日照时间和全日日照时数。

使用中要每日检查一次所安装的方位、水平、纬度等是否依然正确。应经常保持玻璃球的清洁，如有灰尘可用麂皮或软布擦净，但不能用粗布等擦拭，以免磨损玻璃球。如玻璃球上蒙有霜、雾凇等冻结物，应在日出前用软布蘸酒精擦除。有降水时，应加上防雨罩，但在降水稀疏且有日照时，应及时取掉。聚焦式日照计记录与日照纸质量以及天气条件影响甚大。有的日照纸在太阳或蔽或露的多云天气，使日照纸烧灼的焦痕往往比实际日照时数偏多。阴雨天日照纸受潮使焦痕显不出来造成记录偏小。

10.4.3 直接辐射表观测日照时数

世界气象组织把太阳直接辐照度 $S \geqslant 120 \text{ W/m}^2$ 定为日照阈值(算为有日照)。直射表每日自动跟踪太阳输出的信号，自动测量系统把 $S \geqslant 120 \text{ W/m}^2$ 的时间累加起来，作为每小时的日照时间与每天日照时数。利用直接辐射表测量日照时数与仪器的跟踪装置是否准确关系极大。用全自动跟踪装置的直接辐射表观测的日照时数最准，可以作为日照检定标准。但普通跟踪装置的直接辐射表跟踪准确度较差，必须加强维护检查，每天上、下午至少要对光点一次，才能保证记录准确。此外，无追踪器测量日照的研究也日渐成熟，以 EKO 公司的 MS-093 日照时数传感器，为例：太阳辐射照射到仪器内部的具有旋转功能的镜面上，在镜面中心轴处产生的反射光，某一范围的反射光能被系统检测到。采集镜面旋转一周的数据，判断辐射值是否超过 120 W/m^2，即可判断是否有日照。

习题

1. 多项选择

(1)我国气象辐射二级站根据要求需要进行(　　)的观测。

  A. 总辐射   B. 直接辐射   C. 净全辐射   D. 散射辐射

(2)总辐射表的双层石英玻璃主要有(　　)功能。

  A. 反射太阳光   B. 防风

  C. 滤去长波   D. 防止外层罩红外辐射的影响

(3)散射辐射表主要测量来自(　　)的太阳辐射。

  A. 垂直射向仪器感应面   B. 云层反射

  C. 大气散射   D. 地面反射

(4)暗筒式日照计配制药液的药品包括(　　)，药品因有毒/吸水性好，需妥善保管。

  A. 柠檬酸铁氨 B. 赤血盐 C. 氯化钾 D. 硫酸铁氨

  2. 直接辐射表进光口是否与太阳光垂直会对测量结果有什么影响？

  3. 结合总辐射表、直接辐射表的外部结构，分析为何仪器外表面设计为白色或银白色。

  4. 直接辐射值与散射辐射之和是否等于总辐射值，为什么？

  5. 净全辐射表的维护需要注意哪些方面？

  6. 简述暗筒式、聚焦式日照计工作原理，分析其产生误差的原因。

  7. 简述辐射的测量意义。

第 11 章 地基雷电观测

雷电是发生在强对流天气系统中的一种大电流放电现象。雷电探测是指利用雷电产生的声、光、电磁等特性来遥感雷电放电参数(如雷电发生的时间、位置和强度等)。雷电放电过程产生的电磁场频谱范围很宽,从几赫兹到几十吉赫兹,几乎覆盖了整个电磁波谱。其中,甚高频波段(VHF)以射线方式传播,辐射范围较小,一般为百千米量级。低频和甚低频(LF/VLF)以地波方式传播,可以传播到较大的范围,特别是 VLF 借助于电离层的反射可以传播到很远的地方(数千千米)甚至全球。因此可以在不同的距离上、采用不同的频带探测雷电。随着微处理存储技术以及 GPS 和数字信号处理技术的发展,地基雷电探测技术有了进一步的发展(郄秀书等,2008)。如,利用甚低频段对云地闪电(简称地闪)的探测,从磁定向(MDF)单站定位发展到结合磁定向(MDF)和时间差(TOA)的联合多站定位(IMPACT),定位精度有了很大提高,技术相对成熟;利用甚高频段对雷电的探测,从宽带和窄带干涉仪的二维定位,到 SAFAIR 系统和 LMA 系统的三维定位,其探测精度不断提高,可达到 50 m 左右。

11.1 低频/甚低频雷电定位技术

雷电单站定位系统兴起于 20 世纪 60 年代,随着相关电磁场理论的成熟与应用,在 70 年代、80 年代单站定位技术有了较快发展,并形成了各种单站定位产品。单站定位系统是以 Wait 的波导理论(Wait,1970)为基础,将电离层和大地之间的空间简化为波导,通过测量雷电产生的磁场—电场的相位差确定测站与源的距离。单站定位的特点是成本较低、实施简单、机动性强、对网络的依赖性小,便于临时搭建。目前比较成熟的单站定位技术主要有电磁分量相位差法、地波—天波到达时间差法和振幅频谱比法。定位使用的频率多在 VLF 甚低频(3~30 kHz)和 ELF 极低频(<3 kHz)范围内(陶善昌等,1992)。

单站定位的缺点是误差较大,只有当地域十分偏僻,无更先进的测量设备覆盖时才使用。由于单个雷电定位站只能大致探测雷电的方向、位置、频度,定位误差大、强度无法确定,所以现在多采用多站法雷电定位系统,其定位精度高、探测参量多。下面主要以地闪定位系统 LLS(Lightning Location System)为例来介绍低频/甚低频雷电定位技术的发展现状。

11.1.1 磁定向法(MDF)

早在 20 世纪初,传统的 VLF/LF 无线电(磁)测向(MDF,Magnetic Direction Finding)技术用于远程(上千千米以外)雷电活动的监测获得成功。但当雷电活动与测站距离变小到 300~500 km 时,雷电通道的非垂直性(具有一定的水平分量)开始影响测向精度,最终导致无法使用所监测到的信号来定向,从而导致 MDF 法一度在雷电定位方法上的应用进展缓慢。如 10 km 内的地闪,假设雷电通道相对地面呈 45°,测向误差可能会达到 10°以上;对于 100 km 以外的地闪,则此时误差小于等于 1°左右。

20 世纪 70 年代,一项基础研究的成果使 VLF/LF 频段的 MDF 定位技术获得了新生(Krider 等,1976)。研究表明:在地闪回击(主放电)的瞬间,十分靠近地面的通道垂直于地面。如果能探测地闪过程仅在这段时间的辐射,那么应用 MDF 法进行雷电定位的障碍就可以被基本清除。这一部分辐射有明显的波形特征,便于在技术上实现波形捕捉。由此基础上出现了新一代有波形鉴别技术并加 MDF 技术的多站地闪定位网络。一套完整的雷电定位系统 LLS 由三站 DF(Direction Finder)和一站 PA(Position Analyzer)组成。

图 11.1 左图是中科院空间中心研发的 DF 天线的外观图,右图是 DF 天线结构示意图。两个环形磁天线正交,且分别沿东西和南北放置。如果环形磁天线正交不好或放置位置不正,则会导致较大的旋转误差(Mach 等,1986;陈明理等,1990,1992,1993)。雷电产生的电磁辐射在两个环上引起磁通量的变化,进而产生感应电

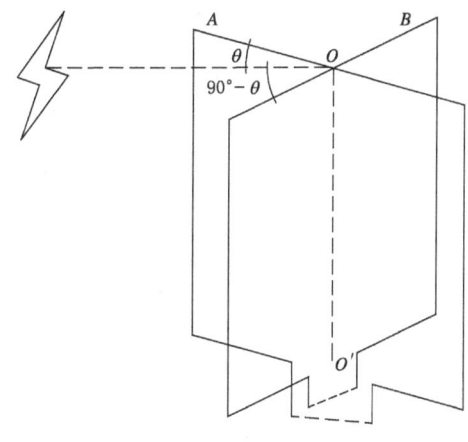

图 11.1 DF 天线及其测量原理示意图(左为 DF 天线外观,右为 DF 交叉环磁天线示意图)

流。而两个环的形状及材料完全相同,故:

$$\tan\theta = \frac{B_Y}{B_X} = \frac{I_Y}{I_X} \tag{11.1}$$

其中,B_Y、B_X 分别为雷电产生的水平磁场在南北和东西方向的分量,I_Y、I_X 分别为流动在南北和东西方向磁天线的电流。不过,正地闪(将云中正电荷释放到大地,电流方向向下)和负地闪(将云中负电荷中和,电流方向向上)两者的回击电流方向相反。对于式(11.1)中 θ 存在 180°的不确定值,对此可以采用增加一个垂直极化的电场传感器,用于判断地闪的极性,从而确定雷电发生的方位。

联网观测中的每个 DF 将测到的雷电方位角传输到设在主观测点的一台 PA 上。有两个 DF 就可以确定雷电的位置,但当雷电恰恰在两个 DF 基线上时(或者接近基线),位置就无法确定,这时就需要第三个 DF 来确定。因此,一般至少需要三个 DF 才能组成一套完整的 LLS 系统,如图 11.2 所示,不过,DF 越多探测精度就会越高。这样,PA 最终可以给出这次地闪发生的时间、位置、闪击数、强度和波形陡度等参数。

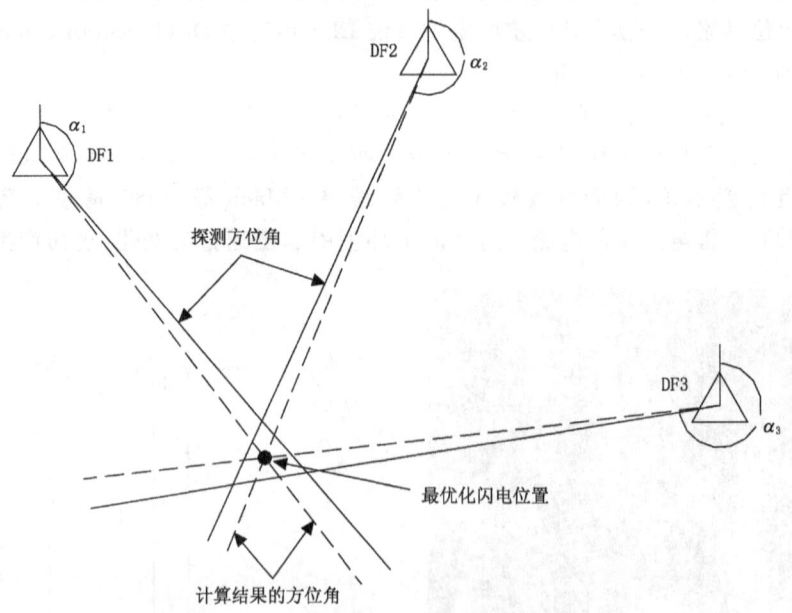

图 11.2 磁定向(MDF)原理示意图

11.1.2 时差定位法(TOA)

TOA 定位技术(Time of Arrival)采用雷电电磁脉冲到达不同测站的时间差进行定位。根据双曲线的特性,二站之间得到一个时间差,构成一条双曲线,在双曲线上的任何一点都是可能的雷电回击位置。另外二站之间也有一个时间差,也可以构成另外一条双曲线,二条双曲线的交点,即为雷电回击位置,如图 11.3 所示。

时差法(TOA)雷电定位系统的理论探测精度,主要依赖各个探测站的时间测量和同步精度。目前,广泛采用全球卫星导航定位系统(GPS)进行时间同步,能保证时间同步精度为 10^{-7} 秒,从理论上讲,时差系统定位精度可以更高。但由于回击波形峰值点随传播路径和距离的不同要发生漂移和畸变,或由于环境的干扰而导致时间测量误差(张其林等,2008),使得时差法的实际探测误差为几百米到几千米。与磁定向法技术相比,其突出的优点是克服了磁定向法固有的测量精度不够的弱点。但它需要设的测站较多,且对测时精度要求较高。

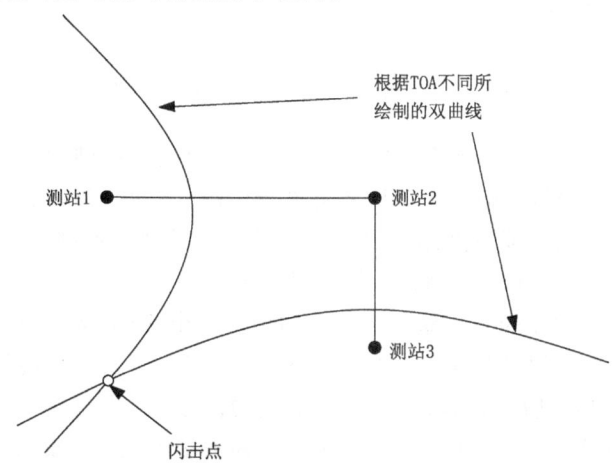

图 11.3 时差法(TOA)定位原理示意图

11.1.3 时差测向混合雷电定位(IMPACT)

时差测向混合雷电定位系统(IMPACT:Improved Accuracy from the Combination of MDF and TOA Technology)把磁定向法和时差法联合起来,形成时差测向混合雷电定位系统,定位原理如图 11.4 所示。时差测向混合雷电定位系统既能保证测站数目较少的探测网有定位结果,又能保证较高的定位精度,是一种比较实用的雷电监测定位系统。目前国内外雷电定位系统都采用时差测向混合雷电定位法(IMPACT),其定位精度一般在几百米到 3 km。

11.1.4 全球雷电定位网(World Wide Lightning Location Network,WWLLN)(Erin 等,2004)

全球雷电定位网由美国华盛顿大学地球与空间科学中心负责建设,目的是对全

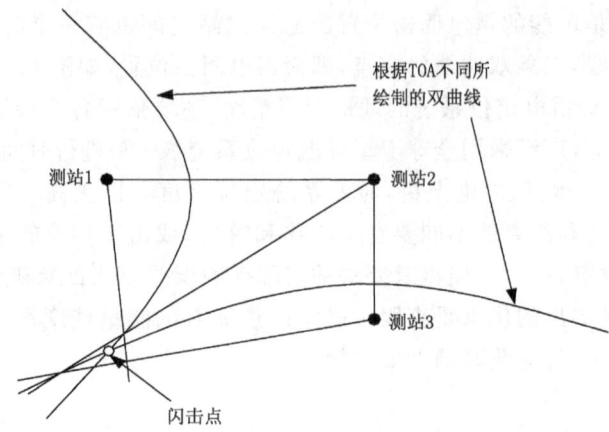

图 11.4 时差测向混合雷电定位(IMPACT)

球雷电活动进行实时探测。该探测网通过全球 40 个地面测站探测雷电产生的甚低频(VLF)电磁辐射信号。通过天线探测雷电产生的 3~30 kHz 的电磁波能量辐射,使远距离的探测变成可能。并用 GPS 获得 VLF 信号到达各测站的精确时间,每个测站将所测波形进行分析,并将到达时间实时发送到中心站,利用时差定位法(TOA)确定雷电的发生位置。每一个接收站包括一个 VLF 天线、前置放大器、一个 GPS 和用于记录数据以及传输数据的计算机。WWLLN 工作在甚低频频段几百赫兹,VLF 电磁波的能量在由地球和电离层形成的波导中(称为地球—电离层波导—EIWG)衰减很小,VLF 信号可以在几千千米之外被接收到。因此可以探测到几千千米外雷电发生的电磁辐射信号,实现了对远距离雷电的探测。为避免干扰,全球 40 多个测站中至少有 5 个测站探测到同一 VLF 信号时,才被视为一个雷电事件。WWLLN 可以提供全球实时的云地闪电定位,定位精度<10 km。

11.2 甚高频雷电定位技术

11.2.1 时差法(TOA)辐射源原理和技术

时差法(TOA)辐射源定位技术是根据雷电发生发展过程中产生的一系列电磁脉冲信号到达地面多个接收机的时间差,然后利用最小二乘法等反演算法获得每个辐射源的位置坐标。时差法辐射源定位技术与 11.1 节讲解的时差法地闪定位系统的原理相同,只不过地闪定位系统仅仅是对闪击点位置的定位。根据测站之间基线长度的不同,时差辐射源定位技术可分为长基线时差技术和短基线时差技术。

(1)长基线时差法定位系统

20世纪70年代初，Proctor等(1988)首先利用长基线时差法发展了三维雷电通道VHF辐射源测量系统，该系统通过两相交基线上的五个宽带垂直极化天线来接收雷电甚高频辐射信号，利用到达天线的时间差来确定雷电辐射源的位置。

LDAR(Lightning Detection and Ranging System)是另一种长基线时差法定位系统。该系统有两个同步的、相互独立的天线网，每一个天线网实时处理雷电信号。随后一些研究工作中出现含有7个天线的系统，其中6个天线安装在六边形的顶点，中心是第7个天线，信号通过微波传输到处理器。LDAR系统既能测量雷电方位角，又能测量雷电波到达时间。随后，LDAR系统逐步完善和发展。发展后的系统有5个测站，中心有1个测站，其他4个测站分布在距中心测站大约10 km的不同方向上。任意4个测站得到的信号都足以用来决定随机出现的信号源位置。在这套系统上空发生的信号，定位的误差在100 m以内。

美国New Mexico Institute of Mining and Technology发展了一种新型的雷电观测系统LMA(Lightning Mapping Array)(Ronald等，2004)。该系统仍是利用多个测站同时测量脉冲性VHF辐射到达测站时间的方法来定位辐射源，这个新型系统的每个测站均在60~66 MHz频带内利用一个20 MHz数字转换器锁相到每秒输出一个脉冲的GPS接收机上的方法，精确地测量雷电辐射到达测站的时间，时间精度为50 ns。该系统可探测几百到几千个辐射事件，可探测方圆100 km的范围内雷电发生发展的三维精细结构，如图11.5所示是2000年7月22日22时17分10—12秒期间观测到的一次云内放电过程。由于该系统具有高速记录存储功能，所以不仅可对单个雷电进行描述，也可以对雷暴中的雷电活动进行监测。LMA可以实现对云闪和地闪的三维定位，该系统目前被广泛地应用于雷电预警预报业务中。

(2) 短基线时差法定位系统

虽然长基线的TOA辐射源定位系统有较高的定位精度，但由于需要多站同步观测势必增加GPS等许多观测设备，在某些多山地区观测时，地形也会造成非常不利的影响，而短基线时间差定位技术对地形的要求要低得多。

Taylor等(1978)首先发展了第一个雷电VHF辐射源短基线时差定位系统，可对频段在20~80 MHz内的辐射源进行定位。该系统的五个天线中三个安装在边长为13.7 m的等边三角形的三个顶点，三角形中心由两个天线构成长度为13.7 m的垂直天线，见图11.6。

天线覆盖的区域被分成了七个象限，六个象限中的每一个象限以60°方位角上旋转60°，第七象限以大于30°的仰角覆盖整个方位角。当辐射信号有足够快的电场上升时间并且振幅大于系统设置的阈值时，每一个信号都能被天线接收并归到适当的象限。这七个象限根据VHF辐射信号的时间、方位角、仰角进行编号，同一辐射信号到达两个天线的时间差决定了辐射源的方位角和仰角。

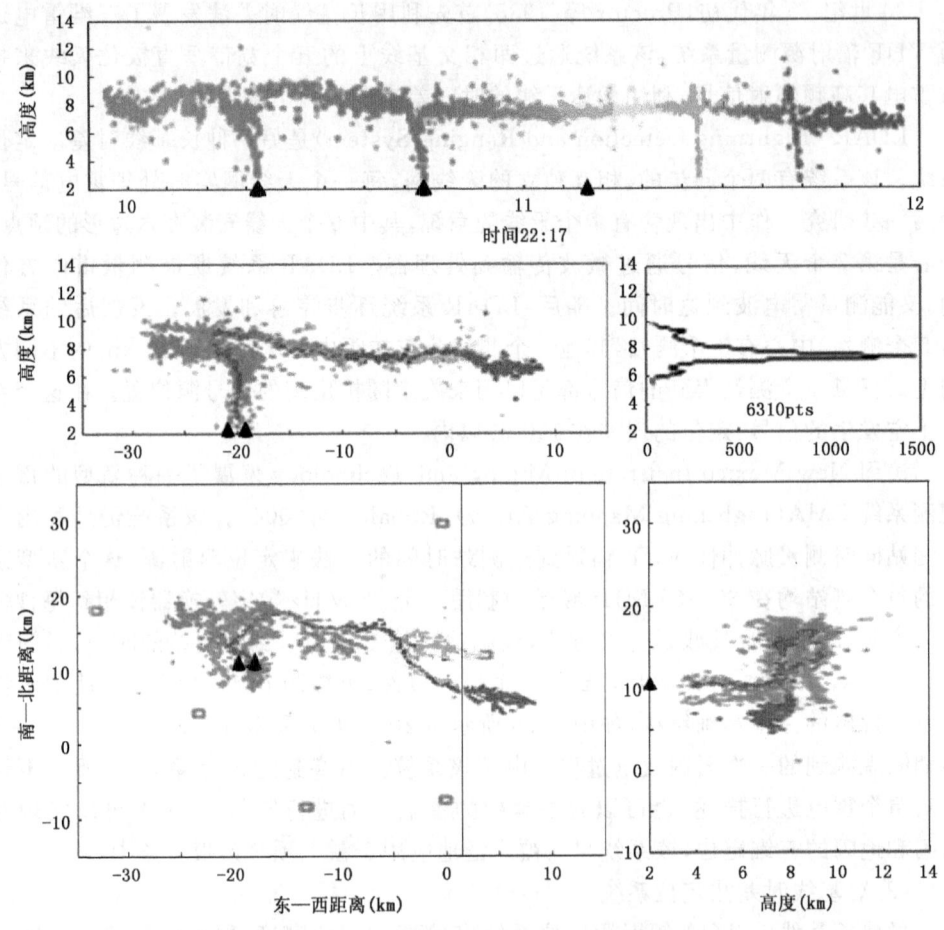

图 11.5 LMA 系统观测到的一次云内放电过程

11.2.2 干涉法辐射源定位原理和技术

干涉法在射电天文学领域已应用了很多年,Richard 等(1985,1986)将其引入到雷电产生的 VHF 辐射源定位研究中。最简单的干涉仪系统由相隔一定距离的两个天线组成,每个天线都连接一台接收机。这两个接收机的信号被送到同一个相位检测器中,检测出代表两个天线信号相位差的一个电压。

干涉法的原理见图 11.7。图中 A、B 是两个接收天线,它们间的距离 d 称为基线长度,到达天线 A 的辐射信号可表示为 $f(t)$,则到达天线 B 的信号为 $f(t-\tau)$,这里 τ 为辐射信号的延迟时间,辐射信号的频域表达形式为

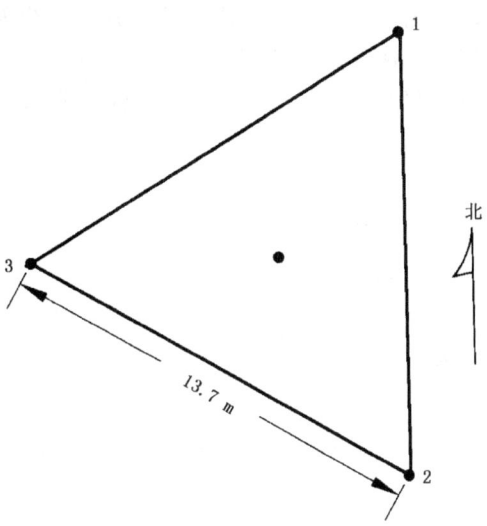

图 11.6 Taylor 发展的 VHF 辐射源短基线时差定位系统示意图

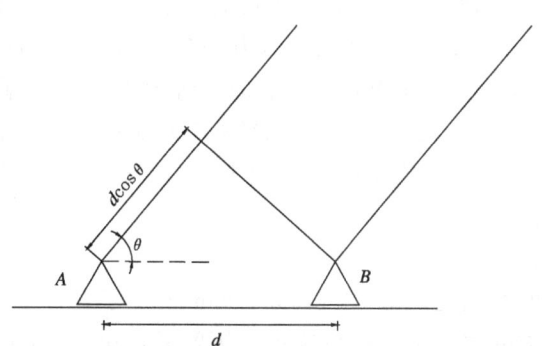

图 11.7 干涉仪几何原理示意图

$$f(t) = \int_{-\infty}^{+\infty} F(w) e^{jwt} dw \tag{11.2}$$

$$f(t-\tau) = \int_{-\infty}^{+\infty} F(w) e^{jw(t-\tau)} dw = \int_{-\infty}^{+\infty} F(w) e^{jwt} e^{-jw\tau} dw \tag{11.3}$$

式(11.2)和式(11.3)仅相位因子有 $e^{-jw\tau}$ 的差别,因此信号到达两个天线的相位差为

$$\Delta\phi = \omega\tau = 2\pi f\tau \tag{11.4}$$

这里 $\tau = d\cos\theta/c$,f 和 θ 分别是频率和辐射信号的入射角,c 是光速。因此,方程(11.4)可写为

$$\Delta\phi = \omega\tau = 2\pi f d\cos\theta/c \tag{11.5}$$

对接收的时域信号进行快速 Fourier 变换(FFT),即可得到两个天线接收到的

辐射信号之间的位相差谱,由式(11.5)可得辐射信号到达天线阵的入射角 θ。

在实际中,通常采用两个相互垂直的基线——正交基线,然后经简单的球面三角运算后即可得到相应辐射源的方位角 α 和仰角 β,具体算法如图 11.8 所示。

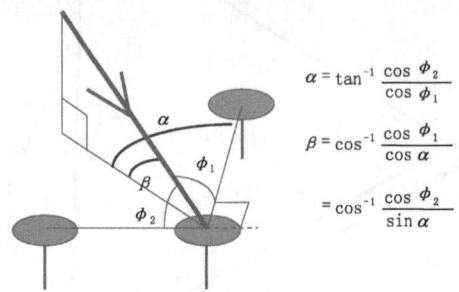

图 11.8　辐射源的方位角和仰角计算示意图

(1) SAFIR 系统

法国的 Dimensions 公司于 20 世纪 80 年代推出甚高频窄带干涉法雷电定位系统 SAFIR(Kawasaki 等,2000)。该系统能够自动、连续、实时监测云闪和地闪的发展过程,并具有长达 200 km 的基线探测能力,SAFIR 可提供雷电的空间(二维和三维)分布、频数分布、密度图和雷电过程发展的趋势图等;具有较高的分辨率;能够探测跟踪雷暴过程的发展。SAFIR 大多采用增加 LF 鉴别天线和信号处理电路实现对地闪的探测,因此它既记录地闪又可记录云闪。目前这项技术已发展成熟,并在欧亚一些国家建网使用。

(2) 宽带干涉仪

在窄带干涉仪的基础上,Shao 等(1993,1996)提出了宽带干涉仪的设想,利用一套仅由两个天线构成的宽带干涉仪系统进行辐射源定位。Shao 等使用的基线长度为 4.5λ 和 1λ(如图 11.9a)。该系统中心频率为 274 MHz,带宽为 6 MHz。高仰角时随机误差是 1°,低仰角时误差以 $1/\sin\theta$(θ 是仰角)递增。系统误差产生的主要原因是短基线上天线间的相互干扰以及大地的导电性,通过增加短基线长度可降低天线间产生的系统误差。该系统可以得到较宽频段内雷电辐射频谱特征。宽带干涉仪工作频段很宽,辐射源定位所需频率选择方面有极大的灵活性。但宽带干涉仪需要高采样率和高记录长度设备。

国内董万胜等(2001)用于雷电研究的宽带干涉仪系统,其带宽为 25~100 MHz,天线布置如图 11.9b 所示,该系统实现了雷电辐射源定位、辐射频谱、电场变化等与雷电放电过程有关的多参数同步观测记录。在工作频段较窄情况下,该系统可以实现较精确的辐射源定位(二维),并能在多个辐射源同时辐射的情况下,对部分辐射源进行定位,至少能识别干扰信号和多路辐射同时到达的情况。

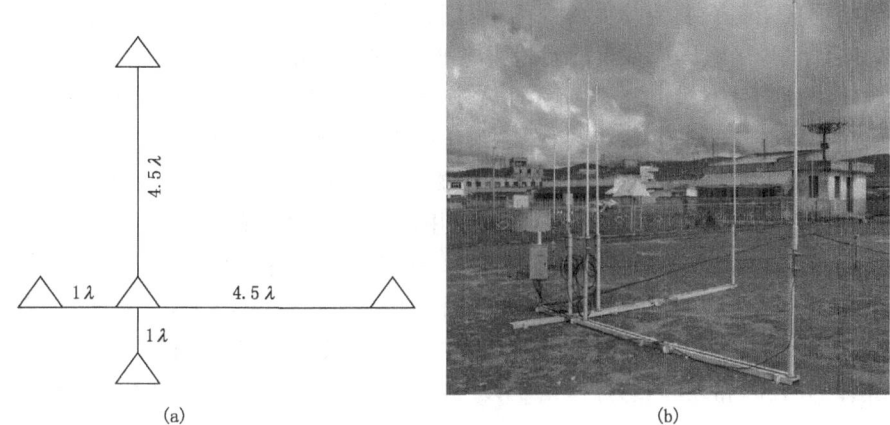

图 11.9 宽带干涉仪天线布置示意图
(a)为天线原理图(图中三角形表示天线阵列),(b)为天线布置图

11.3 雷电电磁场测量系统

11.3.1 大气电场仪

在静电场中放置一块金属导体,导体表面就会产生感应电荷,感生电荷密度为

$$\sigma = \varepsilon K E \tag{11.6}$$

式中,ε 为空气中的介电常数(近似真空中的介电常数),K 是由于导体放入引起的电场畸变系数。如果金属导体的面积为 S,则感应电荷量为

$$q = \sigma S = \varepsilon K E S \tag{11.7}$$

若感应导体对地的电容量为 C,则产生的感应电压为

$$V = qC = \varepsilon K E S / C \tag{11.8}$$

金属导体通过一个电阻接地就会有电流流过,当电场变化时,测出这个电流的变化就可知道电场的变化。但在静电场中,电场基本不变或缓变,要测量这种电场,必须使处在静电场中的导体内产生变化的电荷,为此可以采用某种形式的对一个导体的屏蔽和去屏蔽装置,这就是动态感应原理。

根据这个原理设计的差分式大气电场仪传感器探头,如图 11.10 所示,主要有动片、感应片、小叶片、光电开关和直流无刷电机组成。动片与小叶片形状相似,且上下位置对应一致,均固定在电机轴上,由无刷电机带动按一定的频率同时旋转。感应片为分离的四片,相对的两片为一组,分为 A、B 两组,每组的形状与动片完全相同,动片和感应片均选用黄铜材料制成。根据动态感应原理可知,无刷电机带动动片周期性地切割垂直入射在感应片上的电场线,则在感应片上产生周期性的微弱交流电流信号,并且 A、B 两组感应片上的感应电流信号的相位相差 180°。同时,小叶片按同样的频率 ω 周期地通过光电开关的凹槽,发光二极管的光路就被周期地切断或通过,使光电三极管处于导通和截止两种状态,从而产生一同步脉冲信号。

感应探头的安装方式有倒置式的和正置式的两种,采用倒置结构使电场仪能在防尘罩保护下防止灰尘进入,延长轴承使用时间。一体化的光电开关,调整方便,金属丝电刷接触良好,保证转子可靠接地。在机盖上加有一块小标定板,可在现场用低电压对仪器进行简单标定。驱动动片转动的马达功率约 2 W,动片转速 1200 r/min,频响 1 s,电场仪测量的主要是雷暴云内电荷以及一次雷电过程产生的静电场大小,无法区分云闪和地闪。另外,由于大气电场仪探测的是静电场变化,探测范围很有限,约 15~20 km。

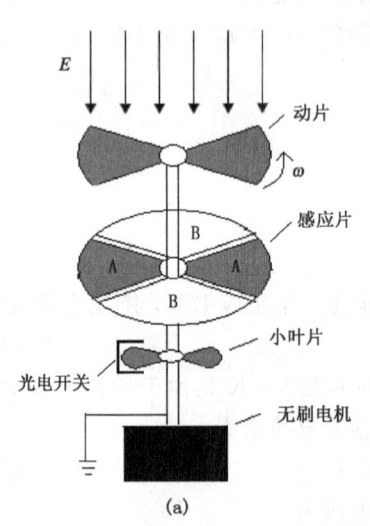 

图 11.10 电场仪探头结构。(a)为结构示意图,(b)为南京信息工程大学自行研制的实物图

单台大气电场仪能作为局地防区的静电和雷电报警装置,如将多台电场仪联网或用单台电场仪与雷电单站定位仪组合,可构成重点防区的雷电预报系统。

11.3.2 空中电场探测仪

空中电场的探测不同于近地面大气电场的测量,存在许多困难,如:(1)仪器和运载体的进入会使电场发生畸变,尤其是测量已接近电击穿状态的电场区时将促使电晕放电而使电场值改变;(2)云中强对流和乱流有可能造成仪器的损坏;(3)云中水汽电荷的充放电和温度变化产生噪声,影响测量;(4)装置上的电荷沉积或其他原因会影响自然场强。空中电场的探测必须利用某种形式的运载工具,常用的有气球、飞机、火箭等,也有用飞机、火箭抛伞投掷来测量的。测量方法主要有两种:电晕探针法和场磨法。另外,也有用放射性来测量电场,但因其反应速度慢,受风和雨滴影响大,现在已很少采用。下面主要从测量方法上对空中电场仪进行介绍。

(1) 电晕探针法

当尖端电极为阴极与阳极时,电晕放电存在一定的差异。本节以阴极尖端为例来简单解释电晕放电:当一定长度的尖端处在电场中时,尖端附近的电场会产生强烈畸变,如果畸变电场达到周围气体的击穿阈值,气体分子会发生雪崩式的电离过程(称为 α 过程),在 α 过程中产生的大量正离子向阴极运动轰击阴极表面使其发射二次电子(称为 γ 过程)。当外加电压使电场强度升到足够高时,α 过程产生的大量正离子使阴极表面发射的二次电子在数量上等于 α 过程所需的电子源的电子数时放电过程就可不依靠外来电子源提供电子而保持自持暗放电状态,这是负电晕放电的经典解释(不过自然环境下尖端表面具有一层很薄的绝缘物质,可能带来了电晕始发机制的复杂性,这超出了本文的讨论范围)。为了确定尖端放电电流与外电场的关系(本文中尖端放电与电晕放电意义相同),科研人员进行了自然条件下的观测实验与实验室实验,得出了比较一致的结果

$$I = aE(E - E_{th}) \tag{11.9}$$

式中,E 是尖端周围的环境电场强度,E_{th} 是尖端放电的阈值电场,a 是比例常数,这个常数在不同的实验条件下会有差异。影响电晕放电的环境参量主要有气流、湿度、云滴等因素,电极方向与电场的夹角也会对放电电流—电场强度的关系产生影响。

赵忠阔等(2008,2009)所设计的尖端放电电流传感器由一个时间常数为 0.1 s、量程为 ±16 μA 的精密电流放大电路和两根长度均为 1 m 的同轴电缆组成,两根同轴电缆尖端的长度为 5~6 cm,悬空垂直于地面、相对放大电路对称布置。除电流传感器外,还包括温度探头、相对湿度探头和 GPS 接收机。GPS 强电场探空仪通过气球携带升空,由 GPS 接收系统、温度和相对湿度传感器、电晕电流传感器、409 M 数字信号发射机构成,所用这些感应单元通过一个单片机平台进行集成。探空仪净重约 450 g,探空仪与气球之间通过 30 m 尼龙纤维单丝连接,气球对外电场的改变以及尼龙纤维的漏电流均可忽略。天线发射功率为 200 mW,全向发射。该探空仪也曾采用自带 Flash 卡存贮方式保存数据。该探空仪功耗低,采用 4 节 5 号电池即可稳定工作 2 小时以上。系统封装在包有铝箔的塑料箱内,起到了保温与静电屏蔽作用。在到达一定高度后,气球爆破,降落伞自然张开,探空仪平缓降落到地面。实验完毕,在 GPS 定位仪的指引下,对设备和资料进行回收。地面部分包括一部中心频率为 409 MHz、增益为 8 db 的全向接收天线,数字信号接收处理机与数据处理微机等组成。通信格式为异步串行通信(UART),速率 4800 bps。

(2)场磨法

空中电场的测量首先要求测量垂直电场分量。由于测量装置不能接地,使处在电场中的仪器因空间电荷或摩擦带电的影响,以及本身带有一定的极化电荷,形成附加电场而造成测量误差。从物理学可知,置于均匀电场中的导体,在其对称点会感应出大小相等、符号相反的电荷,而本身带电产生的电荷其大小相等、符号也相同,因此可以利用差分原理消除自身带电的影响。差分电路的特点是输出信号与两个输入信号之差成比例,而与导体本身带电无关,从而得到空间的真正电场。根据这个原理,可以采用双电场仪来测量,把两个电场仪安置在一个相对于水平面对称的导体上,设计成一个光滑圆柱体的空中电场仪,上下开感应窗口形成双电场仪,探头结构见图11.11(肖正华等,1993,1995;惠世德等,1994)。在感应舱内装有上感应电极(上定片)、上动片、下感应电极(下定片)、下动片。感应电极的作用是在电场中感应电荷,电机带动上、下动片同时旋转,使上、下定片通过感应窗口在电场中交替地被屏蔽和暴露,各自感应出交变信号。同时动片在旋转时还通过光电开关管的槽口,产生用于解调的同步信号。

空中电场仪是用气球携带的,要求体积小、质量轻、耗电省。另外仪器的引入会使自然电场产生畸变,为了得到尽可能均匀的曲率以减小空间电荷的释放,仪器表面要求光滑,尽量避免棱角或尖端。

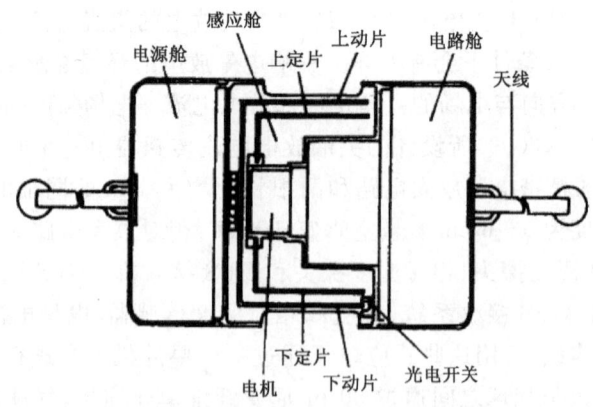

图 11.11 中国科学院研制的场磨式空间电场探测仪结构示意图

11.3.3 雷电快、慢电场变化测量仪

用于监测雷暴电活动特征的大气电场仪,频响几十赫兹,采样率 1~10 Hz,因此利用大气电场仪无法分辨亚微秒量级的一次雷电的放电特征。为了研究一次雷电放电的精细结构,1979 年美国新墨西哥州矿业学院(New Mexico Institute of Mining and Technology)(Krehbiel 等,1979)研制了一套用于探测云闪和地闪放电过程的快电场变化测量仪和慢电场变化测量仪,一般称为快天线和慢天线。随后中国科学院寒区旱区环境与工程研究所和中国科学院大气物理研究所分别进行了该项技术的研发,目前形成了比较成熟的探测技术,可以进行单站和多站的联网观测。快慢天线电场变化测量仪的带宽分别为 5 MHz 和 10 MHz,时间常数分别为 5 s 和 2 ms。

图 11.12 为等效原理图。平板天线(又称为感应板)处于外界电场 E 时,平板天线上就会产生电荷 $Q=\varepsilon_0 A E$(其中 A 为平板天线的等效面积)。当雷电引起近地面垂直电场变化时,平板天线上感应电荷量也随之变化,产生的感应电流流过积分放大电路。电场感应平板探头与运算放大器的正相输入端连接,反相输入端接地,这样可保证输入的电场波形与输出的电场波形同相位。电阻 R 和电容 C 接在运算放大器的两端,组成积分放大电路,改变电阻 R,可以改变系统的时间常数;改变电容 C 可以改变增益大小。

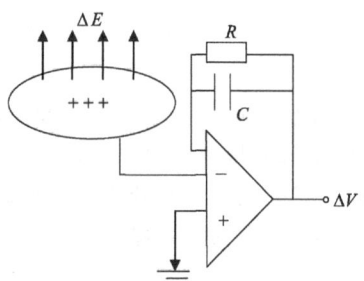

图 11.12 电场变化测量仪原理图

雷电快、慢天线电场变化测量仪需要在实验室进行标定,才能得到定量的测量结果。图 11.13 为雷电快、慢天线电场变化测量仪标定时的示意图。A 和 B 为圆形铝质平板,C 为电场变化测量仪的平板天线。其中,B 板中心开一小孔,其孔径稍大于 C 的面积,A、B、C 水平放置,且 B、C 在同一水平面。A、B 之间距离为 d,加一电压 V 后,将会产生匀强电场,使感应板 C 产生感应电荷,感应电荷变化产生感应电流,对此感应电流积分得到输出电压,此输出电压在示波器和采集卡上进行记录。利用信

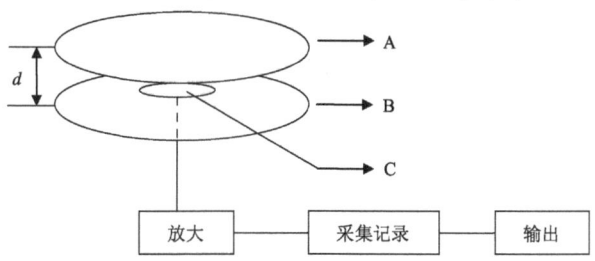

图 11.13 快、慢电场变化测量仪的实验室标定示意图

号发生器产生正弦波电压信号作为 V, 这样就得到了在某一频率 f 时, 电场变化测量系统的输出电压与天线板的电场强度之间的对应关系。

习题

1. 目前, 雷电定位系统的定位误差有多大?
2. 试比较宽带干涉仪和窄带干涉仪的区别和联系。
3. 尽管全球雷电定位系统 WWLLN 在探测精度、探测效率等许多方面存在较大的缺陷, 但在实时了解全球雷电活动特征方面仍发挥较大的作用。请查阅相关资料, 简述 WWLLN 的发展现状。
4. 试比较 SAFAIR 系统和 LMA 系统在探测原理方面的区别。
5. 大气电场仪在全国气象部门被广泛应用, 对雷暴电场的时空演变特征具有一定的监测功能, 但由于安装场地周围的地形地表, 以及建筑物等尖端物体的影响, 大气电场仪的测量结果存在较大误差。请简单论述大气电场仪的误差来源和消除这些误差的方法。
6. 快、慢电场变化测量仪可以实现对一次雷电微秒量级放电过程的探测, 试详细说明其探测原理, 并与大气电场仪的探测原理进行比较。
7. 试简单说明电晕探针法在大气电场测量方面的优缺点。
8. MDF 法测定地闪发生的方位角时, 是否受到闪电通道形状的影响?

第 12 章　自动气象站

自动气象站（Automatic Weather Station）是利用仪器自动进行气象观测、记录、编码和发送数据的自动化设备。自动气象站已被广泛地应用于地面气象观测中，并具有以下优点。

(1)提高地面气象观测资料的空间分布密度。通过提供新的观测站点，尤其是在人们难以进入或不适合于居住的地方设置观测站点，以增加已有观测站网的空间密度。

(2)提高地面气象观测资料的时间分辨率。提供人工正常观测时间以外的观测资料，从而提高获取气象观测资料的时间密度。

(3)改善观测质量和可靠性。通过自动气象站不断地使用新技术、改进设备性能，从而减少观测的人为误差。

(4)通过对观测技术的标准化来保证观测站网数据的均一性。

(5)改善观测业务条件，降低观测业务成本。使用自动气象站后，一方面可减轻观测人员的劳动强度、改善劳动条件，另一方面可通过减少观测员数量来降低业务成本。

12.1　自动气象站组成

自动气象站的基本组成如图 12.1 所示。主要有传感器、采集器、外围设备和软件。

12.1.1　传感器

能感应被测气象要素的变化，并按一定规律转换成可用输出电信号（数据）的器件或装置，称作传感器。

常用的传感器有气压、气温、相对湿度、风向、风速、雨量、蒸发、辐射、地温、日照传感器等。

根据输出信号的特点，传感器可分以下三类。

(a)模拟传感器：输出模拟量信号。最通常的基本信号输出是电压、电流、电荷、电阻或电容，通过信号整形，然后再把这些基本信号转换成电压信号。

(b)数字传感器：输出数字量信号。传感器带有并行数字信号输出，输出由二进

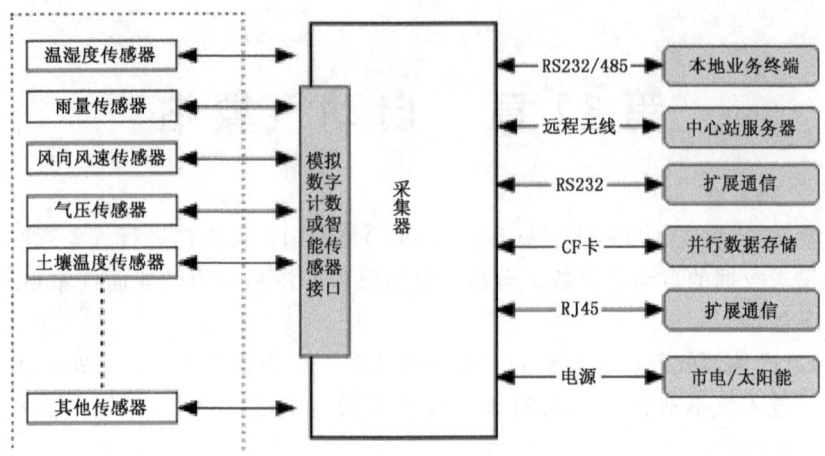

图 12.1 自动气象站的基本组成

制位或由二进制位组组成的信息。传感器也可以输出脉冲和频率信号。

(c)智能传感器:一种带有微处理器的传感器,具有基本的数据采集和处理功能,可以输出并行或串行信号。智能传感器应用现代技术实现自身的智能化,既可在多要素自动气象站中作为传感器使用,也可作为单要素自动气象站使用。

12.1.2 数据采集器

数据采集器由信号调理电路、数据采集电路、微处理器(CPU)、数据存储器、通信接口和其他一些辅助电路组成。其中:

信号调理电路,包括电涌保护器、各种数字和模拟的隔离和滤波电路、数字信号的整形和电平转换电路、模拟信号的放大和转换电路。

数据采集电路,包括一定数量的数字和模拟输入通道和端口、扫描和数据转换电路,将经信号调理电路送来的各传感器信号按规定的速率进行采样,并将信号转换成微处理器可读信号。数据采集通道有模拟输入、并行数字输入/输出、脉冲和频率、串行数字端口四种。

微处理器,是采集器的核心,通过相关的软件,控制采集器数据的输入和输出,并对采集到的气象数据进行适当的处理,如计算、存储、传送等。

数据存储器,一般配置一定容量的数据存储器以存储一段时间的气象数据。

通信接口,一般配置两个及以上标准的 RS232/RS485 接口实现与外界设备的通信。

其他电路,包括实时时钟电路、看门狗电路和状态监控电路。实时时钟电路为自动气象站提供统一的时钟标准,一般要求是月误差小于 30 秒。为保证时钟精度,允许定期调整时钟。随着技术的发展，GPS授时模块在自动气象站中得到了很好的应用，使其时钟精度得到了进一步的提高。看门狗电路和电源电压监控电路用于提高采集器运行的可靠性。

采集器可安装在室内，也可安装在室外。室外型采集器有耐室外环境条件的能力。

12.1.3 外围设备

自动气象站的外围设备主要是电源和微型计算机。最常用的电源是市电，常用的辅助电源有太阳能电池板、风力发电机等。自动气象站常配备用蓄电池，并可用市电或辅助电源对蓄电池充电。

微型计算机作为自动气象站采集器的外围设备之一，用来接收采集器传送过来的数据，进行处理、显示、存储，并完成气象业务要求自动气象站用微机应当完成的其他任务，以实现台站业务工作自动化。

12.1.4 软件

主要有数据采集软件和业务应用软件。采集软件嵌入在采集器中，其主要用于：
(1) 接受和响应业务软件对参数的设置和系统时钟的调整；
(2) 实时和定时采集各传感器的输出信号，经计算、处理形成各气象要素值；
(3) 存储、显示和传输各气象要素值；
(4) 大风报警；
(5) 运行状态监控。

业务软件是自动气象站完成地面气象观测任务的应用软件，主要用于参数设置、实时数据显示、定时数据存储、编发气象报告、数据维护、数据审核、报表编制，形成统一的数据文件等。

12.2 自动气象站工作原理

自动气象站各传感器的感应元件根据气象要素值的变化，输出的电量产生变化，这种变化量被CPU实时控制的数据采集器所采集，经过线性化和定量化处理，实现从工程量到要素量的转换，再对数据进行筛选，得出各个气象要素值，并按一定的格式存储在采集器中。

在配有计算机的自动气象站，气象要素值将实时地显示在计算机屏幕上，并按规定的格式存储在计算机的硬盘上。在定时观测时刻，气象要素值还将被存入规定格式的定时数据文件中。根据业务需要实现各种气象报告的编发，形成各种气象记录报表和气象数据文件。

对于无人值守自动气象站,通过远程通信手段(如:GPRS/CDMA1X;卫星等)对自动站进行组网,定时收集观测资料。并利用自动气象站运行状态数据的分析,实现自动站的远程监控。

12.3 自动气象站主要功能

自动气象站为了完成地面气象观测任务,必须具备以下 7 个功能。

(1)数据采集

对传感器按预定速率进行扫描,并将信号转换成计算机可读信号。通常是由传感器将气象要素量的状态转换成模拟信号、数值信号或智能信号,再由采集器按照一定的采样速率(如温度是每分钟采样 6 次)获得代表这个采集时刻气象要素的瞬时值。

一般来说,数据采集包括以下硬件。

1)信号加工硬件。用于防止外部干扰影响传感器原始信号、保护中央处理系统设备,并调整信号以适合进一步的处理。

2)数据采集电子部件。提供数字和模拟输入通道和端口,进行传感器扫描和数据转换,并将信号输送至中央处理系统的内存中。

(2)数据处理

数据处理主要是利用相关的软件,将采集到的气象要素的瞬时值经过运算处理转换成气象要素值(如温度是每分钟采样 6 次,去掉最高和最低温度后取剩余 4 次的算术平均值,该值即为当前时间的气温)。这些运算处理一般包括测量、计数、累加、平均、公式运算、线性处理、选取极值等。

(3)数据存储

将采样的原始值(常规自动气象站一般不存储原始采样值)和经过数据处理的气象要素值按照规定要求存储到存储器内。该存储器包括采集器内部存储器和通过采集器存储卡接口连接的大容量外接存储卡(器)。

(4)数据传输

将各种观测数据按规定的格式编制成数据文件、报文,通过现有的通用串行和并行输入/输出口将数据传送给终端设备;也可经连接的各种通讯传输设备传送给指定的用户。

(5)数据质量控制

为了保证观测数据质量,通过使用适当的硬件和软件程序自动地把不准确观测资料数和缺测次数减小到最小量。一般包括采样值的质量控制和观测值的质量控制。通常是检查数据的合理性和一致性,再根据检查结果对被检查的数据按规定的条件作出取舍和标示处理。

(6)运行监控功能

提供系统内部关键节点的状态数据(如传感器状态、测量通道状态、传输接口、供电电压、主板温度等)。这些信息可以帮助用户判断设备运行状况和可能出现故障的部位。

(7)气象业务处理功能

气象业务处理须由业务软件支持,在自动气象站终端微机上操作,一般有以下内容:

1)自动对接收到的数据进行格式检查,对记录进行相关分析和质量控制;

2)自动计算气象业务所需的统计量,如一个或多个时段内极值资料、专门时段内的总量、不同时段内的平均值等;

3)按技术要求规格形成各类观测数据文件;

4)编发各类气象报文;

5)编制各类气象报表等。

12.4 自动气象站基本技术指标

自动气象站技术性能应满足地面气象观测业务准确度要求。表 12.1 给出地面气象观测业务准确度要求与常用仪器性能。

表 12.1 地面气象观测业务基本量准确度要求与常用仪器性能
(摘自 WMO CIMO 气象观测仪器和观测方法指南 Ⅵ)

测量要素		测量范围	分辨力	要求的准确度	业务准确度	传感器时间常数	输出的平均时间	观测/测量方法
温度	气温	−60~+60℃	0.1℃	±0.1℃	±0.2℃	20 s	1 min	Ⅰ
	气温极值	−60~+60℃	0.1℃	±0.5℃	±0.2℃	20 s	1 min	
湿度	露点温度	−60~+35℃	0.1℃	±0.5℃	±0.5℃	20 s	1 min	Ⅰ
	相对湿度	5%~100%RH	1%RH	±3%RH	湿球温度			
					±0.2℃	20 s	1 min	
					固态或其他			
					±3%~5%	40 s	1 min	

续表

测量要素		测量范围	分辨力	要求的准确度	业务准确度	传感器时间常数	输出的平均时间	观测/测量方法
气压	气压	920~1080 hPa	0.1 hPa	±0.1 hPa	±0.3 hPa	20 s	1 min	I
	趋势		0.1 hPa	±0.2 hPa	±0.2 hPa			
云	云量	0~8/8	1/8	±1/8	±1/8			I
	云底高度	30 m~30 km	30 m	±10 m,≤100 m;±10%,>100 m	≈10 m			
风	风向	0~360°	10°	±5%	±5°	1 s	2 min 或 10 min	A
	风速	0~75 m/s	0.5 m/s	±0.5 m/s,≤5 m/s;±10%,>5 m/s	±0.5 m/s	距离常数 2~5 m		
	阵风	0~75 m/s	0.5 m/s	±10%	±0.5 m/s		3 s	
降水	降水量	0~>400 mm	0.1 mm	±0.1 mm,≤5 mm;±2%,>5 mm	±5%			T
	雪深	0~10 m	1 cm	±1 cm,≤20 cm;±5%,>20 cm				A I
能见度	气象光学视距	50 m~70 km	50 m	±50 m,≤500 m;±10%,>500 m	±10%~20%		3 min	I
	跑道视程	50 m~1500 m	25 m	±25 m,≤150 m;±50 m,>150 m~≤500 m;±100 m,>500 m~≤1000 m;±200 m,>1000 m			1 min 和 10 min	A
蒸发	蒸发皿的蒸发量	0~10 mm	0.1 mm	±0.1 mm,≤5 mm;±2%,>5 mm				T
辐射	日照时数	0~24 h	0.1 h	±0.1 h	±0.2%	20 s		T
	净辐射		1 MJ/(m²·d)	±0.4 MJ/(m²·d),≤8 MJ/(m²·d) ±0.5%,>8 MJ/(m²·d)	±5%	20 s		T

注:(1)测量范围栏中给出的是大多数测量要素的一般变化范围,具体应由当地的气候条件决定。
(2)"要求的准确度"表示相对于真值的不确定度。个别应用可以低于此要求。
(3)"观测/测量方法"栏中,I 为在 1~10 分钟时间间隔内的平均值,是为了排除自然的小尺度变率与噪声而进行的平均(一分钟平均可作为最小的和最合适的要求,高到十分钟的平均也是可接受的)。A 为在一个固定的时间间隔内的平均值。T 为在一个固定的时间间隔内的总量。

12.5 自动气象站网

一台自动气象站往往是某个气象站网的一个组成部分。网中的每个气象站通过各种传输方式将各自的资料传送到中心站网的处理系统。示例见图 12.2。

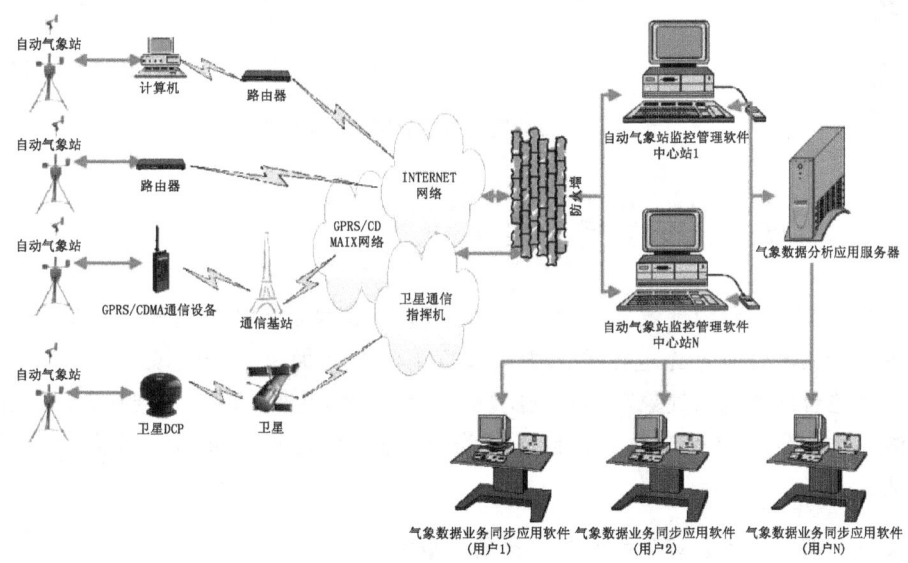

图 12.2 自动气象站网拓扑图

中心站通常配置数据处理机、服务器和通信线路等硬件系统,以及中心站通信及数据处理和客户端应用软件系统(见图 12.3)。中心站可完成网内自动气象站观测数据的接受、处理、质量控制、存储、查询检索、显示和分发传送等。

自动气象站可以通过连接的微机终端实现组网,也可由采集器配置各类通信传输装置直接组网。

自动气象站通过连接的微机终端组网,通常是使用有线通信线路。这时一般要求微机通信接口或配置的调制解调器支持 TCP/IP 通信协议。

自动气象站通过采集器配置各类通信传输装置直接组网,通常采用无线通信方式。目前通过自动站直接组网使用较多的有 GPRS/CDMA1X、卫星 DCP 等通信方式。

图 12.3　自动气象站网应用软件系统界面

12.6　自动气象站应用和实例

到 2014 年,我国气象部门拥有国家级气象观测站业务化自动气象站 2416 个,全国各省、区、市以地方为主建设的中小尺度天气监测加密自动气象站已超过 40000 个。这些台站的地面气象基本观测实现了连续观测,并每小时上传资料,大大提高了观测频次和数据应用时效。根据不同需求,还可以进行分钟加密观测,实现实时观测。

12.6.1　国家级气象观测站业务化自动气象站

(1)概述

目前气象部门正在应用的业务化自动气象站已进入了第二代自动站产品,DZZ4 型自动气象站是江苏省无线电科学研究所有限公司研制的,通过中国气象局考核设计定型的现代化气象设备之一。DZZ4 型自动气象站采用当今成熟的、稳定的、先进的电子测量、数据传输和控制系统技术而设计,能满足现有气象观测站的所有业务观测需求。与第一代自动站产品相比具有高可靠性、高准确性、易维护、易扩展等特点。新型自动站在硬件结构设计上,采用"积木式"架构和 CAN 总线技术,利用双绞线互联主采集器和各分采集器。

按照中国气象局地面综合观测系统建设的总体技术路线要求,新型自动气象站、云高、能见度、天气现象、日照、辐射等各类观测设备都应通过串口服务器,并转换成以太网后再通过光纤接入到中心站终端计算机,终端计算机上运行 ISOS 地面观测综合业务软件,实现对观测数据的统一采集以及对所有接入设备的统一管理,基于不同需求,在现场能快速实现功能扩展,充分贯彻了灵活性的特点。

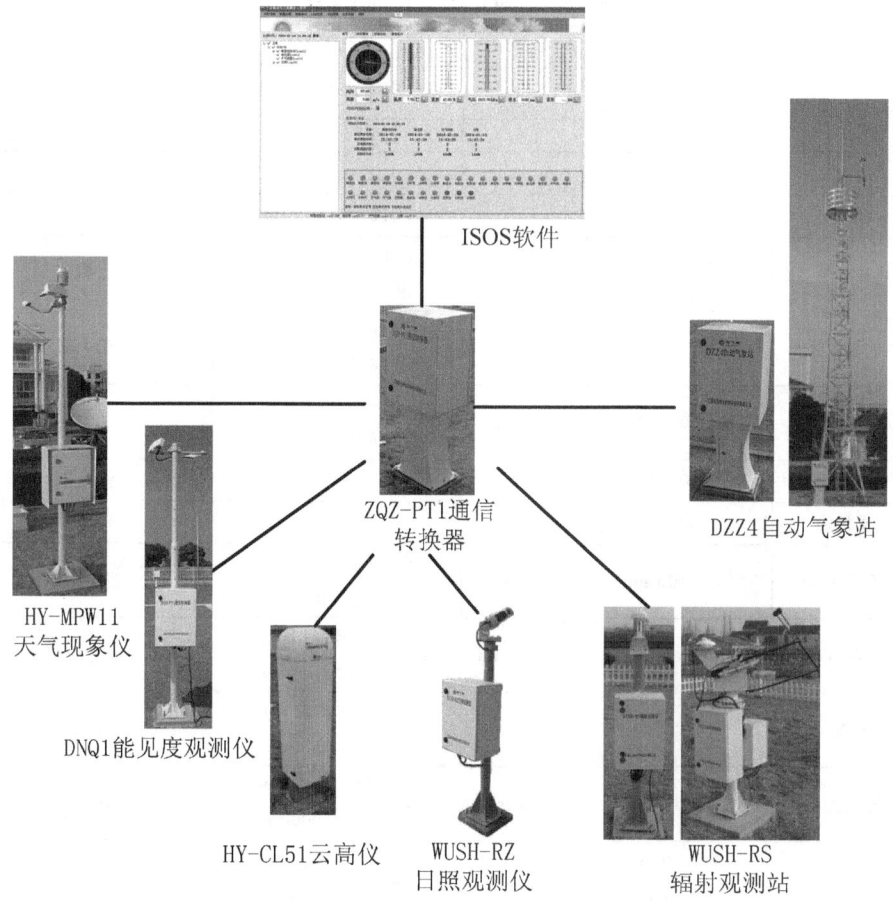

图 12.4 综合观测系统主要设备组成示意图

地面综合气象观测系统具有以下特点:
1) 实现了能见度、天气现象、云高、日照、辐射等要素的自动化综合观测;
2) 所有观测设备都通过串口服务器与中心站连接,有较好的扩展性;
3) 遵循数据字典进行数据传输,数据格式标准统一;
4) 串口服务器与中心站采用光纤连接,保证了通信传输和系统运行的可靠性;
5) 观测场设备互连采用光纤连接,设备间独立性好,提高了系统整体可靠性;
6) 通过以太网接入局域网作虚拟串口,部署灵活。

(2)技术性能指标

表 12.2　DZZ4 型自动气象站主要测量性能技术指标

测量要素	范围	分辨力	最大允许误差	测量原理
气压	500~1100 hPa	0.1 hPa	±0.3 hPa	硅电容测压
气温	−50~50℃	0.01℃	±0.1℃	铂电阻测温(百叶箱)
相对湿度	5%~100%PH	1%	±3%(≤80%) ±5%(>80%)	湿敏电容测湿
风向	0~360°	3°	±5°	风向标
风速	0~60 m/s	0.1 m/s	±(0.5+0.03V)m/s	风杯
翻斗雨量	雨强 0~4 mm/min	0.1 mm	±0.4 mm(≤10 mm) ±4%(>10 mm)	双翻斗
草面/雪面温度	−50~80℃	0.1℃	−50~50℃:±0.2℃ 50~80℃:±0.5℃	铂电阻
地表温度	−50~80℃	0.1℃	−50~50℃:±0.2℃ 50~80℃:±0.5℃	铂电阻
浅层地温	−40~60℃	0.1℃	±0.3℃	铂电阻
深层地温	−30~40℃	0.1℃	±0.3℃	铂电阻
蒸发量	0~100 mm	0.1 mm	±0.2 mm(≤10 mm) ±2%(>10 mm)	超声测距
称重降水量	0~400 mm	0.1 mm	±0.4 mm(≤10 mm) ±4%(>10 mm)	压力应变
云高	0~7500 m	10 m	±5 m(≤500 m) ±1%(>500 m)	激光
能见度	10~30000 m	1 m	±10%(≤10000 m) ±20%(>10000 m)	前向散射
雪深	0~2000 mm	1 mm	10 mm	激光测距
总辐射	0~1400 W/m²	5 W/m²	±5%(日累计)	热电,通风、加热
直接辐射	0~1400 W/m²	1 W/m²	±1%(日累计)	热电,双轴跟踪,加热
散射辐射	0~1400 W/m²	5 W/m²	±5%(日累计)	热电,遮光球,通风、加热
反射辐射	0~1400 W/m²	5 W/m²	±5%(日累计)	热电,加热
大气长波	0~700 W/m²	1 W/m²	±5%(日累计)	热电,遮光球,通风、加热
地面长波	0~900 W/m²	1 W/m²	±5%(日累计)	热电,加热
净辐射	−200~1400 W/m²	1 W/m²	±5%(日累计)	由总辐射、反射辐射、大气长波辐射、地面长波辐射导出
日照		0.1 h		由直接辐射导出

(3) 观测场布局

观测场的布局应遵循《地面气象观测规范》的要求，具体布局以中国气象局《气测函〔2012〕264 号文》为指导意见。

基准站布局图见图 12.5，基本站、一般站布局图见图 12.6。

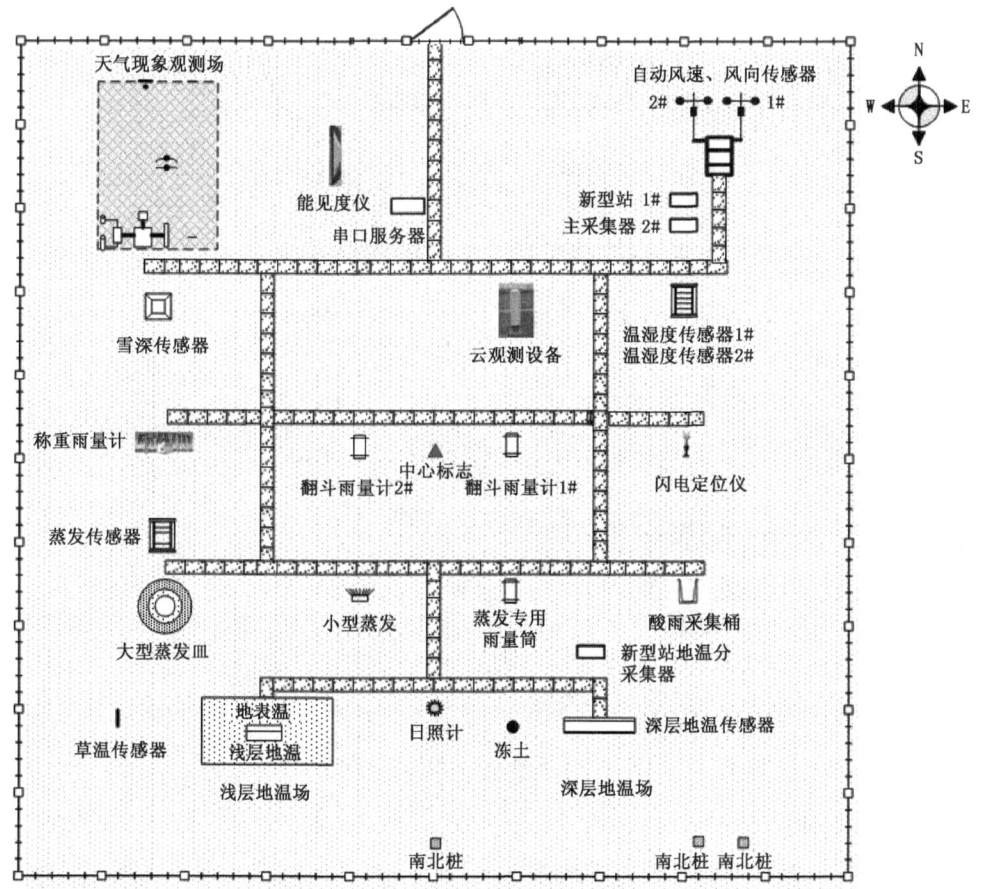

图 12.5　基准站布局图

12.6.2　常用的地面气象自动观测系统

为了满足不同行业，不同气象要素的观测需求，如交通、农林、民航、水利、海洋等行业的气象监测站，基于 ZQZ-A 型自动站、DZZ4 型自动站的基础上，通过不同的配置与组合，结合具体行业应用的实际需求，衍生出交通气象自动站、农业气象自动站、民航自动气象站、便携式气象自动站、太阳能资源观测站等不同类型的特色自动气象站，用于针对突发性、时间短、局地灾害性天气监测和研究，满足地方气象服务和城市

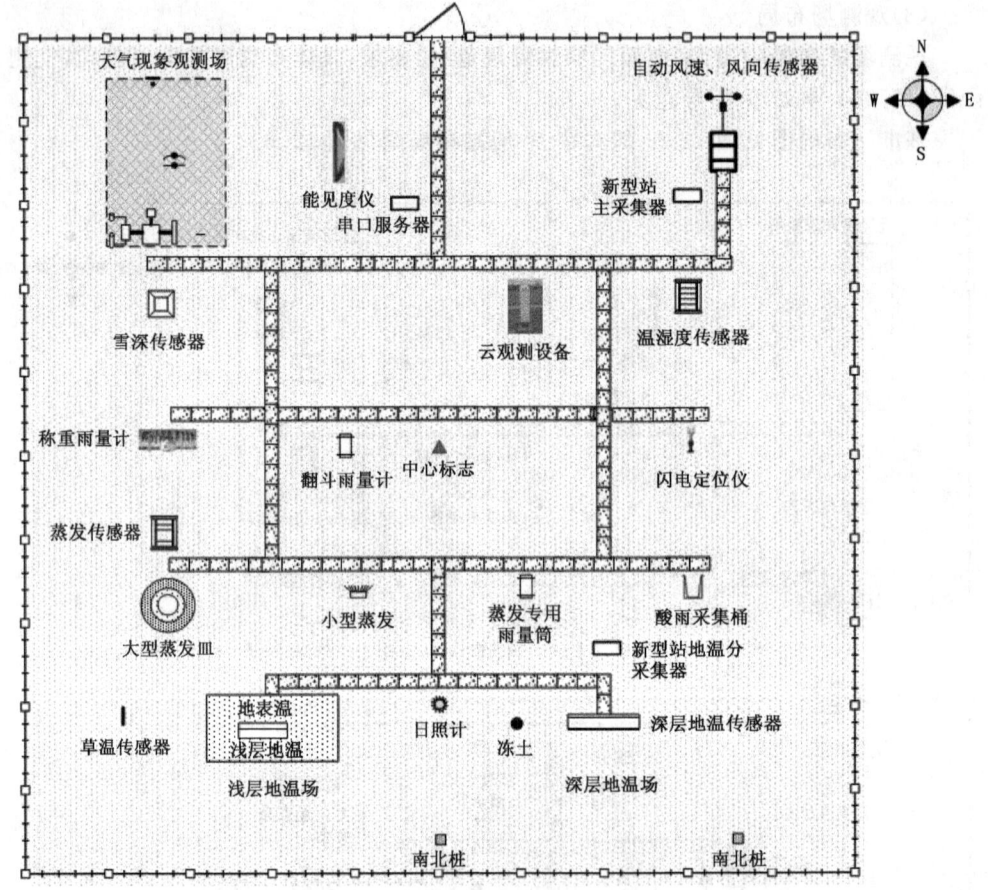

图 12.6 基本站、一般站布局图

气象服务的需求。

  近年来,随着地方经济的迅速发展和各地防灾减灾的需求,中尺度区域加密自动气象站已成为需求量最大的自动气象站。中尺度区域加密观测项目主要为雨量、温度、风向和风速(4 要素),部分站增加了湿度、气压和能见度观测(7 要素)。中尺度区域加密站组网构成的区域气象观测网,主要承担气象要素的时空加密观测任务,提供区域性高时空分辨率的中小尺度灾害性天气、局部环境和区域气候等观测数据。通过布设中尺度区域加密站可以充分地了解掌握当地中小尺度天气系统的典型空间和时间特征及变化。

  中尺度区域加密自动气象站网是由分布在区域内的各类自动气象站、有线网络或无线通讯网络和建在各级用户的中心站及数据应用平台组成。它是我国新一代综合观测系统建设的重要组成部分。

DZZ4 系列区域自动气象站是近年来专为野外无人值守地区的地面气象观测任务而设计制造、经中国气象局考核、定型并颁发使用许可证的一种新型的中小尺度区域加密自动气象站。其中六要素自动站的组成框图见图 12.8,有数据采集器、传感器、通信模块、电源和安装结构件等。DZZ4 系列自动站与中心站之间的数据实时传输和命令交互,可以采用多种通信技术,如本地通信(RS232,RS484/422,CAN)、远程有线通信(PSTN,ADSL,光纤等)和远程无线通信(SMS,GPRS,DCP,WIFI 等)。整个系统采用开放友好的软硬件模块化设计理念,用户可自行更改要素部件和模块的配合,快速实现数据采集处理方式和观测要素的变更和扩展,实现单要素、二要素、四要素、六要素、七要素和七要素以上等多个品种。

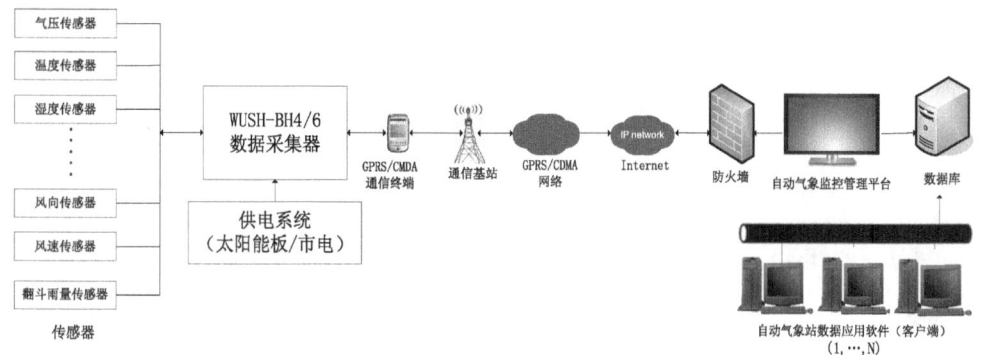

图 12.7　DZZ4 系列中小尺度六要素自动气象站组成框图

表 12.3　DZZ4 系列中小尺度六要素自动气象站主要性能

要素	测量范围	分辨力	准确度
气温	−50～+50℃	0.1℃	±0.2℃
雨量	0～999.9 mm 雨强 0～4 mm/min	0.1 mm	≤10 mm 时,±0.4 mm; >10 mm 时,±4%
风向	0～360°	2.8°	±5°
风速	0～75 m/s	0.1 m/s	±(0.3+0.03V) m/s
湿度	5%～100%RH	1%RH	±3%(≤80%) ±5%(>80%)
气压	550～1100 hPa	0.1 hPa	±0.3 hPa

习题

1. 什么叫传感器?传感器如何按照气象要素分类?传感器按照输出信号的特点

分哪几类？

2. 自动气象站有哪几个基本部分组成？简要描述各部分的特点。

3. 描述自动气象站工作原理。

4. 简述自动气象站主要功能。

5. 地面气象综合观测系统具有哪些特点？

6. 如何实现自动气象站组网？

7. 中尺度区域加密站的主要用途是什么？

第 13 章 高空探测

高空大气的温度、气压、湿度、风向、风速是研究大气热力和动力过程、进行天气分析和预报的基础资料。获得这些资料的途径有气球探测、火箭探测、地基遥感、卫星遥感等手段。本章介绍的高空探测,是指气球探测,主要是借助于气球在空气浮力的作用下上升来获得不同高度上的风向风速,同时借助于所携带的气象要素传感器和无线电遥测技术,来获得大气不同高度上的温度、气压、湿度。长期以来,已在全球形成了一个观测规范、组织严密的高空探测网络。本章主要介绍高空探测常见设备、观测方法等。

13.1 气球测风

测量高空风的一种常见方法是施放气球。由于气球在空气中、水平方向上随风飘动,根据气球位置的时间变化,可以确定气球在水平方向上的移动速度,从而获得大气水平方向的风速,即气球测风。

(1)气象气球

气象气球一般采用天然乳胶制成,充灌一定的氢气后即可作为高空探测的一种升空工具。可以根据需要选择不同规格的气象气球(表13.1)。为了在白天便于区分气球和天空背景,可以根据天气状况选择合适的气球颜色(表13.2)。如果在夜间,则不必考虑气球颜色。

表 13.1 气象气球的规格

规格	重量(g)	长度(cm)	双层厚度(mm)	柄宽(cm)	柄长(cm)	爆破直径(cm)
10 号	13+2 −3	≥16	$0.34^{+0.1}_{-0.2}$	≤3.7	≥4	≥60
20 号	34±5	≥31	(同上)	≤5.2	≥6	≥105
30 号	80±10	≥47	(同上)	≤6.2	≥6	≥150
50 号	210±40	≥79	(同上)	≤8.2	≥8	≥200
80 号	400±50	≥118	(同上)	≤10	≥10	≥380
120 号	950±70	≥188	(同上)	≤11	≥10	≥560
200 号	2800±300	≥298	0.39±0.21	≤20	≥15	≥800

表 13.2　白天不同天气状况时最佳的气球颜色选择

天空状况	气球颜色
晴天无云,或高、中云量在1~2成,垂直能见度很好,天空呈蓝色	白色
多高、中云,或有轻度烟、雾现象	红色
多低云,阴天或明暗交界	黑色

(2)气球升速

充满氢气的气球受到大气向上的浮力作用,此外,还受到向下的重力作用,这包括球皮、球内氢气以及气球附加物(如探空仪等)的重力。浮力与重力之差,称之为净举力。气球上升过程中,气球还会受到大气阻力作用。气球刚刚开始升空时,大气阻力较小,在净举力作用下做加速运动。但大气阻力随升速增加而急剧增大,在几分钟之内即可与净举力达到平衡,气球匀速上升。

(3)气球定位

为了确定气球在空中的位置,可以采用GPS、测风雷达、经纬仪等设备。

GPS(Global Positioning System)即全球定位系统,主要包括GPS卫星、地面监控系统和GPS接收机等三大部分,如图13.1所示。GPS导航测风正是通过GPS卫星的高精度定位来测定气球的空间位置,方法是在气球携带的探空仪上安装超小型的简易GPS信号接收机。目前GPS导航测风逐渐在全球气象探空业务中得到广泛应用。GPS在气象中的应用,已经形成了GPS气象学。有关GPS定位、GPS气象学,详见第19章。

测风雷达用来确定气球的位置,即通过雷达天线系统来测定气球的方位角和仰角。测风雷达可以分为"一次雷达"和"二次雷达"。用一次雷达测风时,气球下方一般携带金属箔片作为反射器,反射雷达发射的电磁波,雷达系统根据电磁波的往返时间确定气球与雷达之间的距离。设电磁波雷达和气球之间的往返时间为 Δt,则气球与雷达之间的斜距 $S = \frac{1}{2}c\Delta t$,其中 c 是电磁波的传播速度,约为 3×10^8 m/s。一次雷达测风要求雷达的发射功率较大,否则探测高度或斜距较大时回波信号太弱而难以探测。用二次雷达(如图13.2、图13.3)测风时,气球下方携带有"回答器",通过测定雷达发出"询问"信号和收到"回答"信号之间的时间差,可以确定气球与雷达之间的距离。二次雷达在电子探空仪(见后面介绍)的协同下,不仅可以将探测高度和距离提高到30 km高空、200 km距离,同时用于高空大气各层的气压、温度、湿度、风向、风速等气象要素的测量。在气象探空业务中比较常见的是二次雷达,如701型雷达(图13.2)和GFE(L)1型L波段雷达(图13.3)。701型雷达工作频段(400±3)MHz,

第 13 章　高空探测

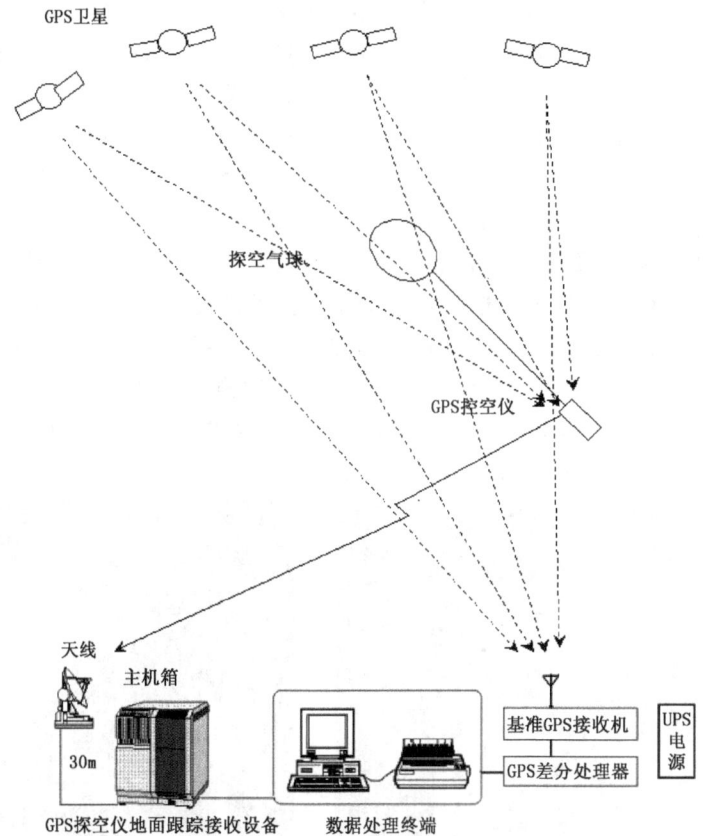

图 13.1　GPS 测风示意图

图 13.2　701 型二次测风雷达

图 13.3　L 波段测风雷达

天线为16个四组八木天线阵。L波段无线电探空系统,是目前高空气象探测中应用的主要系统。系统工作频率为1660—1690 MHz。GFE(L)1型L波段雷达工作频率1675±6 MHz。天线为4个0.8 m直径抛物面天线组成的天线阵。

经纬仪主要用于通过人工观测气球来获得气球的方位角和仰角。气象上通常使用的经纬仪有光学测风经纬仪和无线电经纬仪(如图13.4)。光学测风经纬仪是高空风测量中常用的一种测定角度的精密光学仪器,其光学系统有足够的放大倍数,视野广阔,视野中心有便于定位的十字线,望远镜光轴有90°折角,而且具有夜间照明设备。光学测风经纬仪的上述特点,有助于人们无论白天还是夜间,都可以方便地跟踪出现在天空任何位置的气球,并从目镜的刻度盘上直接读出气球的方位角和仰角。无线电经纬仪与光学经纬仪类似,只不过它是通过测定气球携带的探空仪发出的信号来确定其方位角和仰角。单个经纬仪能测出气球的仰角和方位角,气球高度由升速和施放时间推算,因此可以确定气球位置。

图13.4 经纬仪(左图为光学经纬仪,右图为无线电经纬仪)

13.2 经纬仪测高空风

(1)单点测风法

单点测风法,又称单经纬仪测风,是指通过一台经纬仪在一个固定地点观测气球的移动来确定高空风的风向和风速。如图13.5所示,O点为观测点位置,ON指向正北方向,P_i为某一时刻气球在空中的位置,C_i是其在地面的投影点,$i=1,2,3,$……。观测时,在秒表的控制下每隔Δt时间(如60 s)记录一次气球空中的方位角和仰角。例如：气球位于 P_1 点时的仰角为 $\angle P_1OC_1$，方位角为 $\angle NOC_1$。通过三角关系，可以确定气球在 Δt 时间的水平位移 OC_1，C_1C_2，C_2C_3，……。这样，也就可以确定气球经过每个气层 P_iP_{i+1}（$i>1$）时的平均风向为矢量 $\overrightarrow{C_iC_{i+1}}$ 与正北方向的夹角；平均风速 $v_i = \dfrac{C_iC_{i+1}}{\Delta t}$。

值得注意的是，由于大气中存在湍流和上升或下沉气流，以及氢气泄漏等因素的影响，单点测风时难以满足气球匀速上升的条件，气球高度误差较大，导致单点测风精度降低。因此，单点测风法虽然简单易行，但测量误差较大。

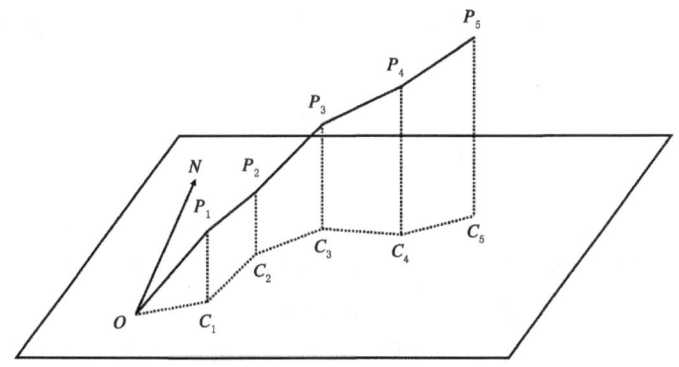

图 13.5　单点测风示意图

(2) 基线测风法

为了克服气球升速的不确定性，准确地给出气球所在的高度以及高空风向和风速，可以采用两台经纬仪在已知距离的两个测点上同时观测气球的位置，分别记录气球的方位角和仰角，然后利用三角法或矢量法计算气球高度、高空风向和风速。这种方法称之为基线测风法，又称为双经纬仪测风法。

基线是指分别安置经纬仪的两点之间的连线，两点可以有一定的高度差。采用基线测风法测量高空风时，基线的长度和方位对高空风的计算精度有着直接影响，通常选择与当地盛行风垂直的方向作为基线方向，还要另外选择一条与当地盛行风向相平行方向作为第二条基线，且两条基线互相垂直。这样，可以保证任何时候都有一条基线与高空风有较大交角。基线越长，计算的高空风精度越高。一般要求基线长度达到气球飞升最大高度的五分之一到五分之二左右。

基线测风的测量原理如图 13.6 所示，两经纬仪分别处于 A 点和 B 点，已知 A、B 两点的海拔高度差和直线距离，即 h 和 S。当气球位于 P 点时，两经纬仪同时对其进行观测，记 σ 和 γ 是 A、B 两点分别观测的仰角，α 和 β 可以通过 A、B 两点观测的方位角得到。根据三角关系，可以计算气球相对于 A、B 两点的垂直高度 h_A 和 h_B，

且满足$|h_A - h_B| = h$。这种方法称之为水平面投影法计算气球高度(如图13.6a),适合于基线与高空风交角较大的情形。

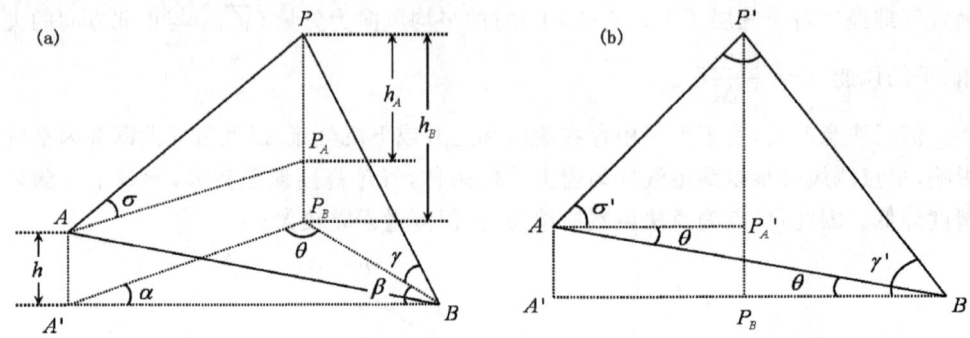

图13.6 基线法测风
(a)水平面投影法计算气球高度,(b)铅直面投影法计算气球高度

当气球的投影点位于基线附近时,采用水平面投影法计算气球高度的误差比较大,可以改用铅直面投影法计算气球高度。如图13.6(b)所示,P'、P'_A和P'_B是P、P_A和P_B在铅直面上的投影点,即气球投影点位于A、B点之间。有时,气球投影点的位置也可能在A点或者B点外侧。根据三角关系,同样可以计算气球相对于A、B两点的垂直高度h_A和h_B。

无论是水平面投影法计算气球高度,还是铅直面投影法计算气球高度,其前提都是位于A、B两点的经纬仪观测气球时的视线是相交的。实际观测中,由于气球在空中漂移,上述条件很难满足,导致$|h_A - h_B| = h$并不成立。为此,人们提出另外一种计算气球高度的矢量法。该方法不仅可以根据观测数据准确地计算出气球的三维坐标,提高气球定位精度,而且可以计算出观测误差,检验观测数据的可靠性(对此感兴趣的读者,可以参见本书2011年3月第1版第201~203页)。

13.3 无线电探空

无线电探空系统主要由气球、探空仪和地面接收设备这三大部分组成。其中探空仪主要由感应器、编码机构和发射装置组成。通过气球的携带,无线电探空仪的感应器可以探测到感应器所在点大气的温度、气压和湿度等气象要素值,经过编码机构的信号转换,可以将它们转换成无线电信号向地面接收设备发送。经过地面接收设备的接收和处理,可以获得气球升空路径的大气温度、气压和湿度。

(1)GZZ2型电码式探空仪

GZZ2型电码式探空仪,如图13.7,采用机械变形双金属片、空盒、肠膜传感器和莫尔斯电码遥测方式,测量自由大气层气象要素。探空仪由气球携带升空,向地面发射无线电电码信号,地面雷达跟踪定位,实现气温、气压、湿度、风向、风速气象要素的综合探测。气温感应器采用双金属片,湿度感应器采用肠膜,气压感应器采用金属空盒。当环境气温改变时,通过双金属片的形变带动指针发生扭转,指针在电码筒上位置的变化,发出不同的气温信号。类似地,当湿度(气压)发生变化时,肠膜的伸缩(空盒的形变)带动指针在电码筒上位置的变化,发出不同的湿度(气压)信号。

GZZ2型电码式探空仪的编码机构采用微型电机驱动的电码筒构成。电码筒是卷成半圆形的电码片,上面刻有槽纹,槽纹上印有电码图案。电码片有两排导电花纹,一排代表电码的十位数,另一排代表电码的个位数。探测仪工作时,感应器的指针首先与十位数电码部分接触,然后与个位数电码部分接触,因而气象要素电码都由两个电码组成。电码片在电机的驱动下,依次发出参考信号、气温信号、气压信号和湿度信号,依此循环往复。GZZ2型电码式探空仪测量范围为:气温 40～-75℃、气压 1050～10 hPa、湿度 100%～15%。平均灵敏度为:气温 0.4～0.52℃/电码、气压 3.5～4.7 hPa/电码、湿度 0.9～2%/电码。

图13.7 电码式探空仪

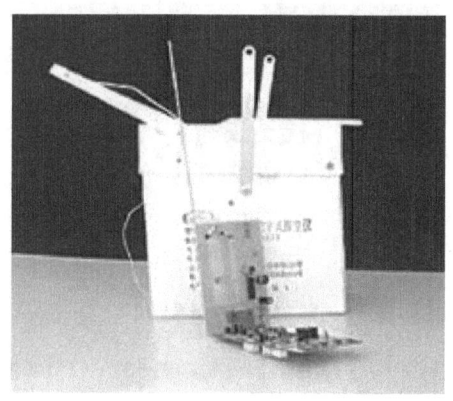

图13.8 GTS1型数字式探空仪

GZZ2-01型探空仪的发射装置是一个电感三点式振荡器发射机,产生 24.5 MHz 的高频电磁波(发射功率 $P \geqslant 5$ mW),GZZ2-06型探空仪的发射装置产生的高频电磁波频率 800 MHZ,发射功率为 $P \geqslant 350$ mW。发射装置的作用是将探空仪各感应器测得的大气温度、湿度和气压信号通过单端半波天线以无线电波的形式传送给地面接收设备。

地面接收设备用来接收和记录探空仪的信号,主要包括收信机、天线、轻便记录器和秒表等设备。

(2) GTS1型数字式探空仪

GTS1型数字式探空仪也是一种用于测量高空大气温度、湿度和气压的探空仪，需要与二次测风雷达配合使用，如图13.8所示。在探空仪随气球升空过程中，探空仪的热敏电阻、湿敏电阻、压力传感器等感应器件随大气的温度、湿度和气压的变化而改变阻值大小或输出电压大小，这些变化通过模/数转换器转换成不同的二进制数据，并被调制到载波中心频率为 1675 ± 3 MHz 的发射机上，向地面二次测风雷达发射温度、湿度、气压的无线电二进制代码和测距应答脉冲，实现 $0\sim 30$ km 垂直高度的温、湿、压、风向和风速的综合探测。

13.4　GTXⅡ系留气球低空探测系统

　　系留气球低空探测系统主要用于测量大气边界层中从地面至 1000 m 高度上的气象状况，包括温度、湿度、气压、风向、风速等参量的测量（及其短期变化）和在固定（选择的）高度上气象状况的长期测量。整个系留气球低空探测系统由数据处理系统、接收机、绞车、探空包和气艇等组成，如图13.9所示。

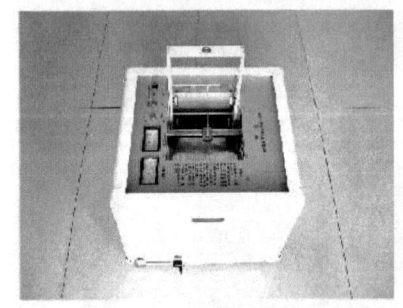
GTXⅡ系留气球低空探测系统绞车

GTXⅡ系留气球低空探测系统探空包

图13.9　GTXⅡ系留气球低空探测系统

习题

1. 为什么可以通过跟踪上升的气球来测量高空风？
2. 试分析测风气球升空运动中受到哪些力的作用？
3. 为什么可以近似地认为测风气球能够匀速上升？
4. 单点测风法的基本原理是什么？有什么特点？
5. 基线测风与单点测风有什么不同？有什么优点？
6. 与基线测风法相比，矢量测风法有什么优点？
7. 高空探测的主要内容有哪些？
8. 高空温、压、风、湿要素的探测方式有哪些？

9. 无线电探空仪的传感器有哪些？各有什么特点？

10. 什么是一次雷达和二次雷达？它们的工作方式有什么异同？

11. 探空仪主要由哪几部分组成？

12. GZZ2 型和 GTS1 型探空仪的有什么异同？

13. GZZ2 型的编码机构如何将感应元件的机械位移转换成电码信号？

14. GPS 探空仪有什么特点？

15. 单经纬仪测风时，气球升速为 100 m/min，第 4 分钟时观测的仰角为 30.0°，方位角为 78.0°；第 5 分钟时观测的仰角为 45.0°，方位角为 78.0°。试计算 4~5 分钟时的平均风速和风向。

第 14 章 飞机气象探测

飞机探测指通过飞机携带着气象仪器进行直接探测和/或遥感探测。飞机探测是由天基、地基、空基组成的综合气象探测体系的重要组成部分。随着对强烈天气的研究和预报的发展,飞机探测的重要性和不可替代性越来越清楚的为人们所认识。目标观测、适应性观测这些新的观测理念的实现很大程度是依托于飞机探测。飞机探测包括有人驾驶飞机探测和无人驾驶飞机探测。飞机探测采用的手段包括直接探测和遥感探测。限于篇幅本章介绍常规的风向风速、温度、气压和湿度的直接探测。

14.1 飞机气象探测项目与仪器

(1)风速和风向的测量

1)常规风速和风向的测量

从飞机上测量三维风矢量是一个很复杂的问题。测量系统包括两大部分:空速测量部分和地速测量部分。空速测量部分用于测量"空速$\vec{V}_a$",即飞机相对空气的速度。地速测量部分用于测量"地速$\vec{V}_g$",即飞机相对地面的速度。通过地速和空速,可以计算得到高空风矢量$\vec{V}$:

$$\vec{V} = \vec{V}_g - \vec{V}_a \tag{14.1}$$

商用飞机的地速和空速一般为200~300 m/s,假如有5%的地速或空速测量误差就要带来10~15 m/s的风速误差,而典型的高空水平风速也仅有30 m/s,这就要求飞机地速和空速测量有较高的精度。对于大多数应用,飞机是在水平巡航飞行状态下,只需测量高空风的水平分量(u,v)。

2)水平空速归零测风方法

针对微型无人飞机可以在很小的半径范围盘旋飞行的特点和竖直向上探空测风的目的,设计了一种称之为水平空速归零测风方式。水平空速归零测风方式就是使飞机在水平面上盘旋飞行,盘旋飞行一圈,相对空气而言,飞机回到了同一点,水平空速矢量之和为零,平均水平风速等于飞机平均水平地速。判断飞机盘旋飞行一圈的标志是航向传感器输出值相等。

假定微型飞机以恒定空速V_a在水平面上盘旋飞行,V_a的经向和纬向分量可以表示为

$$V_{ax} = |v_a|\cos(\omega t + \varphi_0)$$
$$V_{ay} = |v_a|\sin(\omega t + \varphi_0)$$

其中，ω 是飞机盘旋飞行的水平角速度，φ_0 是航向初始值。那么水平风速 $\vec{V}$ 的 X、Y 方向分量为

$$\bar{V}_x = \frac{1}{T}\sum_{i=1}^{T}V_{gxi} = \frac{1}{T}(X_T - X_0)$$
$$\bar{V}_y = \frac{1}{T}\sum_{i=1}^{T}V_{gyi} = \frac{1}{T}(Y_T - Y_0) \quad (14.2)$$

由此可以看出，水平空速归零测风法得出的风速与气球探空测风的物理意义完全一致。

3) 解析测风方法

当飞机在空气中作匀速圆周运动时，在地面坐标系中飞机的运动轨迹可表示如下：

$$X = V_{fx}t + r\cos(\omega t + \alpha) + C_x$$
$$Y = V_{fy}t + r\sin(\omega t + \alpha) + C_y \quad (14.3)$$

X、Y 为飞机在地面坐标系中的位置，V_{fx}、V_{fy} 分别为水平风速在 x、y 方向的分量，r、ω 为飞机圆周运动的半径、角速度，α 为初始相位，C_x、C_y 为圆心的初始坐标。X、Y 分别对时间 t 求导，作泰勒级数展开，并略去一阶以上的项，得：

$$V_x = V_{x0} + \frac{\partial V_x}{\partial V_{fx}}\Delta V_{fx} + \frac{\partial V_x}{\partial r}\Delta r + \frac{\partial V_x}{\partial \omega}\Delta \omega + \frac{\partial V_x}{\partial \alpha}\Delta \alpha$$
$$V_y = V_{y0} + \frac{\partial V_y}{\partial V_{fy}}\Delta V_{fy} + \frac{\partial V_y}{\partial r}\Delta r + \frac{\partial V_y}{\partial \omega}\Delta \omega + \frac{\partial V_y}{\partial \alpha}\Delta \alpha \quad (14.4)$$

其中，V_{x0}、V_{y0} 为将初始值 V_{fx0}、V_{fy0}、r_0、ω_0、α_0 代入式(14.3)所得到的值。$\Delta V_{fx} = V_{fx} - V_{fx0}$，$\Delta V_{fy} = V_{fy} - V_{fy0}$，$\Delta r = r - r_0$，$\Delta \omega = \omega - \omega_0$，$\Delta \alpha = \alpha - \alpha_0$。

在式(14.4)中未知数为 ΔV_{fx}、ΔV_{fy}、Δr、$\Delta \omega$、$\Delta \alpha$，共 5 个。当连续测得 N 组 (V_{xi}、V_{yi}) 值时，可建立 $2N$ 个五元一次方程。(V_{xi}、V_{yi}) 由微型飞机上的 GPS 接收机测得。为了消除测量中的随机误差，取 $2N > 5$，采用最小二乘法求解 ΔV_{fx}、ΔV_{fy}、Δr、$\Delta \omega$、$\Delta \alpha$，并将它们分别与 V_{fx0}、V_{fy0}、r_0、ω_0、α_0 相加，再次代入式(14.4)，建立方程并求解，直至 ΔV_{fx}、ΔV_{fy}、Δr、$\Delta \omega$、$\Delta \alpha$ 小于判定值，便得到了所需精度的风速 V_{fx}、V_{fy}，由于上述求算 V_{fx}、V_{fy} 过程采用了数学的解析方法，因此称这种测风方法为解析测风方法。

(2) 气温的测量

考虑到传感器的安装、飞机飞行的速度、传感器的封装结构等都会影响温度的测量，用于飞机探测的典型的温度传感器如图 14.1 所示(马舒庆等，1997)。感应元件是一个铂电阻测温元件。安装测温元件的腔体能让云水粒子分流，避免云水粒子打在测温元件上。元件在云中被打湿时，蒸发降温所造成的误差可达 3℃ 左右。

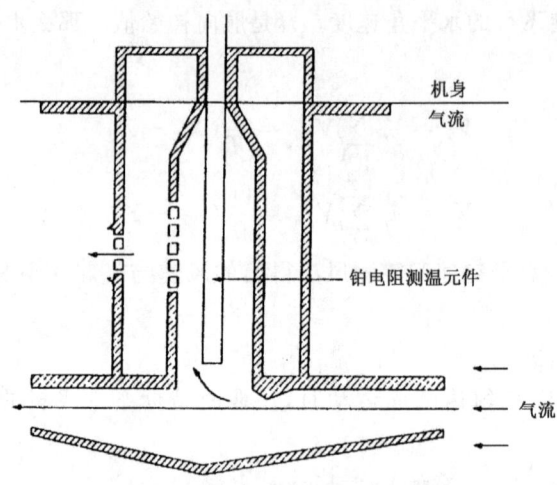

图 14.1　飞机测温探头(马舒庆等,1997)

传感器实际测得的温度(T_1)是空气总温度(TAT)。而自由流动的空气温度(SAT),与空气总温度不同。因为气流被安装测温元件的腔体和测温元件减速时,压缩及黏性摩擦的增温以及空气在元件上的不完全阻滞,使空气温度发生了变化。自由流动的空气温度SAT(T_0,以K为单位)和测得温度(T_1)的关系如下式:

$$T_0 = \frac{T_1}{\left(1+\lambda\dfrac{(\gamma-1)}{2}M^2\right)} \tag{14.5}$$

式中,γ是干空气定压比热与定容比热之比(c_p/c_v),λ为探头的恢复系数,它包括了空气黏性对SAT的效应和空气在测温元件上不完全阻滞的效应,M是马赫数。

对于商用飞机上装备的常用的探头,$\lambda = 0.97$,取$\gamma=1.4$,则SAT为

$$T_0 = T_1/(1+0.194M^2) \text{ K}$$

典型的喷气式商用飞机巡航速度的马赫数约为0.8,可得

$$T_0 \cong T_1/1.124 \text{ K}$$

可见,如果$T_0=223$ K(-50℃),则$T_1=251$ K(-22℃),这样在巡航高度上的温度修正值为-28℃。

(3)气压测量

静压可用接至静压头的电子气压表直接测得。在商用飞机上,虽然测量的是自由大气的压强,但这个变量并不直接在飞机气象报告中发布。报告的是这个气压值所对应的国际标准大气(ICAO,1964)高度值。标准大气假设,在11 km以下气温随高度线性下降,每千米降低6.5℃,海平面温度和气压分别为15℃和1013.25 hPa。11~20 km,温度假设为常数:-56.5℃。

(4)相对湿度测量

用于测量相对湿度的技术主要是地面自动气象站的测湿技术,使用的传感器有湿敏电容、冷却镜面露点传感器等。在飞机上实现湿度测量需解决的问题是放置传感元件的腔室设计,既要把温度、湿度传感器放在同一个腔室内,又要保证温度测量准确度不降低,湿度传感器也不会直接碰到云雨滴。传感器被大气污染物污染也是飞机测量湿度面临的问题,湿度传感器在商用飞机上估计约六个月的工作寿命,对于航线业务来说可能是无法接受的。

(5)机载数字电子探空仪

为完成上述项目的观测,在气象微型无人驾驶飞机上配备机载电子探空仪。机载电子探空仪的核心是数据处理单元,它由单片机和测量电路构成,完成数据采集、处理、发送。采用热敏电阻测温,湿敏电容测湿,硅气压传感器测量气压。数据信号汇入机载控制系统数据流发送给地面接收系统。地面接收处理系统实时显示温、压、湿数据。

数字电子探空仪主要设计指标如下:

温度测量范围	$-50\sim50℃$	温度精度	$0.3℃$
湿度测量范围	$0\sim100\%RH$	湿度精度	$5\%RH$
气压测量范围	$5\sim1050\ hPa$	气压精度	$1\ hPa$

(6)飞机下投探测系统

1)系统结构与功能

飞机下投探测系统包括下投式探空仪、释放机构、信号机载转发装置和地面接收装置,见图14.2。

下投探空仪,即由飞机投下的探空仪,在下落过程中完成各高度上的气象参数测量。下投探空仪包括温压湿传感器、GPS接收处理模块(OEM板)、处理单元、发射机、电源及降落伞。温压湿传感器选择响应快、系统误差小、稳定可靠的传感器。气压和湿度传感器还要求其温度系数要小。GPS接收处理模块用于获得探空仪的位置数据。处理单元把采集传感器输出量转换成相应温压湿数据,并将温压湿数据与GPS数据打包,送给发射机发送出去。

释放机构用于控制释放探空仪,按照指令给探空仪提前加电、启动和释放。

机载转发装置接收探空仪发回的探测资料,然后转发到地面接收装置。机载转发装置可以采用点对点通信链路,也可采用卫星通信链路与地面接收装置通信,采用卫星通信链路可以将探测资料直接传送到全球各地。

2)工作流程

飞机携带下投式探空系统飞到目标上空,根据控制命令或预先设置,释放探空仪。探空仪在重力作用下自由下落,降落伞自动打开,减小下降速度。探空仪探测大

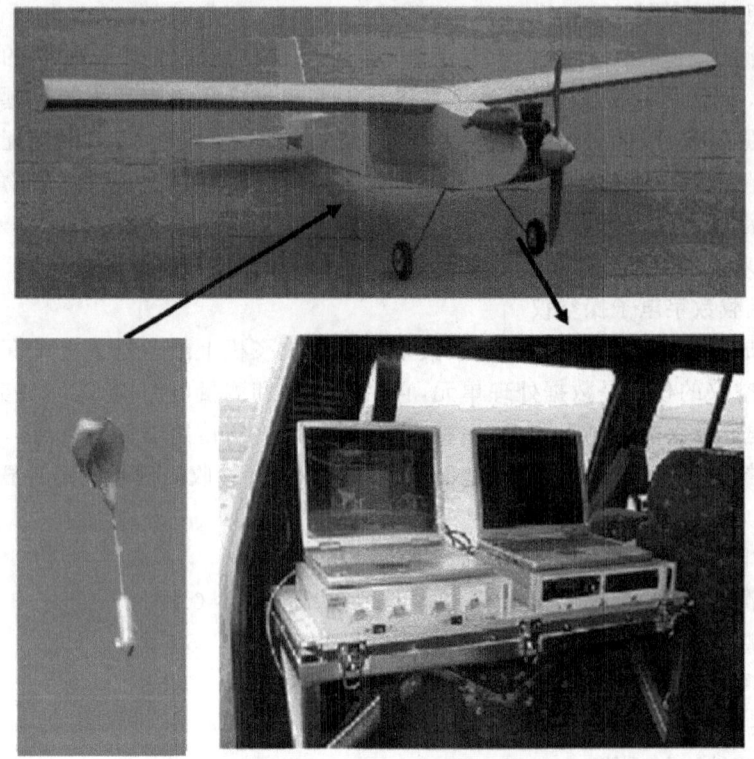

图14.2 下投探空系统示意图

气温度、湿度、气压、风向、风速和位置,并通过无线发射机将探测资料传送给机载转发装置。机载转发装置接收探空仪发送出来的温、压、湿、风、时间、位置等探测数据,并转发至地面接收装置。地面接收终端对各下投探空仪的探测资料作进一步处理,形成各种观测产品。如果下投间隔较短,同一时刻可能有多个探空仪在发送信号,飞机上的专用接收机应具有同时接收多个探空仪信号的能力。

3)技术指标

a)下投探测仪指标要求如下。

探测高度:8~10 km;

近地面落速:8~12 m/s;

下投探测仪离无人机最大通信距离:50 km;

下投探测仪重量:< 200 g。

b)探测仪实时数据如下。

数据内容:探空仪号码,时间,经度,纬度,高度,气压,温度,相对湿度,风向,风速。数据速率:1~2 帧/s。

探空仪探测数据准确度:水平位置 10 m、高度 15 m、气压 2 hPa、温度 0.5℃、湿度 10%、风矢量 1 m/s。

14.2 有人驾驶飞机气象探测

有人驾驶飞机探测分为专用飞机探测和商用飞机探测。专用飞机探测一般根据研究目的,购置或租用飞机,加装专用探测设备,在设定的区域进行飞行和探测。商用飞机探测指商用飞机在飞行航线上(包括起飞和降落),利用飞机自身的导航系统和大气数据计算机系统获取风向、风速、温度、气压等气象数据。

(1)专用气象探测飞机

表 14.1 列出了几种用于气象探测的有人驾驶飞机,可见一般都是通用飞机,但已进行了大量改造,装备了不同的探测设备。机载设备依项目任务、实验内容和探测对象的不同涵盖了多波段雷达、微波辐射计、下投式探空仪多种仪器设备。机载探测系统已覆盖了云、强烈天气、生物化学循环、长距离化学输送以及对流-平流层交换等探测领域。

表 14.1 主要气象探测飞机及性能

飞机	商载(kg)	高度(km)	续航(h)	距离(km)
ER-2	1,180	21	8	>4,839
WB-57	1,820	20	6	4,032
C-130	5,900	7.9	10	5,000
DC-8	13,636	12.5	12	8,710
G-IV	1,100	15	9	7,200
G-V	2,948	15	13	12,046

图 14.3 给出了 ER-2 飞机改装后遥感设备的布局。

(2)商用飞机探测

现代商用飞机,为了飞行控制,都配有复杂的导航系统和大气数据计算机系统,因此可为气象观测所利用。大气数据计算机系统带有空速、气温和气压传感器等。飞机位置、速度(地速)、方向等有关的数据从飞机导航系统中获取。大气数据计算机系统可以测得大气总温、总压和静压等,通过计算可得到大气的温度、风向、风速。气象数据自动馈入飞机通信系统以向地面发送。这种依靠飞机导航系统和大气数据计算机系统来获取风向、风速、温度、气压等气象数据,并向地面传送的系统,称之为飞机气象数据中继系统(AMDAR)。现在已有一系列 AMDAR 系统在不同国家或地区业务运行,包括 ASDAR(WMO,1992)、KLM AMDAR、澳大利亚 AMDAR 以及

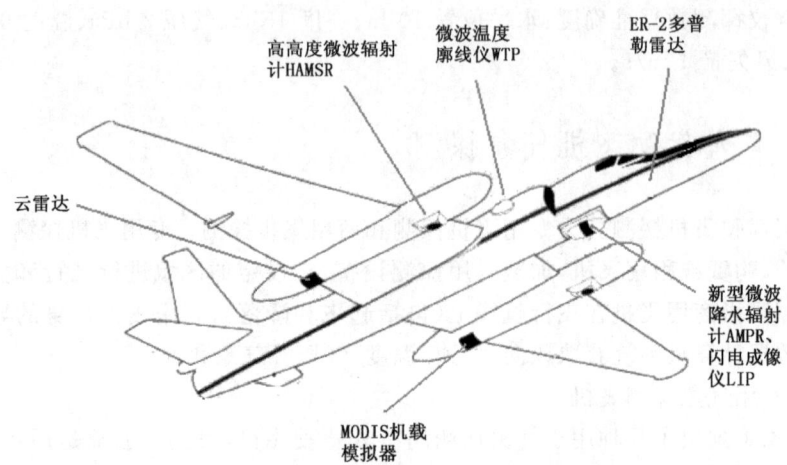

图 14.3　ER-2 飞机探测设备布局

北美的 MDCRS。AMDAR 系统可获得的初始数据见表 14.2。

表 14.2　AMDAR 系统可获得的初始数据

参数	缩写	单位	量程
纬度	LAT	度	90°S～90°N
经度	LONG	度	180°E～180°W
气压高度	ALT	英尺①	−10000～50000
校准空速	CAS	kn	30～400
空气总温	TAT	℃	−50～99
地速	GSP	kn②	0～2000
轨迹角	TRACK	度	0～360
真航向	HDGT	度	0～360
坡度角	ROLL	度	−180～180
常规加速度	NMA	g	−3～6
故障	FAIL	—	是/否

商用飞机气象探测分爬升、平飞和下降三个阶段。飞机起飞阶段 0～1400 m 范围内每 6 s 一组探测数据,1400～6000 m 范围每 20 s 一组探测数据。途中平飞阶段每 3 分钟一组探测数据。降落阶段每 1 分钟一组探测数据,垂直分辨率在 600 m 左

---

① 1 英尺=0.3048 m。
② 1 kn=0.514 m/s。

右。起飞阶段探测数据的垂直分辨率最高。

数据的可靠性依赖于飞行的稳定性。爬升或下降时，以基本定常的爬升或下降速率飞行。飞机操纵、飞行状态和测量方式等对气象探测的准确性有不同程度的影响。数据中用一个指示位标明一个探测数据准确性的高低。如飞机上使用的是Omega导航系统，而不是惯性导航系统，其初始数据属于低准确度，对其有相应的标注。

14.3 无人驾驶飞机气象探测

无人驾驶飞机气象探测技术是一项新的气象探测技术，它综合了飞行器、计算机、微电子、通信等诸多学科先进技术，目前仍处于快速发展时期。它可以弥补常规探测手段的不足。每年给人类造成巨大损失的灾难性气象事件中，中小尺度的气象灾害越来越成为气象学工作者关注的对象，针对中小尺度天气系统，现有的常规高空或地面观测网的网格密度尚不能在人类可以接受的成本条件下满足气象业务工作的需求。发展的气象卫星、气象雷达等遥感探测，虽然一定程度上改进了缺乏中小尺度探测的不足，但仍然不能替代直接探测，相反配合了直接探测，遥感设备才能最大地发挥它们的技术优势。无人驾驶飞机气象探测是可移动的直接探测工具。在人烟稀少而广阔的海洋和荒漠上空，气象资料最稀疏，无人驾驶飞机气象探测是获取这些区域资料的最有效手段。

(1) 气象无人驾驶飞机的特点

气象无人驾驶飞机，是用于气象高空探测、气象灾害调查、人工影响天气、大气科学研究的飞行器。气象无人驾驶飞机具有自主飞行能力，能自动导航和自动驾驶。飞机起飞后，在机载自动控制系统控制下，能完成预定航线的飞行和探测。地面系统可以接收、显示飞机发回的位置、状态及其他探测的数据信息，并且可以向飞机发送指令。

气象无人机属于空基探测平台。根据观测高度，气象无人驾驶飞机可分为对流层气象无人机和平流层气象无人机两种。

对流层气象无人机主要在对流层中飞行，是对流层中观测大气、地球表面以及宇宙空间的平台。针对探测复杂天气而设计的对流层气象无人机，是一种进入危险天气中可能被损毁的可回收探测器。飞机的回收率与飞机的价格，决定每次使用的成本，因此飞机和任务载荷的经济指标要求较高。

平流层气象无人机，也是观测大气、地球表面和宇宙空间的平台，但它主要在平流层中飞行，观测高度较高，观测范围较大，受天气的影响和危害较小，几乎是全天候飞行和观测。由于平流层飞行的气象条件比较好，对飞机和探测设备的经济指标要求不严格。用于平流层大气直接探测和遥感的气象无人机可以载荷较大,可以携带较大(包括有人飞机携带的)探测设备,如主动遥感设备。

对流层气象无人机和平流层气象无人机与静止气象卫星、极轨气象卫星构成地面以上不同高度的观测平台体系。

不同用途的气象无人驾驶飞机,有不同的适航性要求。针对无人区的高空气象探测飞行器,要求长航时,配备有效的机载的通信传输系统,满足远距离信息的传送。针对气象灾害调查的飞行平台,具有快速的响应能力,较好的稳定性,满足遥感影像等数据处理的需要。针对人工影响天气作业的专用飞行器,要求按照人工影响天气的作业实体的需求规模,设计不同的作用半径。探测危险天气专用飞行器,要求有较高性能价格比,适合用于探测台风和强风暴等破坏性较强的天气系统。

(2)气象无人驾驶飞机系统的组成

气象无人驾驶飞机系统由飞机机体、动力系统、机载控制系统等组成的飞行平台、平台上搭载的机载气象任务载荷、地面监测控制设备、气象数据地面分析终端、数据无线传输链路和辅助设备组成。

1)飞行器机体

飞行器机体是指机身、机翼、起落架及降落伞(可根据需要配备)。为了便于运输和野外使用,气象无人驾驶飞机的机身、机翼、起落架应设计为可拆卸组装。

2)飞机动力系统

气象无人驾驶飞机的动力系统有两类:一类是燃油发动机系统;另一类是电动机系统。燃油发动机系统包括发动机、油料储存装置、油路、发动机启动装置。电动机系统包括电机、电池和调速装置。

3)机载控制系统

机载控制系统以机载计算机为核心,包括姿态和状态测量、导航、通信、伺服、飞行控制与管理等,有PCM遥控模式、指令遥控模式、自主飞行模式和航线模式等控制模式。

4)地面监控系统

地面监控系统,用于地面飞行指挥与管理、综合显示、地图与航迹显示、记录与回放。包括地面无线电遥控操纵器(台)、遥控发射机、发射天线与馈线和接收显示终端。

5)地面保障设备

地面保障设备是保证气象无人机迅速、安全、可靠地发射、回收和完成各种功能、任务设备维护的支撑设备。

地面保障设备包括供电设备、发射架、车辆、通信、手持GPS、地面气象观测仪器、维护工具等。

6)气象任务设备载荷

任务设备应根据无人机的不同用途而配置,包括遥感、遥测探测设备和人工影响天气作业装置。

(3)主要技术要求和指标

1)飞行性能主要技术指标

各类气象无人机的主要飞行性能技术指标,如表14.3 所列。

表14.3 主要飞行性能技术指标

类型	巡航速度(m/s)	最大爬升速度(m/s)	升限(km)	续航时间(h)	活动半径(km)	最大起飞重量(kg)	载荷重量(kg)
对流层气象无人机1型	20~35	3~5	5~6	1~3	10~30	3~8	1~2
对流层气象无人机2型	20~50	3~6	5~6	2~4	20~150	9~116	3~30
对流层气象无人机3型	20~35	3~5	5~6	5~30	150~1000	10~25	1~5
对流层气象无人机4型	20~35	3~6	6~9	2~4	20~150	9~116	3~30
平流层气象无人机	100	10~15	10~20	10~30	1000~2000	>500~2000	100~200
人工影响天气无人机	20~50	3~6	5~8	2~4	20~150	6~116	1~30

2)气象条件要求

气象条件分为三类:严重危险天气条件、危险天气条件和一般气象条件。

严重危险气象条件,包括地面大风(地面风速大于12 m/s)、频繁雷电、较强降水、强垂直气流速度大于10 m/s 天气现象之一的天气条件。

危险气象条件,包括地面大风(地面风速达到10 m/s 小于12 m/s)、雷电、降水、强垂直气流速度达到3 m/s 小于10 m/s 天气现象之一的天气条件。

一般气象条件,不包括上述可能危及飞行安全的天气现象气象条件。

对流层探测和人工影响天气作业气象无人机应能在危险气象条件下飞行,必要时可用于严重危险天气条件;平流层探测飞机用于一般气象条件。

3)环境要求

气象无人驾驶飞机的应用地域与气象部门监测天气要素的需求相关的,从高寒的高纬地区到炎热的热带,从西部沙漠沙尘流行的环境到咸湿、多风浪的海洋,都成为气象无人驾驶飞机的工作环境。

在云中和雨中飞行将遇到高湿、负温,以及由此而产生的积冰。

(4)气象应用载荷

气象无人驾驶飞机携带的有效载荷有:气象探测载荷、人工影响天气作业载荷、气象科学研究探测载荷等。每种载荷的设计,应尽量采用通用性的接口标准,便于多种气象无人驾驶飞机搭载。

1)常规气象探测载荷

常规气象探测载荷包括机载探空仪和下投探空仪,常规气象探测要素和技术要求:

参数	测量范围	准确度
温度	$-50℃\sim50℃$	$0.3℃$
湿度	$5\%\sim95\%$	5%
气压	$120\sim1050$ hPa	1 hPa
风速	$0\sim200$ m/s	1 m/s
风向	$0\sim360°$	$5°$
空间分辨率	水平<500 m、垂直<100 m	
数据更新率	1 Hz	

2)大气化学探测载荷

大气化学探测仪,包括大气化学测量仪器和采样器。

3)云物理探测载荷

云微物理探测仪器,大气气溶胶粒子谱监测仪器。

4)遥感探测载荷

可见光图像传感器,辐射探测仪器,多波段红外、微波扫描辐射计,机载多普勒气象雷达,合成孔径雷达,大气电场仪,大气透过率仪。

14.4 飞机探测台风

20世纪70年代初,为了实施全球大气研究计划(GRAP)的大西洋热带试验项目,NCAR研发了Omega导航下投探空仪。1997年起,美国国家飓风中心开始利用喷气发动机飞机进行对流层高层的机载探空观测,并利用GPS进行定位,大幅度提高了水平风场观测的准确度,从而进一步提升了预报台风的时效性和准确性(Franklin等,2003;Rogers等,2006;http://www.noaanews.noaa.gov)。美国从1997年到2002年利用气象无人驾驶飞机投放全球卫星定位探空仪,针对大西洋海域可能影响美国本土及加勒比海地区的飓风进行观测研究,可将未来$24\sim72$小时的台风预报路径误差平均降低$10\%\sim30\%$(Holland等,2002)。以澳大利亚气象局为代表的科学家在90年代初,就开始提出飞行探空仪(aerosonde)的概念,其目的之一就是希望能够实现对热带气旋的监测。1995年11月,无人探空飞机开始在澳洲北部外海的MCTEX实验中进行实地飞行,1996年在奥瑞冈和澳洲西部有更多次的飞行,同样包括了长航时的测试(http://www.aerosonde.com)。日本也有此方面的研究,

Moteki 等(2007)给出了 2005 年 6 月在热带西太平洋地区进行的(风、温度、相对湿度和气压)探测。结果表明,由于将探空数据同化进入模式,在热带西太平洋地区其风速的误差为 1~3 m/s,有了一定的改善。台湾的"追风计划"自 2001 年以来一直致力于台风探测的研究工作,2005 年成功进行了穿越台风"龙王"的探测,利用无人机所搭载的 PTU 传感器,获得了 700 hPa 台风眼及眼墙区的温度、相对湿度及风场数据,所获得的台风眼的地面气压数据与当地气象局的预报结果很接近(Lin 等,2008)。

我国自主研发的 CN-1 型无人机(图 14.4)全机长度 1.75 m、高度 0.71 m、重量 12 kg,翼展 2.90 m,巡航速度 95 km/h,采用 GPS 定位,飞行探测、数据采集、处理及分发实现一体化,最大作业高度 5000 m,最大续航时间>7 h。2008 年 7 月 18 日该机用于探测第 7 号台风"海鸥",飞行轨迹相对于台风的位置如图 14.5 中的折线所示,从陆地飞向海洋,在 10:17—13:54 近 4 个小时的飞行中,巡航距离超过 200 km,之后安全返回陆地。飞机大部分时间在台风云系下的降水区中飞行,经历了降水区、逆风区、强对流区等较为恶劣的飞行环境。由于离台风中心较近,最近为 108.4 km,风速较大(最大风速 22.3 m/s)。成功地获取了气压、温度、相对湿度、风速、风向、海拔高度、经纬度等探测资料,通过"北斗"卫星将探测数据实时传输到地面接收终端,每 10 秒传输一组数据,理论上应获取数据 1281 组,实际获取数据 1202 组,气象要素数据获取率为 93.8%。

图 14.4 CN-1 型无人机　　　　图 14.5 2008 年 7 月 18 日飞行轨迹

无人机的飞行高度以及探测到的气压随时间的变化如图 14.6 和图 14.7 所示。由于空域限制,本次探测高度设定为 300 m 和 500 m。飞机达到设定高度后,其飞行高度很稳定,基本维持在 300 m±20 m 和 500 m±20 m 的高度。12:40 左右,飞行探测高度达到了本次探测高度的最大值 626 m,而且其变化较为连续,由于该时刻恰为无人机返航,飞机直接向台风中心方向飞行,从图 14.5 的飞行轨迹来看,无人机返航点也是无人机距离台风中心最近的位置,此处出现了探测高度的最大值,有可能是

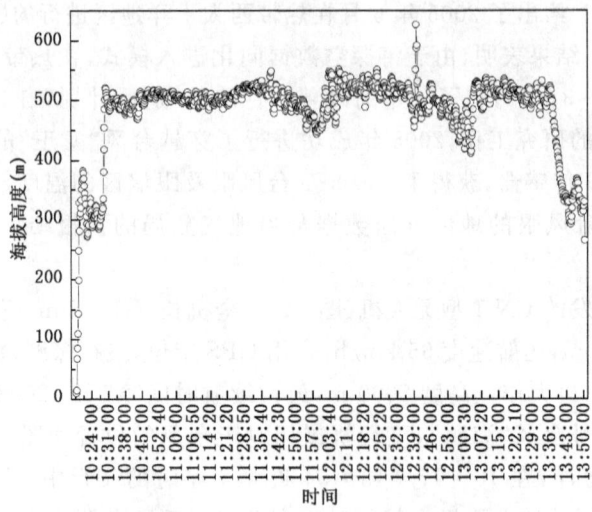

图 14.6　无人机的飞行高度变化

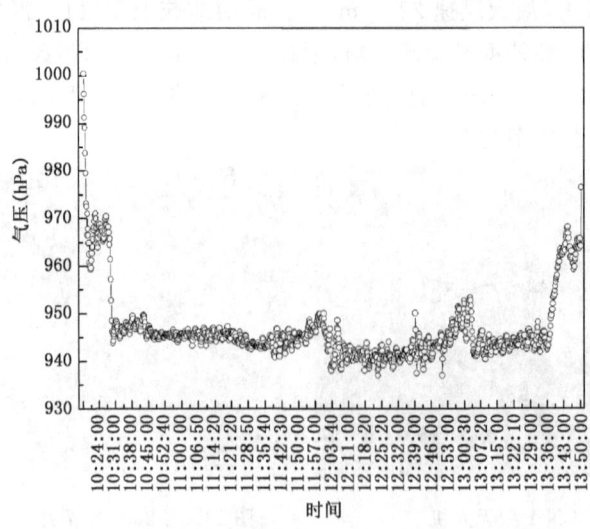

图 14.7　无人机探测的气压变化

受到台风环流场的影响,距离台风中心越近,其上升运动越强烈。对比分析图 14.6 和图 14.7,气压和海拔高度的相关系数达到了 $-0.98(n=1202)$,可见,气压与海拔高度呈现非常一致的反相关,这也说明了飞机探测的数据较为合理,其可信度较高。温度随时间的变化如图 14.8 可见,飞机自起飞至爬升到 300 m 时间段内,其平均温度 28.6℃±1.16℃,温度变化较大,其温度标准偏差较大,温度随时间的变化曲线斜率为

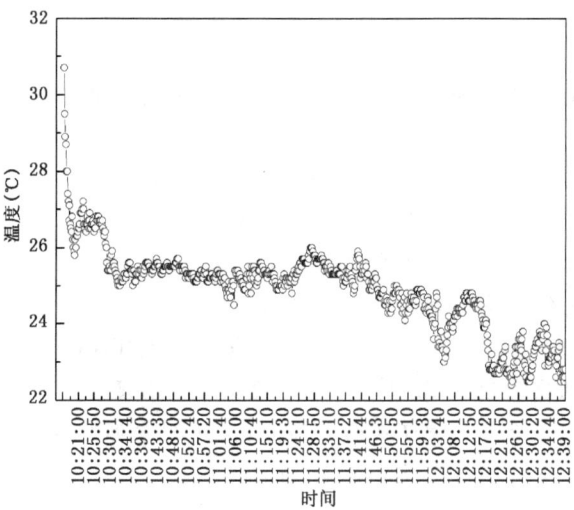

图 14.8　无人机探测的温度变化

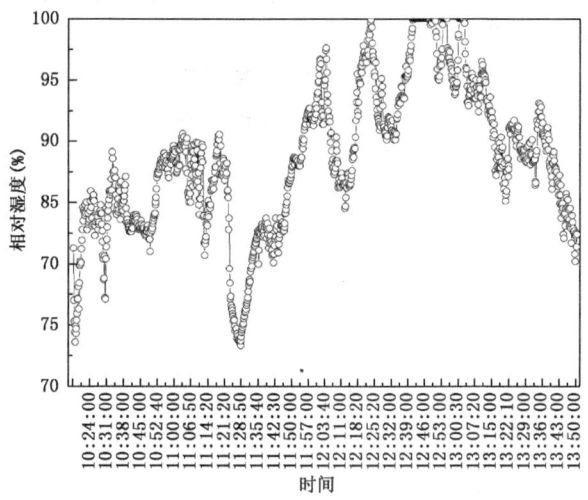

图 14.9　无人机探测的相对湿度变化

—0.45,说明近地面对气温的影响较大,由此也可以推断出,温度传感器对外界环境温度的响应能力较强,能够在短时间内响应外界环境温度的变化。图 14.9 表明,探测期间内相对湿度较大,而且在探测过程中,起降场地出现 4 次阵性降水,且降水量较大。该时段内,相对湿度的平均值为 88.6%±6.1%,最大值为 100%,最小值为 73.3%。

习题

1. 常规风速风向的测量方法、水平空速归零测风方法和解析测风方法的特点是什么？
2. 下投探空系统包含哪几个部分，各自的功能是什么？
3. 描述气象无人驾驶飞机系统的组成和特点。
4. 飞机探测在气象综合探测中的作用是什么？
5. 机载测温元件测量得到的值是（　　）。
   A. 大气温度　　　　　　　　B. 空气总温度 TAT
   C. 自由流动的空气温度 SAT　　D. 飞机机内温度
6. 飞机上测量三维风矢量包括两大部分：空速测量部分和地速测量部分。空速测量部分用于测量飞机相对空气的速度，称之为（　　）。
   A. 风　　　　　　　　　　　B. 空速
   C. 地速　　　　　　　　　　D. 垂直速度
7. 现代商用飞机，为了（　　），都配有复杂的导航系统和大气数据计算机系统，因此可为气象观测所利用。
   A. 飞行控制　　　　　　　　B. 气象探测
   C. 获取气象资料　　　　　　D. 风速资料

第 15 章 天气雷达探测

"雷达"是英文 Radar(Radio Detection and Ranging)的音译,其含意是无线电探测与测距,也就是说,雷达是一种利用无线电波进行探测的设备,它可以探测目标物的距离和基本特性。为了表达目标物的空间位置,可以采用相对于雷达站的三个基本参数表示,如,斜距(距离)、方位角和仰角,如图 15.1 所示,用 R、φ 和 θ 表示目标物的空间位置。

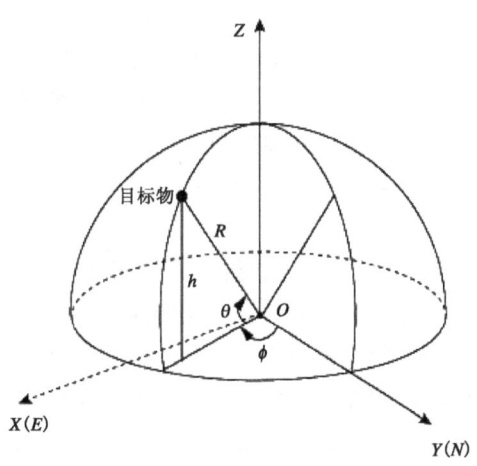

图 15.1　雷达坐标系及目标的位置

气象雷达探测时,发射机发出的高频电磁波经过抛物面天线使电磁波能量沿天线所指的方向在大气中传播,当以光速 $c(=2.998\times10^8 \text{ m/s})$ 行进的电磁波遇到目标物(如雨滴群)后便产生散射波,而且这种散射波分布在目标周围的各个方向上。其中有一部分沿着与入射波相反的路径传播到雷达的接收天线,被接收的这一部分散射信号,称为目标的后向散射能量,也就是回波信号,简称回波。天线不仅有发射电磁波的作用,也能接收回波。对这种回波信号的检测可以确定目标的空间位置。

雷达系统中的计时器可以给出从发射电磁波开始到收到回波为止的时间 Δt,这个时间就是天线发出的电磁波从天线出发、到目标物、再回到天线的时间。在这个时间内,电磁波行走了两倍的自天线到目标物的距离 R,电磁波行进的总距离为 $c\times\Delta t$,因此,目标物的距离为

$$R = (1/2)\times c\times\Delta t \tag{15.1}$$

这就是雷达测距的原理。接收到目标回波时的雷达天线方向就是目标物的方向，用方位角 φ 和仰角 θ 表示。这样，目标物的位置（R、φ 和 θ）就确定了，亦即雷达系统能够测出目标物的空间位置。天线系统不仅可以作 360°的方位转动，也可以作 0~90°（或小于 90°）的俯仰，因此，雷达系统可以探测到以雷达站为中心、最大探测距离为半径的上半球内目标物。

要注意地球表面是曲面，因此，距离雷达越远，电磁波离开地面的高度越高，在作仰角 0°的 PPI 扫描时，离开雷达 130 km 处的雷达波束已在当地 1 km 以上的高空了。这会影响对目标物高度的确定和对降雨强度的探测。另外，电磁波在大气中传输时会发生折射、导致电磁波射线弯曲，这也会影响对目标物的探测。

对天气雷达探测而言，雨滴群是气象人员关注的目标。雨滴群（因为后向散射）产生的回波能量大小可在一定程度上代表降雨强度。现代天气雷达非常灵敏，只要有降雨，哪怕是很小的毛毛雨，一般都能被探测出来，甚至可以探测到 100 km 以外的降雨，例如我国的新一代 S 波段多普勒雷达最远可以探测 460 km 处的强降雨。我国新一代多普勒天气雷达不仅可以探测降雨强度，还可以测出雨滴群移动速度在天线所指方向上的分量（称为径向速度）。所以，天气雷达成了降水监测和降水预报的重要工具。

天气雷达出现于 20 世纪 40 年代。我国的第一代天气雷达 711 型雷达于 70 年代初研制成功，很快就在气象业务中得到了广泛的应用。随后，我国天气雷达研制工作飞速发展，先后研制了 713、714、714CD、CINRAD-SA/SB 等型号的雷达，并正在发展毫米波测云雷达和双线偏振雷达，对云和降水的探测能力逐渐增强。目前，我国省市级气象台站大多设有天气雷达，总计达 200 部以上，随时监视各地的降水情况，为工农业生产以及民众的出行和日常生活提供降水信息。

15.1 天气雷达的工作原理、组成及技术指标

(1) 天气雷达的组成

我国的新一代多普勒天气雷达系统，如图 15.2 所示。除天线系统之外，还有信号采集、数据处理和交互显示三个部分，分别简称为 RDA（Radar Data Acquisition——雷达数据采集系统）、RPG（Radar Product Generator——雷达产品生成系统——雷达数据处理）和 PUP（Principal user processor——用户处理系统—人机交互和显示）。

一般地，天气雷达硬件结构如图 15.3 所示，可分为发射机系统、接收机系统、天线系统、信号处理系统、显示系统等几部分。发射机产生大功率高频振荡能量，经天线收发转换开关之后，传给天线。由天线辐射出去的高频电磁波脉冲沿目标方向传

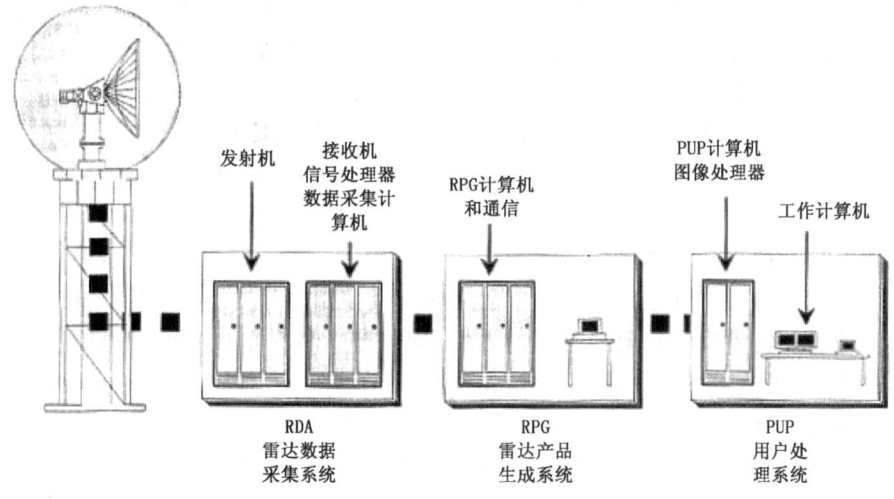

图 15.2 我国的新一代多普勒天气雷达系统结构

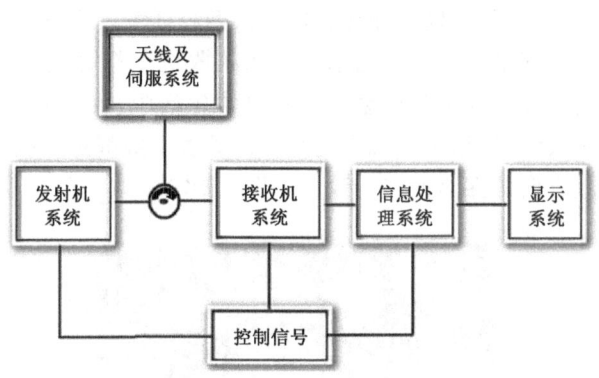

图 15.3 雷达结构示意图

播,遇到目标后、部分电磁波能量返回到雷达天线,并在天线上感应出相应频率的电压,经天线收发开关送至接收机。接收机将收到的微弱信号进行放大,将包含在射频信号中的目标信息提取出来,由显示器显示出来。或者经信号处理器进一步加工,转换成数据或图像,在计算机上显示或存储。

为了用一个天线实现对电磁波的发射和接收,目前的天气雷达大都采用脉冲发射体制,即发射机间歇性地发射高能电磁波,而不是连续发射。在发射间隙期,接收机处于工作状态。

1)控制信号产生器

这主要是一个定时器。在天气雷达系统中其作用是十分重要的,它就像一个指挥中心一样,由它输出的各种脉冲信号去控制雷达各个系统的工作,使各系统之间能够协调一致地工作。定时器输出的脉冲叫做定时脉冲,或触发脉冲。

2)发射机系统

天气雷达是一种无线电探测设备,它需要发出无线电信号,以便进行探测。雷达系统发出的电磁波具有一定的规律,且为了探测远距离目标,发出的电磁波能量要足够大,正如我们说话一样,为了让远处的人听见,声音必须洪亮。发射机系统就是用于发射有规律的高能量电磁波。

发射机的核心器件是产生大功率的高频正弦振荡电磁波的磁控管或速调管。磁控管和速调管能够发出峰值功率高达 600 kW 或更大能量的电磁波。电磁波的正弦振荡频率,即天气雷达工作频率,大致在 9.4 GHz、5.5 GHz 或 3 GHz 左右,对应的电磁波波长分别约为 3.2 cm、5.5 cm 和 10 cm。磁控管频率和相位稳定度不如速调管,因此,在对信号源频率稳定度要求极高的现代多普勒天气雷达系统中,大多采用速调管。

3)天线系统

雷达的天线系统,承担着发射和接收电磁波两种任务。当发射机工作时,它将发射机输出的高频大功率电磁波向空间辐射。当接收机工作时,它将返回到天线阵面的回波信号汇聚起来并送入接收机系统。在日常生活中,我们见到过鞭杆状、环状、锅形等多种形状的天线,但用于天气雷达系统的天线一般都是锅状的抛物面天线,以确保在水平和垂直方向的探测性能一致。如图 15.4。

图 15.4 天气雷达的抛物面天线

4）接收机

与电视机接收电视台信号相似,雷达接收机用于接收降水目标物散射的回波信号。雷达接收机包括高频(由低噪声高频放大器、本地振荡器和混频器等部分组成)、中频(由中频放大器、自动增益控制 AGC 和中频衰减器等部分组成)和视频(由检波器和视频放大器等部分组成)信号三个处理部分。

天线接收到的回波信号是一个十分微弱的高频信号,而且这种微弱的回波信号往往和干扰信号、噪声信号混杂在一起,雷达接收机将天线接收下来的回波信号首先经过低噪声高频放大,再送入混频器。低噪声高频放大器对干扰和噪声也有一定的抑制作用,改善回波信号的信噪比。在混频器中,脉冲形式的高频回波信号和从本地振荡器来的高频连续信号相混频,输出它们的差频信号,这个差频信号就是接收机的中频信号。

在雷达工作过程中,会有许多因素影响到发射频率和本振频率的稳定性,进而会引起中频频率的偏移。在本地振荡电路中设置自动频率控制(AFC)电路,使本振频率处于跟踪状态,这样便可保证稳定的中频信号。

由混频器输出的中频信号送到中频放大器进行充分地放大,雷达接收机的增益主要由中频放大器的增益决定。在常规的天气雷达中,中频频率一般都选在 30 MHz 左右,增益可达 100 dB(10^{10} 倍)左右。

视频检波器把中频放大器输出的具有脉冲形式的中频信号,检波成为视频脉冲信号。视频脉冲信号的振幅代表目标物回波强度。检波器输出的视频信号送到视频放大器中去,进行视频放大,使其输出的视频信号幅度满足显示器或者信号处理器的工作要求。

5）信号处理系统

信号处理系统的功能是将目标的散射信号转化成具有气象意义的雷达回波数据。

降水粒子的回波信号具有时空变化快、强度变化范围大的特点,通过接收机获得的视频信号还需要进行时间上离散化、强度上数字化、平均化处理。时间上的离散化处理是为了分辨出该回波信号是哪段距离上的降水产生的,用于判别回波的空间位置。信号的数字化是为了便于后续的计算机处理以及显示。平均化处理是为了消除降水回波的随机涨落、获得相对稳定可靠的回波信息。此外,对于多普勒雷达,还需要进行更复杂的径向速度信息提取等过程。由于信号处理过程的复杂性和时效性要求,早期的雷达信号处理器都采用复杂的硬件模块实现高速信号处理。随着电子技术的发展,大规模信号处理器已经做到了微型化、高速化和多功能化。所以,现代雷达可以利用以信号处理器为核心的模块代替早期的复杂处理系统,增强了系统的可靠性和可维护性。信号处理系统虽然体积小,相对成本低,但却是技术含量较高的模块之一,对天气雷达产品质量有着直接的影响。

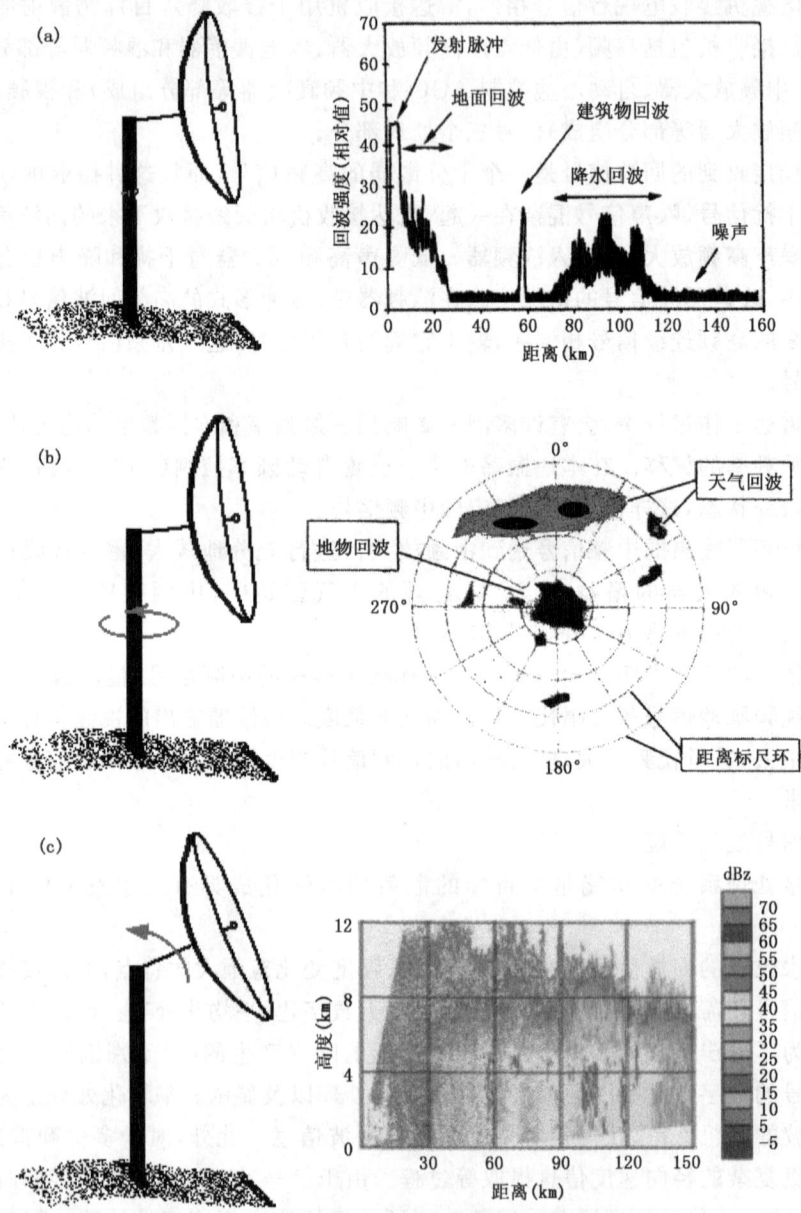

图 15.5 天气雷达扫描和显示 (a)距离显示(A-显);
(b)平面扫描和 PPI 显示;(c)高度扫描和 RHI 显示

6) 显示系统

显示系统的作用是将经过信号处理系统处理而得到的雷达回波数据显示出来,供雷达气象工作者观看和分析,为临近预报服务。早期的天气雷达采用专门的显示系统,用来显示雷达回波情况,常用的距离显示器(A 显示器),如图 15.5a 所示,图中横坐标表示离开雷达的距离,单位用千米表示。纵坐标表示相对回波功率。屏幕上显示 0 km 处雷达发射机泄漏到接收机的能量、近距离的地物目标、接收机噪声、56 km 处建筑物目标和远处 70~110 km 的气象回波。图 15.5b 是常用的平面位置显示器(PPI),PPI 图像中心一般是雷达位置,图中显示地物回波和气象回波的位置和强度层次,以及距离标尺环。此外还有雷达天线在固定方位进行仰角扫描时,使用的距离高度显示器(RHI),如图 15.5c 所示。

进入 20 世纪 80 年代后,随着计算机技术的发展,利用计算机系统显示雷达回波数据的方案得到了普遍的应用,计算机化的彩色显示远胜于早期的黑白灰度显示的效果,且性能更加稳定,便于维护,成本更低。

计算机系统具有一机多屏的显示能力,正符合多普勒天气雷达和双线偏振雷达的多窗口显示要求。一部多普勒天气雷达能够得到三种独立的回波信息(回波强度、径向速度、速度谱宽),需要三个显示窗口,而双线偏振天气雷达可以获得更多的回波信息,需要更多的显示窗口。

需要注意的是,雷达探测采用极坐标系(R,α,β)表示目标物的空间位置,而计算机显示系统适合显示二维直角坐标系的数据,为此需进行坐标变换,将极坐标系(球坐标系)空间的回波数据变换为二维直角坐标系下的数据。在实际处理时,通常将雷达坐标(R,α)简单地变换到屏幕坐标(X,Y),以便显示:

$$X = X_0 + R \times \sin\theta$$
$$Y = Y_0 - R \times \cos\theta \tag{15.2}$$

其中,θ 是天线的方位角 α,X_0,Y_0 是参考位置。注意,计算机屏幕坐标系的 X 朝右增大,Y 是朝下增大,见图 15.6。

由于计算机处理速度的限制,目前很少作三维显示。

PPI 模式可以看到回波的水平分布情况,RHI 模式只能看到某一特定方位上的回波垂直结构。如果要获得回波的 3D 结构,可以在多个方位上做 RHI 扫描,也可以用多仰角的 PPI 扫描方式。天线的往复运动,需要耗费大量的时间。新一代天气雷达的"体扫模式"采用多仰角的 PPI 扫描方式,获取多个不同仰角的 PPI 数据(见图 15.7a)。由于天线的运动速度和雷达数据处理速度有限,一般在 6 分钟内只能作十几个不同仰角的 PPI 扫描。如我国新一代多普勒天气雷达系统中采用的 VCP11、VCP21、VCP31、VCP32 四种组合方式,扫描的仰角数分别是 14、9、5 和 5。体扫模式获得的资料(即多个仰角的 PPI 数据)可以用来生成多种雷达产品,如不同方位的回

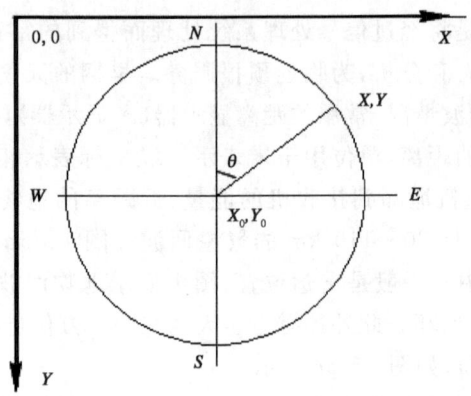

图 15.6 雷达坐标与显示系统坐标的变换关系

波垂直分布剖面(虽然数据不如 RHI 资料密集,但大体上能体现回波的垂直结构)、任意剖面(VCS)、回波顶高(ETPPI)、自地面到高空的累积等效含水量(VIL)、等高 PPI(CAPPI)等。

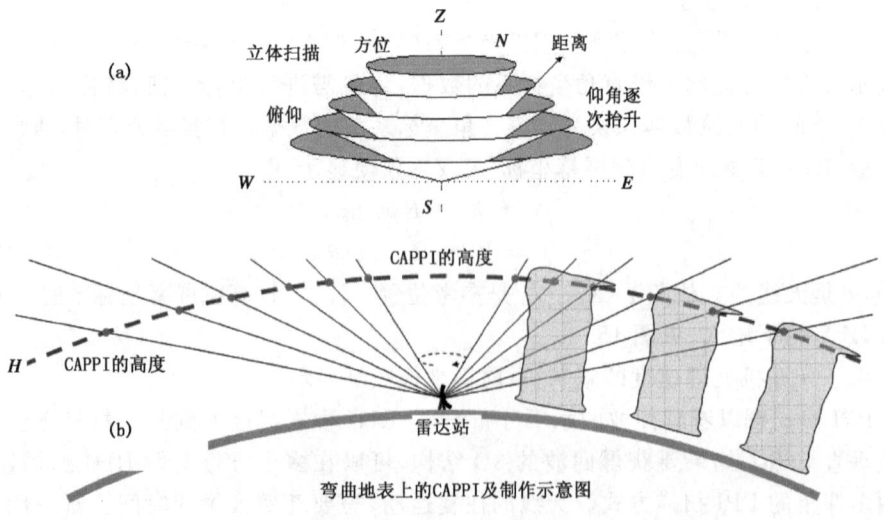

图 15.7 由多仰角 PPI 数据组合成体扫资料(a)和 CAPPI 资料的制作示意(b)

所谓等高度 PPI(CAPPI),是为了给出地面上空同一高度上的回波情况,是利用体扫资料制作出来的,如图 15.7b 所示,用指定高度的曲面与体扫资料相截,再对截面数据进行插值处理就得到了指定高度上的 PPI 数据,这就是 CAPPI 回波资料。从图像上看,CAPPI 和 PPI 几乎是一样的。

(2)天气雷达的主要技术指标

天气雷达的技术指标,用于描述雷达的性能,如,雷达的探测能力、精度,是雷达定量探测的依据。雷达参数主要有工作波长、发射功率、天线增益、波束宽度、脉冲宽度、脉冲重复频率和接收机的灵敏度等。

1)工作波长

雷达工作波长 λ(或工作频率 f)是指发射机发射出电磁波的波长(或频率)。工作波长不同,雷达的结构、技术性能和用途也有所不同。对于天气雷达而言,由于液态水滴(雨、云和雾)和固态粒子(冰晶、冰雹和雪花)对雷达波的后向散射和衰减在很大程度上依赖于雷达的波长,因此,对于不同的探测目标应选择不同的工作波长。

常规天气雷达常用的工作波长有 3 cm(X 波段)、5 cm(C 波段)和 10 cm(S 波段)几种。表 15.1 列举了气象雷达波长和可探测的气象目标。

表 15.1 气象雷达波长与可探测的气象目标

波长(cm)	频率(GHz)	波段	主要探测目标
20	1.5	L	大范围降水
10	3	S	强降水
5.5	5.6	C	中雨、雪
3.2	9.4	X	小雨、雪
0.86	35	Ka	云、云滴、雾
0.32	94	W	云、高层卷云、雾

2)脉冲宽度

脉冲体制天气雷达系统,即雷达发射机采用脉冲工作方式,仅在很短时段内向外发射能量,然后,雷达处于接收回波的状态。见图 15.8。

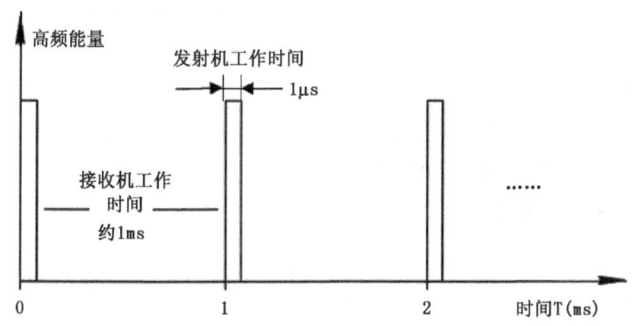

图 15.8 脉冲体制雷达的发射机、接收机工作时序

脉冲宽度,即雷达一次向外发射能量所持续的时间,一般为微秒量级。脉冲宽度,用 τ 表示,单位为 μs。

在雷达发射一个脉冲的结束时刻,脉冲前沿已经离开雷达 $\tau \mu s$ 的时间,这一时间内电磁波在空间行进的距离为

$$L = c\tau \tag{15.3}$$

例如,$\tau=1$ μs,$L=300$ m。常称 L 为脉冲长度。脉冲宽度的大小决定了脉冲长度 L、雷达的盲区半径($L/2$)和径向距离分辨力($L/2$)。

3) 脉冲重复频率

脉冲重复频率(简称 PRF,Pulse Repetition Frequency),是指在 1 s 时间内雷达发射的脉冲数,记为 PRF,单位 Hz,即 s^{-1}。例如,当雷达的重复频率为 1000 Hz 时,表明在每秒钟内雷达发射 1000 个脉冲。与重复频率相对应的参数是脉冲的重复周期 PRT。它是重复频率 PRF 的倒数:

$$PRT = 1/PRF \tag{15.4}$$

重复周期代表雷达发射两个相邻脉冲所间隔的时间。在 PRT 时间内,电磁传播的距离是 $C \times PRT$,考虑到电磁从天线传播到目标物、再从目标物传播到天线的双程问题,在 PRT 时间内,雷达探测目标的最大距离(记为 R_{max})应该是 $C \times PRT$ 的一半。

$$R_{max} = C \times PRT/2 = C/(2 \times PRF) \tag{15.5}$$

如果 PRF 为 1000 Hz,则 $PRT=1$ ms,R_{max} 为 150 km;如 $PRF=400$ Hz,则 R_{max} 为 375 km。

4) 发射功率

雷达的发射功率是指发射机输出的高频振荡功率,即脉冲功率,或叫峰值功率,用 P_t 表示。

发射功率是雷达的一个重要参数,在其他参数已定的情况下,雷达发射功率越大,回波信号越强,雷达最大作用距离越远。我国新一代 S 波段天气雷达的发射功率约为 700 kW。

5) 天线增益

假定雷达发射功率为 P_t(单位为 W),一个各向同性的无损耗天线在所有的方向上均匀地辐射雷达的发射功率,那么投射在离开雷达距离为 R(单位为 m)的目标上单位面积上的功率,即能流密度 S_o(单位为 W/m²)为

$$S_o = P_t/4\pi R^2 \tag{15.6}$$

由于各向同性天线没有定向能力,因此在雷达系统中很少应用。实际上雷达使用的是有高方向性的天线,可以使辐射能量集中在一个角度很窄的范围内,如图 15.9 所示圆形抛物面天线的实际方向性特征。实际天线与各向同性天线之间的方向性差

异,通常用天线增益和天线方向性表示。

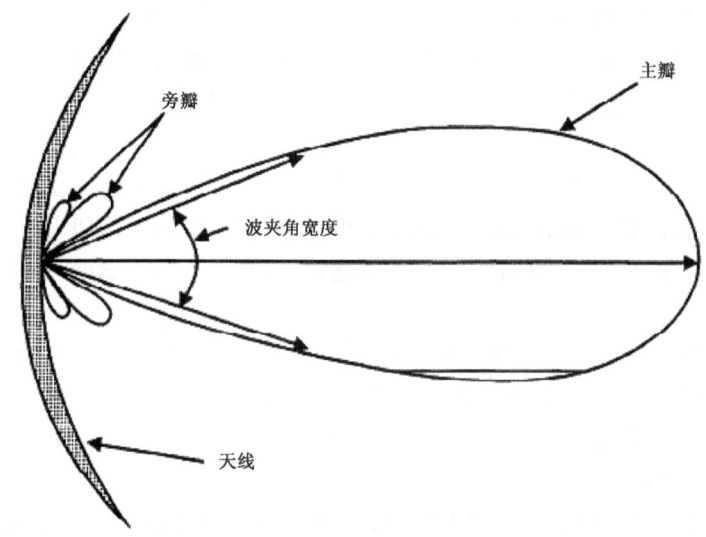

图 15.9　天气雷达的圆形抛物面天线波束图

天线的功率增益 G,定义为天线发射方向上最大能流密度 S_{max} 与各向同性天线发射到同一距离处的能流密度 S_o 的比值,即

$$G = S_{max}/S_o \tag{15.7}$$

天线增益常用对数(以 dB 为单位)来表示:

$$G(dB) = 10\log(S_{max}/S_o) \tag{15.8}$$

气象雷达天线增益的典型范围为 10^3(30 dB)到 10^5(50 dB)。

6) 天线方向性与天线波束宽度

圆形抛物面天线,就像常用的手电筒,发射能量集中在具有一定角宽度的圆锥形空间内。发射能量所集中的空间,称为波束。波束形状代表天线方向性,可以用三维空间中的曲面或二维剖面上的曲线表示天线的这种方向性,如图 15.9 所示。

对于抛物面天线,可以采用相对波束主轴的两个半功率点之间的夹角 θ 来描述。很显然,波束越窄,天线辐射的电磁能量在空间的分布更加集中,因此天线的定向性能越好。反之,波束越宽,则天线的定向性越差。天线波束的形状除天线主波束以外,还有旁瓣和尾瓣。

当选择波束宽度时,应当考虑到以下几个方面的因素。

a) 雷达的远距离探测能力　显然,波束宽度越窄,雷达发射的电磁能量越集中,传播的距离就越远,雷达的探测能力就越好。

b) 雷达的角分辨能力　雷达的角分辨能力是指区分点目标的视角分辨能力。

波束宽度越窄,其角分辨能力就越强;反之,波束宽度越宽,角分辨能力越差。一般天气雷达的天线波束宽度为 1 度左右。

c)天线系统的结构尺寸　当不考虑其他影响时,抛物面天线口径、工作波长和波束宽度之间的关系近似可写为

$$\theta = 70\lambda/D \tag{15.9}$$

其中,θ 以度为单位,λ 为工作波长(厘米),D 为抛物面直径(厘米)。从这里可以看出,在雷达工作波长一定的情况下,波束宽度和天线尺寸成反比,即天线尺寸越大,则波束越窄。因此对定向性能要求较高的雷达,欲得很窄的波束宽度,总是用大的天线系统来保证。

天线的增大会带来加工和机械系统的负担,所以在设计天气雷达的天线系统时,要折衷考虑天线尺寸、工作波长和波束宽度。我国新一代 S 波段多普勒雷达天线的直径约 8.5 m、波束宽度约 1 度、增益约 45 dB。

7)灵敏度和线性动态范围

灵敏度是雷达接收机的重要参数,它表示接收机对微弱信号的检测能力。灵敏度越高,就表示接收机检测微弱信号的能力越强,因而雷达的作用距离越远。灵敏度通常以所能检测到的最小可测信号 MDS 或最小可检测功率 $P_{r,min}$ 来表示。

接收机的灵敏度受到外来干扰和机内噪声电平的影响,目前气象雷达的 $P_{r,min}$ 一般在 $10^{-10} \sim 10^{-12}$ mW 量级,即 $-120 \sim -100$ dBm(分贝毫瓦,$= 10\log P_{r,min}/1$ mW)。

气象目标回波功率动态范围大(回波强度最大值和最小值差别很大),对接收机来说,线性动态范围是重要指标之一。表 15.2 列举了天气雷达的主要参数。

表 15.2　我国新一代 S 波段天气雷达的主要参数

工作频率	2700~3000 MHz
天线反射体直径	8.54 m
发射脉冲宽度	1.57 μs、4.71 μs
天线增益	> 45 dB
第一旁瓣电平	< −29 dB
峰值功率	> 650 kW
发射脉冲宽度	1.57 μs、4.71 μs
脉冲重复频率	318~1304 Hz
距离分辨率	250 m
动态范围	93 dB

(3)雷达气象方程

雷达气象方程用来描述雷达天线所接收到的回波功率与雷达系统参数、气象参

数等之间的关系,是电信号与目标特性之间的桥梁。雷达所接收到来自距离 R 处气象目标(降水区或云区)的回波功率 P_r 可表示为

$$P_r = C \frac{Z}{R^2} \tag{15.10}$$

其中,C 称为雷达参数项(不少文献称作雷达常数—Radar Constant),反映了雷达的探测能力,Z 称为雷达反射率因子,代表单位体积内(每立方米)所有水滴、冰粒子或云粒子对雷达波的总散射能力。在雷达参数稳定、气象目标相同的情况下,P_r 与目标距离平方成反比。

在云或雨区中的云滴、冰晶或雨滴,都比较小,云滴直径大体上在 10 μm、云中冰晶很少超过 1 mm,雨滴直径一般在 2 mm 以下,最大不超过 6 mm。相比我国主流的 C、S 波段天气雷达波长来说,雪(等效为球形粒子)、雨、云基本上可以视为小粒子。如果粒子直径 D(为了方便讨论,假定散射粒子是球形)很小,满足 $\pi D/\lambda < 0.13$,那么这些小粒子对雷达电磁波的散射特性可用简单的瑞利(Rayleigh)散射理论描述(因此称小球形粒子散射为瑞利散射)。如果粒子较大,不能满足 $\pi D/\lambda < 0.13$,则需用更加复杂的米(Mie)散射理论描述大粒子的散射特性,因此称大球形粒子散射为米散射。通常用散射截面来表示粒子的散射能力,散射截面越大,则散射能力越强,雷达回波越强。

在瑞利散射情况下,小球形粒子的后向散射截面与波长的 4 次方成反比、与直径的 6 次方呈正比。雷达反射率因子就是云中单位体积内所有水成物粒子的直径的 6 次方的总和,即:

$$Z = 64 \int_0^\infty n(r) r^6 dr = \int_0^\infty n(D) D^6 dD \tag{15.11}$$

式中,D 为粒子直径,r 为粒子半径,$n(D)$ 或 $n(r)$ 称为滴谱函数,代表单位体积内半径为 r 的粒子个数。由于单位体积内所有水成物粒子的直径的 3 次方的总和,代表云中含水量,所以,雷达反射率因子 Z 与云中含水量有直接关系,但相同含水量的情况下,由于 Z 与粒子直径的 6 次方相关,对大粒子更敏感,云中大粒子个数越多,Z 值越大。

反射率因子 Z 的常用单位是 mm^6/m^3。自然大气中,云滴因粒子小,Z 也小,一般小于 $0.1 \ mm^6/m^3$,暴雨雨滴的直径大,Z 更大,可以达到 $10,000,000 \ mm^6/m^3$,云滴和雨滴的 Z 值差别太大,为了表述方便,通常用 dBz 表示。

$$\text{dBz} = 10\log(Z/Z_0) \tag{15.12}$$

其中 $Z_0 = 1 \ mm^6/m^3$。使用 dBz 表示,则云的回波强度一般小于 -10 dBz,雨的回波强度小于 70 dBz。表 15.3 列出了回波强度和雨强的大致对应情况。

表 15.3　回波强度与降水强度的大致对应关系

降雨类型	回波强度(dBz)	雨强(mm/h)
小雨(light)、雪	15～30	0.2～2
中雨(moderate)	30～40	2～10
大雨(heavy)	40～46	10～30
暴雨(very heavy)	46～50	30～50
特大暴雨(intense)	50～56	50～100
倾盆大雨(或冰雹)(extreme)	56～60	>100

根据式(15.10)的雷达方程,可以得到雷达反射率因子 Z,并用 dBz 表示,简称为回波强度,记为

$$Z = \frac{1}{C} R^2 P_r \tag{15.13}$$

在云中水成物粒子都比较小的情况下,上式给出的回波强度测量资料就代表式(15.11)所定义的雷达反射率因子。通过雷达,准确地获得了目标物的回波强度。

雷达参数项 C 决定了雷达的探测能力,是雷达工作参数的集中体现,

$$C = \frac{\pi^3 P_t G^2 c\tau\theta\varphi\lambda^2}{1024\ln 2} \tag{15.14}$$

其中,P_t 为雷达发射功率,G 为天线增益,c 是电磁波的传播速度(光速),τ 是雷达发射脉冲的持续时间(脉冲宽度),θ 和 φ 分别为天线的水平和垂直波束宽度,λ 为雷达波长。

(4)多普勒效应

所谓多普勒效应,是指波源相对于观察者运动时,观察者接收到的信号频率和波源发出的频率是不同的,而且发射频率和接收频率之间的差值与相对运动的速度有关。由多普勒效应而引起的频率变化,叫多普勒频移或多普勒频率,用 f_D 表示。

假设有一个运动目标相对于雷达的距离为 R,雷达的工作波长为 λ(相对应的频率为 f_0)。雷达发射的脉冲波在雷达与目标之间往返一次的距离为 $2R$,如果用雷达工作波长 λ 度量这一距离,则为 $2R/\lambda$,或者用相位度量,则为 $4\pi R/\lambda$。假设雷达发射的脉冲波的初相位为 φ_0,回波信号的相位可以写成如下形式:

$$\varphi = \varphi_0 + 4\pi R/\lambda \tag{15.15}$$

可以看出,回波信号的相位 φ 比发射波的初相位 φ_0 增大了 $4\pi R/\lambda$ 弧度。如果目标物的距离 R 随时间变化,则回波信号的相位是时间的函数。从而可以计算出相邻脉冲回波之间的相位变化是

$$\frac{\mathrm{d}\varphi}{\mathrm{d}t} = \frac{4\pi}{\lambda} \frac{\mathrm{d}R}{\mathrm{d}t} \tag{5.16}$$

$\dfrac{\mathrm{d}R}{\mathrm{d}t}$ 即目标沿着发射波束的径向运动速度 v_r

$$v_r = \frac{\mathrm{d}R}{\mathrm{d}t} \tag{15.17}$$

相位变化 $\dfrac{\mathrm{d}\varphi}{\mathrm{d}t}$ 就是角频率 ω,这个角频率是由于相对移动引起的,可视为"多普勒"角频率,与多普勒频率(或频移)的关系是:$f_D = \omega/2\pi$。所以

$$2\pi f_D = \frac{\mathrm{d}\varphi}{\mathrm{d}t} = \frac{4\pi}{\lambda}v_r$$

$$f_D = \frac{2}{\lambda}v_r \tag{15.18}$$

可见,测出 $\dfrac{\mathrm{d}\varphi}{\mathrm{d}t}$ 后,可得到多普勒频率 f_D,进而得到运动目标的径向速度 v_r,v_r 的符号代表了"趋近"或"远离"观测者(即雷达天线)的移动趋势。目前,普遍规定"负速度"为"趋近"雷达,"正速度"为"远离"雷达。多普勒雷达测量到的"原始"速度是运动目标的径向速度 v_r。若要得到目标的实际运动速度,必须经过"风场反演"处理。

在表 15.4 中,列出了多普勒频率 f_D 和径向速度 v_r、工作波长 λ 的相互关系。从表中可以看出,对气象目标而言,多普勒频率 f_D 总是处在音频的范围之内,和载频频率 f_0 相比是很小的。要在很高的 f_0 背景上测出很小的 $\dfrac{\mathrm{d}\varphi}{\mathrm{d}t}$,这就是多普勒雷达信号处理技术。

表 15.4 不同雷达波长和目标径向速度的多普勒频率 f_D (单位:s^{-1})

v_r (m/s)	λ(cm)			
	1.8	3.2	5.5	10.0
0.1	11	6	4	2
1.0	111	62	36	20
10.0	1111	625	364	200
100.0		6250	3636	2000

总之,只要测得相邻脉冲回波载波的相位差 $\Delta\varphi$ 或频移 f_D,就可以得到运动目标的径向速度 v_r。对于固定目标,因其运动速度为零,所以其相邻回波的相位差也为零(即 $\Delta\varphi = 0$)。对于降水目标,多谱勒雷达能够测量出其径向移动速度 v_r 和"趋近"或"远离"的趋势,有利于作出准确的预报。

(5)双线偏振雷达和和双偏振参量

降水粒子包含雨滴、雪花和冰雹,雨滴的直径大约在 0.2~6 mm,小雨滴的形状是近似的球形,随着雨滴的增大,非球形特性越来越明显,非球形粒子对水平偏振和

垂直偏振入射电磁波的后向散射能力不同。如果雷达发射水平和垂直两种偏振状态的电磁波,并接收两种偏振状态的后向散射回波,利用雷达气象方程,可得到两种偏振状态的雷达反射率因子即回波强度,分别记为 Z_{hh} 和 Zvv。对于小球形粒子,Z_{hh} 等于 Zvv,对于扁椭球形(如平放桌面的鸡蛋形状)Z_{hh} 大于 Zvv;对于长椭球的粒子(如竖放的鸡蛋形状),Z_{hh} 小于 Zvv。用差分反射率 Zdr 表示这两种偏振状态的回波强度差异,定义为:

$$Zdr = 10\log(Z_{hh}/Zvv) \tag{15.19}$$

则对于扁椭球形粒子(如大雨滴),Zdr 大于 0 dB;对于球形粒子,Zdr 近于 0 dB;对于长椭球形粒子(如竖起的冰晶),Zdr 小于 0 dB。通常雨滴越大,Zdr 也越大。因此,根据 Zdr 的大小和正负,可以大致判断出雨滴的大小以及是否为球形。早期的单偏振雷达无法给出粒子的形状信息,可见双线偏振雷达的优势。

除了 Zdr 外,符合技术要求的双线偏振雷达还可探测到 Ldr(线性退偏振比)、CC(相关系数)、Φdp(双程相位差)和 Kdp(单位路径相位差)参量。结合回波强度等信息,这些参量可用于综合判别目标物特性,不仅可判别出雨、雪、冰雹、高空飞翔的昆虫、地物等目标,还可以提高降雨估测的精度。在不远的将来,我国的主流气象雷达将全部升级为双线偏振雷达。如想进一步了解双线偏振雷达方面的知识,可参考专业文献(如 Bringing 和 Chandrasekar, 2004, Polarimetric Doppler Weather Radar)。

(6)毫米波测云雷达

本节(3)已经提到,满足瑞丽散射的条件是目标粒子的需是小球形粒子,即 $\pi D/\lambda < 0.13$。对于波长较长的天气雷达,云粒子都可视作小球粒子,云粒子的散射是瑞丽散射,云粒子的后向散射能力(散射截面)与波长 λ 的四次方成反比,与粒子直径 D 的六次方成正比,如式(15.20),其中 K 表示云粒子的折射特性,一般视为常数(但与频率、温度及云粒子相态有关):

$$\sigma = \frac{\pi^5 |K|^2 D^6}{\lambda^4} \tag{15.20}$$

由于云粒子很小(典型直径 10 μm),所以,后向散射能力很弱。但式(15.20)表明,波长越短、云粒子的后向散射能量越大,回波信号越容易被雷达检测到。因此,在满足瑞丽散射的前提下,为了测云,尽可能选择波长短的雷达系统,以便达到小功率雷达测云的目标。目前常用的测云雷达波长为 8.6 mm(频率 35 GHz)和 3.2 mm(频率 94 GHz),随着微波器件技术的发展,未来可能研制更短波长的机载或星载雷达。

毫米波云雷达与厘米波天气雷达的差异主要是工作波长(频率)的不同,工作原理和分系统几乎是一样的,有简单的常规测云雷达、有多普勒测云雷达和双线偏振测云雷达。在扫描方式上,绝大多数云雷达都采用向上探测的模式,能够得到雷达上空不同时刻的云回波特性,这种回波图像被称为 THI(Time-Height Indicator)图像。

THI 与 RHI 图像很接近,只是横坐标的信息不同,一个表示时间,一个表示距离。(彩)图 15.10 所示的是南京信息工程大学毫米波雷达(波长 8.6 mm)探测的云回波图像(THI,纵坐标表示高度,横坐标表示时间),从图中可以看出,天空有两层云,云底高度在 6 km 左右的是雨层云,厚度约 1.5 km,回波强度在 −20~−10 dBz;云层在 10.5 km 的是高层云(卷云),厚度约 1.5 km,回波强度约为 −15~−25 dBz。图 15.11 是南京信息工程大学毫米波雷达观测的卷积云和降雨的 RHI 图像,40 km 处的强回波是降雨回波,由于毫米波的短波长(不适合探测尺度较大的雨滴)和严重衰减特性,造成了毫米波雷达的降雨回波比天气雷达的降雨回波更弱。

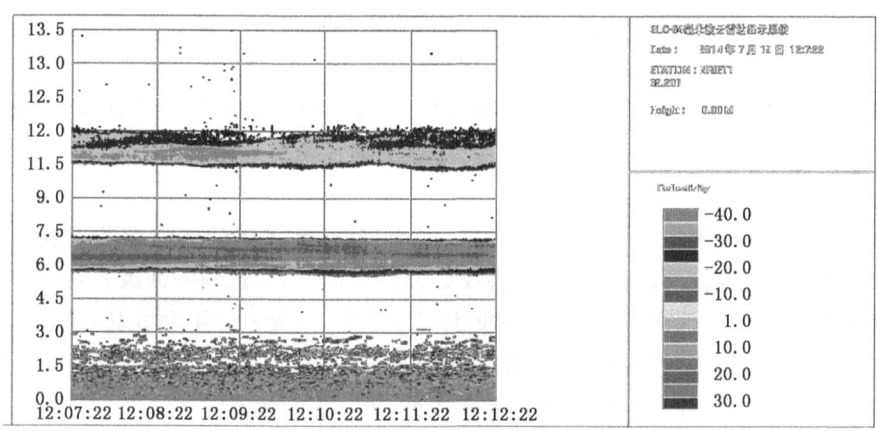

图 15.10　2014 年 7 月 19 日 12:07:22 的两层云回波(地点:南京信息工程大学)

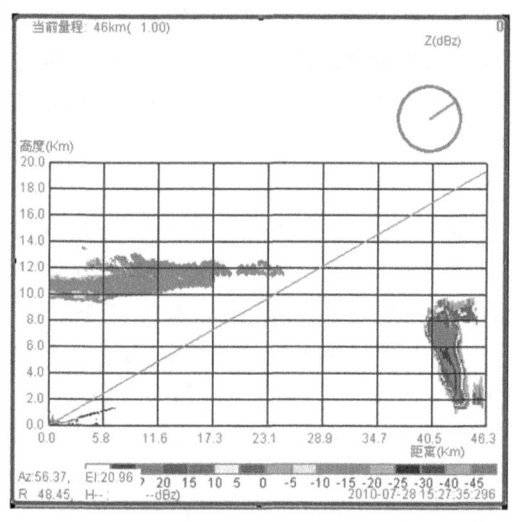

图 15.11　2010 年 7 月 28 日的卷积云和降雨回波(观测地点:广东阳江)

15.2 天气雷达资料的分析应用

(1)回波识别

根据雷达回波情况,可以进行降水天气的初步判断。比如,在哪里下雨?是对流性降水还是层状云降水?是否下雪或下冰雹?是否是大暴雨?未来发展趋势如何?目前,天气雷达成了临近预报的最有效工具。

雷达回波图像中,一般会给出雷达站的位置(或地名)、雷达回波的时间日期、探测距离、图像类别(强度回波或径向速度回波)等基本信息。对于强度回波,会给出 dBZ 值与色彩的对照表,如是径向速度,则会有速度方向(趋近雷达或远离雷达)、速度大小与色彩的对应关系。对 PPI 图像,则要注意仰角;对 RHI 图像,应当知道方位角;对 CAPPI 图像,不可忽视高度。有的雷达回波图像与地图背景叠加在一起,要注意辨别。

雷达站附近的建筑物会阻挡雷达电磁波的传播,使得雷达无法探测建筑物背后天气情况,造成阻挡盲区。远处山体会反射雷达电磁波,形成地物回波。与气象回波相比,地物回波位置基本固定不变,强度也相对稳定,高度一般不会太高,天线仰角抬高后,雷达电磁波会高过山体,则山体的回波消失。鸟群也有可能产生雷达回波,但与云降水回波会有所区别,利用双线偏振参量,可以识别出来。

下面给出一些有代表性的雷达回波。

1) 降雪回波

(彩)图 15.12 是降雪的强度回波。可以看到右半部的辅助信息,如时间、仰角等。西北方向的小缺口是地物阻挡造成的。图中回波强度超过 30 dBz 的区域很小,10~30 dBz 的回波范围大概有 100×130 km^2,回波强度的水平梯度比较小,回波的高度较低,符合降雪的回波特征。

2) 层状云降水回波

层状云降水在春季和冬季较多,其特点是下雨范围大、持续时间长、降雨强度小、回波强度分布比较均匀,回波的高度一般在 6~7 km。比降雪回波强一些、也高一些。在降水的稳定期或即将结束期,常出现回波强度明显高于周围回波的"零度 (0℃)层亮带",其高度大约在温度为零度的高度层附近。在 PPI 图上,表现为环绕雷达的亮环,如图 15.13a 中距雷达 40 km 的黄色(40 dBZ)圆环。在 RHI 上,则为近于水平的亮带。零度层亮带是由于高空的雪花及聚合体在零度层逐渐融化,导致复折射指数增大、"碰并增大"、形状渐变为"扁椭球",这些因素使回波逐渐增强(图 15.11b);再往下,因温度升高,雪花及聚合物几乎完全融化,含冰的粒子尺度逐渐变小、大水滴出现破碎、大水滴下落末速度增大引起雨滴数浓度减小,这些因素导

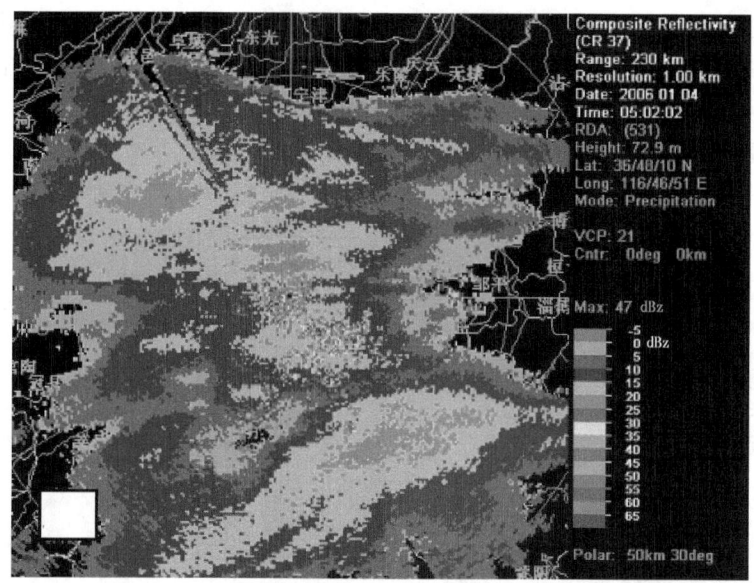

图 15.12 降雪的强度回波(2006 年 1 月 4 日 05:02,山东济南)

致回波变弱。因此,形成了所谓的"零度层亮带",这是层状云降雨回波中特有的现象。以上各种因素对"零度层亮带"的形成影响程度与云滴谱、雷达波长、有效照射体积以及环境因素有关。米散射谐振区后向散射截面随尺度因子的起伏特征也影响"零度层亮带"的具体表现。

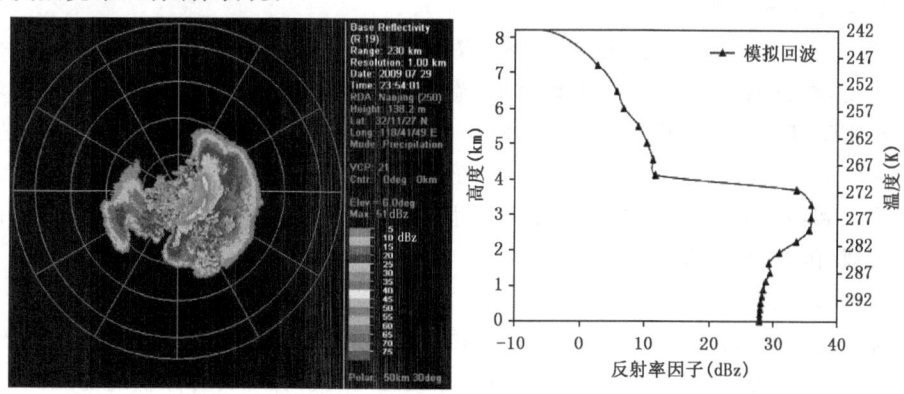

图 15.13 含有零度层亮带的层状云降水回波
(a)PPI,2009 年 7 月 29 日,23:54,南京,仰角 6.0°,距离 50km/圈;(b)垂直廓线

3) 强对流降水回波

(彩)图 15.14 是强对流天气回波一例,回波的水平尺度约 10 km,属于较小的对

流单体,垂直高度达 10 km,最大强度达 45 dBz,顶部尖耸,单体处于发展期,可能会发展成很强的单体,会带来短时大风、暴雨、甚至出现降雹。尺度较大、对流很强的对流单体其水平尺度可达几十千米,垂直高度也会超过 12 km,回波强度可达 60 dBz 以上。这种强对流天气一般出现在春夏季节的午后。

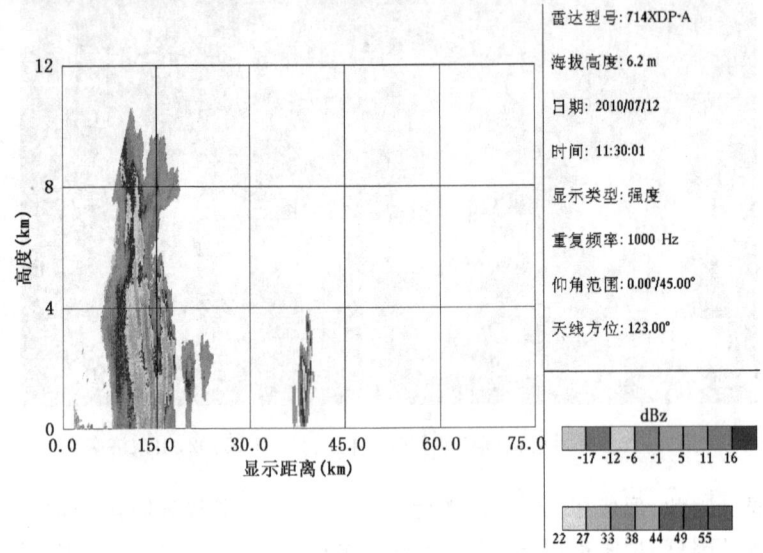

图 15.14　对流单体的 RHI 图像(2010 年 7 月 12 日中午,广东阳江)

4)雷暴天气回波

图 15.15 是雷暴天气的回波,从图中看出,在雷达站东北及广大的南部地区有局地大暴雨,在我国的华南、四川等地常见,春末和夏季较多,容易在傍晚至清晨出现。常伴有雷鸣、闪电,会出现很强的阵性降雨,在山区,可能造成山洪和泥石流等灾害。这种天气的回波特点是小尺度的强回波,经常达到 45dBz 以上,成孤立块状分布,回波的生长和消亡过程较快,会出现此亡彼生的现象,回波的移动速度也较快,伴有局地性大风、闪电、暴雨天气。

5)冰雹回波

降雹是最剧烈的对流天气现象,(彩)图 15.16 中,D 处是降雹区。由于冰雹比雨滴大,故具有很强的散射能力,形成如下一个或几个特征:(a)含有冰雹的区域回波很强(如图 15.16 中红色区域);(b)在 RHI 上,可能出现如图 15.16 中 A 处那样的弱回波,弱回波区位于冰雹区域上方并向雷达倾斜,这是因为当天线抬高仰角时,冰雹对天线旁瓣能量产生了后向散射而形成回波(称为旁瓣回波);(c)可能出现如图 15.16 中 B 处的辉斑(flare),又称为三体散射(Three-body Scattering Spike),它出现在冰雹强回波区的后面,与冰雹强回波的连线指向雷达,辉斑长度与大冰雹的高度、大小

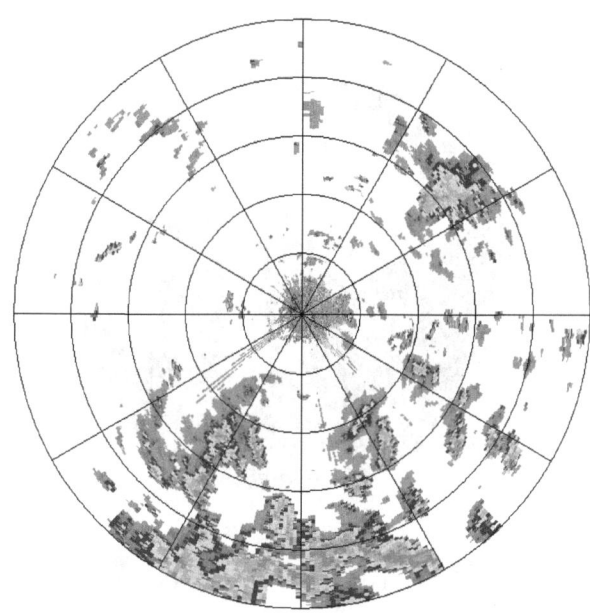

图 15.15　雷暴天气(强对流)的 PPI 图像(2010 年 7 月 22 日凌晨,广东阳江)

有关;(d)在 PPI 图上,由于冰雹的强烈散射,导致向前传播能量的急剧衰减,会造成雷达探测不到大冰雹背后的降水,形成 PPI 图像上的"V"型缺口。

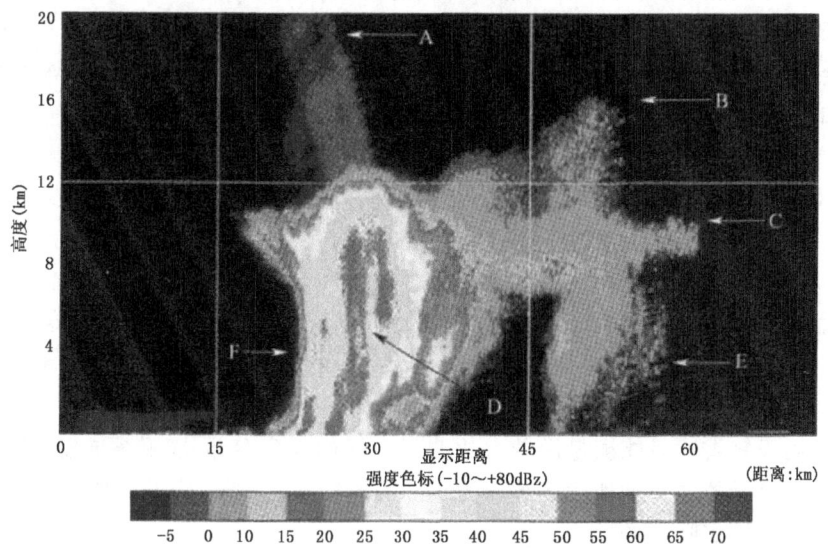

图 15.16　冰雹回波图像

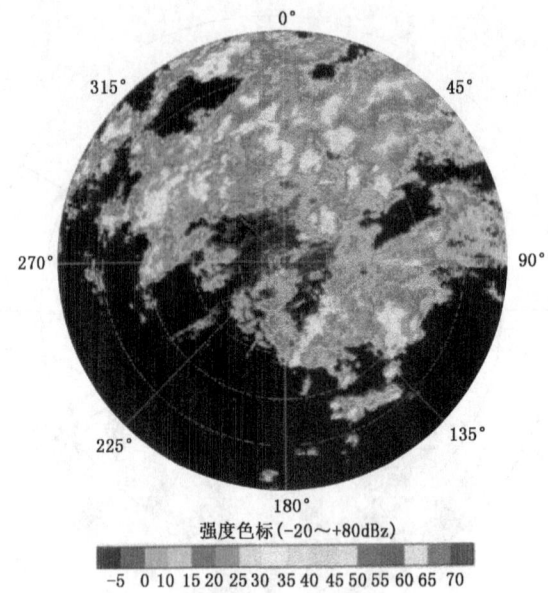

图 15.17 一次混合型降水的回波图像

6)混合型降水回波

混合型降水兼具层状云降水和对流性降水两者的特点,在层状云降水的背景下,混杂着一些对流性降水。降水区域大,持续时间较长,总体强度不大,回波强度大都在 35 dBz 以下,但分布着一些面积不大的强回波区域,强回波一般也在 45 dBz 左右,不会太强。由于对流回波的存在,使得降雨强度出现时强时弱的阵性变化。(彩)图 15.17 是北方地区夏季的一次混合型降水回波,回波呈絮状结构。

7)台风回波

台风是生成于洋面的强热带风暴,会伴随强风和大雨,是一种灾害性天气,我国的广东福建、台湾、浙江等沿海地带,每年都要经历几次台风过程。由于台风在行进过程中,具有强烈的旋转风,造成了雨带的旋转特性,图 15.18 中可以看出降雨回波具有明显的旋转结构。当台风登陆后,由于地面强烈的摩擦作用,这种旋转力会被削弱直至消失,旋转状的台风雨带则逐渐演变为一般的对流降水或混合性降水的特征。

(2)风场分析

多普勒天气雷达只能测量沿着雷达波束轴线的速度分量,又称径向速度。因此不能直接把显示的多普勒速度场解释为实际的风场,这需要一定的训练,或需要通过反演技术来估计实际风场。

1)雷达径向风与实际风的基本关系

如图 15.19 所示,以雷达在均匀西风区域内观测为例,可以看出雷达在不同方位

第 15 章　天气雷达探测

图 15.18　台风回波

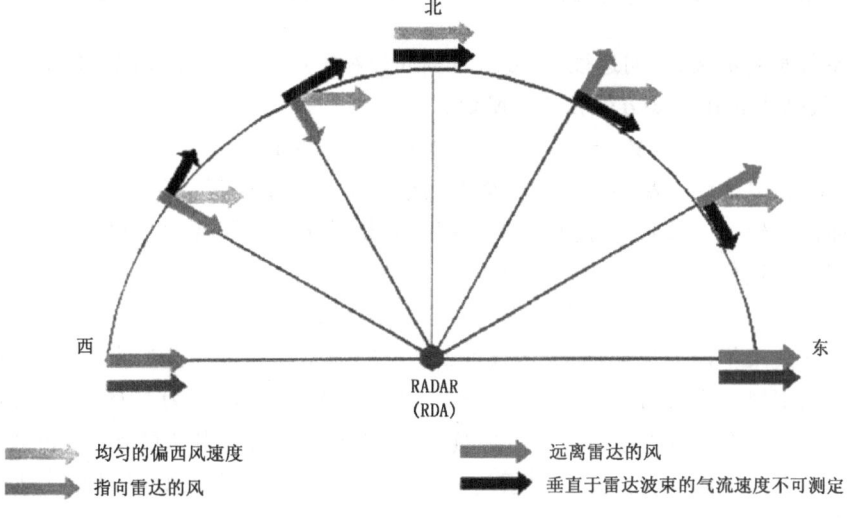

图 15.19　实际风与多普勒雷达测量的径向风之间的比较

上测到的径向风(绿色和红色风矢量)是不同的,只是在正对和面对实际风向时,测得的径向风与实际风(图中的灰色矢量表示实际风矢量)一致。当观测方位与实际风向垂直时,雷达测得的风速是零(如图中的正北方向)可见,雷达径向风与实际风场是有差别的。

2)平均风场的测量

在探测大范围降水时,天线以固定的仰角作 360°方位旋转,记录到固定距离上不同方位降水粒子群的径向速度,又称为速度—方位显示(VAD)。图 15.20 显示仰角为 7°时在 10 km 距离(对应高度 1.3 km)的实测 VAD 资料,径向速度随方位角近似于正弦变化。

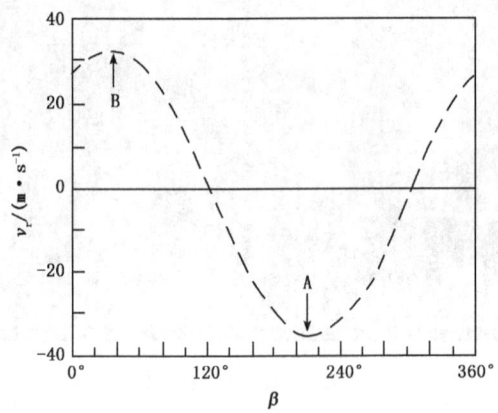

图 15.20 速度—方位显示(VAD)。仰角 $\alpha=7°$,10 km 距离(高度 1.3 km)

由径向速度定义,径向速度 v_r 可以表示成为水平风速 v_h、风向角 β_0、粒子下落速度 v_f、天线仰角 α 和天线方位角 β 的函数:

$$V_r = V_h \cos(\beta - \beta_0)\cos\alpha - V_f \sin\alpha \tag{15.21}$$

可见,当风向、风速均匀稳定时,V_r 就会出现象图 15.20 中的正弦(余弦)曲线。

假如仰角较小($\alpha<10°$),而且粒子下落速度相对于水平风速而言很小(可以忽略不计),则上式近似成为

$$V_r = V_h \cos(\beta - \beta_0)\cos\alpha \tag{15.22}$$

当雷达波束指向上风方向即 $\beta=\beta_0\approx210°$(图中 A 点)时,径向速度为负且最小;当波束指向下风方向即 $\beta=\beta_0\pm\pi\approx30°$(图中 B 点)时,径向速度为正且最大。因此,由 VAD 显示出的最小值点(A 点,一般规定负速度表示朝向雷达的运动)和最大值点(B 点,一般规定正速度是指背向雷达的运动)所在的位置就可以估计出水平风的大小和方向。

由以上讨论可见,在满足一定的观测条件(风向、风速均匀稳定,粒子下落速度较

小,低仰角扫描)情况下,可以由单部多普勒天气雷达 VAD 观测获得水平风向风速。甚至由式(15.22)在一定的假设前提下,可以由单部多普勒天气雷达进行多角度观测来取得水平风的两个分量和降水粒子的垂直运动速度。然而实际风场随空间的多变情况增加了由单部多普勒天气雷达取得水平风场和三维风场的困难。人们探讨把两部天气多普勒雷达架设在两个不同的地方,同时对同一风暴进行联网扫描,如图 15.21,那么由联网雷达得到的两个径向速度场,有助于推演出精确的水平场,从而克服了假定在风暴内部风场是均匀的和时间上是稳定的限制。在理论上,用三部天气多普勒雷达架设在三个不同的地方,同时对同一风暴进行联网扫描,有可能解出代表降水粒子瞬时运动特征的三个分量(水平风速 V_h、风向角 β_0、粒子下落速度 V_f)。但由于取样空间和取样时间难以统一的问题,两部或三部多普勒雷达联合反演风场的方案仍有一定的局限性。

尽管单部多普勒天气雷达观测具有上述局限性,直接利用单部雷达的径向速度资料,仍然可以获得很有价值的天气信息。

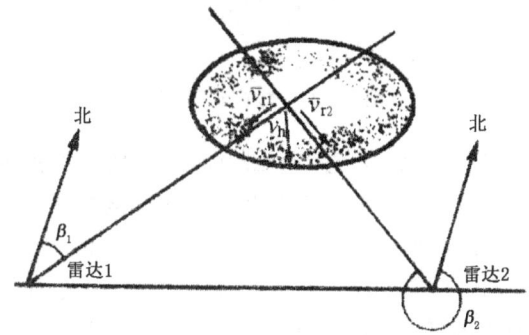

图 15.21　两部天气多普勒雷达对同一风暴进行联网"共面"扫描

3) 风场个例分析

(彩)图 15.22 是一幅比较简单的实际的径向速度 PPI 图。图中,绿色是负速度,代表朝向雷达;暖色是正速度,代表远离雷达;白色代表"零速度",几乎是呈西北—东南走向的直线。零速度线区域表明粒子群运动为静止或方向垂直于天线的指向,故实际风向应该与"零速度"线垂直,所以,图 15.22 中的风向应该是西南—东北向,因此,图中是西南风。"零速度"线呈"直线",表明风向几乎是不随高度变化。

(3) 降水测量

人们希望利用雷达测量雷达站周围降水强度的分布。降水是气象观测的一个重要项目,虽然每个气象台站都记录地面的雨量或雨强情况,但台站之间的距离太远,站点稀疏,很难准确地反映中小尺度天气系统降雨的空间分布情况。天气雷达具有很高的空间分辨率,能够测量 1 km² 格点上的降雨情况,而且每 6 分钟就可以获得半

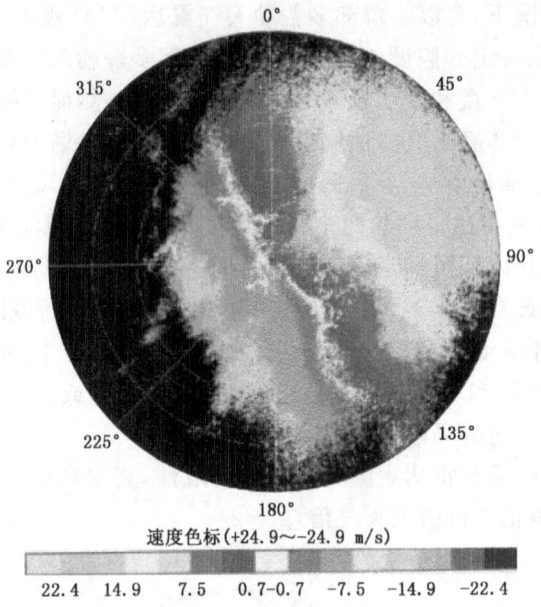

图 15.22 径向速度图

径 150 km(新一代多普勒天气雷达是 230 km)范围内所有格点的资料,远比收集地面雨量数据方便、及时。所以,利用天气雷达进行降雨测量是值得开展的工作,测量降雨成为天气雷达的一个重要应用方面。

雷达测得的反射率因子 $Z(\mathrm{mm}^6/\mathrm{m}^3)$ 和雨强 $I(\mathrm{mm/h})$ 之间有一定的联系。在一定的假设下,雷达反射率因子 $Z(\mathrm{mm}^6/\mathrm{m}^3)$ 和雨强 $I(\mathrm{mm/h})$ 之间有如下形式的关系:

$$Z = aI^b \text{ 或 } I = \alpha Z^\beta \tag{15.23}$$

称此为 $Z-I$ 关系。其中 a、b(或 α、β)分别是系数和指数。实际中,不同的滴谱、不同的粒子形状、不同的雨滴下落速度等,都可以导致 $Z-I$ 关系中 a、b 不同。表 15.5 给出一些代表性研究结果。过去经常将 a 设为 200,b 设为 1.6。新一代天气雷达的软件系统中,a、b 的缺省值分别为 300 和 1.4。

表 15.5 $Z-I$ 关系中 a、b 的几组参考数据

数据来源	降雨类型	a	b
Marshall 和 Palmer (1948)	层状云降雨	200	1.6
Fujiwara (1965)	雷暴天气	486	1.37
Joss 和 Waldvogel (1990)	层状云降雨	300	1.6
Rosenfeld 等 (1993)	热带降雨	250	1.2

有了 Z—I 关系,可以把雷达测量的反射率因子 Z 直接换算为雨强 I。降雨量是对雨强 I 进行时间积分而得到的

$$R = \int_{t_1}^{t_2} I(t) \mathrm{d}t \tag{15.24}$$

其中 $t_1 \sim t_2$ 为降雨发生的时段。在实际应用中,将上式转化为求和形式

$$R = \sum_{k=0}^{N-1} I(t_1 + k \times \Delta t) \Delta t, \qquad N = \frac{(t_2 - t_1)}{\Delta t}$$

Δt 为获得一次雨强资料的时间间隔。例如,新一代多普勒天气雷达完成一个体扫大约需要 6 分钟,因此,回波强度或雨强的资料密度是 6 分钟一次,如果用这样的体扫资料进行降雨量的测量,则 $\Delta t = 6$ 分钟。若计算一小时的雨量,则上式中 $N=10$;若降雨过程延续 142 分钟,则在计算降雨过程的总降雨量时,$N=24$。

新一代天气雷达中与降雨量有关的产品是:一小时降雨量、三小时降雨量以及一次降雨过程的总降雨量。这三个产品可以利用 PUP 操作,得到所需的降水量分布情况。(彩)图 15.23 给出了一个过程总降水量分布资料示例。

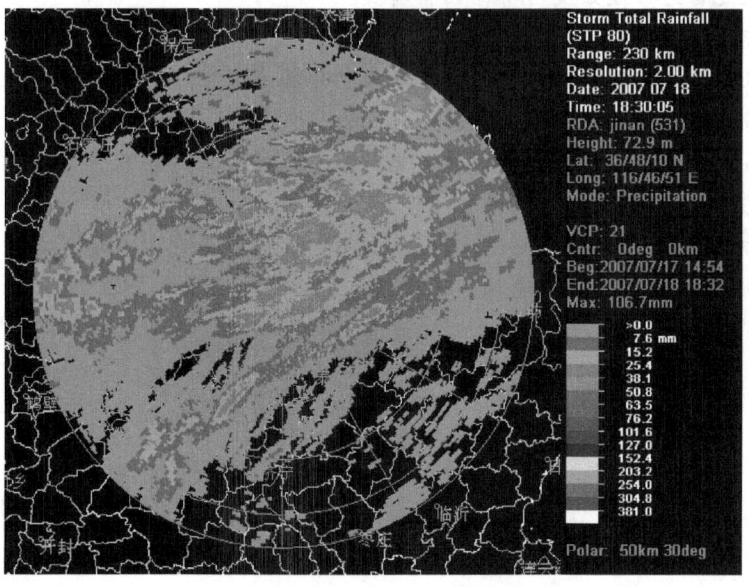

图 15.23 雷达测量的过程总降雨量

由于 Z—I 关系的不确定性以及雷达测量的 Z 值误差,利用 Z—I 关系进行降雨测量时可能会出现较大的误差。这是雷达测量降雨中存在的问题。为了提高雷达测量降雨的精度,通常采用地面雨量计的测值进行校正,能够有效地减小雷达测量的偏差,另外,采用新型的双线偏振雷达探测数据,也能一定程度地提高降水测量的精度。

除了探测云和降雨回波外,新型气象雷达(双线偏振气象雷达、风廓线雷达)还可

以用于冰雹探测、龙卷风和冻雨等灾害性天气系统的探测,在天气预报、气象减灾和航空航天等领域发挥着重要的作用。

雷达气象学的内容是利用气象雷达探测的回波信息研究气象问题,涉及气象雷达、回波信息处理和降水系统等知识。根据雷达回波情况分析降水系统、做出气象灾害预警和短时预报,是雷达气象工作者的主要任务。为了使读者系统地学习雷达和气象的相关知识,下面列出了几本主要参考文献,它们是有代表性的教材和专业书目,基本能够满足读者扩充专业知识的需要。

习题

1 天气雷达是如何确定降雨云体的空间位置的?
2 天气雷达主要由哪几个模块组成?各模块的主要作用是什么?
3 天气雷达的最大探测距离主要受哪些因素制约?
4 天气雷达有哪些扫描模式,各模式的主要探测目的是什么?
5 天气雷达回波强度与哪些因素有关?
6 使用毫米波雷达测云的主要原因是什么?
7 双线偏振雷达能获得目标粒子的哪些偏振参量?
8 多普勒天气雷达的测速原理是什么?
9 多普勒天气雷达探测的风速数据与实际风有什么关系?
10 天气雷达定量测量降雨的原理是什么?
11 对流性天气系统的回波有哪些主要特点?
12 如何根据雷达回波进行临近预报?

第 16 章 激光雷达探测

激光雷达(Lidar, light detection and range)也是获取大气参数廓线信息的重要仪器。激光雷达测量具有高时空分辨率的特点，能够在复杂的电磁环境下进行观测，并且具有从地面到 100 多千米整个区间的观测能力，是常规观测和被动遥感手段的一个很好补充。激光雷达不仅能够直接测量气溶胶和云信息，而且由于不同的大气成分与激光具有不同的相互作用过程，回波信息也不同，激光雷达通过接收回波信号就能够获取大气的相关参数，如温度、湿度、压强、风场、污染气体含量、高空金属离子含量等。

地基激光雷达可以测量几米、几秒内大气参数的时空变化，星载激光雷达网络可以实现对整个地球进行数年的观测。激光雷达可用于湍流和包括水循环和臭氧变换在内的边界层日循环研究以及示踪气体排放速率和浓度方面的研究。通过激光雷达的臭氧观测数据，证实了臭氧层空洞的存在。极地同温层的不同云具有不同的散射特点，因此，激光雷达还可用于极地同温层云的分类研究。带有偏振信息的激光雷达则可以通过激光的退偏信息，获取云中水的相态。火山喷发后同温层气溶胶、沙尘气溶胶、森林大火造成的烟雾的含量和输运过程，也可以利用激光雷达进行探测和研究。通过探测大气中间层金属粒子的特性，可以获得高空风场和重力波信息，荧光激光雷达可用于这项研究。就工作平台而言，目前激光雷达除了传统的地基、机载外，美国已经实现了激光雷达的星载计划(CALIPSO)，欧空局也正在研制更为复杂的星载多普勒激光雷达测风系统(ALADIN)。

16.1 激光雷达的结构与工作原理

16.1.1 激光雷达的基本组成

激光雷达最主要的组成部分包括：激光器、接收望远镜、光电转换/探测器、数据采集器和电源等部分组成，如图 16.1 所示。激光雷达遥感的基本原理是激光与气体分子及悬浮在大气中的颗粒物(气溶胶)进行相互作用，系统同时接收作用后的激光信号，通过分析回波信号反演待测的大气参数。具体工作时，激光雷达将激光器产生的激光脉冲经扩束压缩发散角后发射到大气中，激光遇到待测气体分子时产生散射。气体散射一般是向 4π 方向的，则一小部分激光能量沿着散射方向被接收器(望远镜)接收。望远镜的接收视场角一般由小孔光阑控制，使其稍微大于激光发散角。接收到的激光能量传输到光电探测器,通常为光电倍增管,光信号被转换为电信号,电信号被数据采集系统记录,数据采集系统记录的数据序列包含有不同的距离信息。对激光雷达而言,接收到的后向散射光来自不同的距离。由于激光从距离较远处的目标返回到接收器需要一定的时间,在光速为已知条件下,利用从发出激光到接收到返回光的时间间隔就可以确定散射体与激光雷达之间的距离。

随着激光雷达技术的发展,不同测量目的的激光雷达又有各自不同的组成部分,如使用光谱信息的激光雷达(多普勒激光雷达、转动激光雷达、荧光激光雷达)必须包含光谱分析仪,用于污染气体测量的差分吸收激光雷达必须包含两个波长的发射激光,用于云退偏振测量的偏振激光雷达必须包含有偏振器。

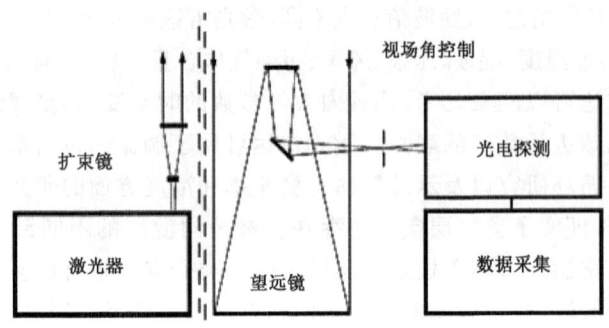

图 16.1 激光雷达的基本组成

16.1.2 激光雷达方程

激光雷达方程最简单的形式可写成

$$P(R) = KG(R)\beta(R)T(R) \tag{16.1}$$

方程左边 $P(R)$ 为从距离 R 处接收的功率,右边前两个因子之积 $KG(R)$ 完全由雷达设备参数(如激光发射功率,脉冲宽度,波长,接收望远镜的口径面积等)和距离决定,可以通过实验确定。方程右边的后两个因子 $\beta(R,\lambda)$ 和 $T(R)$ 分别称为后向散射系数和消光因子,它们包含了大气的相关信息。

大气中,激光被空气分子和气溶胶粒子散射,后向散射系数 $\beta(R,\lambda)$ 可表示为分子和气溶胶粒子的后向散射截面之和:

$$\beta(R,\lambda) = \beta_m(R,\lambda) + \beta_a(R,\lambda)$$

公式中的下标 m 和 a 分别代表空气分子和气溶胶。分子散射,大部分是氮气分子和氧气分子散射。如果由地面雷达观测高空大气,随着高度增加,空气密度减小,分子散射也随之减小。

消光因子 $T(R)$,表示激光能量在雷达与散射体之间往返的路程上的损失。消光因子 $T(R)$ 在 0~1 之间取值,可由下式表示

$$T(R,\lambda) = \exp\left[-2\int_0^R \sigma(r,\lambda)\mathrm{d}r\right]$$

式中,$\sigma(r,\lambda)$为消光系数,由激光传输路径上空气分子和气溶胶的状态决定。把上式中的定积分$\int_0^R \sigma(r,\lambda)\mathrm{d}r$称为大气光学厚度。

激光雷达一般接收的能量用光子数表示,通常把激光雷达方程式(16.1)写成为(Walther,2005)

$$N(R) = \frac{E_0}{h\nu}\frac{A}{(R\sec\varphi)^2}\eta_0\beta(R)\Delta r\sec\varphi\exp\left[-2\int_0^R \sigma(r)\mathrm{d}r\sec\varphi\right] \quad (16.2)$$

式中,$N(R)$为高度R处接收到的光子个数,A为接收望远系统的面积,R是垂直高度,Δr为垂直方向上探测高度分辨率,η_0为光学效率,E_0为发射激光单脉冲能量,$h\nu$为单光子能量,φ为发射激光仰角,$\sigma(r)$为高度r处的大气消光系数,包括气溶胶和气体分子的消光。

16.2 激光雷达的应用

16.2.1 气溶胶探测

将大气看成由气溶胶粒子和空气分子两部分构成。当气溶胶浓度较小,空气分子对消光的影响将不能忽略。这时,认为大气消光系数或后向散射系数是由空气分子和气溶胶粒子两部分共同产生,在此理论基础上,Fernald给出了Mie散射激光雷达方程反演气溶胶光学特性的解法(Fernald,1984)。定义在距离R处,气溶胶消光系数$\sigma_a(R)$与后向散射系数$\beta_a(R)$之比为$S_a(R)=\sigma_a(R)/\beta_a(R)$,空气分子消光系数$\sigma_m(R)$与后向散射系数$\beta_m(R)$之比为$S_m(R)=\sigma_m(R)/\beta_m(R)=8\pi/3$,则在任一参考高度处以下和以上各高度上的气溶胶粒子消光系数可分别由以下二式反演:

$$\sigma_a(R) = -\frac{S_a}{S_m}\sigma_m(R) + \frac{X(R)\exp\left[2\left(\frac{S_a}{S_m}-1\right)\int_R^{R_f}\sigma_m(r)\mathrm{d}r\right]}{\dfrac{X(R_f)}{\sigma_m(R_f)+\dfrac{S_a}{S_m}\sigma_m(R_f)} + 2\int_R^{R_f}X(r)\exp\left[2\left(\frac{S_a}{S_m}-1\right)\int_R^{R_f}\sigma_m(r)\mathrm{d}r\right]}$$

(16.3)

$$\sigma_a(R) = -\frac{S_a}{S_m}\sigma_m(R) + \frac{X(R)\exp\left[-2\left(\frac{S_a}{S_m}-1\right)\int_R^{R_f}\sigma_m(r)\mathrm{d}r\right]}{\dfrac{X(R_f)}{\sigma_m(R_f)+\dfrac{S_a}{S_m}\sigma_m(R_f)} - 2\int_R^{R_f}X(r)\exp\left[-2\left(\frac{S_a}{S_m}-1\right)\int_R^{R_f}\sigma_m(r)\mathrm{d}r\right]}$$

(16.4)

其中，$X(R)=P(R)R^2$ 为距离修正的大气回波信号强度，假设参考高度 R_f 处气溶胶粒子的消光系数 $\sigma_a(R_f)$ 和空气分子的后向散射系数 $\sigma_m(R_f)$ 为已知量。

式(16.4)用于根据低空激光雷达弹性散射信号计算气溶胶的光学性质，因此，一般米散射激光雷达均具有气溶胶的探测能力。(彩)图 16.2a 为上海浦东 2008 年 7 月份微脉冲激光雷达(MPL)观测的气溶胶消光系数在 4 个时次的日平均廓线(杨晓武，2005)。从图中可以看出，在 500 m 高度以上，夜间 02:00 达到最小，早上 08:00 气溶胶消光比较小，然后逐渐增加，到中午 14:00 达到最大，而在低层 500 m 以下消光系数在夜间最大、14:00 前后最小。这可能是由于白天日出后太阳辐射的加热作用引起大气升温，大气稳定度减弱，对流加强，抬高了大气气溶胶的分布，导致近地层气溶胶消光系数减小；大气夜间降温冷却，对流减弱，气溶胶由于重力沉降到低层，导致上层气溶胶消光系数减小、近地面层气溶胶消光系数较大。

(彩)图 16.2b 为 2008 年 12 月 1 日到 2 日上海地区出现持续的雾霾天气过程期间的 MPL 观测气溶胶消光系数廓线的时间序列。从图中可以发现，从 12 月 1 日 2:00 开始到 12:00，在 0.6~1.8 km 有较大的消光系数区，边界层顶为 1.8 km 左右；经白天演变发展，边界层顶高度在午后达到 2.4 km 左右，且此高度一直持续到 2 日。由图可以看出，在 1 日的 13:00 到 20:00，2 日的 12:00 到 22:00 都有一个垂直中心位于 1 km 左右、持续时间较长的消光系数高值区。从地面气象观测记录上看，上海地区 12 月 1 日多个站点在 08:00、20:00 和 23:00 出现轻雾或灰霾天气。

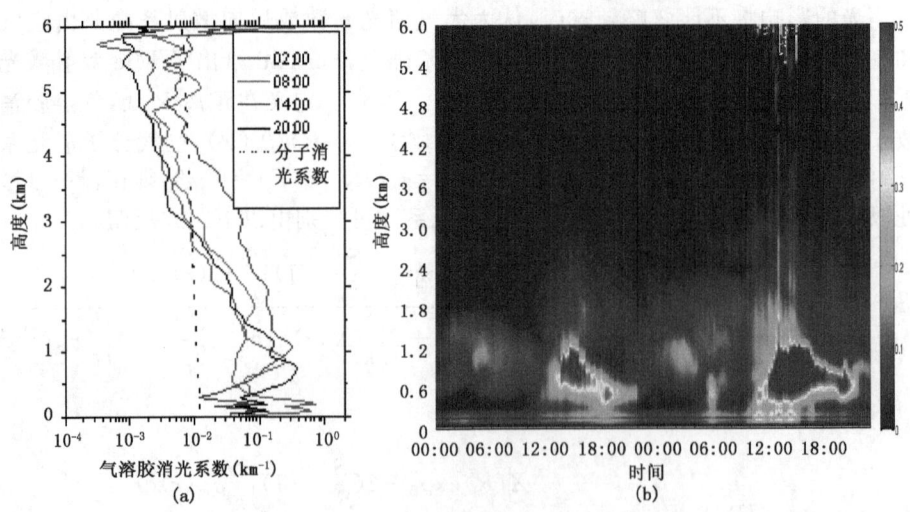

图 16.2 上海浦东 MPL 激光雷达气溶胶消光系数测量结果
(a) 2008 年 7 月各观测时次日平均廓线；(b) 2008 年 12 月 1—2 日廓线时序图

16.2.2 大气风场探测

当光源和观测者相对运动时,观测者接收到的光波频率不等于光源频率,这就是光的多普勒效应。当频率为 ν 的单频激光穿过大气时,随风运动的大气尘埃、气溶胶以及大气分子发生光散射,测得的多普勒频移 $\Delta\nu$ 与散射物 P 运动速度 V 成正比。因此,由多普勒频移就可以得到运动物体的速度。对于一般的激光雷达系统,激光发射源和接收系统在同一个位置,则激光多普勒频移为:

$$\Delta\nu = 2\frac{V\cos\theta}{c}\nu = \frac{2V\cos\theta}{\lambda} \tag{16.5}$$

式中,$V\cos\theta$ 就是视线方向风速。激光雷达系统中要求至少获得两个不同方向的视线风速才能得到水平风速矢量。使用激光雷达进行风场测量有两种方法:相干探测技术和直接探测技术。相干探测技术将本地激光与包含多普勒频移的气溶胶散射信号进行拍频得到中频信号,并进行采样、傅里叶变换从而得到风速。利用高分辨光学滤波器直接接收信号光谱,分析多普勒频移、测量风速,称之为直接探测技术。目前直接探测主要包括两种方法,边缘技术和条纹技术。

相干测风激光雷达使用大气气溶胶的米散射信号,考虑到激光相干波长对光学系统的要求以及目前光通信波段激光器件的成熟性,相干测风雷达一般使用全光纤的方式构建(刁伟峰,2015)。全光纤相干多普勒测风激光雷达主要由激光雷达整机和显示控制计算机组成(图 16.3)。整机采用了模块化的设计,系统结构紧凑、体积小、重量轻、稳定性强、便于移动。系统通过计算机软件进行实时的监控工作,探测信号处理系统包含数据的采集和实时处理不同方位的径向风速,并在显示控制软件上显示。为了提高系统对环境的适应性并监控系统的稳定性,在设计与安装过程中采取了温度的控制措施,使得系统能够在正常的工作温度范围内长期稳定地进行风场

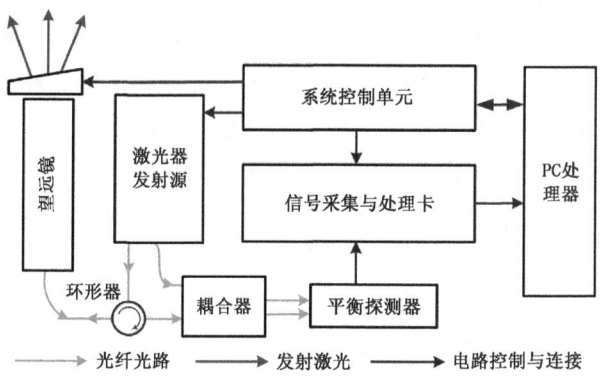

图 16.3 相干多普勒激光雷达

的探测。图16.4a为相干多普勒激光雷达探测结果与探空气球对比图,从图中可以看出,激光雷达探测结果与探空气球的偏差不超过10°,风向一致性很好,其相关系数为0.93。从图16.4b风速对比图中风速的最小偏差小于0.1 m/s,在400 m到550 m高度区间风速偏差相对较大,最大达到了0.8 m/s的偏差。整体的风速偏差均小于1 m/s,其相关系数为0.98。

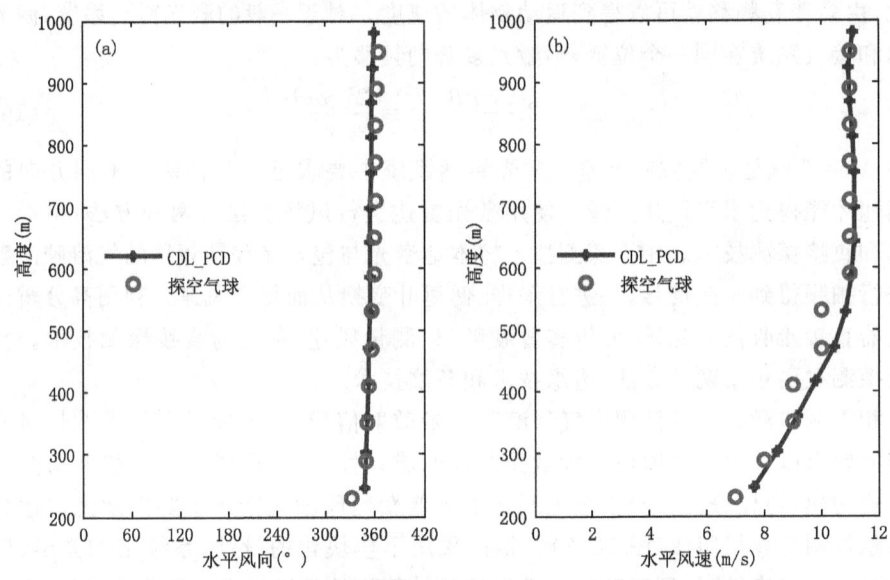

图16.4 相干多普勒激光雷达探测结果与探空气球对比

典型的双边缘技术测风激光雷达发射机采用种子激光注入稳频Nd：YAG激光器,产生重复频率为50 Hz、波长为1064 nm的激光用于基于气溶胶散射的大气风场测量。发射激光经过8倍扩束镜将发散角压至0.1 mrad,通过两个导光反射镜和望远镜副镜经由二维扫描系统以预设的方位角和天顶角指向大气被测区域。大气后向散射信号光由Cassegrain反射式望远镜接收并耦合到多模光纤,然后由多模光纤的另一端耦合进入接收机进行频率检测。发射激光在扩束之前,由分束片分出小部分作为参考光直接通过光纤耦合到接收机进行频率检测。由参考光与回波信号光的频率差值就可以得出径向风速的大小。进入到接收机中的光信号先经过准直镜,出来的平行光经过带宽为0.5 nm,中心波长为1064 nm的干涉滤光片后,被透反比为80/20的分束片分成两束。透射光入射到双F-P标准具的两个通道,出来的光信号由分光棱镜将两个通道的信号分开,再分别用Perkin-Elmer公司生产的两个Si:APD光子计数探测器接收;反射光束由分光棱镜从中间分成两束,也分别用两个Si:APD光子计数探测器接收,用于双F-P标准具两个通道对应的能量监测。光子探测器的输出信号进入到光子计数卡,再由计算机进行数据处理、存储以及风速反演和结果显示。激光雷达系统的所有单元,包括激光器控制、扫描仪控制、探测器的采集控制以及 F-P 标准具的 PZT 控制等均通过 RS232 串口由计算机控制。图 16.5 给出了水平风向和大小随距离的变化廓线,可以看出:地面风速在 5 m/s 左右,方向为东南风(−20°)。该结果和激光雷达附近铁塔上的风向标的测量结果一致(沈法华,2010)。

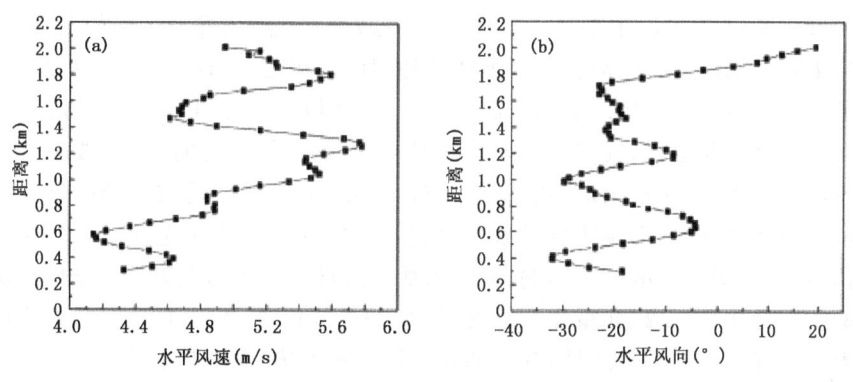

图 16.5　水平风速大小(a)和方向(b)廓线

16.2.3　温度探测

用于温度测量的激光雷达一般有瑞利雷达、振转拉曼、纯转动拉曼三种激光雷达。平流层中上部(25～30 km 以上)气溶胶含量很低,其米散射信号相对于大气分子的瑞利散射信号而言可以忽略,此时,可以近似认为大气回波信号仅包括瑞利散射信号。假设某一高度处大气密度已知,对激光雷达方程稍加变形,并根据激光雷达回波信号可以得到大气分子密度廓线:

$$N(z) = \frac{P(z) \times z^2}{P(z_0) \times z_0^2} \times N(z_0) \times \tau^2(z, z_0) \tag{16.6}$$

其中,$P(z)$,$P(z_0)$ 分别为对应高度上的回波强度,$N(z)$ 和 $N(z_0)$ 为对应高度上的分子密度,$\tau^2(z, z_0)$ 是 z 到 z_0 激光雷达的双程透过率。考虑理想气体状态方程和微分气压方程,

$$p(z) = kN(z)T(z)$$
$$dp(z) = -\rho(z)g(z)dz$$
$$\rho(z) = N(z)M \tag{16.7}$$

其中,$p(z)$ 为大气压强,k 为波尔茨曼常数,$N(z)$ 为大气分子密度,$\rho(z)$ 为质量密度,

M 为大气分子平均的物质量。则可以得到待求高度 z 处的温度为(Takashi,1986):

$$T(z) = \frac{T(z_c)N(z_c) + \frac{M}{k}\int_z^{z_c} g(z')N(z')\mathrm{d}z'}{N(z)} \tag{16.8}$$

其中,$T(z_c)$,$N(z_c)$ 为参考点的温度和大气密度。由式(16.6)、式(16.7)、式(16.8)可以根据瑞利散射信号计算大气温度廓线,参考点的选取要考虑两个问题:首先,由于向上积分会使误差累积,所以参考点一般选取在较高的点,具体数值,可以使用大气模式值或者卫星测量值;其次,要考虑参考点处的信噪比,参考点处的信噪比太低,会直接影响大气温度的反演精度。上述两种问题是相互矛盾的,在实际处理中,要注意兼顾两个方面对反演精度造成的影响。低于 30 km 处,由于大气的气溶胶含量随着高度的降低逐渐增多,气溶胶的弹性散射不能忽略不计,这时,由于瑞利信号受到气溶胶信号的污染,瑞利散射测温不再可行。利用大气的拉曼散射测温是另外一种大气温度测量手段,其中振转拉曼激光雷达由于接收的拉曼光与发射光的波长相差较大,更容易抑制弹性散射的影响,提高系统的信噪比。考虑到大气成分的含量和所占比例的稳定性,拉曼激光雷达一般使用 N_2 的拉曼信号,其反演温度的方法也与瑞利激光雷达有很大的相似之处,其区别在于激光雷达方程中透过率项必须写为发射激光与拉曼波长两部分并要考虑臭氧的影响(吴永华等,2004)。

$$N(z) = \frac{P(\lambda_{N_2},z) \times z^2}{P(\lambda_{N_2},z_0) \times z_0^2} \times N(z_0) \times \tau_m(\lambda_{N_2},\lambda_0,z,z_0) \times \tau_p(\lambda_{N_2},\lambda_0,z,z_0) \times \\ \tau_O(\lambda_{N_2},\lambda_0,z,z_0) \tag{16.9}$$

$P(\lambda_{N_2},z)$ 为氮气(N_2)分子拉曼散射信号强度,$\tau_m(\lambda_{N_2},\lambda_0,z,z_0)$、$\tau_p(\lambda_{N_2},\lambda_0,z,z_0)$、$\tau_O(\lambda_{N_2},\lambda_0,z,z_0)$ 分别为大气分子的透过率、大气气溶胶的透过率、臭氧的透过率,其中 $\tau_O(\lambda_{N_2},\lambda_0,z,z_0)$ 可以用探空资料、激光雷达资料或者是大气模式数值。利用式(16.7)、式(16.8)可以获取大气温度廓线。

图 16.6 中实线为 2008 年 11 月 25 日实测的大气温度廓线,点线为大气模式温度廓线。图 16.6a 为利用拉曼散射信号所测量的温度廓线,大于 16 km 处,由于收集到的光子个数的减少,测量温度误差较大,低空则主要是受到气溶胶的影响,温度误差较大,温度廓线在 10~16 km 处与模式数值吻合较好。图 16.6b 为利用瑞利信号所测的大气温度廓线,瑞利测量结果在 28~35 km 与带模式相差较大,最大为 5 K,再往高空,温度差别变小,特别是瑞利测温较好地反演出了逆温层的存在。需要指出的是,在瑞利信号的反演过程中,背景光子的扣除对低空影响较小,但对高空影响很大,因此,要进行合理的扣除背景。选 90~120 km 回波的平均光子个数为背景噪声,各个高度均减去该光子个数。参考高度的选取对瑞利测温也有很大的影响,由于向下反演是收敛的,因此,一般在信噪比可以忍受的情况下,可取需要测量的最高点

作为参考,该数值可以取自卫星测量值或大气模式。

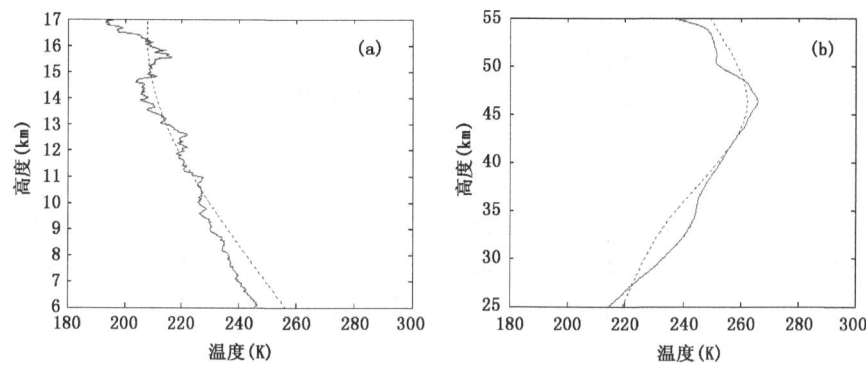

(a)拉曼激光雷达测量大气温度廓线　　(b)瑞利激光雷达测量大气温度廓线

图 16.6　激光雷达测量大气温度廓线

大气模式是大气参数长期观测的结果,是某气象参数长时期的平均值,具体到某一天其温度廓线真值未必与大气模式相同,特别是低空,温度廓线更是复杂多变,可比性更差。图 16.7 为 2008 年 11 月 25 日,AQUA 卫星 AIRS 探测器的温度测量数据,卫星观测点与激光雷达所在点相距 35.13 km。可以看出,拉曼测温数据与卫星测温数据能够很好地吻合,瑞利测温数据与卫星数据大部分吻合较好,在 30～45 km 温度误差较大。与卫星数据相比,激光雷达数据在 17～25 km 没有数据,这段是两种温度测量技术的盲区,以后对激光雷达系统与数据的研究将包含如何获取该段温度的问题。

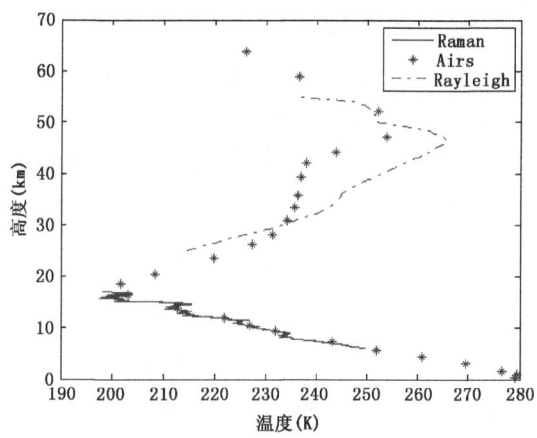

图 16.7　大气温度的激光雷达测量与卫星 AIRS 测量的结果对比

16.2.4 气体成分探测

二氧化碳是地球系统碳循环的重要载体,也是一种重要的温室气体。大气中的水汽同样也是一种不可忽略的气体,它是一种比二氧化碳更强的温室气体,并且大气水循环是全球生命的基础。平流层臭氧吸收了大部分的太阳紫外辐射,保护了包括人类的地球生物,也是平流层和中层大气的重要能量来源。大气臭氧的探测以及大气臭氧的高度分布特征和变化规律的研究,对于大气光化学、环境变化、气候模式和大气光学研究都有十分重要的意义。除二氧化碳、水汽、臭氧,人们还关心其他多种有害气体,如氮化物、硫化物等。差分吸收激光雷达可以用来高分辨地测量上述各种气体密度廓线。

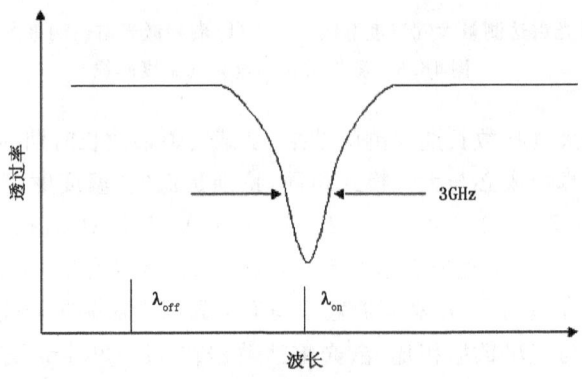

图 16.8 水汽差分吸收光谱

激光雷达的早期发展阶段,人们测量气溶胶的光学性质,只关心后向散射的强度信号,但不含光谱信息的散射信号,无法辨别待测气体的种类。随着激光技术的发展,市场上出现各种波长的、波长稳定的激光器,为差分吸收激光雷达发展提供了物质基础。设激光雷达系统发射两个波长的激光,如图 16.8 所示,其中一个波长的激光 λ_{on} 处在待测气体的高吸收光谱处,一个波长的激光 λ_{off} 处在待测气体的低吸收光谱处。则待测气体的含量可以表示为:

$$N = \frac{-1}{2\Delta\sigma}\left[\frac{d}{dR}\ln(\frac{P_{on}}{P_{off}})\right] \tag{16.10}$$

其中 N 为待测气体的浓度,$\Delta\sigma$ 为待测气体对两种波长的激光的吸收截面的差,P_{on} 为系统接收到 λ_{on} 激光的功率,P_{off} 为系统接收到的 λ_{off} 激光的功率。

图 16.9a 为 NOAA 用于水汽测量的差分吸收激光雷达,其发射波长为 823 nm,测量的相对为误差为 ±5%,由于水汽的吸收光谱很密,对激光器的各项参数要求较高,要求激光的频率稳定度为 0.45 pm,光谱线宽为 400 MHz,光谱纯度高于 99.5%

(Machol 等,2004)。系统使用分布反馈式激光器,它是不采用解理面或抛光面来实现产生激光所必须的反馈作用的一种激光器,而是把半导体激光二极管的波导制成折射率周期性变化的皱折结构来实现反馈式激光器。反馈式激光器波长可以由温度调节,籍此实现 λ_{on}、λ_{off} 两个波长的激光输出,该激光器的调节速率为 60 pm/℃。由于通过温度调节波长需要一个升温或者降温的过程,耗时较长,一般通过调节激光器的电流控制波长,其调节速率为 5.5 pm/mA。激光器的各项参数如下:为了将激光波长锁定在高吸收波长处,利用标准具使用边缘方法,将激光锁定在水汽吸收池的高吸收波长处,该标准具的构造、作用与多普勒测风激光雷达中的标准具相似,使用该标准具,激光波长的漂移可以控制在 10 MHz 范围内。激光雷达系统工作时,发射 λ_{on} 的激光 45 秒,然后,将激光器电流改变 8 mA,激光波长改变 44 pm,发射激光波长变为 λ_{off},即可获取水汽的浓度廊线。图 16.9b 为该系统测量的水汽含量与探空值之间的对比,可以看出两廊线吻合较好。

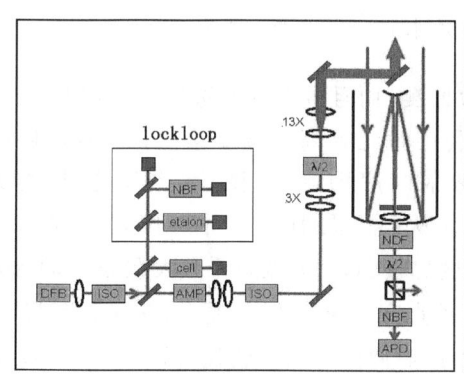 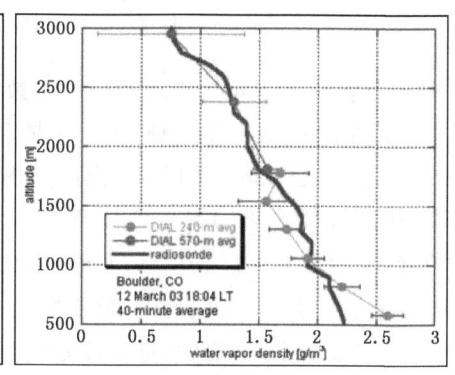

(a)NOAA 激光雷达系统光路图　　　　　(b)水汽廊线测量结果

图 16.9　NOAA 水汽测量差分吸收激光雷达及测量结果

16.2.5　激光云高仪在气象探测中应用

激光云高仪是一种比较简单的弹性散射激光雷达,但为了适应气象观测的要求,激光云高仪应具有一般室外气象仪器观测的环境适应性,包括高低温、防雨、防雾、信号远程传输等。激光云高仪的首要功能是连续探测云高数据,在可以穿透的情况下可以得到多层云底高度。目前,国内外多个厂家均能提供适用于气象观测的激光云高仪观测设备。(彩)图 16.10 给出降雨过程中云高的变化时序图,地面观测表明降水发生在 15:30 左右,从激光雷达信号上也可以看出,在 15:19 附近,较强信号从地面到云底一直都存在,是典型的降水发生的基本特征。在降水发生前几个小时,云底高度逐渐降低,而在降水发生后几个小时,云底高度逐渐上升,并且降水前后云底高度均达到了 7 km 以上。

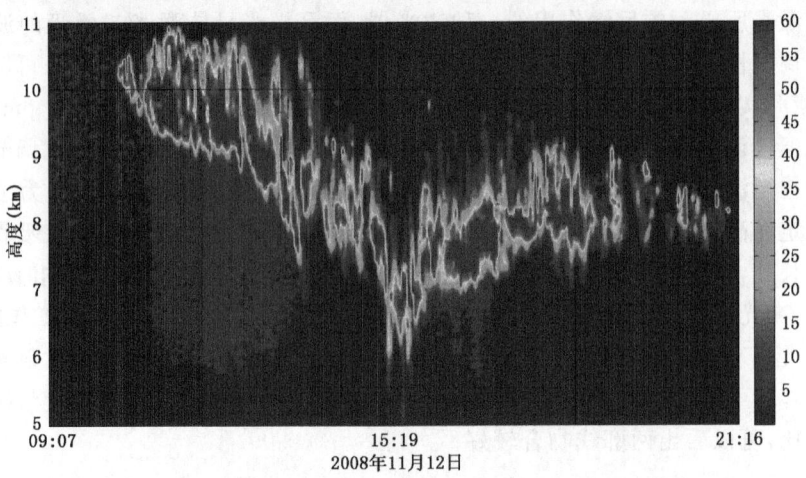

图 16.10　激光云高仪监测到的卷云云高变化过程

激光云高仪不但可以实现对云的有效监测,而且可以反演边界层气溶胶光学信息(卜令兵等,2014)。(彩)图 16.11a 是利用激光云高仪数据给出的 2013 年 1 月 13—15 日南京北郊地区的气溶胶后向散射时序图,(彩)图 16.11b 是对(彩)图 16.11a 中雾霾较严重的局部区域放大图。从(彩)图 16.11a 中可以看出,在 13 日 12:00 至 14 日 0:00 时气溶胶后向散射强度比较弱,后向散射系数大致为 0.01 km^{-1} srad^{-1},而且空间分布比较均匀,分析发现垂直变化率在 20% 左右,此时处于轻微霾天气。14 日凌晨 3:00 之后,近地面处气溶胶后向散射强度明显增强,结合局部放大的(彩)图 16.11b,可以明显看出此时气溶胶都堆积在近地面处,后向散射系数的垂

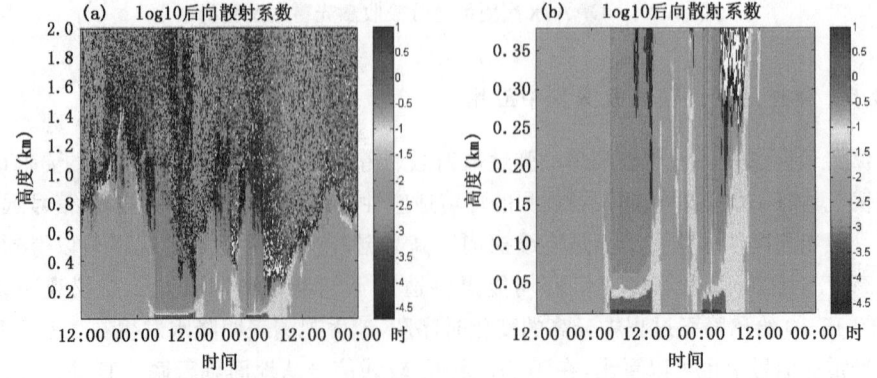

图 16.11　2013 年 1 月 13 至 15 日南京北郊气溶胶后向散射系数时序图(a)及局部放大图(b)

直变化率最高达到 90%,气溶胶空间分布极不均匀,主要分布在近地面几十米范围内,属于典型的雾天气过程。中午 12:00 之后,气溶胶后向散射强度逐渐减弱,在垂直方向上的变化也比较均匀。到 15 日 00:00 之后气溶胶后向散射强度又一次开始增强,气溶胶垂直分布变得不均匀,但在早晨日出后后向散射强度又开始逐渐减弱,这期间处于雾、霾混合的天气过程。15 日 08:00 之后气溶胶后向散射强度逐渐减弱至 0.01 $km^{-1}srad^{-1}$ 左右,并且后向散射强度在垂直范围内没有较大的波动,气溶胶在空间上分布均匀,气溶胶高度层也被逐渐抬升至 1 km 左右,恢复到轻度霾天气。

图 16.12 是气溶胶消光系数廓线图,主要是从轻微霾到重度雾霾再到雾霾开始消散的三个阶段的气溶胶垂直廓线。从图中可以看出,气溶胶垂直结构在雾霾天气中发生的变化。1 月 13 日 09:00 和 14:00 在 1 km 以上有很强的消光作用,主要是因为在 1 km 以上有云。1 月 14 日为雾霾天气时段的消光系数垂直变化图,可以看出,气溶胶消光层降至 200 m 以下,04:00 时的消光强度最强,且高度在 100 m 以下,结合图 16.12b 和图 16.12c 可知,雾霾分层现象显著,垂直方向没有明显的大气交换,而且相对湿度在 90% 左右,霾粒子吸湿下沉,近地面又基本处于无风状态,气溶胶都堆积在近地面处,无法扩散。图 16.12c 为 1 月 15 日雾霾逐渐消散时段的气溶胶垂直廓线图,从图中可以看出早上 07:00 最强消光层还在 200 m 左右,到 10:00 时已经被抬升到 400 m 以上,主要是因为该时段内风速增大,加强了对流运动,垂直风切变基本消失,气溶胶得到了扩散,雾霾也开始逐渐消散。

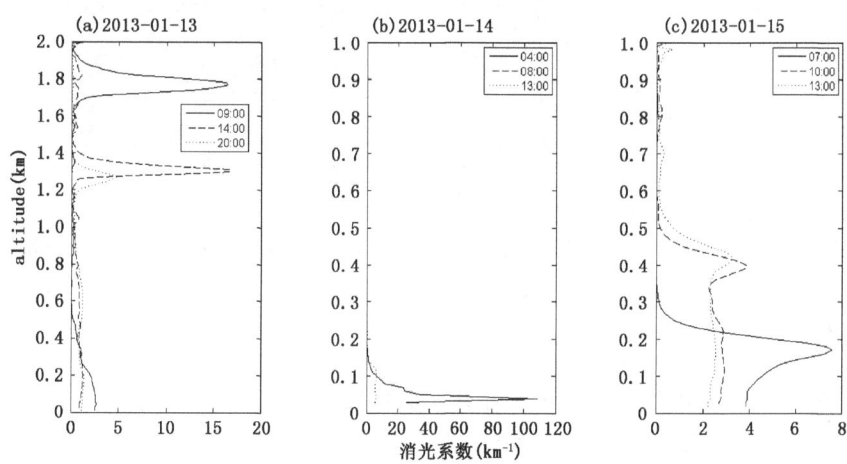

图 16.12　2013 年 1 月 13—15 日南京气溶胶垂直廓线图

雾和霾往往相伴而生,霾天气情况下大气中存在很多小粒子,在气象条件合适的情况下,小粒子作为凝结核吸湿增长使空气湿度增大生成雾,当雾由于日照或其他原因失去水分后又会恢复霾的过程。雾和霾的边界特征不同,雾的边界清晰,起伏明显,而霾的边界不清晰,且内部均匀。根据雾和霾的不同边界特征,可以利用激光云高仪来实现对雾和霾的区分。图 16.13 为 2012 年 3 月 4—6 日南京北郊气溶胶后向散射系数及其傅里叶变换时序图。从图 16.13a 中可以看出,在 4—5 日 07:00 左右,气溶胶后向散射系数起伏明显,波动较大,其他时刻的后向散射系数变化则相对比较平稳。图 16.13b 是对后向散射系数进行傅里叶变换后的时序图,其中颜色代表傅立叶变换不同频率处的功率。从图中可以明显地看出,霾天气时,由于后向散射系数随时间变化不大,傅立叶变换后,功率主要集中在低频部分,经分析,低频所占百分比达 90% 左右;而 4—5 日的 07:00 左右的后向散射系数进行傅里叶变换后,高频部分所占比重增大,由霾时的 10% 增加到 30%,最大比重达 50% 左右,这说明在这个时间段内后向散射系数频率波动较大,幅值变化明显,气溶胶分布不均匀,这与雾的边界特征吻合。

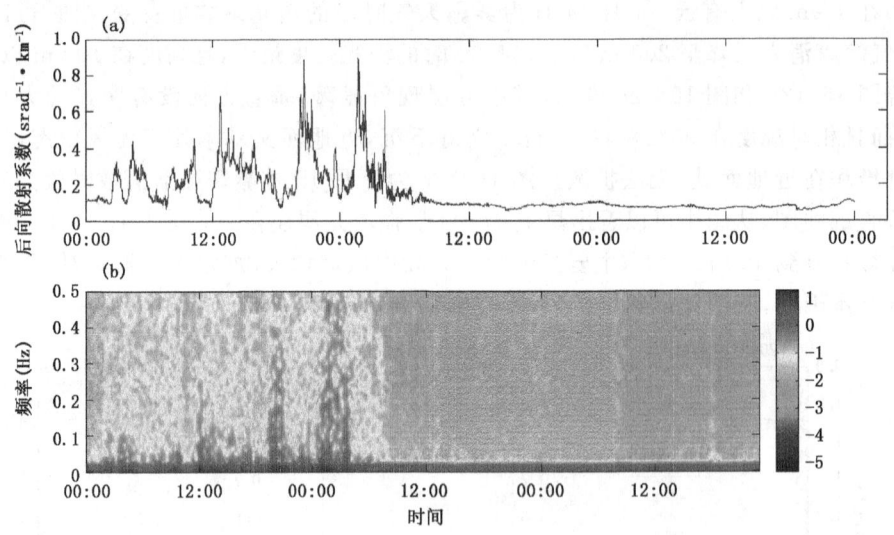

图 16.13 2012 年 3 月 4—7 日气溶胶后向散射系数(a)及其傅里叶变换时序图(b)

习题

1. 简述激光雷达的各基本组成部分及其功能。
2. 可以用于大气温度测量的激光雷达包括(　　)。
   A. 瑞利激光雷达　　　　　　B. 拉曼激光雷达
   C. 荧光激光雷达　　　　　　D. Mie 散射激光雷达
3. 反馈式激光器波长的调节,可用的方法有(　　)。
   A. 温度调节　　　　　　　　B. 电流调节
   C. 压电陶瓷调节　　　　　　D. 光栅调节

第 16 章 激光雷达探测

4. 激光雷达接收到的能量强度和下列(　　)参数有关

A. 激光脉冲能量　　　　　　　　B. 望远镜口径

C. 测量气体的前向散射系数　　　D. 光电探测器的增益

5. 波长为 355 nm,望远镜直径为 40 cm,单脉冲能量为 20 mJ,仰角为 π/4,在消光散射比为 20 sr、空间分辨率为 250 m 的情况下,光学接收效率为 0.8。已知在 2 km 高度以下分子和气溶胶的后向散射系数(垂直分辨率为 1 km,单位为 $m^{-1} \cdot sr^{-1}$)分别为:m=[0.804e−5　0.725e−5]和 a=[0.30e−5　0.15e−5]。计算单脉冲时 2 km 处返回的光子个数分别是多少?

(参考答案:使用激光雷达方程(16.2)计算系统接收到的 2 km 处大气的散射回波的光子个数为 946 个)

6. 已知在 750 m 高度以下大气的消光系数为(分辨率为 250 m,单位为 1/m):

1.274e−4,1.1820e−4,1.090e−4,9.989e−05。请计算 750 m 内大气的光学厚度。

(参考答案:积分即可得 0.0852)

7. 激光雷达的基本原理是什么?请举出三种以上用于实际大气参数探测的激光雷达系统。

第 17 章 风廓线雷达

风廓线雷达(wind profiler radar,WPR),又被称为风廓线仪(何平,2006),是利用大气湍流对电磁波的散射作用进行大气风场等物理量探测的遥感设备。从硬件系统技术体制上它应当属于现代雷达的一种,其基本功能是测风,设备的命名也由此而来。风廓线雷达探测技术发展于 20 世纪 60 年代后期,随着雷达技术的发展,风廓线雷达系统的性能不断改善。风廓线雷达具有全天候无人值守连续运行、探测资料种类多、分辨率高及精度高等探测优势。超低噪声系数的数字接收系统、超高频率稳定度的收发系统、先进的信号处理系统,特别是相控阵技术的采用,使风廓线雷达探测微弱信号的能力加强、数据获取率以及雷达系统的可靠性提高,使风廓线雷达的探测优势得到充分体现。

17.1 风廓线雷达的分类

根据天线制式的不同,风廓线雷达可分为两类:一类是采用相控阵天线(张光义等,2006)的风廓线雷达;另一类是采用抛物面天线的风廓线雷达。相控阵风廓线雷达适于各种高度的探测,成为目前普遍采用的技术体制。抛物面天线风廓线雷达的探测高度仅限于大气边界层。

风廓线雷达在测量气流速度的同时还要对气流进行空间定位,所以不论是相控阵天线风廓线雷达,还是抛物面天线风廓线雷达,都需要发射脉冲电磁波并具有多普勒测速功能。因此,可将风廓线雷达归类于脉冲多普勒雷达(pulsed Doppler radar,PD)。其中,采用相控阵体制的风廓线雷达也可以归类于相控阵雷达(phased array radar)。

根据探测高度的不同,可将风廓线雷达分为边界层风廓线雷达、对流层风廓线雷达以及中间层—平流层—对流层(Mesosphere-Stratosphere-Troposphere,MST)雷达。边界层风廓线雷达的探测高度一般在 3 km 左右,对流层风廓线雷达的探测高度一般在 12~16 km,探测高度在 8 km 以下的称为低对流层风廓线雷达。MST 雷达的探测高度可以达到中间层。不同探测高度的风廓线雷达应用领域不同。

根据雷达工作频率不同,大致可以将风廓线雷达分为甚高频(VHF)、超高频(UHF)和 L 波段三种类型。由于湍涡尺度随高度增加而增大,根据湍流散射机制的特点,探测高度越高选用的波长就越长。探测高度与雷达波长之间大致存在制约关系,边界层风廓线雷达选用 L 波段、对流层风廓线雷达选用 UHF(P 波段)、探测高度在平流层以上的风廓线雷达选用 VHF。

根据接收和发射系统的不同,可以将相控阵风廓线雷达分为集中收发式和分布收发式。根据雷达载体不同可分为车载和固定两种类型。边界层风廓线雷达因天线面积比较小,容易做成车载式的,对流层风廓线雷达和 MST 雷达天线面积比较大,一般为固定式的。

17.2 风廓线雷达探测原理

风廓线雷达发射的电磁波在大气传播过程中,因为大气湍流造成的折射率分布不均匀而产生散射,其中后向散射能量被风廓线雷达所接收。一方面,根据多普勒效应确定气流沿雷达波束方向的速度分量;另一方面,根据回波信号往返时间确定回波的位置。

(1) 回波信号机制及特点

随着探测高度的不同,风廓线雷达的回波机制有所不同。在 100 km 的高度范围内,风廓线雷达回波信号的产生机制主要有三种,分别是湍流散射、镜面反射和热散射。湍流散射主要出现在对流层,是因大气湍流运动造成折射率不均匀分布而产生的散射。湍流大气对雷达波的反射率 η 为(张培昌等,2001):

$$\eta = 0.39 C_n^2 \lambda^{-1/3} \tag{17.1}$$

其中 λ 是雷达波长;C_n^2 是大气折射率的结构常数。绝大部分风廓线雷达的探测高度在对流层内,所以湍流散射是风廓线雷达最重要的回波机制。

风廓线雷达回波信号的突出特点是微弱,具有明显起伏涨落、谱宽较宽,伴有多种杂波的随机信号,并且强度随高度增加而迅速减小。因此,对风廓线雷达提出的基本要求是雷达要有很强的检测微弱信号的能力以及抑制和分离杂波的能力。即在硬件方面,要有较大的发射功率、很高的频率稳定度、很高的天线增益和超低的天线副瓣,在软件方面,要有合理的采样方案和信号与数据处理方案。

(2) 天线工作方式

为获取风廓线雷达上空三维风速信息,至少需要三个不共面的波束。因此,一些风廓线雷达,特别是抛物面天线风廓线雷达为了简化设备,一般采用三个固定指向波束。三个波束的指向一般是:一个垂直指向,两个倾斜指向。倾斜波束一般分别指向正北和正东方向,倾斜波束的天顶夹角一般在 15°左右。为了提高探测精度,相控阵风廓线雷达一般采用 5 个固定指向波束。图 17.1 给出了五波束风廓线雷达波束指向的示意图,一个垂直指向波束和四个在方位上均匀分布的倾斜波束,分别指向天顶、东、南、西、北方向,倾斜波束的天顶夹角同样为 15°左右。

风廓线雷达探测时常采用单波束工作方式,即某时刻仅一个波束工作,雷达仅沿该波束方向发射脉冲进行探测,完成一个波束方向的探测之后,将波束切换到下个波束方向进行探测,直到做完所有波束方向的探测,便完成了一个探测周期,随即开始下一周期的探测。

当风廓线雷达沿某一个波束方向探测时,根据信号返回的时间划分距离库,确定回波的位置;通过频谱分析提取每个距离库上的平均回波功率、径向速度、速度谱宽以及信噪比等气象信息。完成一个探测周期后,便获得了沿不同波束方向、不同距离库上的基础数据。

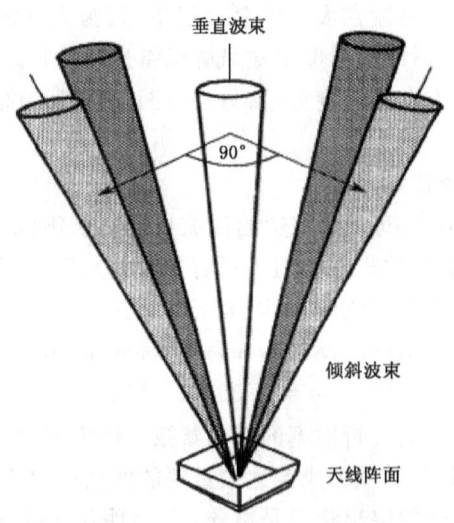

图 17.1　五波束风廓线雷达波束指向示意图

(3)风廓线雷达测风原理

风廓线雷达的测风原理与多普勒天气雷达相似。散射目标和湍流随环境平均气流运动都可造成返回电磁波信号的多普勒频移。多普勒频移和径向速度之间的关系为(张培昌等,2001):

$$f_d = \pm \frac{2V_r}{\lambda} \tag{17.2}$$

其中,f_d 是多普勒频移,V_r 是风廓线雷达探测的径向速度,λ 是雷达波长。通过多射向的径向速度测量,在一定的条件下可估测出回波信号所在高度上的水平风向、风速。在均匀风场的假设条件下,根据处在同一高度上的 3 或 5 个径向速度值计算得到水平风。自下而上逐层计算不同高度上的水平风,就得到了一条水平风垂直廓线。垂直气流可以由垂直波束直接探测得到,也可以由倾斜波束探测的径向风计算得到。

1)均匀风场

在观测周期内,假设某给定高度上水平风场保持均匀,则可由该高度上的径向速度导出该高度上的水平风。在直角坐标系中,将风速分解为 u,v,w 三个分量,规定垂直风向上为正。规定以雷达为坐标原点,径向速度远离雷达方向为正,朝向雷达为负。指向东的波束方向为 x 轴正方向,指向北的波束方向为 y 轴正方向。

a)三波束

一个波束指向天顶,用于测量垂直速度;两个在方位上间隔90°的倾斜波束,分别指向正北和正东,倾斜波束的天顶角是状态量,以 ϕ 表示。用 V_{rz},V_{rx},V_{ry} 分别表示天顶、正东和正北三个波束方向的径向速度的测量值。那么在均匀风场的假设条件下,以下方程给出该高度上风矢量的三个分量 $[u,v,w]$ 与 V_{rz},V_{rx},V_{ry} 的关系:

$$\begin{cases} V_{rx} = u\sin\phi + w\cos\phi \\ V_{ry} = v\sin\phi + w\cos\phi \\ V_{rz} = w \end{cases} \quad (17.3)$$

因此,解出该高度上风矢量三个分量:

$$\begin{cases} u = \dfrac{V_{rx} - V_{rz}\cos\phi}{\sin\phi} \\ v = \dfrac{V_{ry} - V_{rz}\cos\phi}{\sin\phi} \\ w = V_{rz} \end{cases} \quad (17.4)$$

b)五波束

采用五波束时,同样一个波束指向天顶,用于测量垂直速度;四个倾斜波束在方位上均匀分布,天顶角是状态量,均为 ϕ,如西波束 V_{rW} 和东波束 V_{rE},北波束 V_{rN} 和南波束 V_{rS}。计算水平风时,先将两个相对方向的倾斜波束的径向速度进行平均:

$$\begin{cases} V_{rx} = \dfrac{V_{rE} + V_{rW}}{2} \\ V_{ry} = \dfrac{V_{rN} + V_{rS}}{2} \end{cases} \quad (17.5)$$

再按三波束风廓线雷达水平风合成方法的计算方法式(17.4)计算。垂直速度可以由垂直波束直接测量,也可以由倾斜波束测量的径向速度计算:

$$w = \frac{V_{rE} + V_{rW} + V_{rN} + V_{rS}}{4\cos\phi} \quad (17.6)$$

对于五波束风廓线雷达,当个别波束的测量数据误差很大或缺测时,如果能满足三波束的计算要求,可以舍弃个别波束的测量数据,按三波束进行计算。

2)线性风场

线性风场假设下的 VAD(Velocity Azimuth Display)技术是多普勒天气雷达用于反演风场的一项比较成熟的技术。如果假定在分析的薄气层内,风速不随高度变化,水平方向上垂直速度均匀,那么可通过直角坐标和极坐标的转换,得到极坐标径向速度的表达式(张培昌等,2001):

$$V_r(\theta) = w_0 \cos\phi + \frac{1}{2}(u_x + v_y)r\sin^2\phi + v_0 \sin\phi\sin\theta + u_0 \sin\phi\cos\theta +$$
$$\frac{1}{2}(v_y - u_x)r\sin^2\phi\sin2\theta + \frac{1}{2}(v_x - u_y)r\sin^2\phi\cos2\theta \tag{17.7}$$

由以上公式可以看出某一径向距离 r 处的径向速度仅是方位 θ 的函数,如果将探测到的径向速度按方位作傅立叶级数展开,通过比较前几项系数,可以确定水平风、垂直气流、水平散度和变形量。

水平散度:$\nabla V_H = u_x + v_y$ \hfill (17.8)

变形量:$v_y - u_x$,$v_x - u_y$ \hfill (17.9)

因此,多波束的风廓线雷达系统可以借鉴多普勒天气雷达中反演风场的 VAD 技术,获取除风场以外的水平散度、变形量等信息。目前国内外已发展了许多测风算法,可参考相关文献。

(4)工作波长

风廓线雷达工作波长(频率)的选择,受到大气湍流散射机制和无线电频率资源使用与管理两方面因素的制约。

大气湍流散射是风廓线雷达回波信号的基本成因。根据大气湍流理论,湍流可以看成是多尺度湍涡的叠加。湍涡尺度谱很宽,小到毫米量级,大到千米量级。湍涡尺度随着高度的增加而增加。根据大气湍流散射理论,对雷达发射的电磁波能够产生有效后向散射的湍流涡旋尺度等于雷达波长的一半(张培昌等,2001)。因此探测高度达到对流层以上的风廓线雷达选择 VHF 频段,典型工作频率约为 45 MHz(λ=6.5 m)。对流层和低对流层风廓线雷达选择 UHF(P 波段)频段,典型工作频率约在 450~900 MHz(λ=3.4~6.5 m)。边界层风廓线雷达选择 L 波段,典型工作频率在 1200 MHz 左右(λ=2.5 dm)。

(5)探测资料特点

多种类——除风廓线资料外,还可提供其他探测手段难以获取的资料。回波功率、径向速度、速度谱宽、速度谱分布、信噪比(SNR)等数据是风廓线雷达获取的基础教据,有些是可直接应用的气象数据。如,多普勒速度谱宽直接反映风场脉动情况,标志着湍流脉动动能的强弱,利用速度谱宽数据可推断大气的稳定状况。通过对基础数据的进一步处理可以得到风廓线以及反映湍流强度的折射率结构常数 C_n 等基本数据产品。

高时空分辨率——风廓线雷达的观测资料不但种类多,而且具有很高的时间和空间分辨率。时间分辨率可以短到几分钟,边界层风廓线雷达的探测周期约为 3 min,对流层风廓线雷达的探测周期约为 6 min。空间高度分辨率一般在几十米到百米左右的量级。很多其他探测手段很难达到这样高的时间和空间分辨率。因为观测资料的时间和空间分辨率很高,所以可以认为风廓线雷达的观测是连续的。从连续观测的序列中,可以分析出切变线、急流区、锋区、边界层上界、对流层顶、大气重力波等重要的气象系统和天气现象。

高精度——风廓线雷达探测资料精度很高。风廓线雷达直接测量的是径向风,因为倾斜波束的天顶角比较小,又因为晴空回波信号随高度的增加迅速减弱,所以在风廓线雷达探测资料中较少出现模糊问题。水平风由处在同一高度上的几个径向风的测量值计算得到。因为倾斜波束的天顶角比较小,使同一高度上的几个径向风的测量值处在较小的水平区域内,这一假定容易满足,风廓线雷达得到的水平风是小区域内的平均值,使水平风的代表性更好。

廓线形式——风廓线雷达观测资料多以垂直廓线的形式给出,提供的资料方便用于大气风场时间高度垂直剖面的诊断分析以及数值预报。

17.3 相控阵风廓线雷达

在利用雷达进行大气风场探测时,为了能够对不同方向返回的信号进行相关计算分析,需要波束方向能够快速切换。采用相控阵技术实现波束方向快速切换的雷达称为相控阵雷达。相控阵雷达的关键是相控阵天线,它是一种电控波束扫描天线,由许多辐射单元排列成一定形状的天线阵列,各辐射单元的辐射能量通过相位控制在空中合成,形成具有确定指向和一定波瓣性能的波束。

相控阵雷达出现于 20 世纪 60 年代末,主要用于远程导弹的预警。20 世纪 80 年代,随着计算机、超大规模集成电路、固态微波功率器、数字移相器等设备与器件的日趋成熟及成本的下降,相控阵雷达技术得到快速发展,成为连续、实时地探测大气的有效设备之一,在灾害性天气监测及航空安全保障等领域起着重要作用。

(1) 相控阵风廓线雷达的特点

1) 电控波束,灵活快捷

相控阵雷达的波束形成、波束指向定位及波束扫描完全由计算机控制,精确、迅捷,并且具有很大的灵活性。

2) 多波束,多功能

相对于机械扫描雷达,多波束探测功能是相控阵雷达的突出特点。相控阵雷达可以在时间上交替,甚至几乎同时发射或接收多个波束,完成多种任务。

3) 发射功率大,作用距离远

因为相控阵雷达天线不存在机械转动的问题,天线面积可以做得很大,又因为相控阵雷达可以采用分布式的发射系统,使用多部固态发射机并行工作,所以容易实现较大的发射功率与天线增益的乘积,雷达作用距离与二者成正比,因此相控阵雷达容易实现很大的作用距离。这一特性非常适合地面预警雷达。例如,地基相控阵预警雷达的作用距离可达数千千米。

4) 低电压,高可靠性

相控阵雷达使用多部固态发射机并行工作,固态发射机工作电压很低,在获得较大发射功率的同时,能够有效地降低器件的功率负荷,使雷达系统的可靠性明显提高。

5) 损耗小,效率高

相控阵雷达大量采用固态发射(接收)组件,降低了发射和接收馈线的损耗,使雷达探测效率得到充分提高。

6) 体积小,重量轻,维护成本低

采用多部固态发射机并行工作,工作电压一般小于 40 V,降低了雷达发射及接收系统的体积和重量,固态标准组件也使雷达系统的维护工作更为方便。

(2) 相控阵风廓线雷达系统的组成

相控阵风廓线雷达系统的组成原理与一般的相控阵雷达大致相同。图 17.2 是一种典型的相控阵雷达系统组成框图。相控阵雷达系统由天线馈线系统、发射系统、接收系统、波束控制、信号与数据处理、监控系统等几部分组成。发射系统包括发射信号生成、功率放大、发射馈电系统(发射波束形成网络)、发射天线阵。接收系统包括接收天线阵、接收机前端、接收波束形成网络、多路接收机等。天馈、发射(接收)机

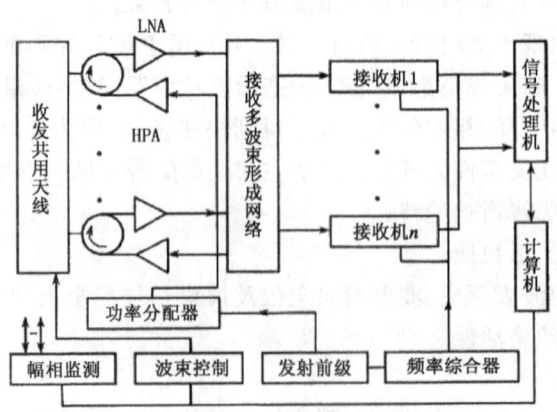

图 17.2 典型相控阵雷达系统组成框图

和监控分机构成了相控阵风廓线雷达的硬件部分,信号处理器和数据处理构成了相控阵风廓线雷达的软件部分。

相控阵天线——由天线阵面、反射面、屏蔽网和馈线系统组成,它是相位控制阵列天线的简称,由许多辐射单元排列成一定形状天线阵列,各辐射单元的辐射能量在空中合成,形成具有确定指向和一定波瓣性能的波束,是应用最广泛的电控波束扫描天线。

发射与接收系统——系统构成有分布式和集中式。集中式接收(发射)系统是采用单部接收机(发射机)进行工作,分布式接收(发射)系统是采用多部接收机(发射机)并行工作,结构较集中式复杂,但比集中式系统具有更多的优点。它的馈线系统损耗降低、器件功率负荷减小,使雷达探测能力和可靠性得到提高。分布式接收(发射)系统可以实现多波束功能。

天线阵列的大小取决于探测高度,探测高度要求越高,阵列尺寸越大。探测对流层顶以下的相控阵风廓线雷达属于小阵列,天线尺寸和单元数目都比较小。例如,探测高度在 6 km 以下的相控阵风廓线雷达,天线有效面积一般约为 2 m ×2 m。天线尺寸小,相应天线单元数目也较少,一般在几百个左右。

相控阵风廓线雷达特别强调微弱信号的探测能力,采取各种措施提高信噪比(SNR),才能满足微弱信号探测能力的要求。

17.4 风廓线雷达的应用

风廓线雷达属于主动遥感设备,适合机场、城市等需要无球探测的场所,其探测资料具有种类多、分辨率高等特点,是常规探测手段无法比拟的。

风廓线雷达的空间分辨率和脉冲宽度直接相关,脉冲宽度越宽,高度分辨率越低。根据探测高度不同,雷达采用不同的脉冲宽度。探测高度越高,脉冲宽度越宽。边界层风廓线雷达的高度分辨率一般在几十米,对流层中下层风廓线雷达的高度分辨率一般约为 100 m,对流层风廓线雷达的高度分辨率在几百米左右。

为了解决探测高度和高度分辨率之间的矛盾,对流层风廓线雷达一般采取高、低两种探测模式。低模式采用窄脉冲,保证低层数据具有较高的高度分辨率。高模式采用宽脉冲,保证满足探测高度指标的要求。两种探测模式交替使用,将两种模式获取的资料相结合,既解决了探测高度的要求,又解决了低层数据高分辨率的要求。

将风廓线雷达与无线电探空仪两种测风方法和所得资料进行对比,首先需要考虑两种探测资料的代表性,代表性相同或接近是两种资料能够进行比较的前提。表 17.1 是风廓线雷达与无线电探空仪两种测风方法的对比,两种测风方法存在差异。

表 17.1 风廓线雷达与无线电探空仪两种测风方法的比较

	风廓线雷达	无线电探空仪
探测原理	通过大气湍流对电磁波的散射作用,根据多普勒效应获取不同波束方向的径向速度。在一定风场假设条件下,利用处在同一高度面上的几个点的径向速度计算水平风,垂直气流可由垂直波束直接探测	采用气球作为示踪物,根据一段时间内气球飘移的距离计算水平风
探测方法	在确定的空间探测大气的流动情况,属定点观测	探测的是个别流点在不同时刻位置的变化,属流点观测
探测资料	可提供水平风廓线、垂直气流廓线(垂直气流廓线可以直接测量,也可计算获得)	仅提供水平风廓线,无法获取垂直风廓线
数据分辨率	测风的时间分辨率取决于波束数、脉冲重复周期、脉冲积累次数以及算法,一般在几分钟左右	业务应用每天两次定时观测。每次观测约需 30 分钟。每组数据是取样时间点前后几分钟的平均值
技术问题	数据代表性随高度不同	因为气球平飘,获取的风廓线不是严格的局地垂直廓线

图 17.3 是风廓线雷达与探空仪 380 次对比观测的比较,横坐标是风廓线雷达观测,纵坐标是探空仪观测。风廓线雷达与探空站相距 2 km,可以看出二者的一致性在 90 % 以上(Chan 等,2003)。

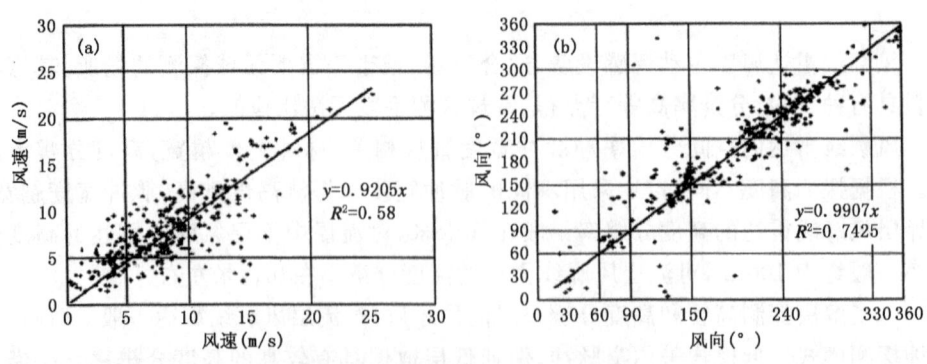

图 17.3 风廓线雷达与探空仪的对比观测

风廓线雷达的突出探测能力,决定了它在大气科学研究和气象业务应用方面有着不可替代的作用(Ecklund 等,1988)。在气候研究方面,通过对风廓线雷达多年观测资料的分析,已取得了许多成果;在天气预报方面,风廓线雷达组网观测资料在数值天气预报模式中的使用,改善了风场的短时预报质量;在中小尺度气象研究方面,风廓线雷达的作用更加突出,利用风廓线雷达可以开展对中小尺度天气系统、大气湍流、大气边界层的研究,分析大气运动的湍流结构,监测大气边界层厚度的变化,确定风切变的高度等。风廓线雷达与其他观测设备联合探测,可以取得更有价值的研究成果,更好地为气象业务服务。风廓线雷达不仅应用于气象领域,而且在航空、航天、火箭发射保障、射弹风修正、电磁波传播、精密定位、空气污染潜势预报、空气质量预报及城市环境气象服务等许多领域都有广泛的应用前景。

美国海洋大气局(NOAA)从 1992 年开始布国家风廓线雷达网(NOAA Profiler Network-NPN)(Beran,1991),主要是频率为 404 MHz 的对流层风廓线雷达(尚有几部风廓线雷达的工作频率为 449 MHz)。目前美国大陆有 32 部,阿拉斯加有 3 部,有的风廓线雷达还配了声雷达探测系统(Radio Acoustic Sounding System-RASS,其探测高度为 6 km),以监测输送墨西哥湾暖湿空气的低空急流和由它引起的雷暴活动,弥补了常规高空探测站网空间密度和观测时次上的不足,在中小尺度灾害性天气的监测中发挥了重要作用,并将探测数据在数值预报模式中应用。其天线尺寸为 13 m×13 m,采用三波束探测方式,即一个垂直波束,一个正北和一个正东波束,正北和正东波束的天顶角 16.3°。风廓线雷达探测时,采用两种运行模式(一种低模式,一种高模式),低模式的探测高度在 9.25 km 以下,高度分辨率为 320 m,高模式的探测高度在 7.5~16.25 km,高度分辨率为 1000 m。各站的观测数据生成每 6 分钟一次的风廓线图,数据经过质量控制和平均处理后,得到每小时一次的观测资料。这些资料被同化后进入美国国家环境预报中心(NCEP)的数值模式系统,如 RUC(Rapid Update Cycle)模式、Eta 模式和 GFS(Global Forecast System)模式。

日本气象厅(JMA)在 2001 年已经完成 25 部风廓线雷达所组成的业务网(WINDAS)。欧洲的风廓线雷达网(WINPROF 计划)开始以 COST-76 项目对欧洲气象部门、科研机构、院校等布局进行协调,目前有二十几部风廓线雷达投入业务运行。图 17.4 是国外风廓线雷达探测网布局情况。

美国 NOAA 组织气象专家对美国风廓线仪试验网进行综合评价,并与无线电探空、飞机探测等不同探测手段进行对比,风廓线仪探测的综合评分最高。从其网站 (http://www.profiler.noaa.gov/npn/index.jsp)可实时获取风廓线雷达的观测资料,图 17.5 是 2010 年 8 月 18 日美国 NPN 网站上单站实时更新的风廓线雷达观测资料。

国内风廓线雷达技术最早开发于 20 世纪 80 年代末,随后又相继研制成功低平流层风廓线雷达、边界层风廓线雷达,投入科学试验和业务试用。目前国内的风廓线雷达技术已趋于成熟,陆续在全国气象部门布设风廓线雷达,并备有移动风廓线雷达。风廓线雷达在大气科学研究与气象预报方面,取得了许多成果:如古红萍(2008)利用北京城区及周围 3 个站的 Airda 3000 边界层风廓线雷达提供的风廓线资料,详

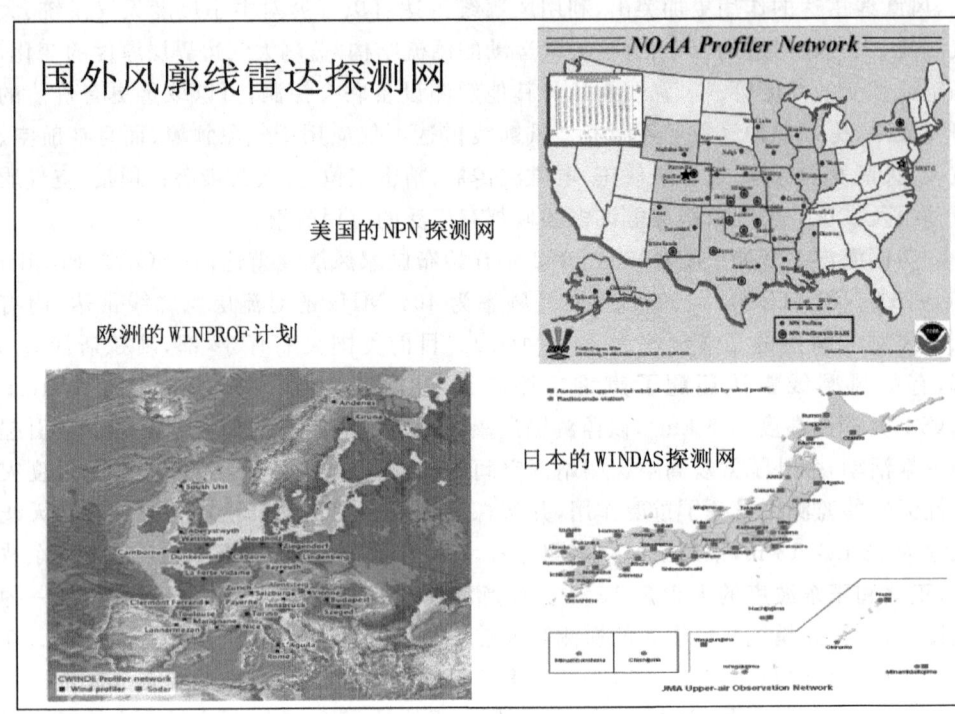

图 17.4　国外风廓线雷达探测网

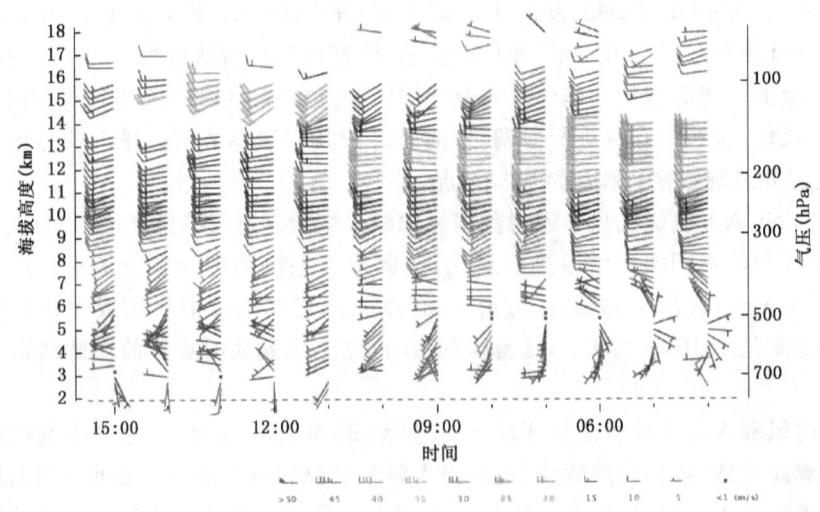

图 17.5　2010 年 8 月 18 日 04:00—15:00(UTC)美国 NPN 网某站的风廓线雷达观测资料

细分析了北京 2005 年 8 月 3 日的一次强降水天气过程。风廓线观测揭示：降水前十几小时出现双层低空急流，急流层内结构复杂，呈现多中心结构。顾映欣等（1991）用 1989 年京津冀中尺度试验区的 UHF 风廓线雷达取得的风廓线资料，对局地暴雨、锋面等天气过程进行分析，计算出温度平流，表明了风廓线资料在短时预报中的应用能力。杨引明等（2003）分析风廓线雷达资料在短时强降水、龙卷风等局地强对流天气预报中的应用，结果表明 LAP23000 边界层风廓线雷达资料的时间和空间分辨率较高，能有效地揭示常规天气资料难以分析的一些大气动力和热力特征。陈元昭等（2007）用深圳 LAP-3000 型风廓线雷达给出了几种典型风场在风廓线上的反映及对一次冷空气过程的分析。李晨光等（2003）利用香港天文台提供的华南暴雨和南海季风科学试验期间的风廓线资料，对资料的有效性进行了初步评估。黄伟等（2002）提出两种用风廓线雷达资料估测雨滴谱的方法。张勇等（2004）阐述了用风廓线仪和 RASS 雷达资料反演 12 km 高度范围内湿度廓线的方法。

  风廓线雷达的设计目的是探测大气风场。但是，L 波段和 P 波段风廓线雷达在对气流测量的同时，对降水物也很敏感。采用数字接收系统之后，系统的动态范围得到有效扩展，使风廓线雷达适用场合不仅限于晴天，也可在降水天气时用于降水类型分类、降水强度估计、0℃层亮带、降水云体内外风场结构分析。Ecklund（1992）用 915 MHz 风廓线雷达对热带降水云进行分类研究，指出暖云降水被限制在融化层以下的现象，在 915 MHz 风廓线雷达的观测中表现得很清楚。图 17.6 是设在圣诞岛（Christmas Island）上的 915 MHz 风廓线雷达在层云降水天气下观测到的垂直速度随高度的分布情况。图中左半部分是垂直速度随高度的分布，右半部分是信噪比随高度的分布，可以清楚地看出，在融化层（4 km 左右）以上，垂直速度在 2 m/s，在融化层以下，垂直速度迅速增加到 8～10 m/s。融化层以下的信噪比高于融化层以上，并在融化层出现极值。

  图 17.7 为圣诞岛 915 MHz 风廓线雷达感测到的降水回波。图中横坐标是时间，观测时段为 48 h，图中可以清楚地看出不同降水类型及其持续的时间。层状云降水持续了将近 10 h，雨强较弱，高度在 5～6 km 以下，随后转为深对流降水，雨强增加，高度伸展到 10 km 以上。由此可以看出，风廓线雷达探测用于降水类型的划分是有效的（Gage 等，1992）。

  0℃层亮带是区分降水类型的重要指标，可以使用信噪比（SNR）、垂直速度、垂直波束回波功率资料确定 0℃层亮带。NOAA/ETL 模型给出了利用垂直速度随高度的变化率以及 SNR 随高度的变化率作为指标，确定 0℃层亮带的客观判据，具体指标如图 17.8 所示。

  在航空气象上，晴空湍流一般特指晴空天气下宽度约 100 km，厚度约几百米到 1 km 的湍流区，出现的高度在 5～12 km。因为晴空湍流不伴有可见天气现象，飞行

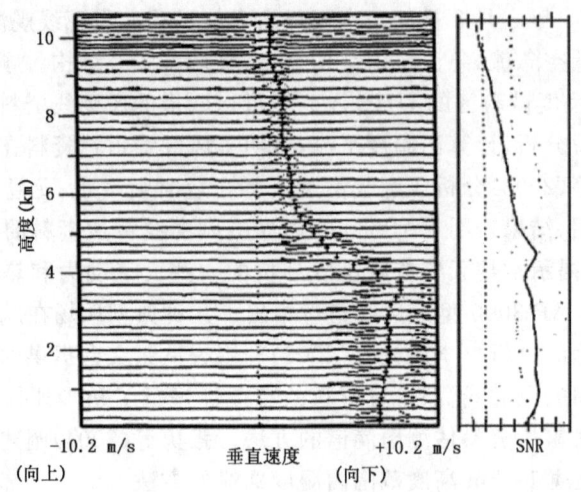

图 17.6　1992 年 4 月 21 日圣诞岛 915 MHz 风廓线雷达观测的
垂直速度与信噪比随高度的分布(Ecklund,1992)

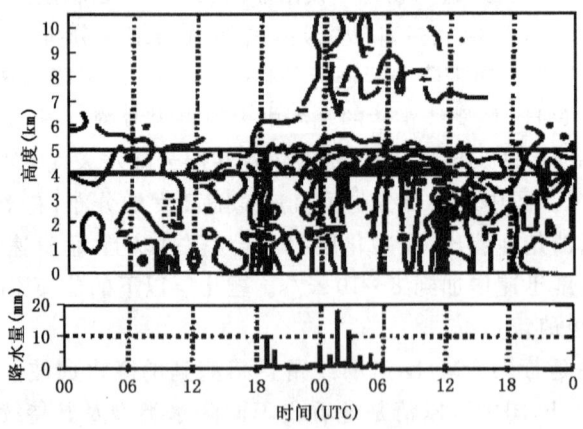

图 17.7　1990 年 3 月 13—14 日圣诞岛 915 MHz 风廓线雷达观测
的降水回波(Ecklund,1992)

员难以事先发觉,对飞行影响较大。风廓线雷达探测原理正是以湍流散射作为基础,自然成为探测晴空湍流的最有效工具。将对流层风廓线雷达进行组网探测,可大范围地监测晴空湍流的活动。风廓线雷达具有很强的探测中小尺度天气系统的能力,可以及时准确地提供大气流场、大气湍流场,并且具有很高的时空分辨率;能够及时准确地识别风切变、急流区、锋区、辐散/辐合区、对流层顶及其出现的位置。因此,风廓线雷达能够在航空气象保障方面发挥不可替代的作用。

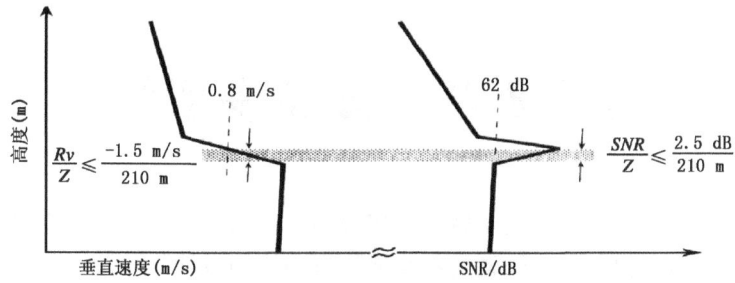

图 17.8 利用风廓线雷达检测 0℃层亮带高度的判据(White 等,2002)

习题

1. 什么是风廓线雷达？
2. 请根据天线制式的不同，简述风廓线雷达的分类及各自用途。
3. 请根据不同探测高度，说明风廓线雷达的探测高度范围。
4. 在 100 km 的高度范围内，风廓线雷达回波信号的产生机制主要有哪几种？
5. 掌握回波的湍流散射机制和湍流回波反射率的相关公式。
6. 如何描述风廓线雷达回波信号的微弱？
7. 风廓线雷达天线的倾斜波束与天顶的夹角一般在多少度左右？
   a. 10   b. 15   c. 20   d. 30
8. 风廓线雷达天线一般使用几波束探测？
   a. 1   b. 3   c. 5   d. 3 和 5
9. 请写出多普勒频移和多普勒速度之间的关系。
10. 根据获得的风廓线雷达探测资料，熟悉均匀风场条件下的三波束测风算法。
11. 相控阵风廓线雷达的特点是什么？
12. 风廓线雷达与无线电探空仪两种测风方法的比较。
13. 请说明对流层风廓线雷达高低两种探测模式的特点。
14. 简述风廓线雷达的应用领域。
15. 谈谈风廓线雷达与多普勒天气雷达的区别与联系。

第 18 章 微波辐射计

微波辐射计是一种被动式的微波遥感设备。微波辐射计本身不发射电磁波,而是通过被动地接收被观测场景辐射的微波能量来探测目标的特性。当微波辐射计的天线主波束指向目标时,天线接收到目标辐射、目标散射和传播介质辐射等辐射能量,引起天线视在温度的变化。天线接收的信号经过放大、滤波、检波和再放大后,以电压的形式给出。对微波辐射计的输出电压进行绝对温度定标,即建立输出电压与天线视在温度的关系之后,就可确定天线视在温度,也就可以确定所观测目标的亮度温度(亮温)。该温度值就包含了辐射体和传播介质的一些物理信息,通过反演就可以了解被探测目标的一些物理特性。

由于微波辐射计接收的是被测目标自身辐射的微波频段的电磁能量,因此它所提供的关于目标特性的信息与可见光、红外遥感和主动微波遥感不同。同时,因为被测目标自身辐射的微波电磁能量是非相干的且极其微弱的信号,这种信号的功率比辐射计本身的噪声功率还要小得多,所以微波辐射计实质上是一种高灵敏度的接收机。

微波辐射计可分别安置于地面、飞机或卫星上。近年来在大气科学研究和业务应用中,越来越多的地基、机载、星载微波辐射计被广泛应用,成为现代大气探测重要的组成部分。

微波辐射计具有以下特点:①因为微波具有一定的穿透物体表面的能力,所以可以进行浅表层观测;②在厘米波长以下的微波波段具有穿透云层的能力,可以进行全天候观测;③可以利用微波的极化和相干等特性进行灵活的信号处理,获取更多的信息,提高系统的性能;④微波波段的电磁波具有与大多数自然和人工目标的结构尺寸相匹配的波长,适于进行这些结构参数的遥感测量;⑤提供与可见光、红外遥感和主动微波遥感不同的关于目标物特性参数的信息,是进行完整地物特性测量不可缺少的组成部分;⑥与有源微波遥感相比,重量轻、体积小、功耗小,特别适于星载。

18.1 微波辐射基本概念及测量原理

18.1.1 普朗克黑体辐射定律

在其温度>0K(即-273.15℃)情况下,所有物质都向外界辐射电磁能量。当电磁辐射入射到不透明物体的表面上时,一部分入射辐射被物体表面反射,另一部分透过表面进入物体内部而被完全吸收。从能量守恒的观点看,入射辐射的能量应等于被反射的辐射能量和被吸收的辐射能量之和。定义被反射的辐射功率与入射总功率之比值为物体表面的反射率;被吸收的功率与入射总功率的比值为物体的吸收率。显然,对于这种不透明物体而言,反射率与吸收率之和为1。如果有一个物体,它在任何温度下都能够吸收任何频率的全部入射辐射而无丝毫反射,则此物体称为绝对黑体(简称黑体)。黑体的吸收率为1,而其反射率为0。黑体是一种理想的纯吸收体。

普朗克黑体辐射公式,表示黑体辐射出去的能量即黑体辐亮度 B_f 与温度 T 和频率 f 之间的关系,为

$$B_f = \frac{2hf^3}{c^2} \left(\frac{1}{e^{hf/kT} - 1} \right) \quad (\text{W/m}^2 \cdot \text{S}_r \cdot \text{Hz}) \tag{18.1}$$

式中,h 是普朗克常数 6.63×10^{-34} J,k 是波尔兹曼常数 1.38×10^{23} J/K,f 是频率,单位为 Hz,Sr 是立体弧度,T 是黑体的绝对温度,单位为 K,c 是真空中的光速 3×10^8 m/s。

在热力学平衡条件下,处于某一温度的物体,在某一波长的辐射率(从物体单位表面积向上半空间辐射的谱功率)与该物体吸收率的比值,等于黑体在同一温度和波长的出射率。这一规律被称为基尔霍夫定律。

18.1.2 基本原理

在电磁波谱中,把频率在 0.3 GHz 到 300 GHz(波长从 1 m 到 1 mm)范围的电磁波称作微波。微波辐射以光速传播,具有反射、衍射、干涉和极化等特性。微波波段按频率(波长)不同可以划分为 P、L、S、C、X、Ku、K、Ka 和 EHF 等波段。见表 18.1。

表 18.1 微波波段的名称

名称	频率范围	波长范围
P	0.3~1 GHz	30~100 cm
L	1~2 GHz	15~30 cm
S	2~4 GHz	7.5~15 cm
C	4~8 GHz	3.75~7.5 cm
X	8~12 GHz	2.50~3.75 cm
Ku	12~18 GHz	1.67~2.50 cm
K	18~26.5 GHz	1.13~1.67 cm
Ka	26.5~40 GHz	0.75~1.13 cm
极高频(EHF)	30~300 GHz	0.10~0.75 cm

大气对微波具有选择吸收和透明(即所谓大气窗)的特性。由分子光谱与热辐射理论可知,大气本身能够发射微波辐射。根据基尔霍夫定律,大气作为辐射体,在某波段有强烈吸收,必然在该波段有强烈的辐射。图 18.1 给出云、水汽和氧气的微波吸收率。

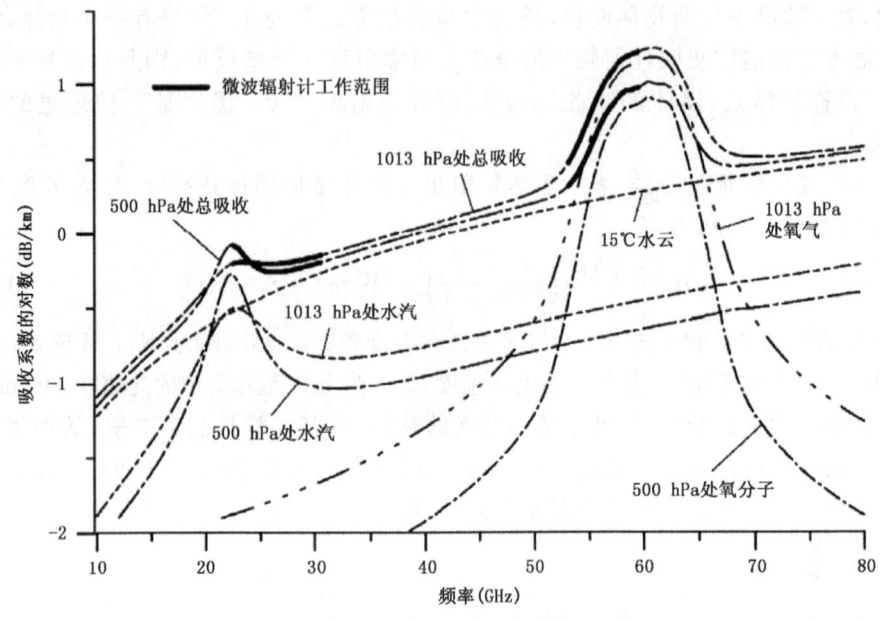

图 18.1 云、水汽和氧气的微波吸收系数

由图 18.1 可以看出,在频率 22.235 GHz(其波长为 1.35 cm)处,大气水汽分子具有强烈的吸收作用,而 60 GHz 处氧气分子有很强的吸收作用,所以可以用 22~30 GHz 之间频段的微波辐射计来遥感反演大气的水汽廓线,因为在此波段下,任何高度的辐射与该高度处的温度和水汽分子密度成正比;用 51~59 GHz 之间频段的微波辐射计来遥感反演大气的温度廓线,在此频率下,任何高度的辐射与该高度处的温度和氧气分子密度成正比。

18.1.3 亮度温度

通常情况下实际物体是灰体。在同样的温度 T 下,灰体发射的能量比黑体小,而且入射到灰体上的能量不会被全部吸收。考虑物体表面的实际温度是 T,它的辐亮度 B 在方向 (θ, Φ) 上表示为 $B(\theta, \Phi)$,则可以定义黑体等效辐射温度,称为亮度温度 T_B,与 $B(\theta, \Phi)$ 的关系为

$$B(\theta,\Phi) = \frac{2k}{\lambda^2} T_B(\theta,\Phi) \Delta f \tag{18.2}$$

式中，$T_B(\theta,\Phi)$ 为亮度温度，Δf 为带宽。

如果物体表面均匀、温度为 T，则其发射率 $e(\theta,\Phi)$ 定义为其辐亮度 $B(\theta,\Phi)$ 与相同温度上黑体辐亮度 B_b 之比，即

$$e(\theta,\Phi) = \frac{B(\theta,\Phi)}{B_b} = \frac{T_B(\theta,\Phi)}{T} \tag{18.3}$$

由于 $B(\theta,\Phi) \leqslant B_b$，所以 $0 < e(\theta,\Phi) \leqslant 1$。此关系表明，灰体的亮度温度 $T_B(\theta,\Phi)$ 总是小于或等于它的实际温度。$e < 1$ 时，灰体的亮度温度比实际温度低。表 18.2 给出不同类型地表在 300 K 温度时 37 GHz 处的典型发射率和亮度温度 T_B。表 18.3 给出各种介质在指定温度和频率处的微波发射率。同一材料的物体，在微波与红外波段的发射率有很大差别，见表 18.4。

表 18.2 不同类型地表在 300 K 温度时 37 GHz 处的典型发射率和亮度温度 T_B

表面类型	沙沙岩	花岗岩	灰岩	平静水	
				垂直极化	水平极化
发射率	0.93	0.9	0.75	0.6	0.33
T_a(K)	280	270	225	180	100

表 18.3 一些介质的微波发射率与复介电常数

介质	温度(℃)	频率(GHz)	发射率	复介电常数 $\in$	
				实部 $\in'$	虚部 $\in''$
肌肉	37	3	0.42～0.44	45～48	13～17.6
肥肉	37	3	0.78～0.88	3.9～7.2	0.6～1.36
皮肤	37	10	0.45	38.6	17.5
冰	−12	3	0.92	3.2	0.0028
雪(0.125 g/cm²)	−20	3	0.99	1.2	0.00036
雪(0.4 g/cm²)	−6	3	0.99	1.5	0.0013
土壤(干沙)	25	3	0.95	2.55	0.0016
土壤(湿沙)	25	3	0.95	2.44	0.003
草地(干)	19	2～4	0.92		
草地(湿)	17	2～4	0.8		

表 18.4　几种常见材料的微波与红外波段发射率比较

目标	波长 3 cm	波长 3 mm	波长 10 μm	波长 4 μm
钢	0.00	0.00	0.6~0.9	0.6~0.9
水	0.38	0.63	0.99	0.96
干沙	0.90	0.86	0.95	0.83
混凝土	0.86	0.92	0.90	0.91
沥青	0.98	0.98	0.92	0.71

18.1.4　微波辐射计测量原理与视在温度

设辐射计天线方向为 (θ,Φ)。投射到辐射计天线上的频率为 f 的微波辐射能量包括几个不同的分量,即在天线方向上目标本身的发射辐射、天线主波瓣内大气分子的发射辐射及目标对周围各个辐射源辐射的反射和散射。这些能量在向天线传输过程中因大气(和云等)损耗而被衰减。辐射测量与传输理论的示意图见图 18.2。

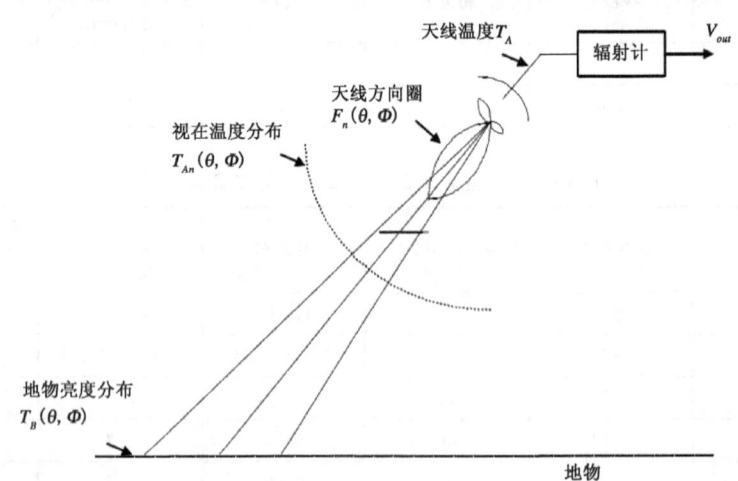

图 18.2　辐射测量与传输理论的示意图

在概念上,亮度温度 $T_B(\theta,\Phi)$ 表示目标本身发射的辐射,视在温度 $T_{ap}(\theta,\Phi)$ 表示天线主波瓣观测到的辐射。如果不考虑目标对其他辐射源的反射和散射,也不考虑能量传输过程中的大气损耗和大气辐射贡献,那么 $T_{ap}(\theta,\Phi)$ 的唯一贡献是目标自身发射的辐射,则

$$T_B(\theta,\Phi)=T_{ap}(\theta,\Phi) \tag{18.4}$$

这就是利用辐射计观测目标物特性的依据。实际上无损耗大气只是在 1~10 GHz 频段内晴空天气条件下的一种近似。在一般情况下,大气是有损耗的,$T_B \neq T_{ap}$。

18.1.5 微波辐射计遥感观测的基本依据

微波辐射计遥感观测所依据的基本物理关系主要有以下两方面：

(1) 利用普朗克辐射方程，将高光谱的微波探测转换成亮温；

(2) 利用辐射传输方程，由亮温计算地表参数、大气温度、湿度和液态水结构，称之为反演。

具体依据的辐射传输方程，应根据辐射计探测平台（地基、机载、星载）的不同而选取。反演温度、湿度和液态水垂直廓线的方法请参考相关文献。

18.2 微波辐射计简介

18.2.1 微波辐射计结构原理

微波辐射计在技术上有多种类型，主要有全功率型、Dicke 型、零平衡 Dicke 型、负反馈零平衡 Dicke 型、双参考温度自动增益控制型、数字增益自动补偿型、Graham 型等。下面介绍全功率辐射计和 Dicke 型微波辐射计。

(1) 全功率辐射计

全功率辐射计结构最简单，它的原理示意图见图 18.3。全功率微波辐射计由天线系统、射频放大器、混频器、本机振荡器和信号处理系统所组成。信号处理系统包括中频放大器、平方律检波器、低通滤波器和积分器。

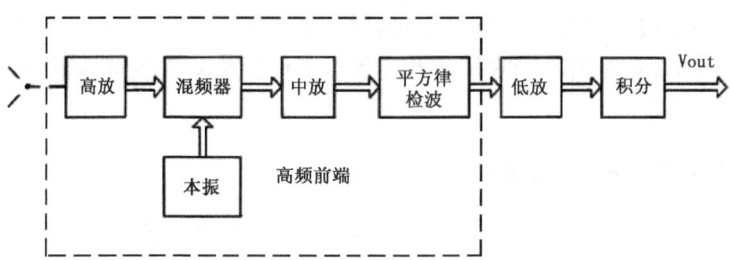

图 18.3 全功率辐射计原理示意图

由于要求辐射计的输出与输入的天线温度呈线性关系，故采用了平方律检波器。后接积分器的作用主要是滤除高频起伏分量，使其标准差与均值之比降低，达到 $1/\sqrt{B\tau}$。其中 B 为辐射计带宽，τ 为低通滤波器的积分时间。全功率辐射计连续接收电磁辐射能量（频率 f、带宽 B）。若全功率接收机的增益绝对稳定，则它具有最高的灵敏度。但实际上由于全功率辐射计接收机在高增益情况下不易保证增益的稳定性,所以它不能达到理论上的灵敏度。

(2)Dicke 型微波辐射计

微波辐射计输出信号所受到的干扰由系统噪声不确定性和系统增益不稳定性决定,而后者起决定性作用。在接收机的增益起伏未得到显著改善时,全功率辐射计的灵敏度难以提高。迪克(Dicke)于 1946 年首先研制出了迪克式微波辐射计,原理示意图如图 18.4 所示。它与全功率辐射计相比,在接收机的两端加入了 Dicke 开关和参考负载。Dicke 开关交替地接通 1、2 两端,在已知参考负载 T_R 的温度的情况下,利用两个输出 V_{OA} 和 V_{OB} 来解决接收机增益不稳定的影响。迪克辐射计脉冲式地接收外来辐射,减小了系统增益起伏对灵敏度的影响,是辐射计研制工作的一个突破性进展。

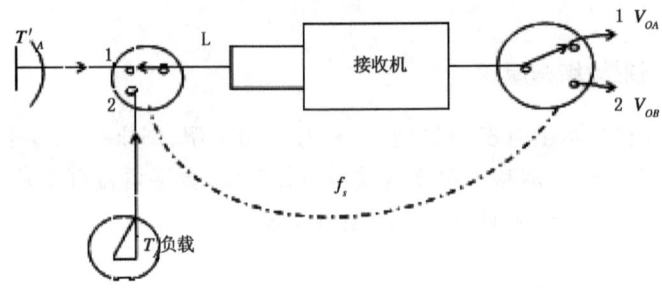

图 18.4 迪克辐射计原理示意图

接收机的增益波动起伏变化比较缓慢,因此在接收机输入端加一个转换开关,以一定的频率在天线和恒温参考负载之间转换,如果在一个转换周期中增益的变化几乎觉察不出,那么就能消除接收机增益起伏对天线测量接收能量的影响,这个转换开关称为迪克开关。

18.2.2 TP-WVP3000 微波辐射计

TP-WVP3000 微波辐射计是一种 12 通道地基微波辐射计,外形及内部组成如图 18.5 所示。它主要由天线屏蔽器、吹风机、下雨传感器、仰角镜、光学天线、红外温度计、水汽压微波接收器、温度微波接收器、频率合成器、方位调节器、电源、电路板和黑体等构成,相关参数见表 18.5,它可以连续得到从地面到 10 km 高度的温度、水汽和液态水的垂直廓线。辐射计系统可以附带有地面气象传感器,用来测量地面的温度、湿度、气压和降水,并且使用对准天顶的红外温度计测量云底温度。它包括两个频率段的子系统,反演温度的是 51~59 GHz 的 7 个频率氧气吸收带通道,波瓣宽度 2°~3°,反演水汽的是 22~30 GHz 的水汽吸收带,波瓣宽度 5°~6°。可以提供从地面到 1 km 每 100 m 一个间隔以及 1 km 到高空 10 km 每 250 m 一个间隔的温度、水汽密度以及液态水的垂直廓线,每分钟一个数据。

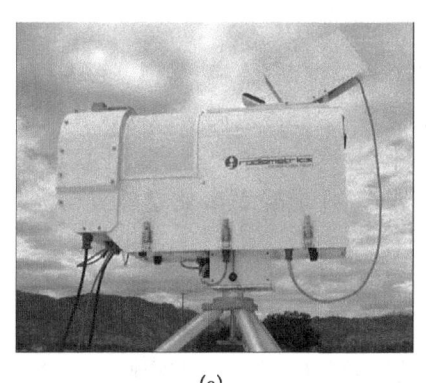 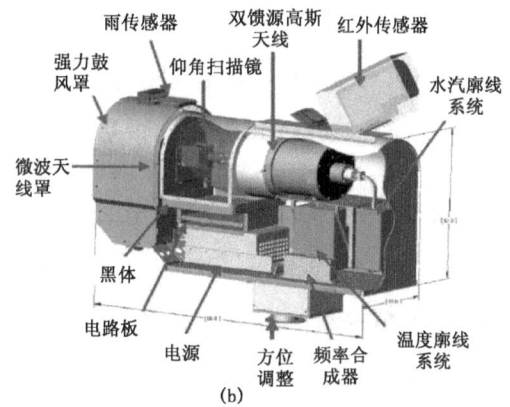

图18.5 TP-WVP3000微波辐射计的外形(a)及内部组成(b)

表18.5 TP-WVP3000微波辐射计的相关参数

功能	参数
校准亮温准确度	0.5 K
长期稳定性	<1.0 K/年
亮温范围	0~400 K
天线系统光学分辨率和旁瓣 22~30 GHz 51~59 GHz	4.9°~6.3°,−24 dB 2.4°~2.5°,−27 dB
积分时间(用户选择,10毫秒增长)	0.01~2.5 秒
频率灵敏的调整范围 水汽带 氧气带 最小频率步进大小	 22~30 GHz 51~59 GHz 4.0 MHz
标准通道	12
光谱分析模式	>40 通道
检波前通道带宽	300 MHz
地面传感器正确度 温度(−50~+50℃) 相对湿度(0~100%) 气压(800~1060 hPa) IRT($\Delta T = T_{环境} - T_{云}$)	 0.5℃(在25℃时) 2% 0.3 hPa $(0.5+0.007\Delta T)$℃

18.3 微波辐射计的应用

迄今,微波辐射计已发展了地基(地面与船载平台)、空基(飞机、导弹、气球平台)和天基(卫星、飞船、航天飞机平台)系列微波辐射计系统,广泛应用于大气微波遥感、海洋微波遥感和陆地微波遥感,探测土壤温度、降水、大气水汽含量、积雪、土壤成分、海面温度、植被生长情况等,为气象、农林、地质、海洋、环境和军事侦察等方面提供信息。

18.3.1 大气探测

大气探测中使用的微波辐射计,主要用来测量云天条件下大气温度廓线、水汽廓线、液态水等以及地表特征。(彩)图 18.6 是 2003 年 11 月 5 日 14:00 至 6 日 14:00 TP-WVP3000 微波辐射计观测的温度(T)、相对湿度(RH)和液水含量(L)随高度(0~2 km)的分布。从 24 小时的连续观测资料中,可以分析出大气边界层内温度、相对湿度和液水含量的演变特征,弥补了其他探测手段时间分辨率低的不足。图 18.7

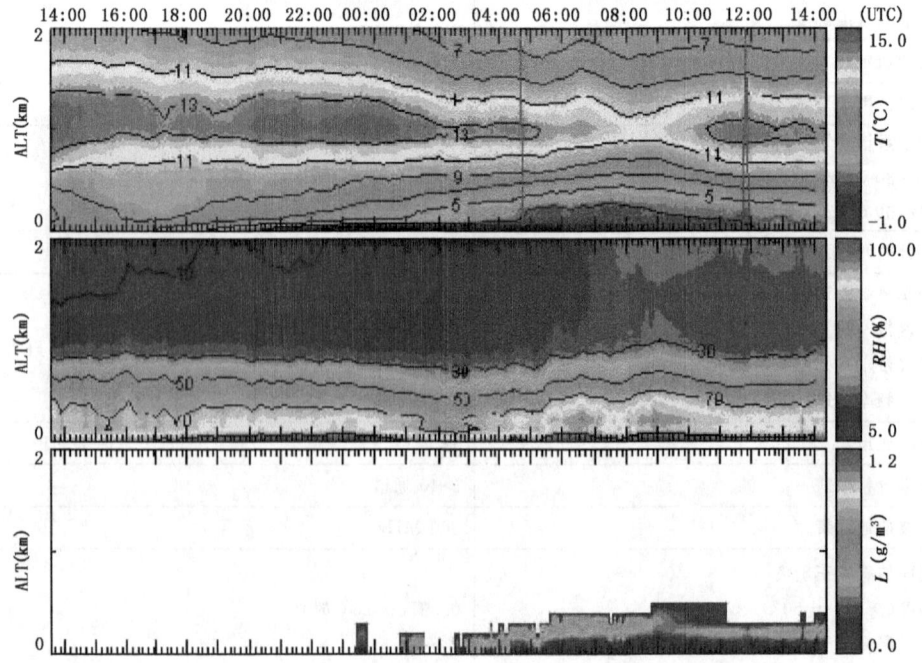

图 18.6　2003 年 11 月 5 日 14:00 至 6 日 14:00 TP-WVP3000 微波辐射计观测的温度(T)、相对湿度(RH)和液水含量(L)随高度(0~2 km)的分布

是2003年11月5日14:00至6日14:00 TP-WVP3000微波辐射计观测的温度(T)、相对湿度(RH)和液水含量(L)的垂直廓线与探空资料的对比,图中$RAOB$是探空值,MP是反演值。可以看到两种方法得到的结果比较接近,因此,TP-WVP3000得到的反演结果值得参考。

1978年第一台星载微波探测器MSU(Microwave Sounding Unit)投入业务运行,其后国外发射了许多装载有微波辐射计的各类遥感卫星,比较典型的有:美国NOAA系列和国防气象卫星DMSP系列,日本载有先进微波辐射计(AMSR)的海洋卫星系列以及俄罗斯载有MTVZA辐射计的对地观测卫星系列。

星载微波辐射计可监测台风或风暴中心及其运动规律。由于风暴中心液态水和水汽的含量很高,利用液态水对微波信号的衰减和水汽对微波的吸收特性,可以准确发现风暴中心的位置。(彩)图18.8是星载微波辐射计探测台风一例,右侧螺旋结构为台风"蒲公英"。

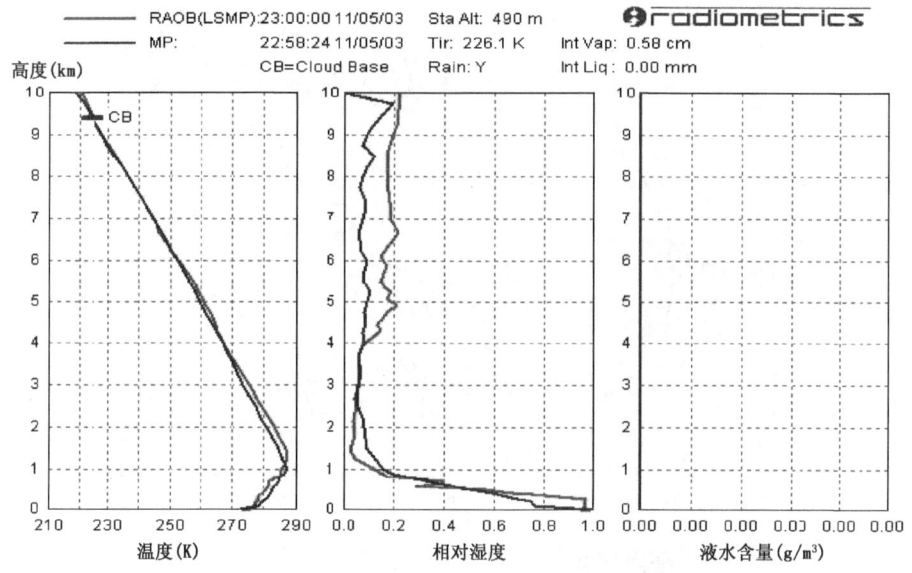

图18.7 2003年11月5日14:00至6日14:00 TP-WVP3000微波辐射计观测的温度(T)、相对湿度(RH)和液水含量(L)的垂直分布廓线与探空资料的对比

图18.9是2003年9月12日AMSU-B 89 GHz探测的Isabel飓风亮温分布,它反映了微波亮度温度随飓风降雨强度变化的特征,清楚地显示了飓风眼区(亮温高)、云墙区(因强对流发展旺盛而亮温低)以及螺旋雨带的亮温结构特征。

2008年5月27日我国首发极轨气象卫星风云三号,搭载了三种微波探测的仪器。

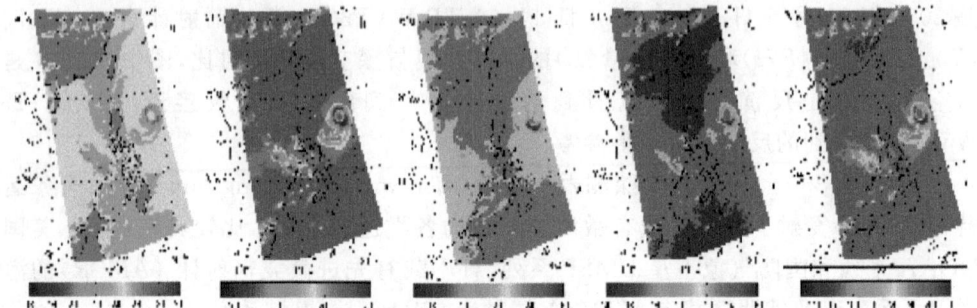

图 18.8　NOAA-16/AMSU-B 2004 年 6 月 27 日 06:05UTC 5 通道微波亮温度。
通道频率从左向右依次为:89 GHz,150 GHz,(183.3±1)GHz,(183.3±3)GHz,(183.3±7)GHz

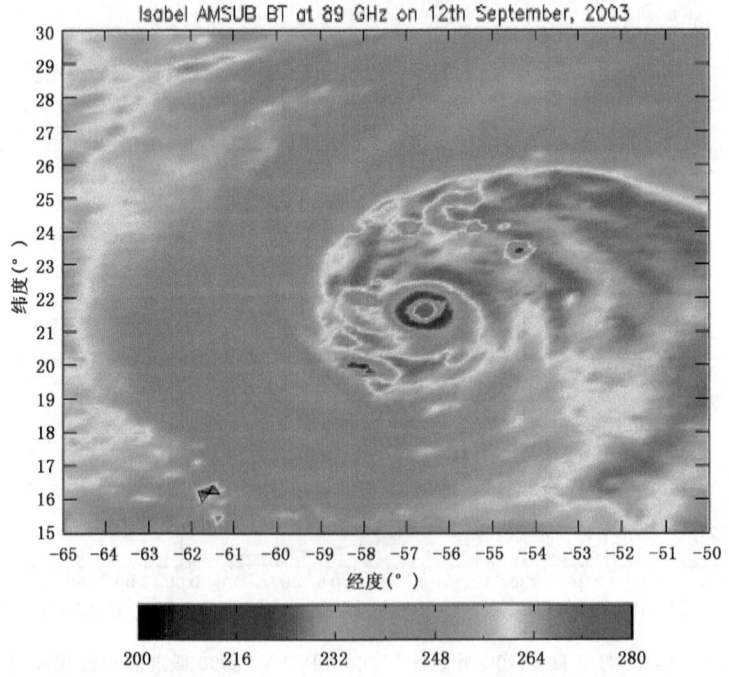

图 18.9　2003 年 9 月 12 日 AMSU-B 89 GHz 探测的 Isabel 飓风亮温(K)分布

(1)微波温度计(MWTS),频段范围 50～57 GHz,通道数 4,地面分辨率 50～75 km,扫描范围±48.3°。

(2)微波湿度计(MWHS),频段范围 150～183 GHz,通道数 5,地面分辨率 15 km,扫描范围±53.35°。

(3)微波成像仪(MWRI),频段范围 10～89 GHz,通道数 10,地面分辨率 15～85

km,扫描范围 ±55.4°。

微波湿度计可探测全球大气湿度的垂直分布、水汽含量和降雨量,采用垂直于飞行方向的交轨扫描方式,工作在水汽吸收频段,主探测频率为 183 GHz,分为 3 个通道,获取大气层不同高度的湿度分布信息;150 GHz 为辅助探测频率,在国际上首次采用了双极化设计。微波湿度计准确地"看到"了肆虐我国台湾及东南沿海的强台风、热带气旋,积累了大量全球大气水汽及强降雨等气象资料。

测量大气含水量是气象观测中的重要工作。在含水量不大时,水汽总量与辐射亮度温度具有线性关系,(彩)图 18.10 是 AMSU-A 探测的 2002 年 6 月 20 日 06 时至 26 日 00 时(世界时)全球的云液态水(包括雨)含量。

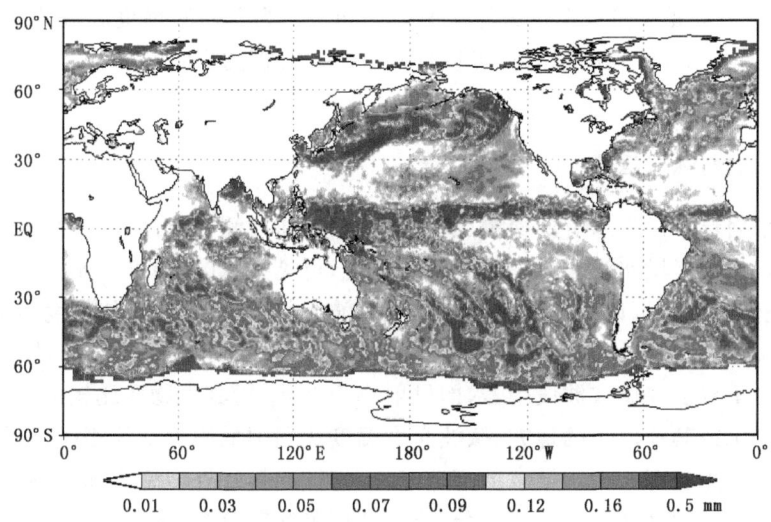

图 18.10　AMSU-A 探测的 2002 年 6 月 20 日 06 时至 26 日 00 时(世界时)
全球云雨液态水总含量

由于海面发射率变化小,不像陆地上的地物结构复杂,因此在海上观测降雨比较有效。研究表明,用 0.86 cm 波长的辐射计能探测 10 mm/h 以内的降雨,1.55 cm 辐射计可探测 20 mm/h 的降雨,3.2 cm 的辐射计可探测大于 40 mm/h 的降雨。由于 0.86 cm 辐射计还可以探测非降雨云的含水量,将这种辐射计与 3.2 cm 辐射计或 1.55 cm 辐射计配合使用,可以综合观测云中含水量和降雨量。

微波辐射计是大气成分探测的重要工具。由于不同的气体具有不同的吸收带,根据这一特点可选择不同波长的辐射计进行观测,区分不同大气成分。例如氧气的吸收带中心波长为 5 mm 和 2.53 mm,水汽的吸收主要在 1.35 cm 和 1.66 mm,氨气的吸收带中心波长为 1.3 cm,二氧化硫的吸收波长在 1.5 cm 以下。选择相应波长的辐射计就可以监测相应大气成分的分布。由于工业废气和平流层的光化学反应，在空间产生了许多有毒有害的气体，如臭氧、一氧化碳、二氧化氮等，对于大气污染成分、种类、范围及程度进行监测，有助于采取措施、改善大气质量。根据这些有害气体的吸收特点，选择相应波长的辐射计，可以实施大气监测。比如用 2.53 mm 波长的辐射计可以探测一氧化碳，2.4 mm 波长的辐射计适于探测二氧化氮等。如果配合红外、可见光、紫外传感器，则监测效果更好。

飞机航行中需要探测大气中剧烈的气流运动，以便避免飞行事故。晴空湍流十分危险，常常发生在 8000～16000 m 高的大气层中，飞机若遇到气流急剧升降极易失事。实验与研究表明，湍流使大气层温度升高，一般比周围高出 1～5℃，当温度升高 5℃ 时，飞机就要承受一个重力加速湍流的冲击。为了监测预报湍流的方位、距离和强度，采用 5 mm 波长的辐射计可以在数万米以外探测到晴空湍流，使飞机避开湍流，确保飞行安全。

18.3.2　水文与冰雪探测

微波辐射计可用于水资源探测、洪水分析及水质监测等方面，成为在水文分析中的重要工具。由于洪水泛滥时一般为阴雨天气，可见光、红外传感器无法获取地面信息，而微波辐射计则可以发挥作用。水体的微波发射率很低，便于从亮度温度的分析中，划定洪水泛滥的范围及危害的程度。在缺水地带、高原和干旱地带，探明地下水的分布十分重要。在微波波段中，水的发射率为 0.4，而其他物质比辐射率较大，因此在有地下水或其他水源的地方，微波亮度温度比周围低约 100 K，因此利用微波辐射计较易找到水资源。由于微波的穿透能力，它比起热红外传感器优越得多。

冰雪覆盖是地面覆盖的重要部分，研究和探测冰雪分布、生成、消融及演变，关系到海洋洋流分析、水源和水害分析、大气环流分析和气候演变分析，对于人类生存环境、农业生态和经济发展关系极大。雪的分布、厚度、密度及类型等均可由微波辐射计进行探测。由于雪与其他地物亮度温度不同，而微波辐射对雪的穿透能力很强，穿透深度相当于波长的数百倍。如 0.8 cm 波长的辐射计能获得 1.6 m 厚度下的雪层信息，而且波长越长，穿透深度越深。雪的密度不同，在微波辐射计上也可以得到反映。雪的密度增大，等效含水量增加时，亮度温度下降。当冰雪消融时，其表面亮度温度则呈上升趋势。

冰的发射率比水的发射率大得多，因此其间亮度温度的差异十分明显，如在黑海的一次观测中，发现海冰与海水的亮度温度相差约 60 K。用微波辐射计可以探测海洋信息，不同类型的冰即一年生冰和多年生冰，也可探测区分。美国宇航局和地质局曾用机载多频段微波辐射计进行考察，发现 19.35 GHz 和 37 GHz 辐射计探测一年生冰和多年生冰的亮度温度相差 50 K。美国利用星载微波辐射计进行研究的结果表明水平极化的 13.3 GHz 和 19.4 GHz 在不同海区可测出 11 类海冰。

18.3.3 海洋探测

微波辐射计可用于海面温度、盐度、风速测量及石油资源和淡水资源等调查。在测量海面温度方面,观测表明需要选择合适的波长和频率。比如当采用 5.4 GHz(6 cm)辐射计时,若海面环境温度为 298 K 左右,实际温度上升 1K,亮温增加 0.5K,而采用 15.8 GHz(2 cm)的辐射计,则亮温不随温度变化。所以必须考虑 $\partial T_B/\partial T_0$(即亮度温度对于实际温度的偏微商)在不同频率或波长时的变化,取其最大值所对应的波长作为辐射计的工作波长。

波长为 0.3~0.6 cm 和 5~10 cm 时,$\partial T_B/\partial T_0$ 的绝对值较大,比较合适,其他的波长如 0.8~1 cm,当温度高于 20℃时,$\partial T_B/\partial T_0$ 值较小,只有当温度低于 20℃时比较合适,也就是冬季时可用 0.8~1 cm 的辐射计。又如波长为 3 cm 时,只适于 10℃以上水温测量,在夏季可用 3 cm 辐射计。10 cm 波长最适合海面温度测量,所以,国外研制了 S 波段辐射计,用以测量海面温度。

河海交汇处是淡水与咸水混合的地方,其盐度的测量关系到河的悬浮泥沙的运动、扩散以及其他化学元素的含量,通过盐度测量可以估算出其他化学元素的含量,所以河海交汇处的盐度监测对河流整治、生态平衡、渔业发展及海洋资源开发都有重要的意义。研究表明,一般在微波低频段即波长较长时,海水的微波辐射与含盐量关系密切。当频率高于 5.4 GHz 时,亮度温度与盐度无关,所以盐度的监测采用较长波段的辐射计。

微波辐射计可用于测量海面风速,这是因为海风使海面的粗糙度增加,海面的反射率降低,发射率增大,亮度温度发生很大变化。测量风速的亮度温度与极化方式、入射角有关。在垂直极化方式下,入射角小于 55°时,辐射计测得的亮度温度随风速的增大而增加;但大于 55°时,亮度温度与风速无关。水平极化方式不受入射角影响,不管入射角多大,所测亮度温度都能很好地反映海风速度,而且随风速变化的亮度温度的变化率较大。1973 年,美国和前苏联在白令海峡上空联合进行试验,采用多波段辐射计,距海面 155 m 的探测结果如表 18.6 所示。可见,水平极化方式下的探测效果要好得多,其探测得到的亮度温度随风速的变化率值在同一条件下比垂直极化方式高出 1~2 倍,另一方面,从不同波长辐射计的测量效果看,0.8~2.8 m 波长的辐射计在测量海风速度方面具有更高的灵敏度。研究表明,微波辐射计测量风速的范围为 7~50 m/s,测量精度为 2 m/s。

表 18.6　海面亮度温度随风速的变化率

波长 λ(cm)	极化	入射角	变化率(K·s/m)
21.0	对地	0°	0.16±0.04
6.0	垂直	38°	0.54±0.003
6.0	水平	38°	0.94±0.13
2.8	垂直	38°	0.66±0.09
2.8	水平	38°	1.18±0.07
1.55	对地	0°	0.90±0.08
1.55	水平	38°	1.39±0.10
0.95	对地	0°	0.95±0.06
0.81	垂直	38°	0.48±0.14
0.81	水平	38°	1.33±0.38

海洋污染监测特别是石油污染监测是海洋环境监测的主要任务,据统计,因为工业排污、船舶排污、海底油气开发和油井事故以及油轮事故,全世界每年约有 1000 万吨油倾入海洋,所以石油污染监测成为一项海洋监测的重要任务。一些国家采用了包括微波辐射计在内的各种传感器监测海洋石油污染,由于石油的发射率大大高于海水,所以污染海域的微波辐射亮度温度比周围海水要高出数十度,而其油膜越厚,亮度温度越高,因此,采用微波辐射计监测油污是可行的,实验表明 0.8 cm 波长辐射计是最佳选择。目前美国等国已进入采用微波辐射计等多种传感器监测海洋石油污染的业务应用阶段。

神州四号上搭载了利用我国独创技术研制的多模态微波遥感器,集成了微波辐射计、微波散射计和微波高度计等三种仪器的功能,重量仅 100 多千克。微波散射计产生的高频极化能量脉冲发射至地表,脉冲到达地面后,部分入射波经散射返回至散射计,散射强度与海面上的表面张力波和重力波(Bragg 散射)的振幅成正比,而这些波又与海面附近的风速有关,根据从不同方向角上测得的雷达后向散射还可以确定风向,故可以推算全球近海面风矢量,应用于海洋动力研究、海况预测及灾害监测等许多方面。微波高度计根据对高度的测量可获得海浪的有效波高、海洋环流等海洋动力学参数。我国已经开展高空间分辨率的 X 波段合成孔径微波辐射计的研制,成像精度达到厘米级。

18.3.4　农、林、渔业中的应用

农业方面的应用主要在农作物的识别、土壤湿度估计和农作物估产等方面。农作物的类型及生长状况是农作物识别的主要目标。由于不同的农作物其枝叶形状、

密度等指数不同,处于不同生长期的农作物其枝叶面积、盖度状况也不一致,这就为微波辐射计的探测提供了可能。一般而言,辐射计频率越高,作物越稠密,所测得的亮度温度与作物的相关性越强。如采用 37 GHz(0.8 cm)的辐射计就能很好地反映农作物的信息,这种辐射计波长很短,不能穿透作物枝叶,只能反映作物枝叶表面的状况,所以对农作物识别有利。

利用微波辐射计可探测土壤湿度,土壤湿度即土壤含水量的多少,亮度温度与土壤湿度的关系是显然的,但要确定一个定量关系式却不容易。美国有关科研人员在亚里桑那州进行试验,采用 0.8 cm、1.55 cm 和 21 cm 的辐射计对 200 余个点上的 15 cm 厚的土壤含水量进行测量,发现 21 cm 辐射计所量测的亮度温度与土壤含水量呈线性关系。由于土壤类型和表面粗糙度等不同,所用辐射计波长不同,土壤含水量与亮度温度的定量关系也不同。在识别农作物和进行土壤含水量估计的基础上,根据农业管理部门详细的气候、作物、农事资料,就可以尝试建立估产数学模型,近年来国内外在此领域的研究取得了许多进展。

在林业方面,微波辐射计可用于森林种类识别,森林火情监测及病虫害预报等。森林不同种类如针叶林、阔叶林的叶面形状、密度等不同,辐射计所测得的亮度温度也不一样,实测的不同林木种类的发射率表明根据亮度温度可区分不同种类森林。当森林地区出现火情或潜在火情时,微波辐射计由于其较高的灵敏度更适合于火情监测预报。森林中的病虫害会造成叶面萎缩枯黄,这会影响辐射计所测亮度温度的变异,当同一地区的辐射计图像出现变化时,可根据变化的趋势进行评判、推估和预报。由于林区探测主要根据树冠叶面的信息,故采用工作频率较高的微波辐射计,研究表明 10 GHz 以上频率的微波辐射计比较合适。

渔业特别是海洋渔业也采用了微波辐射计。渔业遥感研究包括鱼群探测、渔业监督管理、渔业海况预报等。用微波辐射计探测鱼群分布主要采用两种方法,一是根据水面温度及其变化规律确定捕鱼的海区范围,二是根据盐度分布进行估计。美国 NASA 的 Langley 研究中心和有关渔业部门曾用机载和船载 L 波段和 S 波段微波辐射计测量切萨皮克湾盐度分布图,为鱼群探测分析提供依据,取得了明显效果。

习题

1 什么是微波辐射计,它的特点是什么?
2 了解常用的微波辐射计结构示意图。
3 简述地基 TP-WVP3000 微波辐射计的频率段的特点以及可提供的信息。
4 请简述亮温与视在温度的关系。
5 请简述星载 AMSU 微波辐射计的通道及用途。
6 微波辐射计能够提供什么大气信息?

7 地基微波辐射计的探测优势是什么?
8 微波辐射计遥感大气所依据的基本物理关系是什么?
9 微波波段的名称、频率与波段范围是什么?
10 微波辐射计在灾害性天气监测预报中有哪些应用?
11 试述微波辐射计与其他探测手段的区别与联系。

第 19 章　卫星观测

卫星是一个在空间飞行的平台,可用于携带多种气象观测仪器,测量诸如大气温度、湿度、风、云等气象要素以及各种天气现象,依靠仪器、卫星和地球的相对运动,实现全球气象观测。这种专门用于气象目的的卫星叫做气象卫星。气象卫星的出现极大地促进了大气科学的发展,在探测理论和技术、灾害性天气监测、天气分析预报等方面发挥了重要作用,从而促进形成了一门新的学问——"卫星气象学"。

卫星气象学是指如何利用气象卫星探测各种气象要素,并将卫星探测到的资料应用于大气科学的一门学问,简称为"卫星气象"。卫星气象与气象卫星是相互联系但完全不同的概念。

气象卫星从空间观测地球大气系统,作为新型的气象探测平台,经多年来的实践发现它与地面观测和其他观测相比较,主要有以下特点。

(1) 气象卫星在固定轨道上对地球大气进行观测

气象卫星一旦进入轨道,便能在固定的轨道上定时观测地球大气。当卫星轨道确定,则观测范围和区域就确定了,所以对于一定的观测目的,轨道的选择是重要的。卫星在轨道飞行的另一个优点是不再需要像飞机那样提供飞行动力,工作时间可长达几年以上。

(2) 气象卫星实现全球和大范围观测

气象卫星在离地面的几百千米到几万千米的宇宙空间,不受国界和地理条件的限制,对地球大气进行大范围观测。由于极轨卫星在固定轨道上运行,地球不停地自西向东旋转,所以卫星绕地球转一圈的同时,地球也相应地自西向东转过一定角度,从而使卫星能周期地观测到地球上的每一点,实现卫星的全球观测。这与地面观测、飞机观测、雷达观测等在覆盖区域上有明显的不同。气象卫星的大范围观测,使得占地球表面的 4/5 海洋、荒无人烟的沙漠和高原等地区都可以从卫星探测获取气象资料,有利于深入了解全球大气活动。

(3) 在空间自上向下观测

气象卫星对地球大气作自上而下的探测。这与地面观测不同。如对云的观测,卫星观测到的是云顶特征。在有几层云时,卫星首先观测到的是高云;若高云很薄,则可透过高云看到中低云;如果高云很厚,就无法看到中低云。如果卫星在可见光波段看到的云很白,说明这云很厚,在地面观测这块云时就很暗。气象卫星自上而下的观测方式与其他自下而上的观测方式相互配合、优势互补,更加有利于气象观测。

(4) 气象卫星采用遥感探测方式

气象卫星远离地球,只能采用"遥感"来获取大气和地表的特性。遥感探测具有观测速度快、项目多、信息量大和测量系统不干扰被测目标物,以及资料代表性好等优点。例如卫星采用多个光谱段,以短的时间间隔测量,能及时掌握云系演变和各种气象要素,为天气预报提供依据。卫星测量比地面观测更具有内在的均匀性,在全球表面是连续的,不像现有的地面常规观测的不均匀和间断性。此外用一颗气象卫星携带一台仪器实现世界各地观测,资料统一性好,不像地面观测采用型号不同、性能不完全一致的仪器工作,需要对大量仪器进行一致性定标。

利用卫星这一个运载工具进行遥感探测叫做卫星遥感。而利用气象卫星对大气、海洋、地表等进行遥感探测叫做气象卫星遥感。

卫星遥感探测技术研究包括以下三个重要组成部分:

1) 遥感信息的获取方法,主要研究在各个电磁波段的各类传感器的特性;

2) 各类目标物的光谱特性和遥感信息传输规律的研究;

3) 遥感数据的处理和分析判读技术的研究。

(5) 有利于新技术的发展和推广应用

气象卫星作为一种观测平台,在上面可以安放用于各种目的的观测仪器,进行试验和工作,不断地更新仪器设备,十分有利于新技术的推广应用。由于气象卫星通过世界上任一地区,所获取的各种资料可以实时发送给世界各国,卫星资料不仅可以为本国使用,而且可以为其他国家利用,受益面积大。

19.1 卫星遥感的基本概念

温度高于 0K 的所有固体、液体和气体都发射电磁辐射。辐射源越热,其发射辐射的强度就越大。按照普朗克函数(见公式(18.1)),辐射源的温度可以根据其发射辐射的强度来计算。这一点是卫星遥感地球大气的最基本原理之一。

太阳辐射的波长主要在 $0.2\sim4.0\ \mu m$,辐射强度的峰值位于 $0.5\ \mu m$ 附近的可见光谱区。但在紫外和近红外光谱区域也有虽然强度比可见光谱区低,但仍然相当可观的太阳辐射。地-气系统发射辐射的波长集中在 $3\sim100\ \mu m$,完全位于红外谱区。辐射强度最大值在 $11\ \mu m$ 附近。$0.2\sim4.0\ \mu m$ 和 $3\sim100\ \mu m$ 分别反映了太阳(温度约为 6000 K)、地球-大气(温度在 $200\sim300$ K)发射辐射光谱的波长范围。在气象学中经常把它们称为太阳辐射和地物辐射。

通过星载辐射计测量地球-大气对太阳辐射的反射和"地球-大气"自身所发射的电磁辐射,可以得到卫星图像以及其他形式的信息。业务上最常使用的卫星图像有 3 种:

可见光图像(VIS)——可见光和近红外波段太阳光反射辐射的图像(波长 0.4~1.1 μm);

红外图像(IR)——地气系统在热红外波段发射辐射的图像(波长 10~12 μm);

水汽图像(WV)——水汽发射辐射的图像(波长 6~8 μm)。

气象上常把可见光和红外两个波段的图像称为"卫星云图"。

(1)可见光(VIS)云图

星载可见光波段辐射计主要测量地气系统对太阳辐射反射(含散射)后到达卫星的强度,反射辐射强度可表示为

$$I(\lambda) = r_s(\lambda)B(\lambda, 5800K)(\Omega/\pi)\cos(\theta_0) \tag{19.1}$$

其中,λ 表示可见光波长,Ω 为从地球看太阳的立体角,大约为 $6.77e^{-5}$ 球面度(太阳半径为 696295 km,地日距离为 15000 万 km),θ_0 为太阳天顶角,$B(\lambda, 5800 \text{ K})$ 为取太阳辐射温度 5800 K 时代入式(18.1)计算得到的黑体辐亮度,r_s 称为地表反照率。由于 $B(\lambda, 5800 \text{ K}) \times (\Omega/\pi)$ 几乎是常数,星载可见光波段辐射计观测量主要依赖于地表反照率和太阳天顶角。地表反照率表示地气系统对太阳光的反射能力,主要依赖于地表面和云的反射系数。

由星载可见光波段辐射计观测资料可得到可见光图像。可见光(VIS)图像的表现形式与日常看"黑白照片"相似,像素的黑白灰度(又称色调)取决于地表或云的反照率。最亮的、反射系数最大的表面为白色,而反射系数最低的表面为黑色。因此,在比较黑的地表背景衬托下,所看到的白色物体为云。亮度也受太阳光的强度以及太阳和卫星相对于地球位置的制约。在夜间,气象卫星得不到可见光图像。可见光图像可用于区分海洋、陆地和云。海洋和湖泊水面因为具有低的反照率,在可见光图像上显得暗。一般来说,陆地比海洋亮,但比云暗,如图 19.1a。但是,陆地的反照率会随地表类型的不同而改变。与深色的森林和植被区域相比,沙漠非常亮。除雪盖以外,云的反照率比陆地高,因此云表现为白或亮灰色。

(2)红外(IR)云图

一般来说,红外(IR)图像是通过接收 10~12 μm 波段地气系统的辐射得到的。在该波段,大气几乎为"窗区(透明)",即大气对 10~12 μm 波段的辐射传输没有太大的影响,星载红外波段辐射计测量到的辐射强度可表示为

$$I(\lambda) = \varepsilon_s(\lambda)B(\lambda, T_s) \tag{19.2}$$

其中,$B(\lambda, Ts)$ 为将地表温度 Ts 代入式(18.1)计算得到的黑体辐亮度,ε_s 称为地表发射率。如果星载辐射计观测的"地表"为云表,则 Ts 和 ε_s 分别为云顶温度和云的发射率。

以灰度方式显示红外图像的常规方法是在黑色的地球背景之上将云显示为明暗不等的白色,以便它们与可见光图像的表现形式一致。因此,用亮色调代表冷区,用

暗色调代表暖区。由于温度随高度降低,最高最冷的云所发射的红外辐射强度也最低,因此在云图上它们显示最白。这样处理所得的红外图像使用方便,但其图像处理过程与可见光图像正好相反。在可见光图像上,黑色表示辐射计接受到的能量小(目标物反射率小),而红外图上黑色表示辐射计接受到的能量大(目标物温度高)。以图 19.1b 为例,海岸线北部清晰(渤海湾、朝鲜等),南部不清晰,这是由海陆表面的温度差别决定了的;A、B、E 三处的云比 M 处的云要明显的高。

红外(IR)图像为我们提供了云的温度信息和下垫面的热辐射特征,而可见光云图提供了地表面和云的反射特征。综合两种云图,我们可以更好地来定性描述地表和云。图 19.1 中的可见光与红外云图是同时刻的,图中可见光云图的左上角 E 处色调很暗,这是因为在该处太阳高度角太低,光照不足之故;相应在红外云图的左上角,云与其周围无云区色调差别明显,但无云区色调较浅,这是由于该时已是深秋时节,地表的温度较低。可见光云图上 A、B、M 一片白亮,但纹理不同,表明云较厚但高度不一。结合 IR 图提供的高度信息,可知,A—B 为白色卷云带,之下和两侧为中低云区,之南 M 处为较厚的中低云区,可见光云图上白亮,但红外云图上浅灰。在 IR 上,越往南,云和地表色调反差越大,是因为地球表面温度逐渐增高;在 VIS 上,越往东南,云和地表色调反差越大,是因为太阳高度角逐渐增大。

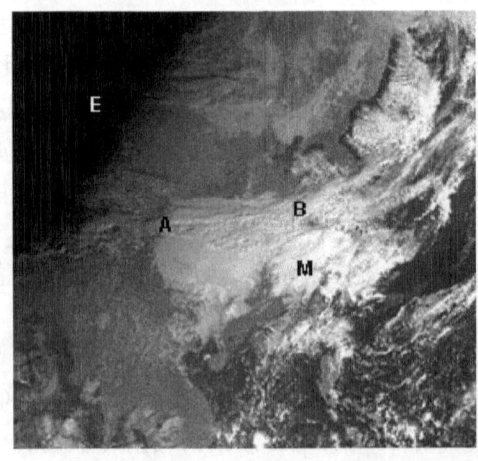 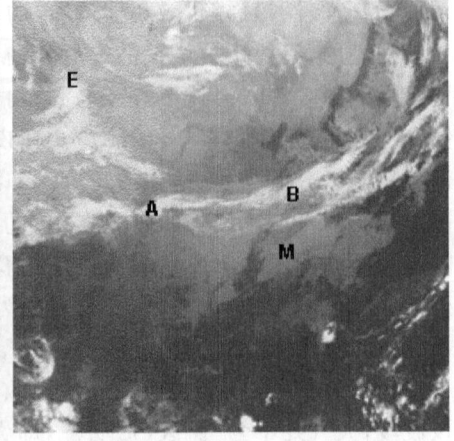

图 19.1　1999 年 11 月 26 日 08 时可见光云图与红外云图的比较
(a):GMS 可见光云图,(b):GMS 红外云图

(3)水汽(WV)图像

水汽(WV)图像是根据在非大气窗区的水汽波段(如 $6\sim 8~\mu m$,水汽吸收波段中心为 $6.7~\mu m$)上所发射的辐射得到的。星载辐射计在水汽吸收波段所接收到的能量可以表示为

$$I(\lambda) = \int_0^\infty B(\lambda, T(z)) w(\lambda, z) \mathrm{d}z \tag{19.3}$$

其中,$B(\lambda, T(z))$为将高度 z 处的大气温度 $T(z)$ 代入公式(18.1)计算得到的黑体辐亮度,$w(\lambda, z)$ 称为权重函数,表示高度 z 处的水汽所发出的热辐射对卫星测值的贡献权重、依赖于 z 高度上的水汽含量和其上大气层的透过率,积分限表示从地表到卫星所在高度。

由上式可见,星载辐射计所接收到的能量包含大气各层水汽的辐射能量贡献,但上层水汽对下层水汽辐射的吸收作用,大气低层水汽的辐射一般达不到外空。如果对流层上部是湿的,那么到达卫星的辐射主要来自这一(冷的)区域,因而在图象上表现为白色,这与红外云图的表示方式一致。仅当对流层上部是干燥的时候,较暖的对

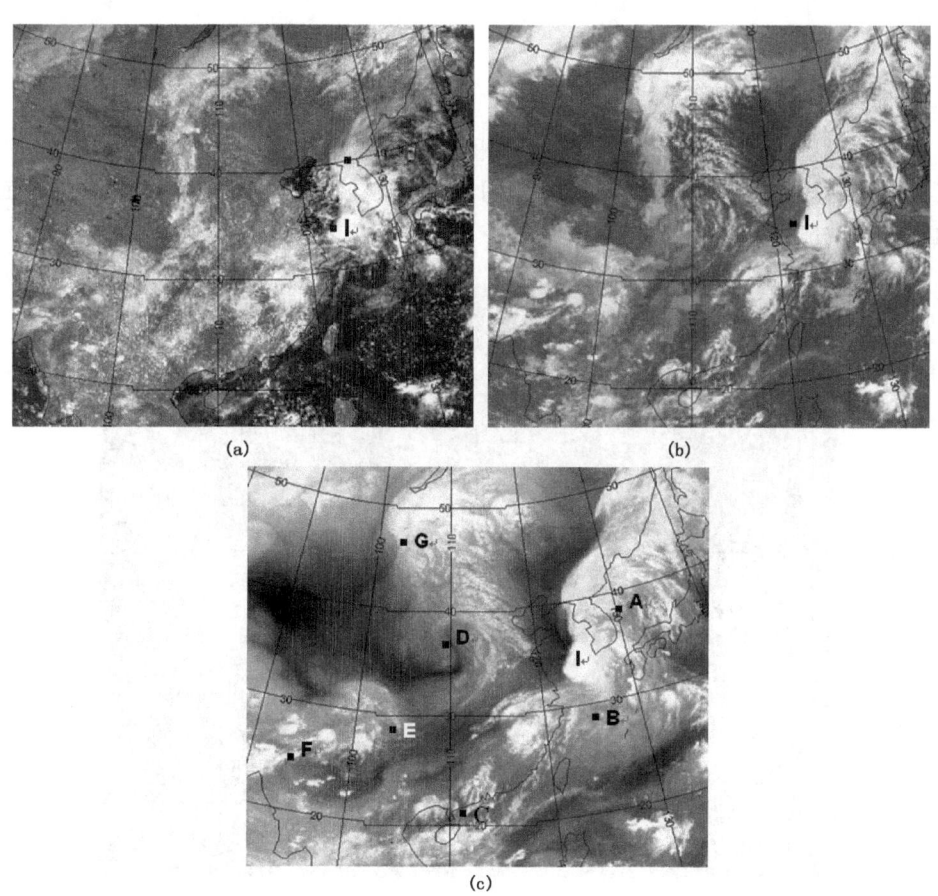

图 19.2 可见光、红外和水汽图比较。(a)1999 年 9 月 5 日 10 时 GMS-5 可见光;
(b)1999 年 9 月 5 日 10 时 GMS-5 红外;(c)1999 年 9 月 5 日 10 时 GMS-5 水汽

流层中部的水汽产生的辐射才能到达卫星,在图像上表现为稍暗的色调。在水汽图像中大尺度流场特别引人注目,这是因为水汽起到了大气运动示踪物的作用,图像能有效地显示出对流层中部的气流。

图 19.2 为同时刻的可见光、红外云图和水汽图。首先从水汽图 19.2c 上看到,A—B—C 为一条宽的水汽带,D 处为一涡旋,而 G—D—E—F 是另一条水汽带;两水汽带间为一窄的暗带,在 G—D—E—F 的西侧为一大片暗区;在 A—B—C 水汽带的 I 处镶嵌一雷暴云团,在水汽图上的色调最明亮。与红外图比较,红外图上的 A—B—C 和 G—D—E—F 呈现断裂云系,D 处涡旋较为清楚,但不如水汽图清晰明显,I 处的雷暴仍很清楚。与可见光云图比较,云系更为断裂,D 涡旋没有任何表现。但可见光图上的有些目标物,特别是低云在水汽图上没有表现。

19.2 气象卫星的轨道

气象卫星在地球引力作用下运动。根据地心引力作用下物体运动的特点,卫星可以围绕地球在确定的轨道上运动(如图 19.3),该轨道所在的平面称为轨道平面,轨道平面过地心。

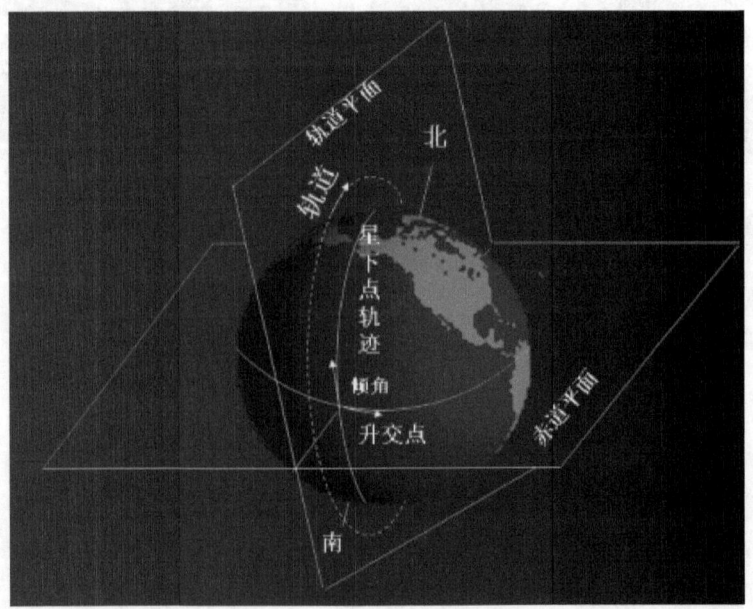

图 19.3 卫星围绕地球运动示意图

为了便于卫星观测资料处理,我们要求卫星轨道为圆形;对于地球大气观测而言,我们希望卫星能够飞过地球上任何一点(包括地球南北两极和赤道地区)。能够飞过两极的卫星,称为极轨卫星,这种卫星的轨道称为极地轨道。在卫星由南半球飞向北半球的过程中,星下点轨迹与地球赤道的交点,称为升交点。

卫星在轨道上运行一周的时间称为轨道周期。圆轨道的周期可由下式确定:

$$T^2 = 4\pi^2(R+H)^3/\mu \tag{19.4}$$

其中,$\mu = 398613.52 \text{ km}^3/\text{s}^2$ 为常数,$R=6370$ km 为地球半径,H 为卫星轨道高度。我国气象卫星 FY-1,$H=830$ km,可计算得 $T=6080$ s $=101.3$ min;FY-2,$H=35860$ km,$T=23$ 小时 56 分。

(1)太阳同步卫星轨道

所谓太阳同步卫星轨道是指卫星的轨道平面与太阳始终保持固定的取向。这种轨道的高度 H 和倾角 i 必须满足如下关系:

$$10\cos i \times (R/(R+H))^{3.5} = -0.985° \tag{19.5}$$

例如,$H=830$ km,$i=98.7°$。由于这种卫星轨道的倾角必须大于 90°但非常接近 90°,卫星近乎通过极地,所以又称它为近极地太阳同步卫星轨道,有时简称为极地轨道。图 19.4 表示了近极地太阳同步卫星轨道的示意图,从图上看出,卫星几乎以同一地方时(以轨道升交点为参照,图中升交点时间为地方时下午 15:00)经过世界各地。

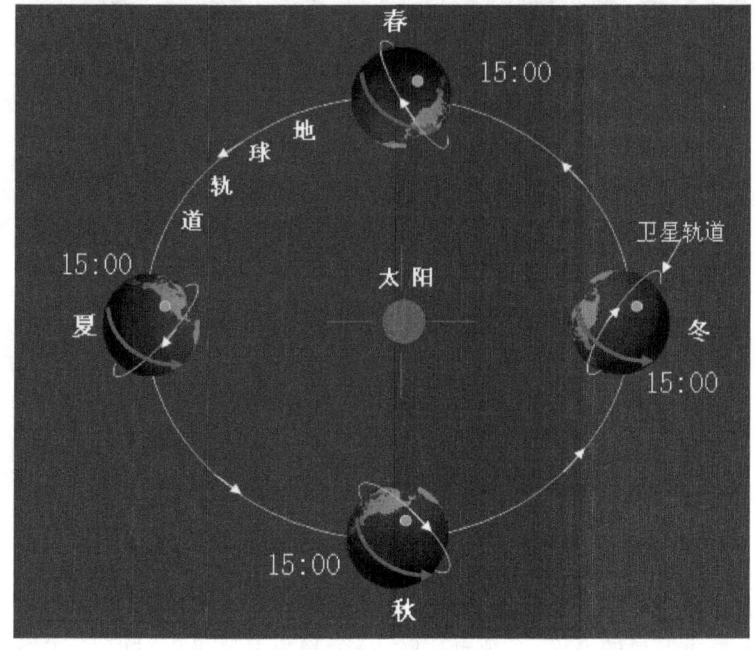

图 19.4　太阳同步卫星轨道

太阳同步卫星轨道的优点是：①由于太阳同步卫星轨道近于圆形，轨道的预告、资料的接收定位处理都十分方便；②太阳同步轨道卫星可以观测全球，尤其是可以观测到极地区域；③这种轨道的高度在几百—上千千米（如目前的 NOAA、FY-1 等高度为 830～860 km），轨道周期约 102 分钟；④可以得到稳定的太阳光照，在观测时地表有合适的照明，卫星有正常的能量保障。

太阳同步卫星轨道的缺点是：①虽然太阳同步卫星可以获取全球资料，但是时间分辨率低，对某一地区的观测时间间隔长，一颗极地太阳同步轨道卫星每天只能对同一地区观测两次，不能满足气象观测要求，不能监视生命短、变化快的中小尺度天气系统；②相邻两条轨道的观测资料不是同一时刻的，需要进行同化。

(2) 地球同步静止卫星轨道

如果卫星的倾角等于 0°，则赤道平面与轨道平面重合且卫星公转方向与地球自转的方向相同，即卫星在赤道上空、自西向东运行。又若卫星的周期正好等于地球自转周期（23 小时 56 分 04 秒，为此轨道高度约为 35860 km），则这样的卫星轨道称地球同步轨道。满足上述两个条件，再考虑到轨道为圆形，则在地面上看，这种轨道上的卫星好象静止在天空中，所以又把这种轨道称作地球静止卫星轨道，如图 19.5。这样轨道上的卫星称作静止卫星。

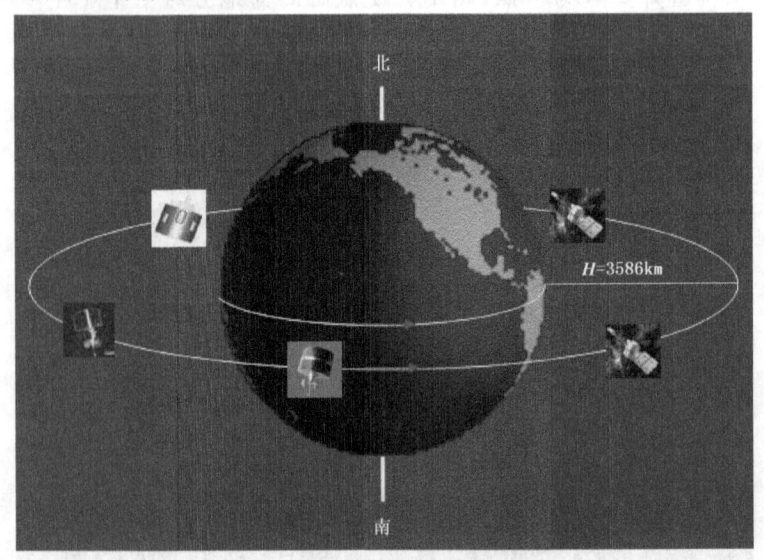

图 19.5　地球同步静止卫星轨道

静止卫星作为一个气象观测平台有许多优点：

1) 由于静止卫星的高度高，视野广阔，一个静止卫星可以对南北 70°S～70°N、东西 140 个经度（地球表面积约 1.7×10^8 km²）进行观测；

2)静止卫星可以对某一固定区域进行连续观测,可以以半小时或1小时提供一张全景圆面图。在特殊需要时,可每隔3~5分钟对某个小区域进行一次观测;

3)静止卫星可以监视天气云系的连续变化,特别是生命短、变化快的中小尺度灾害性天气系统。

静止卫星的不足之处是不能观测南北极区,同时因为高度很高而对卫星观测仪器有不同于极轨卫星观测仪器的要求。

(3)全球卫星观测体系

自从1960年美国发射第一颗泰罗斯1号试验卫星以来,中、日、俄、法、印、欧共体等世界各国或团体已发射了上百颗气象卫星。

静止卫星能对中低纬度广大固定地区实行连续观测,但是观测不到极区和固定地区以外的地区;极地太阳同步轨道卫星能实现全球观测,但一颗极地太阳同步卫星对中低纬度地区每天只能对白天和夜间各观测一次,不能对中低纬度地区的天气连续监视观测,但其能以高的时间分辨率观测极区。为了对全球范围内天气作连续观测,单凭一颗静止卫星和极轨卫星是无法实现的,这时只有将多颗静止气象卫星与几颗极地太阳同步气象卫星组合在一起,发挥各自的优势,克服其短处,形成一个全球卫星观测体系,实行对全球天气的监视。如图19.6所示,目前全球在轨运行的极地太阳同步卫星有美国 TIRORS/NOAA 系列,俄罗斯的 METEOR 系列,中国 FY-1D

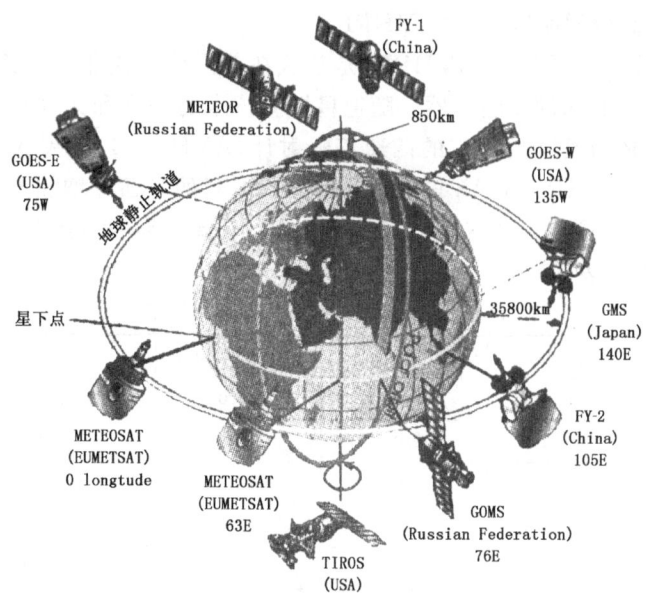

图 19.6　全球卫星业务观测系统

和第二代 FY-3A,欧共体 METOP。静止卫星的具体位置分别为:0°,63°E(欧共体 METEOSAT 及其第二代 MSG 系列),140°E(日本 MTSAT),135°W(美国 GOES-W),70°W(美国 GOES-E),105°E(中国 FY2C),86.5°E(中国 FY2D),83°E(印度 INSAT),76°E(俄罗斯 GOMS)。为有效地覆盖全球,各卫星观测区彼此有一定重叠,从而实现卫星对全球大气的监视和观测。全球气象卫星观测体系的建立,标志着大气探测进入了一个以卫星观测为主体的全球观测体系新时代。

19.3 星载辐射计及其观测

如果按卫星获得的资料产品来分,辐射计还可以分成:①成像型辐射计,这类辐射计主要是将辐射计测量到的值转换成图像,通常具有较高的地面分辨率和大的观测范围,所以成像型辐射计大多是扫描型的,并使用较宽的波长间隔,以得到更多的辐射能,现在的卫星云图都是由这种辐射计取得的;②非成像型辐射计,这种辐射计主要是获取探测数据,如测量大气温度、成分等,这种辐射计的地面分辨率较低,可以是扫描型,也可以是非扫描型,所用的光谱通道较多,每个通道的波长间隔很窄,具有高的光谱分辨率;③成像和非成像混合型辐射计,这是美国静止卫星上曾用过的辐射计,其采用的光谱通道较多,其中一些用于成像,另一些用于获取大气温度等目的。

下面主要介绍业务气象卫星搭载的 3 种有代表性的气象观测仪器。

(1)高级甚高分辨率辐射计(AVHRR)

高级甚高分辨率辐射计(AVHRR)是装载在美国第三代业务气象卫星 TIROS-N/NOAA 系列上的图像观测仪器。随卫星探测技术的提高和大气观测及其他领域的需要,AVHRR 的发展由最初的四通道辐射计(AVHRR-1)发展为五通道和六通道(AVHRR-2、AVHRR-3、AVHRR-4)辐射计,其目的是通过增加卫星观测通道获取更多的陆地表、海洋、云和气溶胶等信息,扩大卫星资料的应用范围。AVHRR-3 主要性能与用途见表 19.1。

表 19.1 AVHRR-3 主要性能与用途

波段	波长(μm)	分辨率(m)	扫描宽度(km)	典型用途
Band 1(VIS)	0.58~0.68	1100	3000	白天云与地表成像
Band 2(NIR)	0.725~1.1	1100	3000	水-陆边界
Band 3A(NIR)	1.58~1.64	1100	3000	雪、冰探测
Band 3B(TIR)	3.55~3.93	1100	3000	夜间云成像,SST
Band 4(TIR)	10.3~11.3	1100	3000	云成像,SST
Band 5(TIR)	11.5~12.5	1100	3000	SST

(2) 改进的 TIROS 业务垂直探测器(ATOVS)

ATOVS 是美国业务气象卫星上搭载的、以获得大气温度、湿度和臭氧垂直分布参数为目的的典型大气遥感探测仪器,由三个独立探测器组成:高分辨率红外探测器 HIRS/3,先进的微波探测器 AMSU-A 与 AMSU-B。HIRS/3 是 NOAA 系列卫星上的 ATOVS 系统的一个部分,其瞬时视场为 0.68°(圆形),星下点处的空间分辨率为 10 km。HIRS/3 的光谱通道特性和主要探测目的见表 19.2。

1998 年高级微波探测器 AMSU(Advanced Microwave Sounding Unit)取代 MSU 成为 NOAA 气象卫星的微波遥感载荷,后又被欧洲极轨 METOP 等卫星携带。AMSU 有 AMSU-A 和 AMSU-B 两个探测单元,共有 20 个通道,见表 19.3 和表 19.4。AMSU-A 为全功率型微波辐射计,波段为 23~89 GHz,共 15 个通道,由两个分离部件组成。其中 AMSU-A2 上有 2 个通道,分别为 23.8 和 31.4 GHz,是大气窗,用作反演云中液态水,结合 89 GHz 通道可以获取降水率、冰雪覆盖、海冰密集度等。AMSU-A1 在从 50.3~57.29 GHz 氧气吸收带处有 12 个通道,加上 89 GHz 处 1 个通道共有 13 个通道。12 个氧气吸收带通道(通道 3~14)提供从地表到约 40 km(即从 1000 hPa 到 2 hPa)全球大气垂直温度。通道 1、通道 2、通道 15 也可用于辅助温度探测,作表面发射率、大气液态水、大气可降水含量以及总降水量的吸收订正。AMSU-B 是一个 5 通道微波辐射计,处于 AMSU 的第 16~20 通道,包括两个中心分别定于 89 GHz、150 GHz 的窗区通道,以及三个定于 183.31 GHz 水汽谱线的 183 GHz±1 GHz、±3 GHz、±7 GHz 通道。分布于最强水汽吸收线 183.31 GHz 处的三个通道(即通道 18~20)可用来反演全球大气湿度廓线,而 89 GHz、150 GHz 处的两个窗区通道(通道 16、通道 17)可以纵深穿透大气层到达地球表面,在有云和降水时获得云和降水信息。总之,不同的微波波长能够测量的降雨量大小也不相同。

表 19.2　高分辨率红外探测器(HIRS/3)的通道特性及探测目的

通道序号	吸收气体和窗区	中心波数 (cm^{-1})	中心波长 (μm)	峰值能量贡献层	主要探测目的
1	15 μm CO_2	669	14.95	30 hPa	大气温度。15 μm 带对相对冷区大气敏感,5 通道、6 通道和 7 通道用来计算云参数;6 通道、7 通道对水汽很敏感,用于反演低层水汽。
2	15 μm CO_2	680	14.71	60 hPa	
3	15 μm CO_2	690	14.49	100 hPa	
4	15 μm CO_2	703	14.22	400 hPa	
5	15 μm CO_2	716	13.97	600 hPa	
6	15 μm CO_2	733	13.64	800 hPa	
7	15 μm CO_2	749	13.35	900 hPa	

续表

通道序号	吸收气体和窗区	中心波数 (cm^{-1})	中心波长 (μm)	峰值能量贡献层	主要探测目的
8	红外大气窗	900	11.11	地表	表面温度和云检测。
9	O_3	1030	9.71	25 hPa	臭氧总含量。
10	窗区	802	12.47	地表	水汽廓线。对 CO_2 和窗区通道提供水汽订正;通道12可用于卷云探测。
11	H_2O	1365	7.33	700 hPa	
12	H_2O	1533	6.52	500 hPa	
13	4.3 μm CO_2	2190	4.57	1000 hPa	大气温度。4.3 μm 带对相对暖区大气敏感;而且短波辐射值对云的敏感性比 15 μm 带差。
14	4.3 μm CO_2	2210	4.52	950 hPa	
15	4.3 μm CO_2	2235	4.47	700 hPa	
16	4.3 μm CO_2	2245	4.45	400 hPa	
17	窗区	2420	4.13	地表	
18	短波红外窗	2515	4.00	地表	表面温度。对云和水汽不敏感;对于部分有云视场,与 11 μm 通道一起用于检测云并由此推算表面温度。两个通道联用可从测值中消除反射太阳光的影响。
19	短波红外窗	2660	3.76	地表	
20	可见光窗	14500	0.69	云	云检测。与 4.0 μm 和 11 μm 通道联用确定晴空视场。

表 19.3 AMSU-A 光谱通道特征及其主要探测目的

通道	主要吸收成分	中心频率 (GH_Z)	峰值能量贡献层	主要探测目的
1	大气窗	23.8	地表	地表特征、可降水等
2	大气窗	31.4	地表	地表特征、可降水等
3	大气窗	50.3	地表	表面发射率
4	O_2	52.8	1000 hPa	大气温度
5	O_2	53.596±115	700 hPa	大气温度
6	O_2	54.4	400 hPa	大气温度
7	O_2	54.94	270 hPa	大气温度
8	O_2	55.5	180 hPa	大气温度
9	O_2	$F_{L0}=57.290344$	90 hPa	大气温度
10	O_2	F_{L0} 0.217	50 hPa	大气温度

续表

通道	主要吸收成分	中心频率（GHz）	峰值能量贡献层	主要探测目的
11	O_2	$F_{L0}0.3222\pm0.048$	25 hPa	大气温度
12	O_2	$F_{L0}0.3222\pm0.022$	12 hPa	大气温度
13	O_2	$F_{L0}0.3222\pm0.011$	5 hPa	大气温度
14	O_2	$F_{L0}0.3222\pm0.0045$	2 hPa	大气温度
15	大气窗	89.0	地表	地表特征、可降水等

表 19.4 AMSU-B 光谱通道特征及其主要探测目的

通道	主要吸收成分	中心频率（GHz）	峰值能量贡献层	主要探测目的
16	大气窗	89.0 ± 0.9	地表	地表特征、可降水等
17	H_2O	150 ± 0.9	1000 hPa	可降水等
18	H_2O	183.311 ± 1.00	400 hPa	大气湿度
19	H_2O	183.311 ± 3.00	600 hPa	大气湿度
20	H_2O	183.311 ± 7.00	800 hPa	大气湿度

(3)静止卫星云图观测仪器

美国 GOES、日本 MTSAT 和中国的 FY-2C/D 静止气象卫星上都装载有目的类似的可见光红外扫描辐射仪，测量地面和云面反射的太阳辐射和地面、云面发射的红外辐射，主要用于观测地球系统云分布状况及其他气象参数和大气物理现象、制作可见光和红外云图。表 19.5 是中国 FY-2C/D 可见光红外扫描辐射计 SVISSR 的主要参数与用途。

表 19.5 FY-2C/D 可见光红外扫描辐射计

通道	波段	星下点空间分辨率	应用目标
CH1	0.5～0.9 可见光	1 km	白天云图
CH2	3.5～3.95 短波红外	4 km	高温热源、云结构
CH3	6.3～7.6 水汽	4 km	对流层中高层水汽信息、云导风
CH4	10.3～11.3 长波红外分裂窗	4 km	昼夜云图、SST
CH5	11.5～12.5 长波红外分裂窗	4 km	昼夜云图、SST

19.4 星载雷达及其观测

可见光和红外波对云和降水的穿透性较差,星载探测器所获得的可见光和红外云图信息主要来自降水云顶部,与地面观测资料的可比性较差。星载微波探测器遥感降水,既可以保持卫星观测的优势,又具有较强的穿透力,因此是能够提供一致性好、可靠性强的全球降水资料的唯一手段。星载微波探测器可以是星载测雨雷达,也可以是星载微波辐射计。星载微波辐射计属于被动式遥感仪器,在经过多年实验研究之后,已在极轨气象卫星上搭载使用,即 NOAA 卫星上的高级微波探测器 AMSU。测雨雷达属于主动式遥感仪器,具有较高的径向分辨率,可以获得降水云内部的三维信息。热带降水测量卫星测雨雷达(TRMM-PR)是第一部星载测雨雷达。卫星于 1997 年 11 月 28 日成功发射,TRMM 卫星由美日两国联合研制。自成功发射以来,它提供了大量热带海洋降水、云中液态水的含量、潜热释放等气象数据。卫星轨道为圆形,倾角 35°,高度 350 km,周期 92 分钟。卫星采用三轴定向稳定。卫星携带的遥感探测仪器有:测雨雷达(PR),微波成像仪(TMI),可见光、红外扫描仪(VIRS),云和地球辐射能量测量系统(CERES)和闪电成像感应器(LIS)。表 19.6 给出了 TRMM 卫星携带的仪器及其参数(王振会,2001)。

表 19.6 TRMM 卫星携带仪器参数

仪器	频率/波长	空间地面分辨率	地表扫描带宽度
测雨雷达(PR)	14GHz(2cm)	250 m(高度距离分辨率) 4 km(地面水平分辨率)	220 km
TRMM 微波图象仪(TMI)	10 GHz,19 GHz,21 GHz, 37 GHz,85.5 GHz (除 21 GHz 外均为双极化)	45 km,21 km,17 km, 11 km,5 km	760 km
可见光/红外感应器(VIRS)	0.63 μm,1.61 μm,3.75 μm, 10.8 μm,12.0 μm	2.2 km	720 km
闪电图象感应器(LIS)	0.7774 μm	5 km	537 km

19.5 卫星资料的应用

从 20 世纪 60 年代初第一颗气象卫星成功发射以来,卫星探测在天气分析和大气科学研究中发挥了重大作用,取得了明显的效果,同时气象卫星资料广泛应用于农业、海洋、林业、地质、地理、水文、航空航天等领域。

(1) 增加和丰富了气象观测及其他领域资料的内容和范围

气象卫星观测体系的建立,大大地丰富了气象观测的内容和范围,使大气探测技术和气象观测进入了一个新阶段,突破了人类只能在大气底层观测大气的局限性。一些难以观测的资料和地区,现在都可以从气象卫星上得到实现。当前气象卫星可以提供以下有价值的资料:

①每日的可见光、红外和水汽等多谱段图像资料;

②大气垂直探测资料;

③微波探测资料;

④太阳质子、粒子资料等。

由以上这些资料可以导得以下气象和其他领域的各种参数和现象:

①云系的大范围分布和各类天气系统的位置、形成、发生发展等;灾害性天气的发生发展;

②云类、云量、云顶温度(云顶高度)、云的相态等;

③气溶胶、沙尘暴、扬沙、浮尘、冰雪覆盖等;

④陆面温度、植被分布、蒸散、土壤湿度、地面反照率等陆面参数;

⑤大气温度、湿度垂直分布,大气中水汽总量、臭氧总量;

⑥降水量和降水区、地面水资源、洪水等;

⑦给定区域的云风矢量;

⑧入射地球大气系统的太阳辐射和地球大气系统反射的总辐射,长波辐射总量、地气系统辐射收支等;

⑨海洋表面温度、洋流、悬浮物质浓度、叶绿素浓度和海冰等海洋表面状态;

⑩监视森林火灾、森林生长状况;

⑪由可见光和近红外云图提取植被指数,监视农作物生长、估计作物产量;

⑫监视太阳质子、α 粒子、电子通量密度和能量谱以及卫星高度上的粒子总能量。

(2) 卫星资料是天气分析预报的重要依据

1) 云类识别

利用卫星云图资料可以识别各类云的特征,尤其是卷状云、中云、积云、浓积云、积雨云、层云(雾)等。

2) 云系识别

由于卫星观测范围大,很容易在卫星图像上看到大范围分布的云系。常见的云系形状有带状、涡旋、细胞状、盾状等。

带状云系指长宽之比至少为 4∶1 的连续云系,通常由多层云系组成。宽度大于 1 纬距的称云带,小于 1 纬距的为云线。图 19.7 是与梅雨锋相联系的一个带状云系。

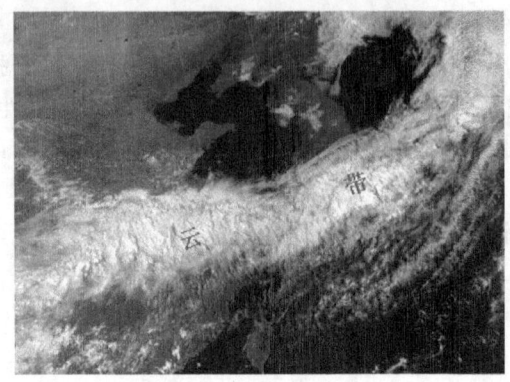

图 19.7 带状云系

图 19.8 涡旋云系

涡旋云系(图 19.8)指一条或几条云带按螺旋状旋向一个共同的中心。台风、热带低压、气旋、高空冷涡都表现为涡旋云系。中纬度气旋的云系,在呈涡旋状之前可呈逗点状。

细胞状云系(图 19.9),指冷空气到达暖而湿的表面上时,受下垫面的加热产生对流,形成细胞状结构的对流云系。细胞的直径仅几十千米,它分为开口和闭合两种。开口细胞状云系中间无云,四周有云,出现于低压周围的气旋性环流内。闭合细胞状云系中间有云四周无云,呈球状,出现在高压控制的反气旋性环流区内。

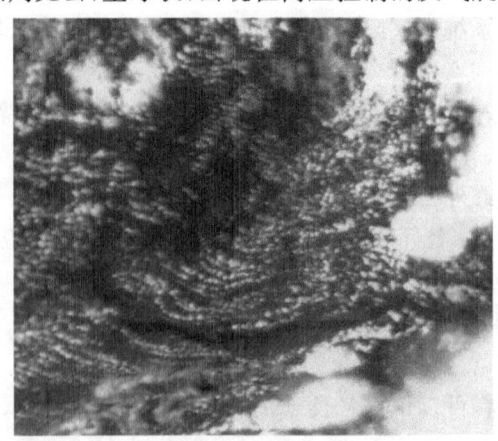

图 19.9 细胞状云系

3)天气系统识别

由于卫星观测能够覆盖全球,因此能得到海洋、高原、沙漠等人烟稀疏地区的气象资料,大大地改进了这些地区的天气分析的准确性。由于卫星云图有高的时、空分辨率,能连续追踪云系的形成、天气系统发展加强与降水等的相互关系,如对锋面、高空槽和气旋云系的发生发展和演变都有了新的认识和理解。发现了大尺度云系分布的各种云型特征,提出了天气尺度云系演变的概念模式,为预报员准确预报天气提供了依据。在使用了卫星资料后,能及早发现天气系统,从而提高预报的准确性,延长预报时效。如在卫星观测之前,青藏高原资料稀少,许多天气系统常常被遗漏,造成天气预报的失败,有了卫星资料后,发现和掌握了青藏高原上冷、暖锋和急流及其他系统的活动规律,为预报我国东部地区的降水发挥了重要作用。

锋面云系中(图 19.10),冷锋云系表现为长达千余千米,气旋性弯曲的云带,它常与涡旋云系连结。其分为活跃和不活跃两类:活跃冷锋位于 500 hPa 槽前,走向与对流层中层气流一致,云系连续稠密,由多层云组成;不活跃锋位于 500 hPa 槽后,云带与高空气流垂直,云系断裂不完整,以中低云系为主。冷锋云系的长度和宽度相差很大,这决定于大气运动尺度、锋面坡度和水汽条件。

暖锋云系在卫星云图上表现为向北凸起的盾状云区,长宽之比很小,云系以多层云为主。

图 19.10　锋面云系

温带气旋云系如图 19.11。分成四个阶段:①波动阶段:锋面云带变宽,向冷区凸起,色调变白,中高云加多。②发展阶段:锋面云带隆起部分更明显,中高云后界开始向云内凹,逗点结构逐渐明显。③锢囚阶段:云系后部有明显干舌,螺旋结构明显。云带伸至涡旋中心。④成熟阶段:干舌伸到气旋中心,螺旋云带围绕中心旋转一周以上,高低空环流中心与云系涡旋中心重合。

急流云系表现为左界光滑整齐,与急流轴平行的卷云区(图 19.12)。急流呈反气旋弯曲时,云系稠密,急流呈气旋性弯曲处云系稀少或无云。急流云系可以分为宽阔盾状卷云区、卷云线和横向波动云系三种。

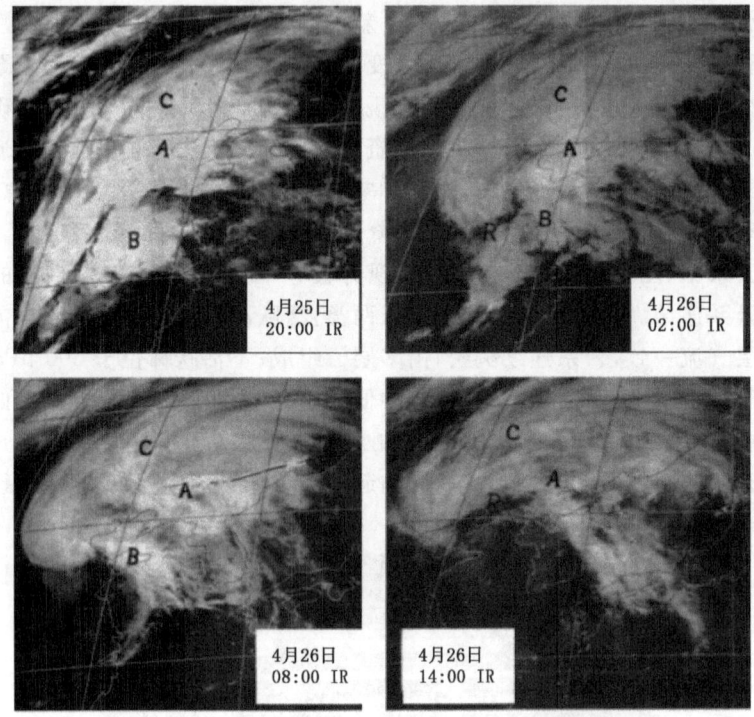

图 19.11 温带气旋云系

图 19.12 我国东南沿海的急流云系

(3) 监视暴雨、强雷暴等灾害性天气系统

暴雨和强雷暴(大风和雷电)是灾害性危险天气系统,对人们的生命财产常造成严重损失。这类系统空间尺度小、变化快、生命短、强度大,用常规的观测资料难以抓住它,因此对这类系统的分析和预报一直是大气科学研究的一个重要问题。静止卫星云图能对某一固定区域连续观测,具有高的时、空分辨率,对发现和连续监视暴雨和强雷暴天气系统是很有效的工具,利用静止卫星云图监视暴雨强对流的发生发展,减少了人民生命和财产损失。

(4) 监视热带洋面上的低压、台风等天气系统

在热带海洋地区,气象测站稀少,资料十分短缺,用常规气象资料很难发现和追踪洋面天气系统的发生发展和移动。卫星云图是监视热带洋面上低压、台风等天气系统的重要工具。在使用卫星云图以来没有一个台风被遗漏,并总结出一套用卫星云图预报台强度和路径的有效方法,提高了台风预报的准确率,延长了预报时效,保障了人民生命和财产的安全,减少了经济损失。

热带云团(图 19.13),占热带地区面积的 20%,由许多积雨云单体组成,其顶部的卷云连成一片,表现为密实的白色云区,其尺度相差很大,小的不到一个纬距,大的可达 7 个纬距以上。云团的垂直方向分为流入层、垂直运动和流出层。云团内以上升运动为主,400 hPa 以下为辐合上升运动,400 hPa 以上则以辐散为主。低空为正涡度,高空为负涡度。

图 19.13　热带云团

台风结构在卫星云图上很清晰(如(彩)图 19.14 为 2006 年 7 月 14 日"碧利斯"台风)。典型的台风云系由台风眼、中心稠密云区和螺旋云带组成(图 19.8)。台风眼分成大眼、小眼、圆眼和不规则形状眼,它可以位于台风云区中心,也可位于台风云区边缘。中心稠密云区边界越光滑,云型越圆,尺度越大,越稠密,台风强度越大。台风云带越宽,环绕台风中心的圈数越多,强度越大。与台风相联的另一种云带称对流带。

(5) 改进长期天气预报

卫星资料能提供南北半球环流和中低纬度环流间相互作用的有关资料,又因这些作用在几天或几星期后影响中纬度地区,所以应用这些资料可以帮助制作中长期

图19.14 台风云系。左:台风云系灰度图,右:台风云系彩色分层显示图

天气预报。另外由卫星观测资料计算出的洋面温度、地球表面和洋面的冰雪覆盖资料,以及地球—大气和宇宙之间辐射能的交换资料,可以研究海气交换、气候变迁。

(6) 为数值天气预报提供资料

由NOAA气象卫星的高分辨率红外探测器观测资料反演得到的大气温度、湿度分布和各高度上的云迹风,输入到数值模式中,用于提供数值预报的初始场,进一步提高数值天气预报的准确率。

(7) 在气候研究方面的应用

1) 云量、云类

云控制着入射到地球表面的太阳辐射和地球自身发射的红外辐射,所以云对地球的辐射收支有重要影响,从而对地球的增暖和冷却起着直接重要的作用。用卫星资料估算云的时空分布,能用于研究:①气候模式和有效性检验;②云对气候的影响;③云和地球辐射收支;④云的气候学变化等。

2) 辐射

地球大气顶的辐射收支决定了地气系统的能量输入,辐射能的源和汇导致了大气环流,影响全球的能量和水循环。由卫星观测能确定大气顶的辐射收支,入射地面的太阳辐射,射出长波辐射、总辐射等。

3) 降水

用卫星资料估计降水是测量降水的又一新的途径,特别是对于估算大尺度降水是最有效的方法。在热带地区的对流降水及其释放的潜热是大气环流的重要强迫机制之一。

卫星估算降水已经是一项重要的业务产品,对于研究降水与气候间的关系,水循环、作物生长等都是十分有用的。

4) 气溶胶、微量气体

CO_2、CH_4 和 N_2O,这些气体起着温室效应作用,影响气候变化;臭氧变化影响人类的健康;SO_2 等有害气体则造成大气污染。

5) 冰雪覆盖

中国是世界上中低纬度地区山岳冰川最多的国家之一,冰川面积虽不足全国面积的 6%,但其融水量却占全国地表年总径流量的 2.0%,相当于黄河每年入海总径流量。利用卫星资料能计算冰川面积、冰川变化等。

冰雪覆盖的改变是气候变化的最重要的信号之一,全球气候模拟表明,温室效应在高纬度最大,极地冰雪一旦融化,地面反照率将发生很大变化,结果更有利于增温。地球上的冰雪覆盖有海冰、雪盖和冰川三部分。用卫星资料可以对冰雪覆盖的水平分布进行详细的观测,对冰川的分析更加系统化和全球化。利用 NOAA 卫星资料可以分析雪盖的范围、月、季雪盖频次及其距平;由 NOAA 卫星 1.6 μm 资料更加容易区分积雪和云,积雪的深度。

(8) 为农业提供气象资料

气象卫星可以为农业提供诸如日照、降水、气温、陆面温度、植被分布、蒸散、土壤湿度、地面反照率等气象参数和陆面参数,利用这些资料可以进行农业区划,监视作物长势,监测干旱、虫灾和估算作物产量等。

绿色植被叶绿素含量大,在近红外波段的反射率显著的大。因此,利用可见光和近红外两波段反射率的差异,可监测植被生长状况。植被遥感监测通常用的因子是植被指数 $NDVI=(Ch2-Ch1)/(Ch2+Ch1)$,$Ch1$ 和 $Ch2$ 分别为可见光和近红外两波段的反射率。(彩)图 19.15 是植被指数分布图例。

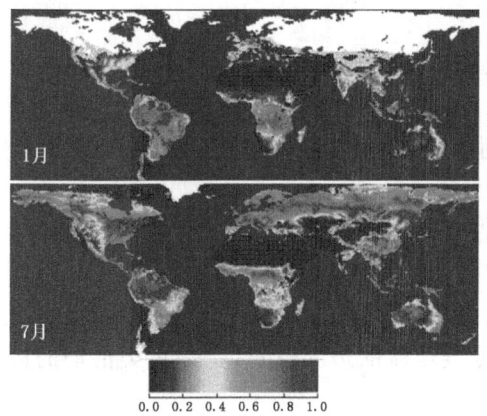

图 19.15 植被指数 NDVI 的分布

图 19.16 大兴安岭地区火灾(红色部分)

(9) 监视森林火灾、地表热异常

森林火灾通常用地面建立瞭望塔和飞机进行观测,其瞭望塔的观测范围十分有限,而飞机观测费用十分昂贵。卫星观测有高的时空分辨率,可以对大范围森林火灾进行监视观测,经济费用少,是一个十分有效的工具。

草原或森林发生火灾的地区,温度远高于周围地区((彩)图 19.16)。采用 3.7 μm 波段,对高温区特别敏感,所以利用 3.7 μm 可以监测林区和草原发生的火灾。

(10) 卫星资料在水文方面的应用

卫星资料在水文方面的应用主要有以下几方面。

1) 估计降水量。

2) 监测洪涝灾害:洪水泛滥可造成重大损失,利用近红外卫星资料,可以制作洪水泛滥图。

3) 地下水资源:没有水就没有生命。利用卫星遥感资料可以帮助寻找地下水。对于人烟稀少的高原等地区,由卫星观测水资源的分布是十分理想的工具。

(11) 为海洋活动提供气象资料

气象卫星资料在海洋活动的以下几个方面已经发挥了明显的作用:

1) 海洋气象预报和海洋航行保障:全球广阔海洋上的大范围海冰、海水状态对全球天气有重要影响。卫星观测到的海面温度、海冰、海面风浪状态对制作海洋天气预报有很大帮助。由卫星云图提供的天气实况和天气预报,可以避开不利的天气和海洋上的巨浪,改进海上航行业务。又如根据卫星资料制作的海冰分布图,可以寻找可通行水路的最佳航线,不仅能绕过海上危险的巨大冰山,还能节省时间和花费。例如在每年冬季,我国渤海湾地区经常出现冰冻,用飞机或船舶侦察海冰分布,不仅费用大,而且不能满足要求。用卫星资料能准确及时地作出海冰分布图,为我国航行事业提供有用资料。

2) 海洋环境监视:利用卫星资料能实现环境监视,发现海洋上大范围的污染、赤潮,能获取海洋表面温度、洋流、悬浮物质浓度、叶绿素浓度等海洋表面状态,如石油污染、热污染和固体垃圾污染等海洋污染对生态破坏极大,这些都可以由卫星监视检测。

3) 河口、海岸的研究:使用卫星资料可以研究海岸、河口的形态及沿岸泥沙的搬运。为海港建设、保护海岸和浅海区域施工提供资料。

4) 海洋捕捞:卫星资料可以为海洋捕捞提供海洋信息,直接或间接反映鱼类生态情况。例如根据卫星提供的海面温度定出冷暖洋流的边界位置,它是鱼类活动的区域,由此可以预报鱼群,提高捕鱼产量。

气象卫星之所以能为海洋活动服务,主要是利用气象卫星观测资料能够获得海温、海冰、海面悬浮物质等信息。气象卫星可以在红外大气窗区测量洋面、海面发射的辐射,按普朗克公式由这种辐射可以监测洋面和海面温度。由于大气的吸收和视线倾斜等原因,现有多种方法监测海面温度:①单通道海面温度求取,建立全球海面温度计算业务,这一技术在 1980 年前已业务使用;②多通道海面温度估算技术在 1981 年以后投入业务,该技术较之以前有很大改进,包括消除云和水汽订正,使计算结果精度有了很大提高。(彩)图 19.17 显示了中国东部海温分布,暖色是温度较高的区域,冷色是温度较低的区域。

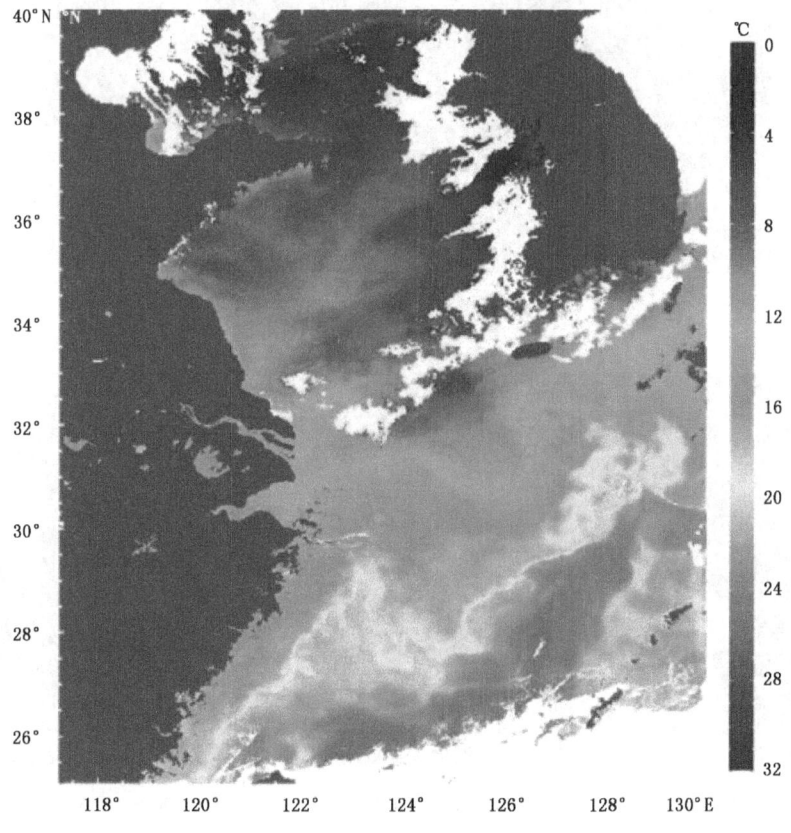

图 19.17 中国东部地区海温分布

在海洋、湖泊中,泥沙含量不同,其反射率也不同,气象卫星可见光通道 0.58～0.68 μm 对水体含沙量的变化很敏感,很适于遥感泥沙含量。图 19.18 为我国部分湖泊和近海水域含沙量分布图个例,黄色区为高浓度悬沙区,蓝色区为低浓度含沙区。

海冰改变海面的反照率,是影响海气交换的重要因子,海冰对人类在海上活动有严重影响,固定冰盖可阻碍海上航行。由于海冰与水面的反照率有明显差异,卫星可以监测它。图 19.19 为渤海湾不同时期的海冰状况。

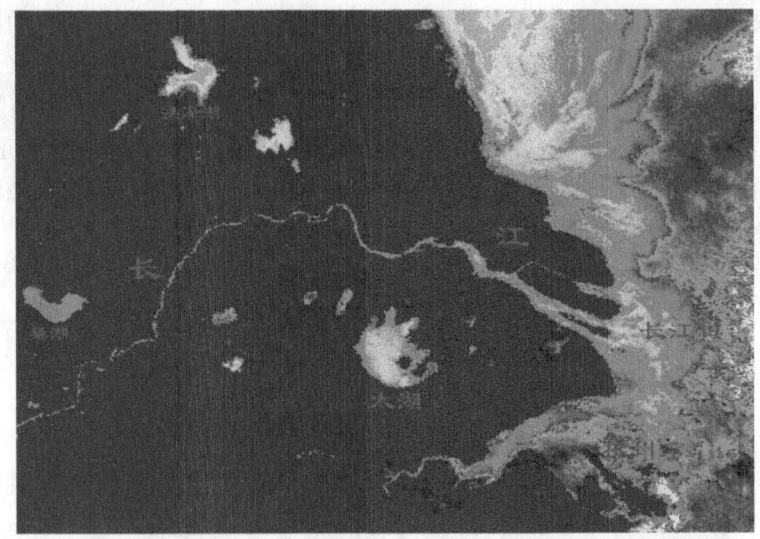

图 19.18 水面悬浮物质的监测

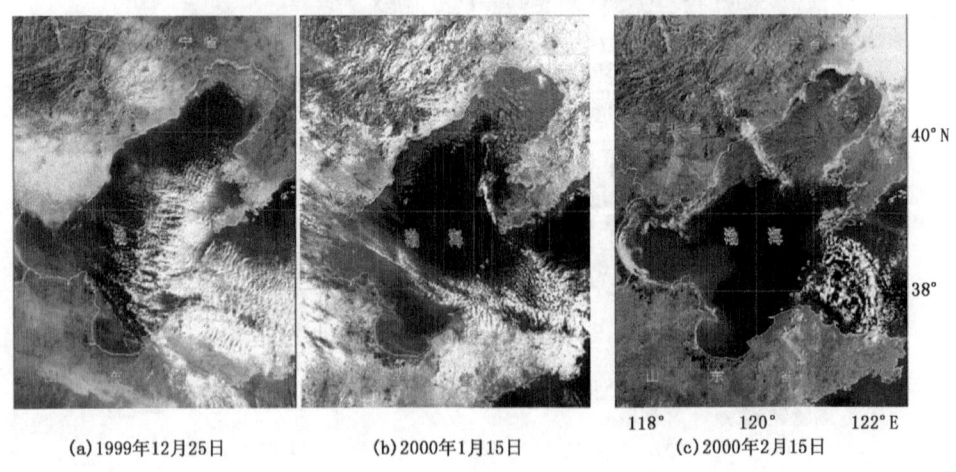

(a) 1999年12月25日　　(b) 2000年1月15日　　(c) 2000年2月15日

图 19.19 渤海湾海冰

(12) 为航空提供飞行保障

在有卫星之前,由于缺乏资料,难以做出准确的航空天气预报。在一张航线图上,标出哪些地方有强烈颠簸、哪里有积雨云、哪里能见度差、哪里有危险天气等是很困难的,即使能标出,误差也很大。应用卫星资料后,便改善了这种情况,以上问题很容易解决,为飞机安全飞行提供保障。利用卫星资料可以选取最佳航线,如沿高空急流飞行,可以缩短飞行时间,节省燃料。

(13) 为军事提供气象服务

气象卫星资料广泛应用于军事保障工作,如空军靶场、着陆预报、远程轰炸机航线天气预报、危险天气警报、特种军事勤务保障、弹道导弹系统的计算、气象参数对通信和雷达系统的影响计算等。

美国还专门发射国防气象卫星(DMPS),建立军事气象卫星体系,得到比民用气象卫星分辨率还高的气象资料,在越战和中东战争中广泛使用军事气象卫星资料,发挥了作用。

随着我国国防现代化、空间科学和尖端武器的发展,对气象保障工作提出越来越高的要求。例如,卫星发射和着陆回收的地区人烟稀少,气象资料缺乏,卫星可以提供及时而有效的资料。在战时,气象卫星可以获取敌区的气象资料,为战争服务。同时,若敌方对我方实行封锁,气象情报来源中断,此时气象卫星可以发挥更大的作用。

(14) 收集和转发各种气象资料

气象卫星不仅是一个空间观测平台,而且可以是资料收集和转发平台,它可以收集船舶、气球、漂浮站及自动气象站的资料,并传送给资料处理中心,经处理后再发送给世界各地。

(15) 空间环境监视

气象卫星上装有空间环境监测器(SEM),测量太阳质子、电子流密度、α粒子、能量谱和总粒子能量等,确定卫星周围的磁场强度和方向、估计太阳 X 射线流量,探测太阳风和环绕地球辐射带中的能量粒子,为高层大气物理和空间科学研究提供资料。

19.6 国际新一代对地观测系统简介

国际新一代对地观测系统(EOS)包括国际合作的一系列卫星和一个数据系统,支持一系列极地轨道和低倾角卫星对地球的陆地表面、生物圈、大气和海洋进行长期观测,监测地球状况及人类活动对地球和大气的影响,预测短期气候异常、季节性乃至年际气候变化,改进灾害预测、长期监测气候与全球变化。国际新一代对地观测卫星系统的第一颗星——TERRA,于 1999 年 12 月 18 日发射成功,其后又发射了如 AQUA、AURA、CALIPSO、CloudSat 等卫星。

TERRA 是极地轨道环境遥感卫星,星上共载有五个传感器:云与地球辐射能量系统测量仪 CERES(Clouds and the Earth's Radiant Energy System)、中分辨率成像光谱仪 MODIS(MODerate-resolution Imaging Spectroradiometer)、多角度成像光谱仪 MISR(Multi-angle Imaging SpectroraDiometer)、先进星载热辐射与反射测量仪 ASTER(Advanced Spaceborne Thermal Emission and reflection Radiometer)和对流层污染测量仪 MOPITT(Measurements Of Pollution In The Troposphere)。

MODIS 工作波长范围 0.4～14.4 μm,分 36 个波段,空间分辨率为 0.25～1 km。由于成像幅度宽(2330 km),每 1～2 天可以获取全球地表数据,对陆地、海洋温度场测量,海洋洋流、全球土壤湿度测量,全球植被填图及其变化监测有重大意义。波段分布见表 19.7。

表 19.7 MODIS 仪器特性和主要用途

频道	波长(μm)	光谱范围	主要用途	分辨率(m)
1	0.620～0.670	可见光	陆地、云边界	250
2	0.841～0.876	近红外		250
3	0.459～0.479	可见光	陆地、云特性	500
4	0.545～0.565	可见光		500
5	1.230～1.250	近红外		500
6	1.628～1.652	近红外		500
7	2.105～2.155	可见光		500
8	0.405～0.420	可见光	海洋水色	1000
9	0.438～0.448	可见光	浮游生物	1000
10	0.483～0.493	可见光	生物地理	1000
11	0.526～0.536	可见光	化学	1000
12	0.546～0.556	可见光		1000
13	0.662～0.672	可见光		1000
14	0.673～0.683	可见光		1000
15	0.743～0.753	可见光		1000
16	0.862～0.877	近红外		1000
17	0.890～0.920	近红外	大气水汽	1000
18	0.931～0.941	近红外		1000
19	0.915～0.965	近红外		1000
20	3.660～3.840	热红外	地球表面和云顶温度	1000
21	3.929～3.989	热红外		1000
22	3.929～3.989	热红外		1000
23	4.020～4.080	热红外		1000
24	4.433～4.498	热红外	大气温度	1000
25	4.482～4.549	热红外		1000
26	1.360～1.390	近红外	卷云、水汽	1000
27	6.535～6.895	短波红外		1000

续表

频道	波长(μm)	光谱范围	主要用途	分辨率(m)
28	7.175~7.475	短波红外		1000
29	8.400~8.700	短波红外		1000
30	9.580~9.880	短波红外	臭氧	1000
31	10.780~11.280	长波红外	地球表面和云顶温度	1000
32	11.770~12.270	长波红外		1000
33	13.185~13.485	长波红外	云顶高度	1000
34	13.485~13.785	长波红外	大气温度	1000
35	13.785~14.085	长波红外		1000
36	14.085~14.385	长波红外		1000

AIRS(高光谱大气红外探测器)是 AQUA 搭载的主要观测仪器,噪声在 0.2K 的量级(70%的通道噪声小于 0.2 K,20%的小于 0.1K),光谱覆盖范围 3.7~15.4 μm(650~2700 cm^{-1})。AIRS 共有 2382 个通道,其中 2378 个红外光谱通道,包括了重要的温度探测波段 4.2 μm 和 15 $\mu m$$CO_2$ 带,6.3 μm 水汽带和 9.6 μm 臭氧带,主要进行从地表到 40 km 高度的大气水分、温度等方面的垂直探测。

CALIPSO(Cloud-Aerosol Lidar and Infrared Pathfinder Satellite Observation)卫星利用激光雷达在研究气溶胶和云方面的优势,来研究云与气溶胶。该卫星载有敏感偏振双波长激光雷达(532 nm 和 1064 nm)、A 波段氧化光谱仪 ABS、红外成像辐射计 IIR(Imaging Infrared Radiometer)和宽视场摄像机 WFC(Wide Field Camera)。这些仪器所得到的数据主要用于测量影响地球辐射收支的云和气溶胶在大气中的垂直分布,以及气溶胶和云的光学性质和物理性质。CALIPSO 与 AQUA 的轨道具有相同的高度,并且与 AQUA 在 6 分钟内能观测到地面上的同一个点,这样能保证两个卫星观测到的云顶辐射通量差小于 10 W/m^2。

CloudSat 主要用于得到云的垂直结构,测量云中水和冰的含量分布、云的光学特性,及检验关键的云参数。搭载有云分布测量雷达 GPR 和可见光成像仪 PABSI 等。从而实现对全球大气循环模式中的云和云的表示法进行定量评价,提高天气预报和气候预测的准确性;定量分析云体中水和冰的垂直分布与云辐射之间的关系;明确气溶胶对云形成的直接和间接的影响。

CALIPSO、Cloudsat、AQUA 和 ARUA 编队运行,对大气、气溶胶和云的特性及辐射通量进行全球测量。

习题

1. 什么叫气象卫星遥感？要实现气象卫星遥感，需要研究哪些问题？
2. 简述气象卫星的观测特点。
3. 选择题

太阳温度约为(6000K，260 K)，太阳辐射的波长主要在(0.2~4.0 μm，3~100 μm)之间，辐射强度的峰值位于(0.5 μm，11 μm)附近的(可见光，红外)谱区。地球—大气温度约为(6000K，260 K)，地气系统发射辐射的波长集中在(0.2~4.0 μm，3~100 μm)之间，完全位于(可见光，红外)谱区，辐射强度最大值在(0.5 μm，11 μm)附近。

4. 选择题

以灰度方式显示卫星云图的常规方法是在(黑色，灰色，白色)的地球背景之上将云显示为(黑色，不同深度的灰色，白色)。常使用的可见光图像是太阳辐射经地表或云(反射，散射，吸收)后到达卫星所得到的图像。图像中的灰度取决于地表或云的(反射系数，散射系数，吸收系数)，图像中云的灰度还受(太阳高度角，云的地理位置，仪器性能)影响。可见光图像上最白亮的云可能是(卷云，层云，积雨云)。红外图上云的色调取决于云的(云顶高度，云厚度，云顶高度和云厚度)，还受(太阳高度角，云的地理位置，仪器性能)影响。红外图上最白亮的云可能是(卷云，层云，积雨云)。

5. 填空题

在卫星云图上，台风云系由(　　　　)、(　　　　　　)和(　　　　　　)组成。

6. 温带气旋云系分成哪四个阶段？
7. 气象卫星常用哪两种轨道？各有什么优缺点？
8. 描述热带降水测量卫星(TRMM)的轨道特征以及它所携带的测雨雷达(PR)的主要性能。
9. 简述NOAA极轨气象卫星观测仪器ATOVS的主要性能。
10. 总结卫星可以提供哪些气象信息，并综述气象卫星观测资料的应用。

第 20 章 GNSS 气象探测

全球导航卫星系统(GNSS, Global Navigation Satellite System)可用于气象观测。目前,GNSS 包含了美国的 GPS、俄罗斯的 GLONASS、中国的 Beidou(北斗) 和欧盟的 Galileo 等系统。

GPS(Global Positioning System),即全球定位系统,如图 20.1,是一个由覆盖全球的 24 颗卫星组成的卫星系统,分成六个轨道,轨道倾角 55°,各轨道平面之间的夹角为 60°。每个轨道平面内有 4 颗卫星,运行于约 20200 km 的高空,绕行地球一周约 12 小时,可以实现在任意时刻、地球上任意一点同时观测到至少 4 颗卫星,保证该观测点位置信息可以被采集到,以便实现导航、定位、授时等功能。这项技术可以用来引导飞机、船舶、车辆以及个人,安全、准确地沿着选定的路线到达目的地。

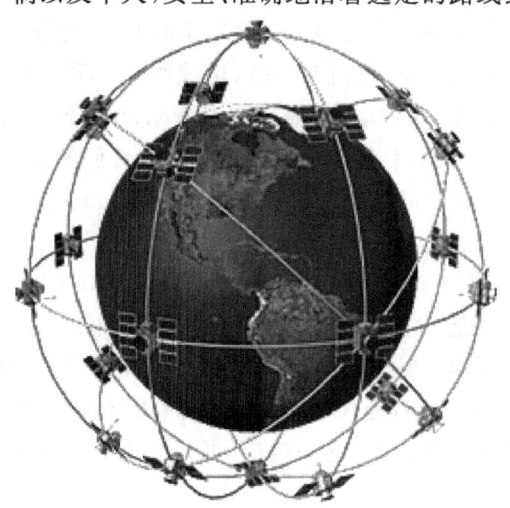

图 20.1 美国全球定位系统

20 世纪 70 年代,前苏联开始研制 GLONASS(格罗纳斯)系统,并于 1982 年发射首颗卫星入轨。GLONASS 系统类似于 GPS,目前系统由 21 颗工作星和 3 颗备份星组成,分布于 3 个轨道平面上,每个轨道面有 8 颗卫星,轨道高度 19000 km,运行周期 11 小时 15 分,当前 GLONASS 是世界上第二个全球覆盖且提供正式运行服务的系统。Galileo 是欧盟一个正在建造中的卫星定位系统,为继美国 GPS、俄罗斯 GLONASS 及中国 Beidou 后,第四个可以供民用的定位系统,当前 Galileo 系统分别于 2011 年和 2012 年成功发射了第一组和第二组实验卫星,于 2014 年 11 月发射了第一颗 FOC FM1 卫星。由于欧盟内部分歧与资金问题,系统完工时间可能会迟至 2020 年,比原计划晚 10 年。

北斗卫星导航系统(Beidou)是中国正在实施的自主发展、独立运行的全球卫星导航系统,当前系统由 15 颗卫星组网并提供服务,分别为 5 颗静止轨道卫星(GEO)、5 颗倾斜地球同步轨道卫星(IGSO)、5 颗中地球轨道卫星(MEO)。根据系统建设总体规划,2012 年底,系统首先具备覆盖亚太地区的定位、导航和授时以及短报文通信服务能力,当前 Beidou 系统已为亚太区域提供正式运行服务。2020 年左右,建成覆盖全球的北斗卫星导航系统,计划由 5 颗静止轨道卫星和 30 颗非静止轨道卫星组成。2015 年 3 月 30 日 21:52,中国成功将首颗新一代北斗导航卫星发射升空顺利进入预定轨道。该星的成功发射标志着中国北斗卫星导航系统由区域运行向全球拓展的启动实施。

可以预料,未来几年内将会出现多种系统百花齐放的局面,这为组合导航技术的发展提供了条件。通过对 GPS、GLONASS、Beidou、Galileo 等信号的组合利用,不但可提高定位精度,还可使用户摆脱对某特定导航星座的依赖,可用性大大增强。GNSS 技术不但可以用来定位、授时和导航,也被作为一项综合遥感技术用于大气水汽、大气密度、压强和温度、土壤湿度、海风海浪海冰、积雪厚度和植被含水量的遥感。近年来,GNSS 综合遥感技术引起了全世界科研工作者们的强烈兴趣,掀起了一股研究热潮。GNSS 综合遥感产品在很多国家如美国、德国、日本、中国等被研发、归档和使用。

"GNSS 气象学",即"GNSS Meteorology",简称为"GNSS/MET",是利用 GNSS 信号进行地球大气层遥感探测的一种技术方法。用于大气探测的 GNSS 接收机可以安装在地面上,称为地基 GNSS/MET;也可以由卫星携带,称为空基 GNSS/MET。GNSS/MET 基本原理是 GNSS 信号穿越大气层时会因为大气层结不同而发生传输路径和时延的改变,利用这一效应,通过一套反演理论得到大气的水汽、温度、压强等气象要素。

20.1 导航卫星系统原理

本节以 GPS 系统为例,介绍导航卫星系统的工作原理,其余 GLONASS、Galileo 和 Beidou 系统原理类似。如图 20.2 所示,图中每颗 GPS 卫星均在不间断地向地球播发卫星信号(载波波长分别为 $L1=19$ cm 和 $L2=24$ cm)。GPS 接收机准确测定所在地点 P 分别至 4 颗卫星之间的距离(PR_1、PR_2、PR_3、PR_4),就可建立方程组如式(20.1)所示:

第 20 章　GNSS 气象探测

$$\left.\begin{array}{l}\sqrt{(x_1-x)^2+(y_1-y)^2+(z_1-z)^2}+c(\Delta t_1-\Delta t_0)=PR_1\\\sqrt{(x_2-x)^2+(y_2-y)^2+(z_2-z)^2}+c(\Delta t_2-\Delta t_0)=PR_2\\\sqrt{(x_3-x)^2+(y_3-y)^2+(z_3-z)^2}+c(\Delta t_3-\Delta t_0)=PR_3\\\sqrt{(x_4-x)^2+(y_4-y)^2+(z_4-z)^2}+c(\Delta t_4-\Delta t_0)=PR_4\end{array}\right\} \quad (20.1)$$

其中，x,y,z 为 P 点坐标，Δt_0 为接收机钟差，$x_i,y_i,z_i(i=1,2,3,4)$ 分别为卫星 1、卫星 2、卫星 3、卫星 4 在 t 时刻的空间坐标，Δt_i 为卫星钟差，均可由卫星星历获得。c 为 GPS 信号的传播速度（即光速）。由上述方程组可以解出 P 点坐标 (x,y,z) 和 GPS 接收机钟差 Δt_0 这四个未知数，既达到了定位的目的，也订正了接收机的时钟。

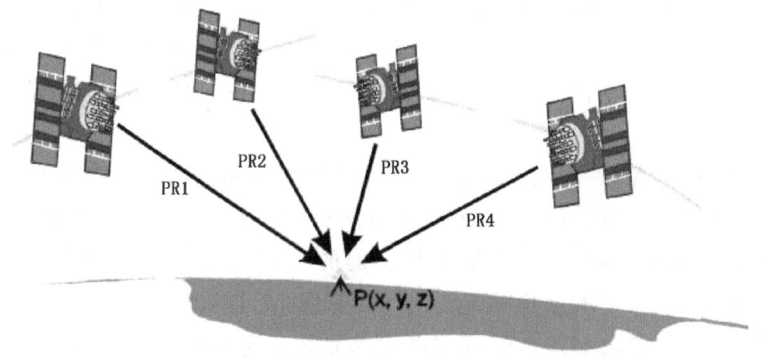

图 20.2　GPS 原理示意图

接收机到卫星的距离有伪距测量和载波相位测量两种方式。一般民用 GPS 使用的是 L1 载波，波长 19 cm，频率为 1575.42 MHz。在这个载波频率上面加载了导航电文以及两种不同的伪随机码：C/A 码和 P 码（C/A 码是民用测距码，P 码是高精度测距码）。GPS 接收机通过对比测距码码元的跳动来计算从卫星信号到达接收机所经历的时间 T，然后乘以光速就是距离 $PR=C\times T$。由于这一距离含有大气传播误差，故称为伪距。载波相位测量指测量接收机本振信号与卫星载波信号相位（受多普勒频移影响）之差，具有更高的测距精度。

对于 GPS 定位而言，影响定位测量精度的因素主要有：①大气层的影响；②多路径效应；③卫星轨道误差；④卫星钟差；⑤已知点坐标偏差；⑥各种模型误差等。其中第一个因素，大气电离层和对流层使 GPS 信号发生弯曲和延迟而成为误差源，但是在地基 GPS/MET 里，大气折射造成 GPS 信号的弯曲和延迟被当成有用信号提取出来，总延迟量可以通过对多颗 GPS 卫星的连续观测和解算模型获得，再根据延迟量和大气水汽的对应关系来反演大气可降水量；而在天基 GPS/MET 里，可用来反演 GPS 信号传播路径上的电离层电子密度和大气温度、湿度和气压信息。第二个影响因素多路径效应,在 GNSS-R(反射信号)技术中可被提取出来测量海风海浪海冰(尹聪,2011)、土壤湿度(严颂华和张训械,2010)等,而在 GNSS-IR(干涉反射技术)中,又可被用来测量积雪厚度和植被含水量(Larson 等,2014)等。当前研究比较成熟的有地基 GNSS 水汽探测和天基掩星观测。

20.2 地基 GNSS/MET

定点、定时、定量的准确暴雨预报目前还是一个世界性的难题。暴雨的形成条件需要大量的水汽供应和强烈的上升运动。大暴雨或特大暴雨更需要有外界水汽向暴雨区迅速地集中和不断地供应,且需有强烈的上升运动导致空气温度下降、大量水汽凝结,形成暴雨。暴雨灾害的短临预报难,其根本原因之一在于当前基于现有气象观测手段对水汽的时空变化掌握较浅,而地基 GNSS/MET 技术为水汽探测提供了强有力的手段。

地基 GNSS 气象学主要是通过在地面上架设 GNSS 接收机、接收 GNSS 卫星发射的无线电信号,来获取该站上空大气对流层可降水量(气柱水汽总含量)和电离层电子密度总量(TEC)等参数。GPS 卫星发射的 L 波段无线电波信号在穿过大气层时,受到电离层电子、平流层和对流层大气的折射,使电磁波产生时延和弯曲,从而造成信号传播延迟。电离层的影响称为电离层延迟。电离层延迟可以通过 GPS 信号的 L1 和 L2 波段的组合测量进行确定。对流层和平流层影响达总折射的 80%,而且主要发生在对流层,所以通常叫做对流层延迟。这种延迟对于空间大地测量来说是一种"误差源",但对大气结构与变化研究而言是有用信号。这是因为对流层延迟是大气折射率的函数,而大气折射率是大气温度、气压和湿度(可降水量)的函数。地基 GNSS 探测大气水汽的研究包括天顶方向的大气水汽总量 PW(precipitable water vapor)、信号倾斜路径上的水汽总量 SW(slant path water vapor)以及应用组网的倾斜路径观测反演局地上空的水汽四维时空变化,即水汽层析(water vapor tomography)(宋淑丽,2004)。地基 GNSS 技术遥感大气水汽的基本流程如图 20.3 所示。

由于大气可分解为干大气和水汽,对流层延迟可分解为干大气和水汽分别造成的延迟,分别称为干延迟和湿延迟。一般地,总延迟量中干延迟约占 90%,湿延迟虽然较小(大约 30 cm),但代表大气水汽含量。1987 年 Askne 等推导出了大气湿延迟和可降水量之间的关系,1992 年 Bevis 等首次提出把 GPS 用于气象研究,指出 GPS 可以精确地估计出总的天顶方向大气延迟,干大气延迟可由地面气压精确确定,在总的天顶延迟中去掉干延迟就可以得到湿延迟,根据湿延迟就可以计算出大气中的可降水量 PW。

当前 PW 的解算精度与探空、微波辐射计相当(Rocken 等,1993)。但是在暴雨

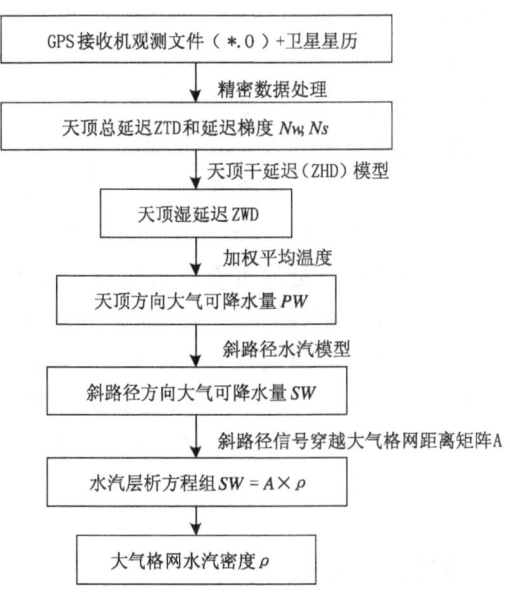

图 20.3 地基 GNSS/MET 水汽解算流程图

灾害预报中,我们更需要知道的是大气中水汽的分层变化。为了层析大气水汽结构,需要求取斜路径方向水汽可降水量 SW,其通过斜路径延迟模型可以由 PW 和水汽梯度计算获得(毕研盟等,2008)。但 SW 易受接收机不稳定性、卫星轨道误差、站点多路径效应和天线相位中心偏差等噪音干扰不易精确求取(Braun 等,2001)。SW 数据的质量不确定性导致其在气象上深入应用受到限制和阻碍,对斜路径的精确求取仍在不断探索中(Elosegui 和 Davis,2003;Eresmaa 和 Jarvinen,2006)。

SW 解算后,可以被用来层析水汽结构。一般一个地基 GPS 测站上空可同时观测 6~8 颗卫星,如果地面上小范围内有多个测站(3 个以上),那么在一段时间之内(可达 30 分钟以内),多个站点对多个卫星的倾斜路径观测,将产生相当多的 SW 观测数据,形成对观测网上空低层大气的稠密采样,每一条信号路径上的 SW 观测包含了这条路径上的水汽信息。采用图 20.3 中的反演方法,有可能把水汽的三维结构信息解算出来。因此利用 GPS 观测网,基于联网观测资料进行综合分析,以期获得局地上空的水汽三维分布状况,这就是水汽层析技术(毕研盟等,2008)。详细的水汽层析原理可参见文献(宋淑丽,2004;王晓英,2013)。

当前,PW 解算较为成熟,而 SW 解算中斜路径延迟模型和水汽层析仍存在难点,斜路径延迟模型的精化、水汽层析中层析方程组的秩亏问题都需要持续加深研究。大气总可降水量 PW 已经被成功用于暴雨的天气预报中。以往的 GPS 观测试验表明,GPS 测量的大气可降水量与局地降水存在密切的关系,每次降水过程都和大气可降水量的迅速增加联系在一起。Manabu(2001)分析了日本 GEONET 关东地区的大气可降水量资料发现,降水和 1 小时的大气可降水量增量关系密切,降水峰值位于大气可降水量变化峰值之后的 1～2 小时。用大气可降水量作为指标预报降水,准确率可达 60%。科学家做了很多把 GPS 资料应用到数值预报中的研究,主要是用三维或四维变分同化方法,把大气可降水量或大气延迟量等非模式变量加入到数值模式中。有关文献表明,通过同化 GPS 的大气可降水量资料可提高模式对强降水的预报能力,通过同化倾斜路径的延迟可有效重建模式的水汽场。通过对天顶延迟资料的同化,降水区和降水强度更接近实况,预报评分提高。地基 GPS 资料如和风资料一起同化到模式中,对降水的预报效果要更好(曹云昌等,2004)。目前,实时的地基 GPS 气象准业务网有美国 NOAA/FSL 的 GPS 气象综合示范网,德国业务化 GPS 水汽监测网。用于全球 GPS 测量的国际地球动力学服务局(IGS)的全球站网和用于科研的 Suominet 网也实时处理 GPS 大气可降水量资料。

20.3 天基 GPS/MET(掩星观测)

天基 GPS/MET,又称为无线电掩星观测,简称为掩星观测,它利用地球大气对两颗卫星间电磁波传输的影响来实现气象探测。通常是由一颗卫星(称为导航卫星)发射 GPS 信号,由于传播介质的垂直折射指数变化,导航卫星信号穿过地球电离层和大气时,电波路径出现弯曲(如图 20.4),在另一颗低地球轨道 LEO(Low Earth Orbit)卫星上安装一台 GPS 双频接收机,测量导航卫星信号的相位和幅度,根据测量的电波相位、幅度和卫星星历数据,可以计算大气折射率,推导大气密度、气压和温度(0～60 km)。同样,也可以根据电波相位延迟,导出电离层折射率,得到电离层电子密度剖面(Rius 等,1998)。地基 GPS 接收机因其分布的局限性,反演得到的电离

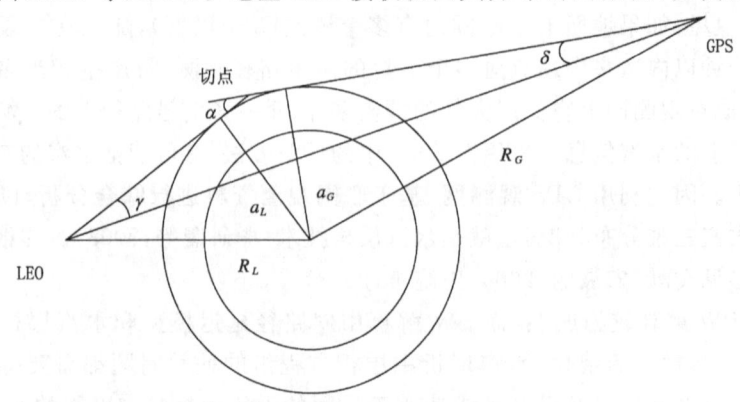

图 20.4　GPS 无线电掩星技术原理说明图(岳迎春等,2007)

层数据仅代表测站上空一定区域范围内的电子总量 TEC(Total Electron Content),而低轨卫星(LEO)上的掩星接收机则可观测到全球范围内的电离层电子密度剖面。一颗 LEO 卫星,一天可以得到 500 个左右的电离层和大气剖面,它们均匀分布在全球上空。GNSS 掩星大气探测系统将是目前世界上最为经济有效的大气探测系统之一。

20.3.1 天基 GPS/MET 探测原理

如图 20.4 所示,在无线电掩星过程中,GPS 卫星发出的无线电信号穿过大气层时会发生弯曲,同时信号的传播速度也会趋缓,最后到达 LEO 卫星。如果在低轨卫星上装载 GPS 接收机,在 GPS 信号传送到低轨卫星接收机时,其路径穿过大气层的那一分钟左右的观测,称为一个掩星观测。在一个掩星观测事件中,从 GPS 信号开始横切大约 85 km 高的中层顶到横切地球表面,其信号延迟,可从观测到的最小 1 mm(3×10^{-12} s)到近于 1 km(3×10^{-6} s)。对于电磁波而言,地球大气像一块球形棱镜,使穿过它的微波信号折射弯曲并且减慢传播速度,弯曲效应和大气折射率有关。通过星载 GPS 接收机测量 Doppler 频移,加上接收机的位置和速度信息,就可反演得到 GPS 信号路径近地点高度处的电离层电子浓度分布和大气折射率。根据折射率与大气密度、温度和水汽的关系,从而反演 GPS 信号传播路径上的大气密度、温度或水汽信息。

LEO 卫星上 GPS 接收机记录的 GPS 无线电信号的相位中,包含因地球大气引起的相位附加延迟。它可以表示成 GPS 卫星和 LEO 卫星之间的光程与相应的几何路程之差,即

$$\Delta\rho = \int_s n(\vec{r})\mathrm{d}s - R_{LG} \tag{20.2}$$

其中 $\Delta\rho$ 为大气引起的相位附加延迟,积分号下的 S 表示沿着信号传播的路径进行积分,$\mathrm{d}s$ 为路径微分,$n(\vec{r})$ 是信号传播路径上的大气折射指数,R_{LG} 为 LEO 和 GPS 卫星的几何距离。

(1) 电离层掩星数据的反演

由于太阳辐射的作用,在距地面 60~1000 km 高度范围内的大气分子和原子被远紫外线(EUV)和 X 射线等电离,形成由大量正离子和电子构成的电离层。电离层是一种微弱的电离气体,属色散性介质,它对电波传播的影响程度与电子密度密切相关。在掩星数据处理中,在局部球对称假设下,基于几何光学近似理论的初步反演程序可以得到大气和电离层产品。LEO 上的接收机一方面接收非掩星的 GPS 信号,实现精密定位;另一方面也进行地球大气掩星观测,测量掩星的 GPS 信号的相位和幅度。所以,从 LEO 下载的数据包括两项内容,一是定位数据,二是掩星数据。下载

的载波相位 L1 和 L2,以及伪距 P1 和 P2,在经过数据定标后就可进入反演流程进行解算。

电离层掩星观测数据的反演流程包括:①电离层沿射线路径电子总含量 TEC 的计算;②电离层中射线弯曲角的计算;③阿贝尔积分变换反演折射率和电子密度(周义炎等,2005)。

(2)大气温、湿、压掩星数据的反演(岳迎春等,2007)

如图 20.4 所示,GPS 信号经地球大气作用后,其射线弯曲角为 $\alpha = \delta + \gamma$。对于局部球对称的大气,可采用 Abel 变换来得到以瞄准距离 a 为自变量的大气折射率 $N(a)$,即

$$N(a) = \left[\exp\left(\frac{1}{\pi}\int_a^\infty \frac{\alpha(\zeta)d\zeta}{\sqrt{\zeta^2 - a^2}}\right) - 1\right] \times 10^6 \tag{20.3}$$

求得大气折射率分布后,选定某一参考点气压,对微分方程

$$dP = \mu g n dh \tag{20.4}$$

求积分,就可以得到气压 P。上式中,μ 为大气成分的平均分子质量;g 为局部重力加速度;n 为粒子数密度;dh 为高程微分。对于理想气体而言,折射率、气压、温度及水汽压存在关系式:

$$N = 77.6\frac{P}{T} + 3.73 \times 10^5 \frac{e}{T^2} \tag{20.5}$$

当水汽可以忽略的情况下,则有:

$$N = 77.6\frac{P}{T} \tag{20.6}$$

式(20.5)和式(20.6)中气压和水汽压的单位都是 hPa,温度单位为 K,故可得到温度,这样得到的温度称为干温度。当温度可以通过其他独立的途径获得时,可以求得大气对流层的水汽压 e。

20.3.2 掩星观测系统构成

掩星观测系统包括三部分。第一部分是小卫星和载荷;第二部分是地面支撑子系统和操控中心;第三部分是数据处理中心,提供观测产品。

掩星观测系统的空间部分由 LEO 卫星与 GPS 导航星座构成,它也可以是一个 LEO 星座,该星座由 4~6 颗低轨卫星组成,与导航星座构成掩星观测星座。掩星观测主要载荷是双频接收机,它由两类不同功能的 GPS 接收机集成,包括用于低轨卫星自主定位的接收机和掩星观测接收机,它们公用一个振荡器和频率合成器实现相干接收。定位接收机有 8~12 个通道。定位接收机的天线一般安装在卫星顶部,增益 4~5 dB,它接收天顶方向的 GPS 信号,以接收的伪距和载波相位实现精密定位。

掩星系统的地面部分主要是对卫星的监测,及时了解卫星运行和工作状况;其次,地面部分完成对卫星控制,更换飞行软件,注入掩星观测指令等任务;除此之外,还需要控制与下载掩星观测数据,并将数据分发到数据处理中心。

20.3.3 GNSS 掩星计划的现状及其进展

在 GNSS 掩星计划中,值得详加说明的是 COSMIC 计划和 ACE＋计划。

我国台湾地区与美国合作制定了 COSMIC(Constellation Observing System for Meteorology, Ionosphere and Climate)计划,又称"福卫 3 号"卫星系统。该项目始于 1997 年,其目标是开发先进的全球气候实时监测系统,建立全球大气实时观测网。"福卫 3 号"卫星系统由 6 颗小卫星组成,每颗卫星直径 1 m,重 62 kg,使用寿命 5 年,卫星任务轨道高度为 700～800 km,绕地球一圈约需 100 min,每天绕行地球 14 圈。这 6 颗小卫星组成的低轨道卫星系统,接收美国 24 颗 GPS 系统卫星所发出的导航信号,与设在美国和台湾的两个数据处理分析中心、分布在全球的 6 个数据接收站共同构成星地一体的、观测范围涵盖全球的大气层及电离层掩星探测系统。该系统每天可提供全球分布的约 2500 个探测点的数据。数据处理分析中心每 3 h 更新一次中性大气掩星探测资料,每 2 小时更新一次电离层掩星探测资料。这些资料可为数值天气预报提供初始场数据,提高数值天气预报准确率,可用于气候研究和空间天气研究(曹云昌等,2004)。

ACE＋(Atmosphere Climate Experiment Plus)计划是由欧洲空间局提出的空间天气计划,是由 ACE(Atmosphere Climate Experiment)和 WATS(Water Vapor and temperature in the Troposphere and Stratosphere)两个计划合并而成的,也是以无线电掩星技术监测地球大气为主要目标的低地球卫星计划。它以高精度给出全球 10～800 km 电离层电子密度和 0～60 km 大气的密度、温度、压力、湿度和位势高度等重要的大气要素场。该系统由 4 颗小卫星组成,每颗卫星重 13kg,电力 80 W。4 颗卫星中的 2 颗发射 X 和 K 波段的信号,另外 2 颗卫星接收这些信号,用于反演大气水汽和温度。发射星与接收星反向运行,并分布在两个平面上,轨道高度分别为 650 km 和 850 km,轨道倾角 90°,轨道面上的两颗卫星在赤道面上分开 180°。该系统一边自成体系、进行低地球轨道(LEO)卫星之间的掩星观测,一边采用欧洲开发的 GRA 接收机,跟踪 L 波段的 GPS/GALILEO 导航系统信号的载波相位,称为 GRAS＋掩星观测。ACE＋掩星观测系统测量 GPS 和 GALILEO 两个导航系统信号,每天可以观测 5000 个掩星事件,每天可以获得对流层温度和水汽剖面 250 个(曹云昌等,2004)。掩星探测计划如表 20.1 所示。

从表 20.1 中我们可以看出,GNSS 掩星探测技术自 GPS/MET 试验以来,蓬勃发展,并已经逐渐走向应用。新一代的 GNSS 接收机,使得掩星技术向着完善和实用迈进了一大步。COSMIC 计划和 ACE+计划的小卫星数量较多,可以探测足够密度的掩星信号,并能够提供充分的地面服务。从表 20.1 中还可以看出,掩星探测将向多星探测和混合探测转变,而项目的开发和研制也将向国际化合作的方向发展。

表 20.1 掩星大气探测技术发展状况和计划一览表(王也英等,2009)

任务名称	国家（组织）	发射时间（年-月-日）	轨道高度（km）	卫星倾角（°）	GNSS 接收机	备注
Microlab-1	美国	1995-04-03	775	70	TuoboRogue/JPL	全球第 1 颗概念验证卫星
Orsted	丹麦	1999-02-23	520-850	96.4	TuoboRogue/JPL	概念验证卫星
SUNSAT	南非	1999-02-23	520-850	96.4	TuoboRogue/JPL	科学试验卫星
CHAMP	德国	2000-07-15	454	87	BlackJack/JPL	
SAC-C	阿根廷	2000-11-21	702	98.2	BlackJack/JPL	
GRACE	德国、美国	2000-03-17	485	89	BlackJack/JPL	2 颗卫星科学试验卫星
Fedsat	澳大利亚	2000-12-14	800	98.7	BlackJack/JPL	
EQUARS	巴西	预计 2009	700	15~20	BlackJack 改进型/JPL	主要观测赤道周围热带区
EPS/METOP	欧洲空间局	2006-10-19	817	98.8	GRAS	
ACE+	欧洲空间局	待定	650、850	90	GRAS+	4 颗卫星,业务运行
COSMIC	中国台湾、美国	2006-04-15	800	72	BlackJack 改进型/JPL	6 颗卫星,业务运行

习题

1 GNSS 全称是什么,它包括哪些系统?
2 画图说明 GPS 定位原理。
3 影响 GPS 定位测量精度的因素有哪些?(　　)
(A)大气层的影响　　(B)卫星轨道误差
(C)卫星钟差　　(D)多路径误差
4 简述 GPS 测量大气水汽的原理。
5 简述地基 GPS 层析大气水汽的原理及层析水汽的意义。
6 什么是天基 GPS/MET?简述天基 GPS/MET 的原理。
7 说说你对未来 GNSS 气象学发展的看法。

第 21 章 专业气象观测

专业气象观测是为适应某种专业服务或研究工作需要而进行的气象观测,如农业气象观测、林业气象观测、水文气象观测、航空气象观测等。它们的观测时间、次数、项目都按各专业服务的要求而定。本章主要介绍近地面通量观测、生态气象观测、海洋气象观测和冰雪、冰川、冻土观测等。

21.1 近地面通量观测

地球表面(含陆地表面和海表面)同大气之间相互作用(分为陆气相互作用、海气相互作用)的一个重要过程是地球表面同低层大气(近地面层)之间热量、水汽和动量的传输(如图 21.1)。如何得到近地面层的热量、水汽和动量通量对于大气环流和气候的数值模拟是至关重要的。近地面层内热量和各种物质通量(水汽、CO_2 以及其他物质)的测量对于农业、森林和大气污染等实际应用也很重要。

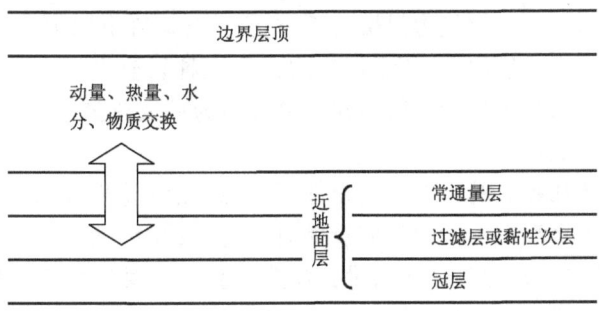

图 21.1 大气边界层分层

21.1.1 近地面层通量观测内容

(1)近地面层

对于气象而言,0~100 m 以下气层(包括粘性次层)称为近地面层,这一层大气受下垫面不均匀影响,有明显的湍流特征。湍流是流体在时间上和空间上不规则的运动形态。处于湍流状态的流体,形态不停地变换,运动方向不规则。旋转的流体称为涡。大气中的涡,经常产生在风速梯度大的地方(地表附近、山谷、植物体或障碍物的附近)或存在对流的地方。涡的大小和旋转方向多种多样,大的涡在相互碰撞过程中逐渐变小。特别是在地面附近,由于表面的机械或热力作用,湍流异常活跃,形成湍流边界层,湍流脉动盛行,易引起湍流混合。

近地层通量观测主要是水汽和碳通量观测,并同时进行近地层大气温度、风、湿度、辐射、气压、降水量、蒸发量、土壤温度、土壤湿度、土壤热通量、地下水位、辐射通量、显热和潜热通量、动量通量、物质通量等要素观测,以获取不同代表性下垫面区域近地层动力、热力结构及各类能量收支、物质交换等多圈层相互作用过程综合信息。

通过获取典型生态系统地气间显热、潜热、动量通量和 CO_2 通量的长期观测数据,为气象部门开展气候系统模式的研究提供基础数据;为全面系统地开展典型生态系统中生态过程与小气候、地气相互作用及水热平衡特征、大气—生态—小气候—水文—土壤相互作用及影响机制的研究提供基础数据;为短期气候趋势预测、气候变化影响评估等工作提供基础性资料。

(2)通量分类

通量包含动量通量、热通量、物质通量和水通量。

1)动量通量

根据牛顿第二定律,在没有外力作用于物体时,物体的速度不会改变,物体动量也就不会发生变化,其为动量守恒。作用于流体的力主要是惯性力,包括外力、压力和黏附力。流体动量与外力、压力和黏附力间的物理关系方程称为运动方程,是流体动量变化的数学基础。在大气边界层的下方,空气运动在黏附力的作用下,在地表和大气之间会形成一个速度梯度,产生切应力。由这种切应力传输动量的过程称为动量传输。单位时间通过单位断面所传输的动量称为动量通量。

2)显热和潜热通量

在不发生物体和媒介的相态变化条件下,通过热传导和对流(湍流)所输送的能量称为显热。当两个温度不同的物体接触时,热量会从温度高的一方向温度低的一方传输,其传输的热流量称为显热通量。显热通量与温度差值成正比,这个比例系数称为显热传输系数或显热交换系数。

由物质发生相变而吸收或放出的热能称为潜热。水汽传输就代表潜能的输送。单位时间通过某一面积的潜热流量称为潜热通量。潜热通量与断面两侧的水汽浓度差成正比,这个比例系数被称为潜热传输系数。

3)物质通量

扩散是物质、热量和动量等物理量输送的主要机制之一。静止流体的扩散主要是浓度梯度驱动的分子扩散,而在运动激烈的流体中,主要是湍流扩散。大气中的扩散现象,在大多情况下是以湍流扩散为主的。物理量在扩散过程中,通过与扩散方向垂直的平面上的扩散量称为物质通量。

4)H_2O 通量

H_2O 通量是生态系统水循环过程的重要特征参数。陆地/大气系统的水蒸气输送即是水循环的一个环节,同时又是潜热输送的载体,是能量平衡的重要影响因子。蒸发是植被/大气系统水汽输送的主要形式。在农业气象学中通常是指地表面的蒸发。为了与土壤蒸发相区别,把来自植物体内(主要是叶片)的蒸发称为蒸腾。植被下垫面的蒸发可分为地面或水面的蒸发、植被冠层截获降水的蒸发和植物蒸腾三部分。三者之和称为蒸发散。蒸发强度或蒸发速度实际上就是水汽通量,其时间上的积分值就称为蒸发量。

21.1.2 通量观测系统介绍

近地层通量观测系统主要包含梯度观测系统和涡动协方差观测系统。主要观测内容包括近地边界层大气温度、风、湿度、辐射、气压、降水量、蒸发量、土壤温度、土壤湿度、土壤热通量、地下水位、物质通量(水汽、碳通量)观测及热量、动量通量等要素。

梯度观测系统由空气温度、相对湿度、风速梯度、辐射及土壤观测等组成常规的背景观测系统,包括:空气湿度传感器、空气温度传感器、风速传感器、风向传感器、净辐射、光合有效辐射及红外表面温度传感器、土壤温度测量仪、土壤水分测量仪和热通量板、数据采集器等。

涡动协方差系统由 CSAT3 超声风速仪和 LI-7500 CO_2/H_2O 分析仪、数据采集器等组成,应用涡动协方差技术,测量研究区的 CO_2 通量、显热通量、潜热通量、动量通量和摩擦风速等。

通量观测仪器的布设如表 21.1、表 21.2、表 21.3 和表 21.4 所列出。

表 21.1 通量观测系统仪器的布设

层数	高度	传感器	测量参数
第五层	30 m	010 风速传感器,HMP45C 空气温湿度仪,PT1000	风速、空气温度、相对湿度
第四层	20 m	010 风速传感器,HMP45C 空气温湿度仪,PT1000	风速、空气温度、相对湿度
第三层	10 m	010 分速传感器,020 风向传感器,HMP45C,PT1000	风速、风向、空气温度、相对湿度
第二层	4 m	010 风速传感器,020 风向传感器,HMP45C 空气温湿度仪,PT1000,CAST3 超声风速仪,L17500 水汽分析,CNR1 净辐射传感器,190SB 光合有效辐射传感器,IRR-P 红外温度计	风速、空气温度、相对湿度、开路涡动数据、光合有效辐射、红外地表温度、太阳短波辐射、向上反射短波辐射、地球长波辐射、大气长波辐射、净辐射
第一层	2 m	010 风速传感器,HMP45C 空气温湿度仪,PT1000	风速、空气温度、相对湿度
百叶箱高度	1.5 m	PTB210 大气压传感器	大气压强

表 21.2 土壤温度仪器的布设

层次	深度(cm)	传感器	测量参数
第一层	5	PT100	土壤温度
第二层	10	PT100	土壤温度
第三层	15	PT100	土壤温度
第四层	20	PT100	土壤温度
第五层	40	PT100	土壤温度

表 21.3 土壤含水量仪器的布设

层次	深度(cm)	传感器	测量参数
第一层	10	CS616	土壤湿度
第二层	20	CS616	土壤湿度
第三层	50	CS616	土壤湿度
第四层	100	CS616	土壤湿度
第五层	180	CS616	土壤湿度

表 21.4 土壤热通量仪器的布设

层次	深度(cm)	传感器	测量参数
一层	5	HFP01	土壤热通量

通量观测系统有时也包括为风能利用而设置的风能观测系统。风能观测系统一般要使用高度 70~120 m 的测风塔,在多个不同高度上安装风速仪和风向标等。

21.1.3 仪器简介

010C 风速传感器(安装在铁塔的 2 m、4 m、10 m、20 m、30 m 处)和 020C 风向传感器(安装在铁塔的 10 m 处)具有测量精度高、启动风速低、可靠耐用等特点。

HMP45C 空气温湿度传感器用于测量空气的温度和湿度,在涡动协方差开路系统中用于通量值修正计算。包括一个铂电阻温度探头(PT1000)和一个电容相对湿度传感器。PT1000 是高精度铂电阻温度传感器。它们安装在铁塔的 2 m、4 m、10 m、20 m、30 m 处。

CNR1 净辐射传感器,在铁塔的 4 m 处,由四个灵敏度相同的传感器组成。CNR1 有两个半球型(180°视觉范围)的能量接收窗,一个朝上、一个朝下,分别测量的光谱范围为 0.3~3 μm(覆盖了太阳光辐射)和远红外辐射 5~50 μm(地表净辐射)。

IRR-P，在铁塔的 4 m 处，是一种非接触式红外传感器，通过感受物体发出的红外线，来测量被测物体的表面温度。IRR-P 广泛应用于测量树叶、冠层的温度以及平均表面温度。IRR-P 有一个单独的热敏电阻用来测量传感器自身的温度，以提高 IRR-P 的测量精度。

190SB 光合有效辐射传感器，在铁塔的 4 m 处，采用硅光电探测器测量太阳光辐射。在传感器电缆里面有一个内置电阻，将传感器信号转变为 $\mu V \sim mV$ 电压信号，可使数据采集器对其直接进行测量。

PTB210 气压传感器，在铁塔的 1.5 m 处，是一种高精度数字气压传感器，有模拟量输出，可以选配多种气压测量范围。

CS616 用来测量土壤（或其他介质）含水量。其探头测得被测物体的介电常数，通过计算和校正得出含水量。

HFP01 土壤热通量传感器由热电堆和薄膜加热器组成。

CSAT3 三维超声风速仪，垂直测量路径为 10 cm，采用脉冲声学模式工作，可以暴露在恶劣天气条件下工作。三相正交风速分量（U_x、U_y、U_z）和声速（C）可以以最大 60 Hz 的速度测量和输出。提供模拟和数字两种类型输出。

LI-7500 CO_2/H_2O 分析仪具有高速、高精确性、开放式等特点，能够在苛刻的空气环境中测量 CO_2 和 H_2O 的绝对浓度大小。在有关涡度的研究中这些资料和风速波动的资料综合使用，可以确定 CO_2 和 H_2O 的流量大小。主要应用在全球气候变化和生态研究中，确定农田或自然景观等的 CO_2 和 H_2O 量。工作箱可以使 LI-7500 的分析器和连接部分处于一个不受天气影响的环境中。LI-7500 是一种气体绝对分析仪，原理是：气体通过分析仪头部红外光源和探测器之间开放的通路，CO_2 和 H_2O 吸收红外辐射，从而得到 CO_2 和 H_2O 的绝对浓度。

21.2 生态气象观测

随着社会、经济的快速发展和人口的不断增加，人类面临的生态环境问题日益突出：耕地减少且质量下降、水土流失严重、荒漠化加重、水域生态失衡、森林覆被率低、湿地破坏、草地退化、城市污染、海洋生物资源退化、酸雨增加、沙尘暴和地质灾害频发、生物多样性下降等。其次，在"全球变暖"背景下，气候灾害和极端气候事件（如洪涝、干旱、热浪、沙尘暴、暴风雪等）频繁发生，对生态安全、粮食安全、水安全、碳安全等造成了重大影响，直接威胁到人类生存与可持续发展，已经引起了各国政府和科学家的高度关注。气候、气候变化及其影响问题，不仅仅是科学问题，也是关系人类生存、资源与环境保护、可持续发展以及国际环境外交中的热点问题。可以预见，随着国民经济的进一步发展，人类社会面临的生态环境问题将会更加突出，生态与环境的保护、修复和改善任务将会更加繁重。这对现有气象观测网、研究内容与服务范围提出了更高的要求,传统的气象业务服务需要进一步向生态环境领域拓展,生态气象研究与业务服务工作也就应运而生。

(1)生态学、气象学与生态气象学的发展

生态理论起源于植被科学,生态学(Ecology)一词源于希腊文 oikos(意指房子、住处或家务)和 logos(意指学科或讨论),原意是研究生物住处的科学。随着科学技术的发展,人们已经广泛地认识到陆地生态系统对气候有着重要的反馈作用,且自然和对土地覆盖的人为干扰将改变气候,即气候影响生态系统类型、覆盖度及功能和过程,生态系统同时也影响微气候、气候过程、区域气候和全球气候。一个地区生态气候格局的形成,与地形、土壤、纬度、海拔等无机条件也有关系,但是作用最大的却是植物群落对环境的反作用,森林等植被一旦消失,区域的生态气候将发生巨大变化。

为此,以研究天气与气候过程对生态系统结构与功能的影响及其反馈作用为主要内容的科学,就成为"生态气象学(Ecometeorology)"。生态气象学是用气象学和生态学的原理与方法研究天气气候条件与生态系统其他诸因子间相互作用关系及其规律的一门科学,是气象学、生态学、环境科学等学科交叉形成的一门边缘科学,也是一门新兴的专业气象科学。这里的其他生态因子是指一切对生物生长、发育、生殖、行为和分布有直接或间接影响的因子,一般包括大气条件因子、气候因子、土壤因子、水环境因子、地形因子、生物因子和人为因子等。

(2)生态气象观测现状

生态研究是地球系统科学的重点领域。近年来,国际上开展了与生态系统有关的许多观测,建立了诸如全球气候观测系统(GCOS)、全球海洋观测系统(GOOS)、全球陆地观测系统(GTOS)及国际长期生态学研究网络(ILTER),还制订了国际生物学计划(IBP)、国际生物多样性科学研究计划(DIVERSITAS)、全球陆地计划(GLP)、欧亚大陆北部地球科学合作计划(NEESPI),并开展了国际生物气象研究(BIOMETEOROLOGY)、陆地生态系统与大气过程集成研究(iLEAPS)。2001年4月,联合国组织制订的千禧年生态评估计划(MA),全面、系统地研究评估气候变化与生态系统的相互作用与影响。许多国家还相继建立了生态系统监测与研究网络,通过项目及计划的实施,逐步加深对全球及区域生态问题的认识。国外生态工作的另一重点是加强生态对气候系统的影响研究,通过对生态系统下垫面状况的观测并引入气候系统模式,来进一步认识下垫面状况对气候系统模式的影响,以此进一步提高天气气候预测预报准确率。

在国内,除气象部门外的其他部门以研究为目的的陆地生态系统观测已经开展多年。中国科学院建立了"中国生态系统研究网络"(CERN),共有36个生态试验站,分布在全国主要生态系统类型代表区域内;林业部门建立了中国森林生态系统研究网络(CFERN);国家环保总局、水利部、农业部、国家海洋局、国土资源部等部门还根据业务服务需求,建立了各自的监测站网,并制定了相应的观测规范。从国家安全和可持续发展需求出发,众多气象学家开展了中国西部气候生态环境演变分析与评估、中国气候与环境演变科学评估、气候变化国家评估、中国西部生态系统综合评估项目(MAWEC)等。中国气象局也根据业务、科研发展需要,建立了地面、高空气象及农业气象观测体系,并在原有农业气象业务基础上,以遥感为主要手段,开展了涉及农业、灾害、资源、生态环境等多个领域的监测与评估服务;同时,生态气象观测逐步得到重视和加强,相关的观测规范、标准、指标体系也逐步建立,生态气象业务服务产品不断推出,生态气象业务服务得到迅速发展。生态气象业务服务是指生态监测、生态系统演变的评估预测以及生态建设保护中的气象服务等工作。生态气象业务是通过对有关生态因子监测,研究气象条件与生态系统、环境之间的相互关系和作用机理,适时发布监测和评估报告,为生态建设与环境保护提供科学支撑。主要业务服务包括生态观测、生态监测评估、预测以及生态建设气象可行性论证和服务等工作。

(3)生态气象监测体系

我国的生态气象监测体系工作从一开始就确定了"以遥感监测为主、地面监测为辅"的技术路线,所以卫星遥感在生态气象业务服务中得到充分重视,并得到进一步加强。除完善传统的植被、作物长势、森林与草原火情、洪涝、干旱、土壤水分、积雪、沙尘和大雾等的遥感监测外,部分省(区、市)还陆续推出了退耕还林、土地利用/植被覆盖变化、土地沙化、积雪深度、凌汛、水体湖泊面积、湖中蓝藻、秸秆焚烧等生态监测;河南还结合地质调查、区划资料,开展地热资源遥感调查,为全省温泉区划提供技术支撑。在遥感监测项目不断丰富的同时,定量遥感、地面物理参数反演等逐步深入,卫星遥感业务和服务的广度、深度得到同步发展。

生态定位式网络观测越来越自动化;观测项目多样且手段多元化;RS、GIS 和 GPS 技术在区域生态环境数据获取中发挥的作用也越来越大。各种各样的生态气象指数(生态气象指标)将从"气象"驱动的角度反映各种典型生态系统特征及其变化规律,如国家气象中心制定的以陆地植物净第一性生产力 NPP 指标为核心的全国生态监测气象评价指数(EMI),在实际业务中取得了较好的效果。

数值模型将是生态质量气象评价的主要工具,生态质量气象评价以定量评价为主、定性评价为辅,因此建立在各种数值模式基础上的生态质量气象评价产品也逐渐成为发展趋势,数值模型将成为生态质量气象评价的主要工具之一。如国家气象中心引进 AVIM 模式,建立了中国草地生态气象监测评估业务系统,同时还引进和开发了植被净第一性生产力(NPP)模型及森林生态气象模型,发布了全国陆地生态气象监测、草地生态气象监测预测、森林生态气象监测预测产品。

(4)FLUXNET 与 ChinaFLUX

国际通量观测研究网络(FLUXNET)最早在1993年"国际地圈－生物圈计划"中提出,1995年国际科学委员会在 La Thuile 通量研讨会上正式讨论了成立国际通量观测研究网络(FLUXNET)的设想。目前的 FLUXNET 由美国(AmeriFlux)、欧洲(Car-boEurope)、澳洲(OzFlux)、加拿大(Fluxnet-Canada)、日本(AsiaFlux)、韩国(KoFlux)和中国(ChinaFLUX)7个主要区域网络及 CAROMONT, GREEN-GRASS,Oz-Net,Safari2000,TCOS-Sibeia,ToiFlux 等一些专项研究计划的共同参与所组成。到2006年3月末为止,在 FLUXNET 注册的通量观测站点已有406个(见 FLUXNET 网站),分布在40°S 到70°N 之间的热带到寒带的各种植被区,包括热带雨林、常绿阔叶林、落叶阔叶林、常绿针叶林、北方针叶林、针阔混交林、萨瓦纳稀疏草原、温带草地、湿地、苔原、灌丛、农田、荒地和城市等生态系统。各通量站除了进行长期连续的通量观测外,同时也收集站区的植被、土壤、水温和微气象观测数据。FLUXNET 的建立及相关研究为深入开展陆地生态系统碳循环和水循环、陆地生态系统碳收支的时空格局、生态系统水碳过程对全球变化的适应性等方面的研究提供了可靠的全球范围的实测数据,也为资源、生态和环境等科学领域的国际合作创造了理想的研究平台。

ChinaFLUX 即中国陆地生态系统通量观测研究网络,是以中国生态系统研究网络(CERN)为依托,在中国科学院知识创新工程和国家"973"计划的资助下于2002年创建的。ChinaFLUX 的建设参照了国际通量网络的标准,各台站采用统一的观测设备、规范化的观测项目和观测方法,兼顾了生态系统类型的完整性和区域代表性,以及研究工作的创新性和前瞻性。

中国复杂的气候和地形地貌条件造就了其丰富多样的生态系统类型,拥有世界第二极之称的青藏高原、大面积的温带草原和高寒草甸、演替序列完整的热带至寒温带天然林和人工林。这为开展陆地生态系统碳循环和水循环的综合研究提供了得天独厚的实验区域。ChinaFLUX 现有的微气象观测站包括4个森林站(长白山、千烟洲、鼎湖山、西双版纳),3个草地站(海北、内蒙古、当雄)和1个农田站(禹城),主要进行 CO_2 和水热通量长期连续观测,同时在16个箱式法观测站开展土壤的 CO_2、CH_4 和 N_2O 等温室气体排放量的动态测定,并在每个站点系统地收集观测站区的植被、土壤、水文和气象等相关信息。4个森林观测站(长白山、千烟洲、鼎湖山和西双版纳)从南到北受到不同程度季风气候的影响,3个草地站分别代表不同类型的草地植被,内蒙古为温带草原,而海北(3种草地类型)和当雄代表青藏高原上不同类型的高寒草甸。ChinaFLUX 的建立已经引起国际通量界的广泛关注,成为 FLUXNET 的重要组成部分,带动了中国区域通量观测事业的迅速发展。近2年来国内很多科研单位和大学也相继建立了一批通量观测站,极大地增强了中国通量观测研究的力度。

ChinaFLUX 已经形成了初具规模和区位优势的国家通量观测研究网络,带动了中国区域通量观测事业的发展。近来,许多科研单位(如中国科学院各研究所、中国气象局、中国林业科学研究院等)和院校也相继建立了一批涡度相关通量观测站((彩)图 21.2)。中国区域的通量观测需要广泛地开展国内外的合作,将典型生态系统通量的联网观测与陆地样带研究相结合,有效组织多尺度、多过程、多途径、多学科的综合观测计划,重点开展生态系统的水、碳、氮循环过程机理研究。

国际地圈—生物圈计划(IGBP)在全球 4 个关键地区共启动了 15 条陆地样带的研究计划,其中包括中国东北样带(NECT)和中国东部南北样带(NSTEC)。受东亚季风和青藏高原的影响,中国境内的草地分布自东北到西南形成了一个完整的、以水热梯度共同驱动的中国草地样带(China Grassland Transect,CGT),它东起东北的扶远(135°E,48.5°N),西至青藏高原西部的普兰(81°E,30.3°N),沿二点间连线方向贯穿我国东北平原、内蒙古高原、黄土高原和青藏高原腹地的主要草原区域,宽约 200~300 km,长约 5000 km。ChinaFLUX 的微气象通量观测站主要分布在中国区域的 3 条主要样带的控制区域内,近 2 年来,国内一些其他单位也相继在这 3 条样带上建立了若干通量观测站((彩)图 21.2)。

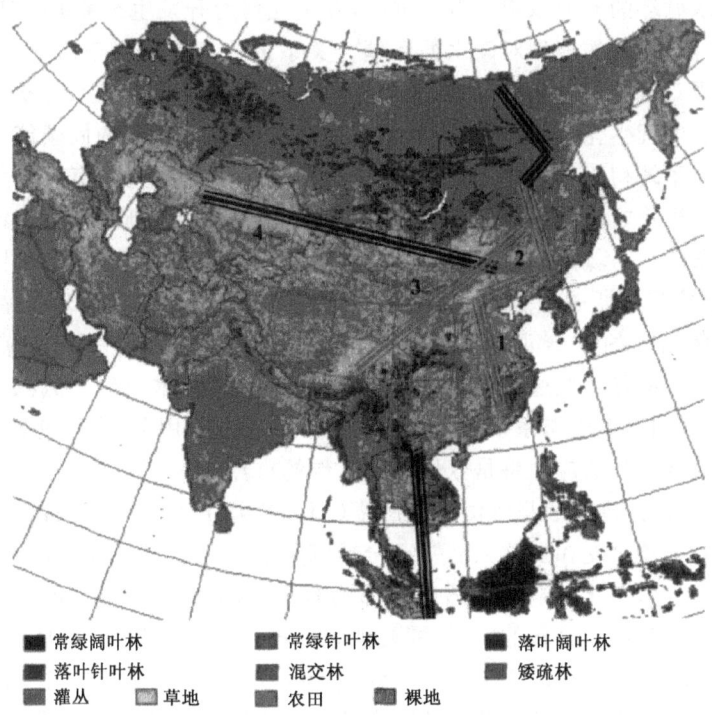

图 21.2 欧亚大陆东缘森林样带、欧亚大陆草地样带和中国主要陆地样带的空间分布
1. 中国东部南北样带;2. 中国东北样带;3. 中国草地样带;4. 欧亚大陆草地样带

欧亚大陆东缘森林样带(Euro-Asian Continental Eastern Edge Forests Transect, EACEEFT)和欧亚大陆草地样带(Euro-Asian Continental Grassland Transect, EACGT)是在大陆尺度上开展全球变化与陆地生态系统国际合作研究的基础平台。NECT, NSTEC 和 CGT 是 EACEEFT 和 EACGT 的重要组成部分，也是 ChinaFLUX 观测研究的核心区域，将 ChinaFLUX 的通量观测与样带研究有机结合，认识生态系统的水、碳、氮循环等关键过程对全球变化的响应与适应性，揭示中国陆地生态系统的结构、功能和过程的空间格局形成机制和变化是 ChinaFLUX 的重要研究任务。

多尺度、多过程、多途径的综合集成研究，代表着 21 世纪生态学发展的主流方向。生态系统通量的观测和研究需要综合运用地理学、生态学、植物生理学、气象学等多学科的理论知识，采用微气象法、航空采样、大气采样/反演、植被和土壤采样等多途径的综合观测，运用卫星遥感、生态模拟及 GIS 等现代信息技术，开展多尺度、多过程、多途径的综合集成研究。

生态系统的水、碳和氮循环是相互制约的耦合过程。近年来，不同学科对生态系统碳循环和水循环的研究取得了重大进展，并正在努力开发生态系统的"碳水循环耦合"模型。然而，现有的模型对碳水循环耦合关系的处理方面过于简化，难以确切地分析生物过程对碳循环和水循环的控制作用。陆地生态系统氮素代谢会直接影响植物光合作用的生理生化过程，土壤有效氮决定着陆地生态系统的固碳能力。全球变化促进了生态系统初级生产力的增加，同时也将导致更多的土壤有效态氮被固定在植物和土壤有机物之中，并最终可能引起生态系统生产力的渐进式氮限制。大气氮沉降是生态系统获得氮素的非生物途径，虽然对氮素贫乏的生态系统的固碳能力有促进作用，但是其长期的生态效应仍然很难确定。迄今，ChinaFLUX 对生态系统水－碳－氮耦合循环的综合观测工作还没有开始，利用中国的 3 条样带(NSTEC, NECT 和 GCT)重要区位通量观测站，开展典型生态系统水－碳－氮耦合循环的综合观测，研究我国典型生态系统的水、碳、氮循环的相互作用关系、环境驱动机制及其对全球变化的响应与适应性将是今后研究工作的重点。

ChinaFLUX 是国际通量观测研究网络(FLUXNET)的重要组成部分，对评价中国陆地生态系统碳收支在亚欧大陆乃至全球陆地生态系统碳收支中的作用、阐明陆地生态系统对全球变化的响应和适应性都具有重要的意义。ChinaFLUX 在进一步增强与国内各业务部门合作的同时，需要加强与国际上其他国家和地区通量观测网络(AsiaFlux, KoFlux, AmeriFlux, CarboEurope, OzFlux 等)及 FLUXNET 的合作，为研究全球陆地生态系统碳循环和碳收支及其与全球变化的相互作用关系做出应有的科学贡献。

21.3 海洋观测

气象上为了开展海面风场的变化规律、影响因子以及气象条件对海洋灾害(如海浪、风暴潮)的影响作用研究,建立了海洋风暴潮预报模型。预报海洋气候变化,需要准确、及时地采集海洋现场观测资料。

海洋观测的两种基本形式是海滨观测和海上观测。在海滨的固定地点进行海洋水文观测的测站叫做海滨观测站(又叫做海滨水文站);在海上以空间位置固定和活动的方式进行海上水文观测的测站称为海上观测站。海滨观测站观测只能反映近岸海区的局部情况,而无法阐明整个海域的水文特征。比如波浪在接近岸边时要发生剧烈的变形,海滨处的海水温度与外海也有明显不同。海洋水文站网不仅包括海滨水文站,而且还包括长期在海上进行观测的天气船、浮标站等。海洋水文站网的主要任务是进行水文气象各要素的定时观测及给有关单位提供危险性的水文气象预报的资料信息。

(1)海洋水文观测主要项目与仪器

海洋水文观测主要项目有海流测量、波浪观测和海深探测。

1)海流测量

海流测量是海洋调查的重要内容。20世纪60年代初期,美国科学家研制出声学海流计,它是根据声学多普勒原理制成的测流仪器,其工作原理是通过测量声波在流动液体中的多普勒效应来测量海流。用它可以测量海流的深度剖面,可以测得湍流和弱流,还能在航行中连续同时测量多层海流而且精度高。

2)波浪观测

早期的波浪观测大都是目测。由于电子技术的应用,测波仪器才相继出现,有光学测波仪,有电接触式测波仪,有压力式测波仪。近年,声学定点浪高仪在波浪观测中得到了广泛的应用。声学定点浪高仪实际上是一种反向回声测深仪。其工作方式一般是将声波换能器面朝上安装在海底,换能器向海面不断地发射声波,此声波又返回海底的接收器。有波浪传过时,根据声波从换能器到返回海底所需的时间,便可以得到浪高数据。

3)海深探测

回声测深仪测量海洋深度已经有几十年的历史。测深仪在海面上向海底发出超声波,声波以 1450 m/s 的速度向下传播,碰到海底,马上反射回来,这就是回声。求出发射声波和收到回声的间隔时间,又知道了声音在水里的传播速度,就不难算出海底的深度。回声测探仪仅仅是水声设备——声纳的一种,水声设备中还有一种旁侧声纳,也叫海底地貌仪。这种声纳向两边发射一定频率的声波,它的探测范围更大。

近十年,来海洋地质研究方法的重大发展是多波束测深技术在海洋地貌研究中的广泛应用。多波束测深仪与一般测深仪的不同之处在于:当船沿一定航线行驶时,它可以测出几十个平行的深度剖面,与计算机相接可直接绘出海图。由多波束测深系统、卫星综合导航系统和能自动绘图的计算机组成,就是一套完整的海底地形自动测绘技术系统,在航行测量过程中,迅速得到大量的海测资料,可以使我们直接了解世界各大洋的地形,并且可以获得精确的海底地形图。

(2) 海洋气象水文自动化观测系统

随着各种传感器的出现,例如:深度、温度、盐度、气压、波浪等传感器给海洋气象水文观测提供了便利条件,观测人员可以利用这些传感器对海水深度、水温、气压、盐度、波浪等要素进行测量,节省了时间和人力。又由于计算机、电子技术等的飞速发展,功能越来越强大的观测仪器相继问世,这无疑使海洋气象水文观测手段产生了极大的进步,海洋气象水文自动观测系统就是综合了各种观测仪器的功能,并且增加了自动记录和传送数据的功能,实现了无人值守、自动观测的功能,解放了大量人力,使海洋气象水文观测方式有了跨越性的进步。

海洋气象水文自动化观测系统又叫做沿海海洋台站,这种观测系统是指空间位置固定的观测工作台站,在台站上,传感器可以连续工作,以便获取固定测点上不同时刻与海洋过程有关的数据和信息。并且通过实时测量和及时通信把测得的数据传输给用户(例如环境监测中心和气象预报中心)。

海洋气象水文自动化观测系统的特点:

①海滨观测所获得的资料应能反映出观测海区的基本特征和变化规律,包括水文、气象要素的观测和资料处理。

②台站系统所观测的项目包括水文和气象项目。水文项目:潮汐、海浪、表层海水盐度、海发光、海冰等;气象项目:风、气压、空气温度和湿度、海面有效能见度、降水量、雾等。

③具有自动观测设备的台站应对潮汐、水温、盐度、气压、气温、湿度、风、降水量进行连续观测,其中,潮汐、气压、气温、湿度、风、降水量应发送每分钟的观测数据,水温、盐度应发送每个整点的观测数据。

④自动观测仪器设备要性能可靠、测量准确、设计简单、操作维护方便、结构坚固。

⑤自动观测仪器设备应具有系统设置、数据记录、数据转换、数据通信和供电功能;能设置每个传感器的最新标定文件、设置采样时间和采样间隔、设置报警临界数值;能对潮位、水温、盐度、气压、温度、风速、风向、降水量等观测要素进行连续自动观测、显示、打印和存储;能将传感器所获得的原始数据转换成上传数据、并自动上传到计算机上;具有对采集的数据进行剔除明显误差的功能。

⑥自动观测仪器设备电源采用220 V交流电和自备12 V直流电池供电,蓄电池

供电能力不小于仪器连续工作 72 小时（正常工作状态），并能进行浮充。

⑦将测得的数据发送给用户。原则上数据由各海洋台站发送到其所属的海洋环境中心监测站，再由中心监测站发送给北海、东海或南海预报中心，最后发往国家海洋环境预报中心。在有特殊情况或个别要求时，海洋台站有越级发送数据的能力。

(3)卫星遥感探测

最近几年，由于遥感技术和深潜技术的发展，已经开始采用气球、飞机、潜水器等工具进行空中和水下观测。尤其是目前用于海洋观测的卫星越来越多。所有卫星传感器，均根据电磁辐射原理获取海洋信息。遥感技术采用的电磁波包括可见光、红外、微波。其中，可见光谱范围在 0.4~0.7 μm，红外波谱在 1~100 μm，微波波段的波长为 3 mm 至 1 m。

卫星传感器的种类很多，目前用于海洋研究的传感器主要有以下几种。

①海色传感器：主要用于探测海洋表层叶绿素浓度、悬移质浓度、海洋初级生产力、漫射衰减系数以及其他海洋光学参数。

②红外传感器：主要用于测量海表温度。

③微波高度计：主要用于测量平均海平面高度、大地水准面、有效波高、海面风速、海流、重力异常、降雨指数等。

④微波散射计：主要用于测量海面 10 m 处风场。

⑤合成孔径雷达：主要用于探测波浪方向谱、中尺度涡旋、海洋内波、浅海地形、海面污染以及海表特征信息等。

⑥微波辐射计：主要用于测量海面温度、海面风速以及海冰、降雨、CO_2 海气交换等。

卫星海洋遥感为海洋观测和研究提供了一个巨大的数据集。这个数据集之大，超过百余年来船舶与浮标数据的总和。这个数据集覆盖了相当部分海洋环境参数和信息，包括海表温度、大气水汽、叶绿素浓度、悬移质浓度、DOM 浓度、海洋初级生产力、海洋光学参数、大气气溶胶、海平面高度、大地水准面、海流、重力异常、海洋降雨、有效波高、海浪方向谱、海面白帽、内波、浅海地形、海面风场、海面油膜、海面污染、CO_2 海气交换等方面。

21.4 冰雪、冰川、冻土观测

冰冻圈，是指地球表面水以固态形式存在的部分，包括所有种类的冰、雪和冻结土，如冰川（包括山地冰川、冰帽、极地冰盖、冰架等）、积雪、冻土（多年冻土和季节冻土）、海冰、河冰、湖冰等等。冰冻圈由于对气候的高度敏感性和重要的反馈作用而与大气圈、水圈、岩石圈（陆地表层）、生物圈一起被认为是影响气候系统的五大圈层。

(1) 冰雪观测

积雪下垫面观测项目包括积雪分布、雪深、雪压、雪水当量、表面反照率、表面温度、雪水径流、雪型、粒度、密度、硬度、含水量、温度以及辅助气象项目等。其中，表面反照率可以通过地基或星载的光谱仪进行观测。其他观测项目与降雪的常规观测一致，请参考第 6 章相关内容。

(2) 冰川探测

冰川厚度对气候变化具有良好的指示意义，在冰川动力学数值模拟与模型研究中，冰川厚度又是一个重要的输入参数。

目前对冰川的探测主要采用雷达探测。工作原理：雷达探测系统通过发射天线由冰川表面向下垂直发射一定频段的电磁波，当电磁波传播到冰川底部时，由于冰川冰与下伏基岩两种介质存在显著电性差异，电磁波在冰－岩界面就会产生反射信号，反射信号回到冰川表面时被接收天线所接收。雷达系统根据电磁信号的双程传播时间、反射信号强度和同相轴特征，实现对冰－岩界面位置的判定。冰川雷达测厚以电磁波双程走时记录波形，以平面二维图像方式显示雷达测厚结果。在雷达探测图像中，横坐标表示雷达天线沿测线移动的位置和测线长度，纵坐标表示电磁波双程走时，给出传播速度后，就能够换算出冰川的厚度。探测图像通过同相轴、等灰度或等色线，可以形象地表征出冰－岩的界面及其起伏变化。穿透力和分辨力是表示雷达探测能力的两个基本技术参数。对于穿透深度与分辨率的合理兼顾选择，需要根据具体情况，通过雷达天线的配置和探测参数的设定来实现。

(3) 冻土探测

冻土是指含有水分的土壤因温度下降到 0℃ 或以下而呈冻结的状态。冻土探测是要测量出地表之下冻结层的上限和下限深度。

1) 冻土器原理与安装

冻土探测通常用冻土器测量。冻土器由外管和内管组成（图 21.3）。外管为一标有 0 cm 刻度线的硬橡胶管，主要保护内管，使用时垂直插入地下，外管 0 cm 刻度线与地表面齐；内管为一根有厘米刻度的软橡皮管，底端封闭（重锤使底端自然下垂），顶端与铁盖、提环相连。内管用于灌注净水（如河水、井水、自来水等），灌水量至内管 0 cm 线刻度处。观测前，把灌满水的内管插入外管中，外管和内管的 0 线刻度要平齐，待内管与外部土壤温度达到热平衡后，冻土层就会使内管中的水冻结成为冰柱。因此，冰柱在内管中的位置就代表冻土层的深度。内管内部有链条或线绳，用于防止冰柱移动。

承担冻土观测的气象站，应根据插入土壤中的冻土器内净水结冰的部位和长度，来测定冻结层次及其上限和下限深度。气象站须根据当地可能出现的最大冻土深度，采用长度规格适用的冻土器。冻土器应安装在观测场内有自然覆盖物的地段。有

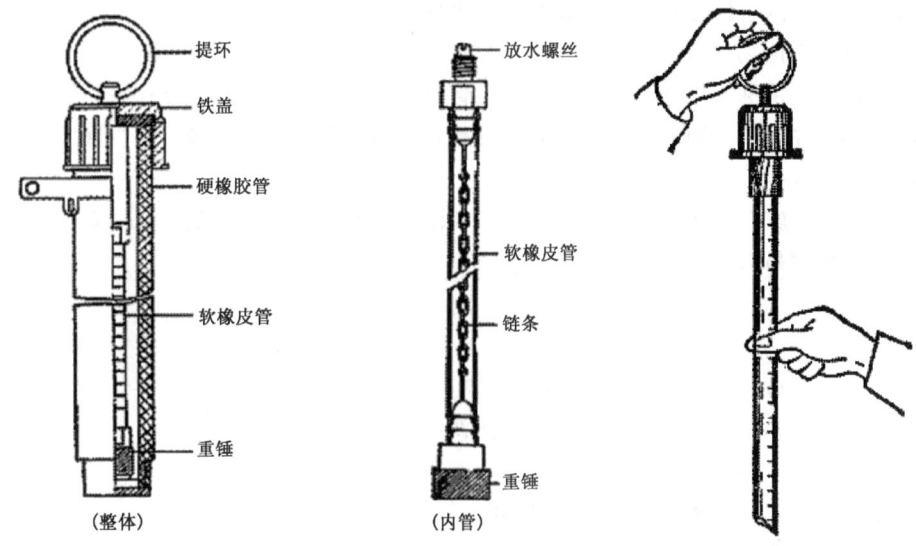

图 21.3 冻土器结构图　　图 21.4 冻土器观测示意图

直管地温表的气象站,可安装在直管地温场中 320 cm 深层地温表的西边,相距约 50 cm。内管和外管的 0 线刻度一定要平齐,并与地表在同一水平面上,其他安装要求和方法均同直管地温表。

2) 观测和记录

观测时,一只手把冻土器的铁盖连同内管提起(见图 21.4),尽量勿使内管弯折,尽量避免冰柱滑动或消融。用另一只手摸测内管已成冰柱(包括冻结得不够坚实的冰柱)的位置,从管壁刻度线上读出冰柱上下两端的相应刻度数,即分别为此冻结层的上、下限深度值,记入观测簿当天冻土深度栏。冻土深度观测完毕即将内管重新插入,并盖好盖子。冻土深度以厘米(cm)为单位,取整数,小数四舍五入。冻土深度不足 0.5 cm 时,上、下限均记"0"。

遇有两个或两个以上冻结层,应分别测定每个冻结层的上、下限深度,并按先深层、后浅层的顺序,把每层的上、下限深度记入观测簿。如某次测到两个冻结层,上面一段冰柱在 0~7 cm,下面一段冰柱在 20~150 cm,在中间段未冻结。则观测簿第一栏内上限深度记"20"、下限深度记"150",第二栏内上限深度记"0"、下限深度记"7"。当冻结层的下限深度超出最大刻度范围时,应记录最大刻度数字,并在数字前加记">"符号,如>×××。待冻土期结束后,应换用更长规格的冻土器。

3) 维护

仪器的维护注意以下几点。

①当内管水量不足时,应及时补充加水。但不能在临近观测前加水,以免影响记

录的正确性。内管灌水时,应注意不能使水柱中余留气泡。

②勿使其他物体或将水进入外管,否则应及时清除。

③每年使用冻土器前,应注意检查内管、外管的 0 线与地面是否齐平。若产生位移,应在土壤冻结前调整好。冻土期结束后,应将内管的水放掉,晾干,收回室内妥善保管;外管口用不渗水的物品包扎牢。

④在冻结较深的地区,为提取内管和观测的方便,可在靠近冻土器的东北侧设一吊架供观测时吊取内管用。

习题

1. 近地层通量观测主要包括哪些内容?
2. 通量可分为哪几类,具体含义是什么?
3. 生态气象学如何定义?
4. 海洋观测的两种基本形式是什么?
5. 海洋水文观测主要项目包括哪些?
6. 目前用于海洋研究的传感器有哪些?
7. 雷达探测冰川的主要工作原理是什么?
8. 冻土探测仪器日常维护注意事项是什么?
9. 近地层通量观测系统主要包括哪些?

第 22 章 数据传输和质量控制

大气探测的根本目标是给用户提供高质量气象探测资料。大气探测资料从观测场原始数据采集、数据传输、数据处理和资料应用全过程中,每个过程都需要针对各自的目标进行数据质量控制。本章主要讨论数据传输和数据处理过程的质量控制问题。

22.1 数据传输

气象数据传输,针对不同观测环境条件,主要采用两种通信途径来实现,一种是基于气象数据通信网络进行逐级传输,是目前国内气象数据传输的主要途径;一种是应用无线通信技术(例如 GPRS)进行直接传输,这种传输方式主要用于相对偏远并且传输数据量较小的观测数据。数据传输采用技术主要有本地局域网、无线城域网以及卫星通信等技术。

本节主要讨论气象数据通信网络、传输流程、传输种类和传输文件命名等问题。

22.1.1 气象数据通信网络

我国气象观测资料主要依托全国气象信息交换网进行传输,分别建有国家级气象主干网和省级气象内网两个层面。国家级气象主干网由全国宽带网和卫星通信网组成。省级气象内网由宽带网及其他有关网络组成。

全国气象宽带网络架构(见图 22.1)。全国宽带广域网为星型结构,所有网络设置和维护管理都在中央节点集中进行。宽带网系统采用两级星型结构:以国家级节点为中央节点的一级星型结构和以各省(区、市)级为中央节点的二级结构。通过租用公网线路提供各级节点间的高速网络连接,并通过网络设备接入各地局域网络。国家级中心为全国观测资料汇聚点和路由转发点,选择带宽为 155 MbPs 的 SDH 同步数字体系端口入网,各省级系统除直辖市采用 4 MbPs 端口外,其余各省均以 6 MbPs 带宽入网;地区级节点统一为 2 MbPs。全国气象宽带网络以互联网作为备份线路。

卫星通信网是由卫星数据网、卫星话音网、单向数据广播系统和各级气象部门的计算机局域网构成。中国气象局现有卫星数据广播网(PCVSAT 系统)在带宽容量、技术性能、设备维护支持等方面都呈现明显不足,正在建设基于 DVB 数字视频广播技术的新一代气象信息卫星广播系统。DVB 主要功能是按 DVB 数据广播的标准，有计划、有针对性地向全网发送文件和流媒体信息，对主站的播发系统和入网小站进行配置和管理，对网络的工作状态进行监视，并对个别小站提供交互服务功能。采用 DVB-S 卫星数字视频广播技术的新一代气象信息卫星广播系统的结构如图 22.2 所示。它由 DVB 主站、空间卫星转发器和众多遍布全国的 DVB 小站组成，主站发送数据文件信息和流媒体信息文件，小站 DVB 接收系统的主要功能是接收主站的 DVB 文件和流媒体广播，对文件和流媒体信息进行存贮和转发。

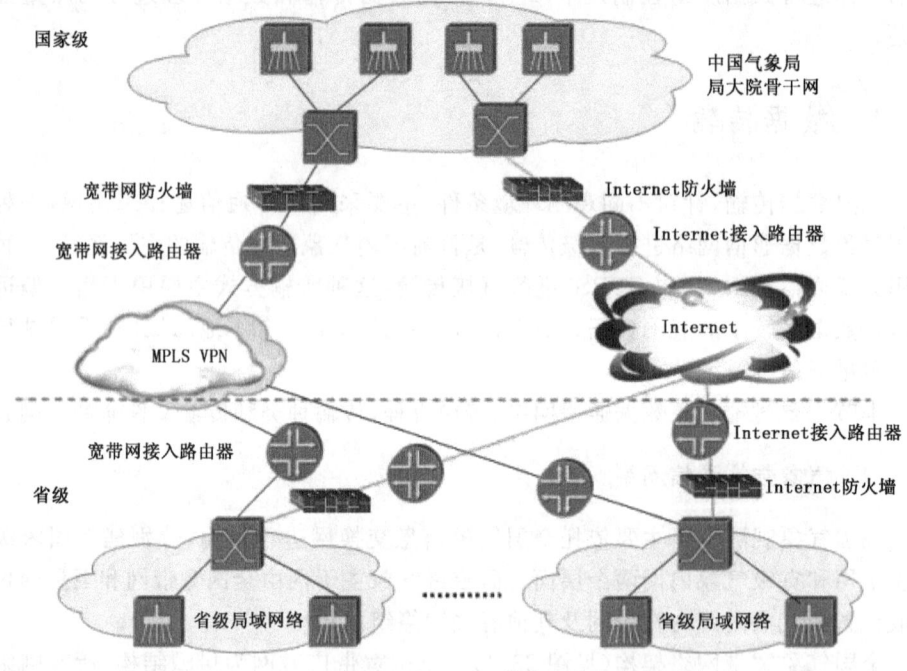

图 22.1　全国气象宽带网络架构示意图

22.1.2　气象数据传输流程

按照观测数据传输流程，可将观测资料传输划分为上行和下行两种。

（1）上行气象信息传输

上行气象信息是指由下级气象台站向上级气象信息网络业务部门传输的各种探测资料、探测产品以及其他有关的信息。根据目前气象信息网络业务布局情况，上行信息的传输流程如下。

1）气象观测站的各种探测资料经采集、编报后，按规定的传输格式通过省内网、

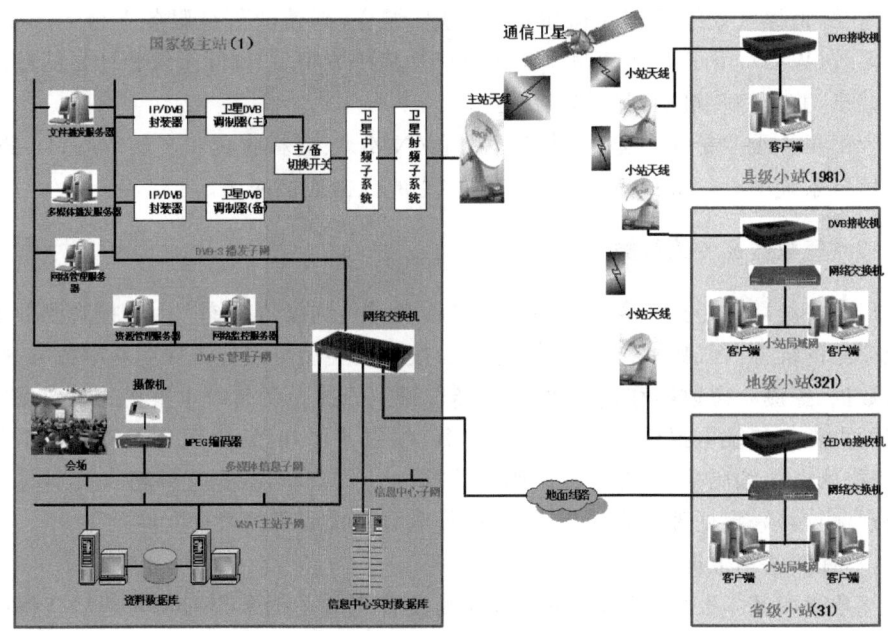

图 22.2 卫星数据广播系统结构示意图

卫星信道、无线城域网等途径,传输至地市气象业务部门。

2)地市级气象台将本地的各种探测资料和加工产品以及本地所属有关气象观测站需临时中转的所有上行信息,按照规定的传输格式通过省内局域网、卫星通信等方式传输至省级气象业务部门。

3)省级气象业务部门将所属气象台站需上行的全部探测资料、加工产品以及其他有关信息,按照规定的传输格式上行传输至国家级气象业务部门,即国家气象信息中心,其他国家级业务单位均通过局域网从气象信息中心获得探测资料。

(2)下行气象信息传输

下行气象信息是指由国家级气象业务部门向全国各省(区、市)级及其以下各级气象台站传输的所有信息。流程如下:采用卫星单向数据广播方式向全国各省、地(市)、县气象台站直接下发所需的国内外气象探测资料、经加工的指导产品以及其他各类信息。当国家级卫星单向数据广播系统工作异常时,各省台可通过宽带通信网从国家级中央节点自行补调所需气象信息,再分发至所属地(市)级和县级气象台站。

(3)WMO 信息系统(WIS)

气象探测数据不仅在国内使用,还需要参与国际气象信息交换。中国气象局信息网络系统承担世界气象组织(WMO)亚洲区域气象通信枢纽的任务。随着综合气象探测业务的快速发展,现有气象信息全球交换系统(GTS)不能满足现代气象信息交换需要,世界气象组织正在构建一个通用、综合、高效的信息服务平台——WMO信息系统(WIS),用于支撑 WMO 各项计划及其相关中心、国际组织和计划的数据交换和共享,并为相关机构用户提供服务。

WIS 的主要功能组件是:国家气象中心(NMC)、资料收集和产品中心(DCPC)、全球信息系统中心(GISC)和连接这三类中心的数据通信网络。

22.1.3 气象数据传输种类

气象探测数据是指气象观测站利用各种观(探)测仪器系统产生直接观测数据或初级产品的统称。气象探测数据传输种类,按数据类型可以分为探测基本数据、探测产品数据、探测状态数据和报文数据;按传输编码方式分为传统电报格式和数据文件格式两大类。传统电报格式是指按照 WMO 编码手册和《地面观测资料编码手册》、《高空探测资料编码手册》等进行编码后传输的气象资料,数据文件格式资料是指由各类观测仪器采集处理后直接生成,未进行电报格式编码的数据文件。

(1)探测基本数据

气象探测基本数据,是指各种大气探测设备完成数据采集和预处理后获得的气象要素数据,常简称为基数据。

目前传输的基本探测数据主要有天气雷达基数据和 L 波段探空雷达基数据等。

(2)探测产品数据

气象探测产品数据,是原始气象探测数据经过信息格式化等简单加工处理生成的气象探测数据。一般通过数据文件形式传输,常用典型探测产品数据有天气雷达产品数据、探空探测数据、自动站观测数据、闪电定位数据,等等。

(3)探测状态数据

探测状态数据,是探测装备运行状态检测数据,是探测由人工走向自动化的产物,可以用于探测系统运行状态远程监控。

(4)报文格式数据

气象报文格式数据是气象探测产品数据的一种编码形式,是气象数据的传统交换形式,主要用于国际气象数据交换。随着全球气象信息系统的快速发展,WMO 已经制定了气象交换数据向表驱码格式(TDCF)过渡计划,传统电报形式将逐步被淘汰,以适应现代气象信息系统发展的需要。

常用主要报文数据包括以下内容:基本地面天气报告(简称:地面报)、每小时地面天气报告(简称:每小时地面报)、自动站天气报告(简称:自动站报)、探空天气报告(简称:探空报)。

22.1.4 气象数据传输文件命名

为了实现气象数据资料在国家和地区间的基于文件级的实时传输和交换,世界气象组织(WMO)起草了建立在 TCP/IP 上的文件交换规则,目前该规则已作为全球电信系统(GTS)手册的附件执行。我国在设计国内气象数据文件交换时充分吸收和采纳了 WMO 的建议,并结合国内气象信息传输业务的特点和具体情况,对 WMO 的建议进行了相应的修改,形成了一套气象行业标准 QX/T 129-2011《气象数据传输文件命名规范》。目前国内新增的气象信息传输业务已开始按此规范执行。

(1)气象数据交换文件名命名规则

根据数据生产、数据种类和传输时效等特点,确定了文件名命名的"唯一性、准确性、可用性"规则。唯一性是指文件名定义不能出现歧义,满足以文件为单位的气象数据交换要求。准确性是指通过文件名能够准确获得此文件的传输和处理方式,尽量避免文件交换时需要打开文件进行登记的操作,以提高传输和交换的效率。可用性是指文件名应能够被通信设备、操作系统和通信相关软件所支持,能够应用于实际气象信息传输业务之中。

(2)文件名应包含的信息

文件名应给出文件编码方式、交换范围、数据资料种类(通信业务信息、观测资料、产品)、内容描述、数据采集地点、产品加工中心、文件交换的目的地、资料观测或产品生成时间、文件内容的编码方式、文件内容压缩方式。

(3)文件名结构设计

文件名的结构包括强制段和自由格式段两部分。强制段给出文件传输基本路由的关键信息,力求保持简单、通用,以便使用现有系统能够方便地采用新的文件命名规范。

文件名使用全长的日期时间字段。

文件名格式由多个预定义的字段混合组成,最后两个字段用小数点('.')分隔,强制段均用下划线('_')分隔,自由段用减号分割('-'),强制段与自由段之间用下划线('_')分隔。

除了日期时间字段是固定长度外,其余字段的长度都是可变的。各字段的先后顺序是固定的。

文件名各字段规定如下:

Pflag_productidentifier_oflag_originator_YYYYMMDDhhmmss[_ftype_freeformat_destination].Type[.Compression]

其中,Pflag_productidentifier_oflag_originator_yyyyMMddhhmmss 都是不能省略的强制字段。

相关字段描述参见气象行业标准 QX/T 129-2011 气象数据传输文件命名。

(4) 文件名样例

例 1. 地面气象自动站数据

文件名：Z_SURF_C_SCGZ_200504202010000_O_AWS_FTM_CBABJ.txt

释义：广东生成的 2005 年 4 月 20 日 20 时 10 分自动站观测资料，发往北京。

例 2. GPS 观测资料

文件名：Z_UPSR_I_54511_20050421032010_O_GPS2_CBABJ.rnx.zip

释义：54511 站生成的 2005 年 4 月 21 日 03 时 20 分 10 秒 GPS 探空观测文件，发往北京。

例 3. 多普勒雷达基数据：

Z_Radr_I_Iiiii_YYYYMMDDhhmmss_O_DOR_雷达型号_提扫方式.bin.bz2

释义：天气雷达基数据，bz2 表示二进制 bzip2 压缩方式。

例 4. 多普勒雷达产品资料：

Z_RADR_I_Iiiii_YYYYMMDDhhmmss_P_DOR_雷达型号_产品标识_分辨率_覆盖范围_仰角.ID.bin

释义：雷达产品数据，ID 是雷达编号。

22.2 质量控制

22.2.1 探测资料质量管理

质量管理的目的是在一个可实施的最低总成本水平上确保提供气象资料符合各种要求，特别是满足气象资料的准确性、代表性和均一性的三性要求。从质量管理角度看，所有气象资料都有缺陷，重要的是对资料质量问题应是已知和可以证实的。

提供高质量气象资料必须有一套完善的质量管理体系。最好的质量管理体系应在整个气象观测系统的各个方面连续运作，从站网规划到应用培训全过程；从观测设备安装和气象站操作到资料传输和归档；从准实时至年度的各种时间尺度检查的质量反馈。为了满足探测资料质量管理需求，世界气象组织正在推行质量管理框架（WMO QMF），其精髓是为成员国家或地区的气象部门提供总体战略、建议、指导和工具，以便保证其工作质量和效率。WMO QMF 是一个逐渐提高实施层次的分层次框架，其顶层是要获得例如国际标准组织（ISO）的认证。ISO 是最权威的国际标准化机构。WMO 和 ISO 之间将联合制定 ISO-WMO 技术标准。气象部门引入的气象观测质量管理体系，主要是 WMO 为大力提高各国气象部门的气象资料、气象产品和气象服务水平，以 ISO 质量管理体系为基础，积极建立和推进的 WMO 质量管理框架，强调以满足社会需求为核心，以提高气象公共服务水平为目标。

目前气象观测系统建设,在项目立项、项目论证、系统设计和研制、装备生产、装备安装和系统运行维护的过程中,是以相应技术规范、技术标准和管理制度等形式开展全过程质量管理。在新观测系统或传感器开发阶段,应该考虑含有以下五个步骤的质量保证程序:

(1) NMS 程序:国家气象部门在规划阶段要进行需求评估;

(2) QA 质量保证:在研发阶段采取预防措施,完成各种预防活动;

(3) QC1 数据采集质量控制:在台站对资料采集和生成阶段对设备进行预防性维护;

(4) QC2 数据传输质量控制:在资料管理和传输阶段进行数据链路监视;

(5) QC3 数据处理质量控制:对数据集进行一致性检查。

22.2.2 数据质量控制技术

质量控制应用于资料实时或准实时的获取和处理中。质量控制应贯穿于资料链中各个节点。

(1) 气象探测数据质量控制的基本技术

气象数据质量控制的最基本技术方法主要包括以下几点。

1) 数据完整性检查,检查获取数据文件的完整性和基本参数的有效性。

2) 气候一致性检查,检查气象要素的季节变化特征是否符合本地允许气候极值界限范围,确认观测数据的合理性,此方法也称气候极值范围检查。

3) 内部一致性检查,检查气象要素之间一致性,基于一个观测点内同一时刻所测得的气象要素之间变化相关性,对某些有物理特征关联的气象要素间是否一致进行检查。内部一致性检查分为同类要素之间和不同类型要素之间检查。例如平均气温、最低气温和最高气温的一致性。

4) 时间一致性检查,大多数气象要素随时间都是连续变化的,在一定时间间隔内,同一要素的前后波动应是在一定范围内,检查资料的合理波动范围。此方法也称时变性检查。需要注意的是不仅需要检查变化过大情况,还需要检查变化过小情况。

5) 空间一致性检查,根据气象要素分布的地理空间具有相关性特征,检查气象要素相对相邻站点观测资料的空间一致性。气象要素分布的地理空间具有相关性,空间距离较近的气象站点比距离较远的站点其特征值具有更大的相似性。

6) 背景场检查,利用数值预报模式多源综合分析的优势,把预报初猜场(初估场)作为检验参考标准,检查气象要素与初猜场差异是否在允许范围内。

上述数据质量控制是基本技术,分别应用于各种观测系统、气象观测站、资料中心(气象信息中心、资料分析处理中心、运行保障中心等)。各观测系统应用的具体技术方法可有不同,下面重点以地面资料质量和天气雷达资料质量的控制为例进行说明,并简单介绍高空资料质量控制。

(2) 地面资料质量控制

气象站观测员或负责人,应确保从气象站发出的资料必须实施了质量控制,为承担这种责任提供确定的程序保证。质量控制主要包括以下几点。

内部一致性检验。要对天气观测或其它综合观测进行完整的检查,如温度、露点和日极值间的关系,雨、云和天气间的关系。

气候一致性检验。观测员需了解或备有本站各参数的正常季节变化范围的图或表,不允许异常数值未经检查就发出。

时间一致性检查。保证本次观测和上次观测之间发生的变化是真实的,尤其观测是由两个人员来完成时。

空间一致性检查。在资料分析处理中心,需要确保一定范围内不同测站观测资料变化的一致性。

(3) 天气雷达资料质量控制

天气雷达是一种具有代表性的遥感气象探测设备,其数据质量控制不能套用常规基本质控技术,有很多特殊性,除对数据完整性和数据有效性检查外,天气雷达数据质控过程,主要检查如下内容。

1) 雷达波束阻挡,检查雷达波束在传播过程中是否被大型山脉等阻挡了。

2) 孤立噪声检查,检查雷达探测到的孤立信号噪声点。

3) 异常回波,检查雷达异常传播回波(APR),也即由于特殊天气产生的超折射回波等。

4) 地物杂波,检查由于地物、昆虫等产生的杂波。

5) 虚假测试回波,检查由于各种原因产生的圆环回波(牛眼)和区块状回波等。

上述质量控制过程,主要利用雷达回波在空间上的连续性特征进行处理。

天气雷达数据质量控制技术正在向基于统计量化分析雷达回波特征方向发展,具有代表性的是 Kessinger 方法,通过找出地物回波不同于降水回波的特点,对这些特征给以相同的权重,得到一个表明受地物回波影响可能性的量化数值,最终可以识别出那些超过了某一阈值的地物回波信息,实现雷达数据质量控制。

Kessinger 方法中使用的反映地物和降水回波差异的 7 个物理量,包括:从回波强度中提取 4 个物理量:回波强度纹理($TDBZ$)、垂直变化($GDBZ$)、沿径向方向变号($SIGN$)、沿径向库间变化程度($SPIN$);从径向速度和速度谱宽中提取 3 个物理量:径向速度区域平均值($MDVE$)、方差($SDVE$)、速度谱宽区域平均值($MDSW$)。这些量的定义如下:

$$TDBZ = \frac{\sum_{i=1}^{NA}\sum_{j=1}^{NR}(Z_{i,j} - Z_{i,j+1})^2}{NA \times NR} \quad (22.1)$$

$$GDBZ = w(R)(Z_{\text{up}} - Z_{\text{low}}) \tag{22.2}$$

$$SPIN = \frac{\sum_{i=1}^{NA}\sum_{j=1}^{NR} M_{\text{Spin}}}{NA \times NR}$$

$$M_{\text{Spin}} = \begin{cases} 1 & |Z_{i,j} - Z_{i,j\_1}| > Z_{\text{thresh}} \\ 0 & |Z_{i,j} - Z_{i,j\_1}| \leqslant Z_{\text{thresh}} \end{cases} \tag{22.3}$$

$$SIGN = \frac{\sum_{i=1}^{NA}\sum_{j=1}^{NR} M_{\text{Sign}}}{NA \times NR}$$

$$M_{\text{Sign}} = \begin{cases} 1 & Z_{i,j} - Z_{i,j\_1} > 0 \\ 0 & Z_{i,j} - Z_{i,j\_1} < 0 \end{cases} \tag{22.4}$$

$$SDVE = \left[\frac{\sum_{i=1}^{NA}\sum_{j=1}^{NR}(VE_{i,j} - MDVE)^2}{NA \times NR}\right]^{1/2} \tag{22.5}$$

$$MDVE = \frac{\sum_{i=1}^{NA}\sum_{j=1}^{NR} VE_{i,j}}{NA \times NR} \tag{22.6}$$

$$MDSW = \frac{\sum_{i=1}^{NA}\sum_{j=1}^{NR} SW_{i,j}}{NA \times NR} \tag{22.7}$$

其中 NA、NR 表示在方位和距离方向定义的计算范围，$Z_{i,j}$ 为任意点的回波强度，$VE_{i,j}$ 为任一点的径向速度，$SW_{i,j}$ 为任一点的谱宽，$TDBZ$ 主要反映回波强度的局地变化大小；Z_{up}、Z_{low} 为对应的本层和上层 PPI 的回波强度，$W(R)$ 表示与距离有关的权重，$GDBZ$ 反映了回波强度的垂直变化；Z_{thresh} 为库间回波强度变化的阈值，一般取 2~5 dB；$SPIN$ 反映了回波强度沿径向方向变化的一致性；$SIGN$ 表示回波强度沿径向变化的变号；$MDVE_{i,j}$ 表示径向速度平均值，$SDVE$ 为径向速度的方差；$MDSW$ 表示谱宽平均值。对于与回波强度有关的物理量，一般规定 $NA=5$，$NR=5$；对于径向速度和速度谱宽，$NA=5$，$NR=9$。

(4) 高空资料质量控制

基本上与地面资料质量控制一样。应进行资料的内部一致性检验（如递减率和切变）、气候值和时间瞬时值的一致性检验、以及与常规地面观测的一致性检验。对于无线电探空仪，进行明确的基值初始标校检查是很重要的。编报也必须与观测资料核对。

在国内外高空资料质量控制，特别是质量评估过程中，随着数值模式技术的快速发展和完善，背景场检查技术越来越受到重视，是高空资料质量评估的重要技术。

22.2.3 气象探测运行监控

对全国气象探测仪器设备运行情况实行实时业务监控,是提高探测数据质量的重要手段。

中国气象局气象探测中心为此建立了"综合气象探测运行监控系统",作为探测中心核心业务对全国气象探测网进行实时运行监控,有效地提高了气象探测系统的运行能力和质量。运行监控系统的主要功能包括以下5方面。

(1)探测站网信息管理

为了准确、全面地了解气象台站的站点、设备、人员等各类详细信息,对全国范围内各气象台站的信息进行管理。通过对站网信息的查询、统计和分析可获取站址迁移、周边环境变化、覆盖范围、遮挡情况、设备身份特征等元数据信息,能够为选址建站、设备选型、运行保障等工作提供科学依据。

(2)探测状态监控

实时跟踪并掌握气象探测设备的运行状态,并通过实时视频或实景图片进行设备状态、观测场环境变化、可视范围内天气实况等辅助监控。

(3)探测数据监控

探测数据监控主要通过数据质量分析技术来发现可疑数据,并通过数据显示技术实现。

探测数据质量监控应用的最基本技术主要包括:数据有效性检查、背景场对比检查、气候极值检查、持续性检查、内部一致性检查、时间一致性检查、空间一致性检查、综合数据质量评估。图22.3是自动气象站数据质量监控系统发现庆云5 cm地温数据可疑的一例。

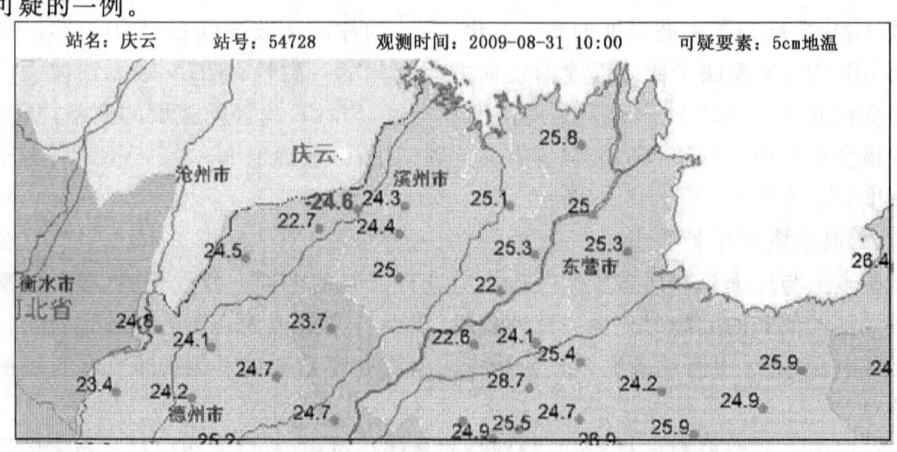

图22.3 自动气象站数据质量监控信息。空间一致性检查发现2009年8月31日10:00庆云站5 cm地温数据可疑

探测数据产品监控实现主要探测产品的集中显示,提供全国或区域范围的实时探测数据,并对探测数据进行叠加、拼图、快速分析等操作。

(4)维修保障信息管理

以装备或备件的唯一身份编码为主线,从装备采购入库、调拨、检定、维修,到报废为止视为装备的生命周期,通过装备生命周期管理档案,实现对装备全寿命信息化管理和监控。

(5)探测系统综合评估

对各种探测系统的可靠性、业务运行和技术保障能力进行定量客观综合评估,为业务管理人员科学指导、监督运行、应急保障及适应性观测等业务保障提供决策服务信息。如图22.4就是对某7要素自动气象站进行客观评价的结果展示。

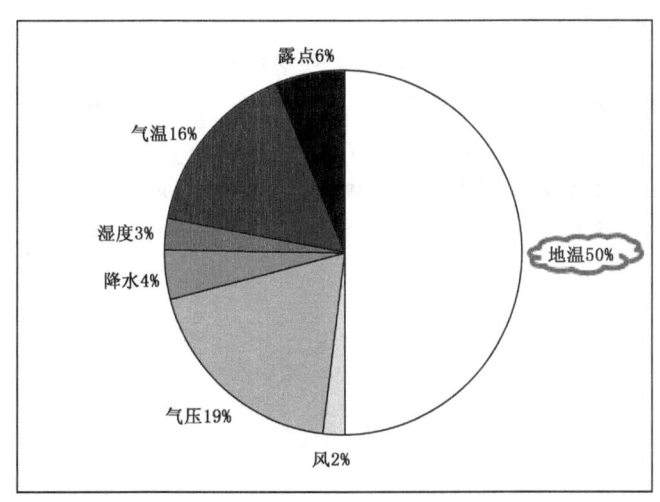

图22.4 自动气象站问题要素分类统计

22.3 观测规范信息

气象探测系统,从项目论证、系统研制、设备生产、设备安装和系统运行维护,都有相应的技术规范、技术标准和管理规程等进行全过程质量管理,是探测数据质量控制的重要依据。相应技术规范可以从中国气象局气象探测中心网站(www.moc.cma.gov.cn)和世界气象组织网站(www.wmo.int)获得质量保证相关材料。

习题

1.简述我国气象数据传输的专用网络结构和传输流程。

2. 传输的气象探测数据有哪几种？
3. 世界气象组织质量管理框架的目标是什么？
4. 描述天气雷达基数据和天气雷达产品数据。
5. 阐述气象探测数据质量控制的基本技术方法。
6. 阐述天气雷达探测数据质量控制方法。
7. 气象探测运行监控系统的主要功能包括哪些内容？
8. 气象数据文件名包含哪些信息？
9. 阐述世界气象信息系统 WIS 网络结构。
10. 质量管理 QM 是（　　　）；质量保证 QA 是（　　　）；质量控制 QC 是（　　　）。
A：为了达到质量要求所采取的作业方法；
B：提供对满足质量要求的信任；
C：对确定和达到质量目标所必须的全部职能和活动的管理。
11. 气象探测观测规范信息可以从（　　　）和（　　　）网站获得。
A：中国气象局网站 www.cma.gov.cn
B：中国气象局气象探测中心网站 www.moc.cma.gov.cn
C：世界气象组织网站 www.wmo.int

参考文献

WMO. 1996. 气象仪器和观测方法指南. 中国气象局监测网络司,译. 北京:气象出版社.
WMO. 2005. 气象仪器和观测方法指南:第六版. 中国气象局监测网络司,译. 北京:气象出版社.
巴德 M J,等. 1998. 卫星与雷达图像在天气预报中的应用. 卢乃锰,等,译. 北京:科学出版社.
包云轩. 2002. 气象学:南方本. 北京:中国农业出版社.
毕研盟,毛节泰,毛辉. 2008. 海南 GPS 网探测对流层水汽廓线的试验研究. 应用气象学报,**19**(4):412-419.
卜令兵,袁静,高爱臻,等. 2014. 基于激光云高仪的雾霾过程探测. 光子学报,**43**(9).
曹云昌,方宗义,夏青. 2004. 地空基 GPS 探测应用研究进展. 南京气象学院学报,**27**(4):565-570.
陈明理,刘欣生,郭昌明. 1992. 交叉环磁天线雷电定位系统场地增益及其求解方法. 中国科学,**9**:1002-1008.
陈明理,刘欣生,郭昌明. 1993. 北京地区闪电定位系统场地误差及其结构分析. 气象学报,**51**(1):66-74.
陈明理,刘欣生,郭昌明,等. 1990. 确定闪电定位系统场地误差的参数化方法. 高原气象,**9**(3):207-319.
陈渭民. 2002. 卫星气象学. 北京:气象出版社.
陈元昭,等. 2007. 深圳 LAP-3000 型风廓线雷达系统及应用. 气象研究与应用,**28**(3):73-76.
《大气科学辞典》编委会. 1994. 大气科学辞典. 北京:气象出版社:980.
刁伟峰,等. 2015. 全光纤相干激光多普勒测风雷达非线性最小二乘风速反演方法及实验研究. 中国激光,**42**(9):330-335.
丁建平. 1996. 使用机场监视雷达进行低空风切变探测. 雷达科学与技术,(1).
董万胜,刘欣生,郄秀书,等. 2001. 甚高频闪电辐射源的定位与同步观测. 自然科学进展,**11**(9):954-959.
杜华栋,黄思训,方涵先,等. 2010. 星基大气探测资料信息容量研究. 物理学报,**59**(1):683-691.
杜晓勇,符养,郭粤宁,等. 2012. 国际 GNSS-LEO 掩星探测的最新进展及未来的发展趋势. 第二十五届全国空间探测学术研讨会摘要集.
冯士筰,李凤岐,李少菁. 1999. 海洋科学导论. 北京:高等教育出版社.
古红萍,等. 2008. 边界层风廓线雷达资料在北京夏季强降水天气分析中的应用. 气象科技,**36**(3):300-306.
顾映欣,陶祖钰. 1991. UHF 多普勒风廓线雷达资料的初步分析和应用. 气象,**17**(1):29-34.
官莉. 2007. 星载红外高光谱资料的应用. 北京:气象出版社.
郭恩铭. 1989. 航空云图. 北京:科学出版社:1-233.
国家技术监督局计量司. 1990. 国际温标宣贯手册. 北京:中国计量出版社:232.

国家质量技术监督局.2000.质量管理体系标准:GB/T 19001—2000.北京:中国标准出版社.
何建新.2002.现代天气雷达.北京:电子科技大学出版社.
何金海,王振会,银燕,等译.2008.大气科学.北京:科学出版社;504.
何平.2006.相控阵风廓线雷达.北京:气象出版社.
胡明宝.2007.天气雷达探测与应用.北京:气象出版社;389.
胡玉峰.2004.自动气象站原理与测量方法.北京:气象出版社;55-65.
黄伟,张沛源,葛润生.2002.风廓线雷达估测雨滴谱参数.气象科技,30(6):334-340.
惠世德.1994.空中电场传感器.中国空间科学技术,4:41-43.
贾朋群,胡英,王金星.2004.民用航空气象观测综述.气象科技,32(4):213-218.
江源,刘黎平,庄薇.2008.新一代天气雷达(SA)地物回波统计特征及地物识别方法的改进.中国气象学会雷达气象学委员会第三届学术年会文集.
蒋虎,王小亚,余金培,等.2008.GPS无线电掩星技术监测地球大气关键技术,全球定位系统,33(5):16-18.
金莲姬,牛生杰,成亚萍.2003.测温传感器响应特性及其在资料同化中的应用,南京气象学院学报,26(4):481-488.
李晨光,刘淑媛,陶祖钰.2003.华南暴雨试验期间香港风廓线雷达资料的评估.热带气象学报,19(3):269-276.
李家瑞.1994.气象传感器教程.北京:气象出版社.
李英干,范金鹏.1987.湿度测量.北京:气象出版社.
梁谷,等.2007.机载微波辐射计云中含水量的探测.高原气象,26(5):1105-1111.
廖国男.2004.大气辐射导论:第2版.郭彩丽,周诗健,译.北京:气象出版社.
林晔,王庆安,顾松山,等.1993.大气探测学教程.北京:气象出版社.
刘朝顺,吕达仁,杜秉玉.2006.地基遥感大气水汽总量和云液态水总量的研究.南京气象学院学报,29(5):606-612.
刘娜,任芝花,余予.2015.直接辐射表与日照计观测日照时数的差异评估.气象,41(1):68-75.
陆忠汉,金志兴,等.1986.气象仪器手册.湖南:湖南科学技术出版社.
陆忠汉,等.1984.实用气象手册.上海:上海辞书出版社.
马舒庆,汪改,潘毅.1997.微型无人驾驶飞机探空初步试验研究.南京气象学院学报,20(2):171-177.
马舒庆,汪改,潘毅,等.1999.微型探空飞机解析测风方法.大气科学,23(3):377-384.
马舒庆,郑国光,汪改,等.2006.一种人工影响天气微型无人驾驶飞机及初步试验.地球科学进展,21(5):545-550.
邱金桓,陈洪滨.2005.大气物理与大气探测学.北京:气象出版社.
沈法华,王忠纯,刘成林,等.2010.米氏散射多普勒激光雷达探测大气风场.光学学报,30(6):1537-1541.
舒宁.2000.微波遥感原理.武汉:武汉大学出版社.
宋淑丽.2004.地基GPS网对水汽三维分布的监测及其在气象学中的应用.中国科学院研究生院.

参考文献

孙波,何茂兵,张鹏,等.2003.天山1号冰川厚度和冰下地形探测与冰储量分析.极地研究.
孙慧洁.1994.能见度测量仪器综述.气象水文海洋仪器,(1):32-40.
孙学金,王晓蕾,李浩,等.2010.大气探测学.北京:气象出版社.
孙学金等.2009.大气探测学.北京:气象出版社.
谭海涛,王贞龄,余品伦,等.1986.地面气象观测.北京:气象出版社.
陶善昌,周秀骥.1992.闪电单站定位——仪器、方法及现场试验.科学通报,21:1970-1973.
王炳忠,王庚辰,刘广仁,等.2001.地球辐射表的研制(Ⅱ):性能比较测试研究.太阳能学报,22(1),46-52.
王庚辰.2000.气象和大气环境要素观测与分析.北京:中国标准出版社.
王海军,杨志彪,杨代才,等.2007.自动气象站实时资料自动质量控制方法及其应用.气象,33(10).
王黎俊,等.2007.地基微波辐射计探测在黄河上游人工增雨中的应用.气象,33(11):28-33.
王晓英.2013.地基GNSS技术层析对流层水汽若干关键技术研究.南京信息工程大学博士学位论文.
王也英,符养,杜晓勇,等.2009.全球GNSS掩星计划进展.气象科技,37(1):74-78.
王毅.2006.国际新一代对地观测系统的发展及其主要应用.北京:气象出版社.
王珍媛,顾铮.2007.光学湿度传感器.激光与光电子学进展,(11):41-46.
王振会.2001.TRMM卫星测雨雷达及其应用研究综述.气象科学,21(4):491-500.
王振会,等.2011.大气探测学.北京:气象出版社.
王振占,等.2008.全极化微波辐射计遥感海面风场的关键技术和科学问题.中国工程科学,10(6):76-86.
吴晓庆,饶瑞中.2004.湿度起伏对可见光波段折射率结构常数的影响.光学学报,24(12):1599-1602.
吴永华,胡欢陵,胡顺星,等.2004.瑞利-拉曼散射激光雷达探测大气温度分布.中国激光,31(7):851-856.
郄秀书,吕达仁,陈洪滨,等.2008.大气探测高技术及应用研究进展.大气科学,32(4):867-881.
肖正华,惠世德,肖庆福.1993.电场感应器.仪表技术与传感器,3:9-11.
肖正华,惠世德,张晓燕.1995.空中电场仪.中国空间科学技术,4:67-71.
谢兴生,陶善昌,周秀骥.1999.数字摄像法测量气象能见度.科学通报,44(1):97-100.
严颂华,张训械.2010.基于GNSS-R信号的土壤湿度反演研究.电波科学学报,25(1):8-12.
杨俊贤.2008.基于CAN总线的海洋水文气象自动观测系统的设计.青岛:中国海洋大学.
杨晓武.2009.气溶胶的激光雷达探测和特性分析.南京:南京信息工程大学硕士学位论文.
杨引明,陶祖钰.2003.上海LAP23000边界层风廓线雷达在强对流天气预报中的应用初探.成都信息工程学院学报,18(2):155-160.
尹聪.2011.GNSS-R信号测量海面有效波高的应用.南京:南京信息工程大学硕士论文.
应国玲,周长宝,陈怀迁.1992.微波辐射计.北京:海洋出版社.
岳迎春,胡友健,赵雪莲.2007.利用GPS无线电掩星技术探测大气的探讨.地理空间信息,5(6):

36-38.
张霭琛. 2000. 现代气象观测. 北京:北京大学出版社.
张霭琛. 2015. 现代气象观测:第二版. 北京:北京大学出版社.
张光义,赵玉洁. 2006. 相控阵雷达技术. 北京:电子工业出版社.
张磊,娄淑娟,张蔷. 2006. TP/WVP-3000 微波辐射计简介∥中国气象学会 2006 年年会"人工影响天气作业技术专题研讨会"分会场论文集.
张培昌,杜秉玉,戴铁丕. 2001. 雷达气象学. 北京:气象出版社.
张培昌,王振会. 1995. 大气微波遥感基础. 北京:气象出版社.
张其林,郄秀书,王振会,等. 2008. 地面电导率对地闪回击辐射场传输的影响. 高电压技术,(10):2036-2040.
张人禾,徐祥德. 2008. 中国气候观测系统. 北京:气象出版社.
张文建,周恒,韩通武,等. 2007. 综合气象观测卷,中国气象局.
张文煜,袁九毅. 2007. 大气探测原理与方法. 北京:气象出版社.
张晰莹,金凤岭. 2005. 新一代天气雷达回波图集. 北京:气象出版社.
张勇,等. 2004. 大气廓线综合探测系统及其应用技术. 气象科技,**32**(4):263-268.
张祖荫. 1995. 微波辐射测量技术及应用. 北京:电子工业出版社.
赵柏林,张霭琛. 1987. 大气探测原理. 北京:气象出版社.
赵忠阔,郄秀书,张广庶,等. 2008. 雷暴云内电场探测仪及初步实验结果. 高原气象,**27**(4):881-887.
赵忠阔,郄秀书,张廷龙,等. 2009. 一次单体雷暴云的穿云电场探测及云内电荷结构. 科学通报,**54**(22):3532-3536.
中国气象局. 2003. 地面气象观测规范. 北京:气象出版社.
中国气象局. 2004. 中国云图. 北京:气象出版社:1-302.
中国气象局. 2007. 地面气象观测规范 第 3 部分:气象能见度观测. 北京:气象出版社.
中国气象局. 2011. 气象数据传输文件命名:QX/T 129-2011. 北京:气象出版社.
中国气象局. 2013. 综合气象观测系统发展规划(2014—2020 年). http://www.gov.cn/gzdt/2013-12/02/content_2540371.htm.
中国气象局监测网络司. 1999. 地面气象电码手册. 北京:气象出版社.
中国气象局监测网络司. 2003. 全球大气监测观测指南. 北京:气象出版社.
中国气象局监测网络司. 2005. L 波段(1 型)高空气象探测系统业务操作手册. 北京:气象出版社.
中国气象局监测网络司. 2005. 地面气象测报业务系统软件操作手册. 北京:气象出版社.
中国气象局政策法规司. 2007. 地面气象观测规范 第 4 部分:天气现象观测:QX/T 48-2007. 北京:气象出版社.
中国气象局综合观测司. 2013. 关于做好全国地面气象观测业务调整工作的通知. 气测函〔2013〕321 号文件.
中央气象局. 1976. 高空气象观测手册——高空风观测部分.
中央气象局. 1976. 高空气象观测手册——高空压温观测部分.

参考文献

周诗健. 1984. 大气探测. 北京:气象出版社.
周义炎,吴云,乔学军,等. 2005. GPS 掩星技术和电离层反演. 大地测量与地球动力学,**25**(2): 29-35.
朱炳海,王鹏飞,等. 1985. 气象学辞典. 上海:上海辞书出版社.
朱岗崑. 2000. 自然蒸发的理论及应用. 北京:气象出版社.
庄卫方. 1999. 香港新机场风切变与湍流警报系统简介. 民航经济与技术,(213).
Ahrens C Donald. 2001. Essentials of Meteorology: An Invitation to the Atmosphere, Brooks Cole, 463.
American Meteorological Society. 2000. *Glossary of meteorology*. 2nd. American Meteorological Society, 855 pp.
Armstrong R L. 1976. The application of isotopic profiling snow-gauge data to avalanche research. *Proceedings of the Forty-fourth Annual Western Snow Conference*, Atmospheric Environment Service, Canada, 12-19.
Battan L J. 1973. *Radar Observation of Atmosphere*. University of Chicago Press:324.
Beran D W. 1991. NOAA wind profiler demonstration network. *Proceedings of the Fifth Workshop on Technical and Scientific Aspects of MST Radar*, Aberystwyth, England. 405-410.
Bevis M, Businger S, Herring T A, *et al*. 1992. GPS meteorology: Remote sensing of atmospheric water vapor using the global positioning system. *Journal of Geophysics Research*, **97**(D14): 15787-15801.
Braun J, Rocken C, Ware R. 2001. Validation of single slant water vapor measurements with GPS. *Rad. Sci.*, **36**:459-472.
Bringing V N, Chandrasekar V. 2004. *Polarimetric Doppler Weather Radar*. Cambridge University Press:636. (有对应的中文翻译版:偏振多普勒天气雷达原理和应用. 李忱,张越译. 北京:气象出版社. 2010,435)
Brock F V, Richardson S J. 2001. Meteorological measurement systems. New York: Oxford University Press.
Campbell Scientific, Inc. 2012. LI-7500 CO_2/H_2O Analyzer. Instruction Manual 2012.
Chan P W, Yeung K K. 2003. Experimental extension of the measurement range of a boundary layer wind profiler to about 9 km. http://www.radiometrics.com/ams_05.pdf.
Dommasch D O, Sherby S S, Connolly T F. 1958. *Aiplane Aerodynamics*. New York, Pitman:560.
Doviak J R, Zrnic D S. 1993. *Doppler Radar and Weather Observation*. 2nd Edition. Academic Press:410.
Ecklund W L, Carter D A, Balsley B B. 1988. A UHF wind profiler for the boundary layer: Brief description and initial results. *J. Atmos. Ocean Tech.*, **5**:432-441.
Ecklund W L. 1992. Combined use of 50 MHz and 915MHz wind profilers in the estimation of raindrop size distributions. *Geophys. Res. Lett.*, **19**: 1017-1020.

Elosegui P, Davis J. 2003. Accuracy assessment of GPS slant-path determinations. In: *Proceedings of the International Workshop on GPS Meteorology*. Tsukuba, Japan, 14-17.

Eresmaa R, Jarvinen H. 2006. An Observation operator for ground based GPS slant delays. *Tellus A*, **58**(1):131-140.

Erin H Lay, Robert H Holzworth, Craig J Rodger, et al. 2004. WWLLN global lightning detection system: Regional validation study in Brazil. *Geophys Res Lett*, **31**, L03102, doi:10.1029/2003GL018882.

Fernald F G. 1984. Analysis of atmospheric lidar observation: some comments. *Appl. Opt.*, **23**: 6524-653.

Fleming R J, Hills A J. 1993. Humidity profiles via commercial aircraft. *Proceedings of the Eighth Symposium on Meteorological Observations and Instrumentation*. Anaheim, California: J 125-J129.

Franklin J L, Black M, Valde K. 2003. GPS dropwindsonde wind profiles in hurricanes and their operational implications. *Wea. Forecasting*, **18**:32-44.

Gage K S, McAfee J R, Reid G C. 1992. Diurnal variation in vertical motion over the central equatorial Pacific from VHF wind profiling Doppler radar observations at Christmas Island($2°N$, $157°W$). *Geophys. Res. Lett.*, **19**:1827-1830.

Gallagher F W. 1989. *The next generation of sensors of ASOS*. Instruments and Observing Methods Report No. 35. WMO/TD-No.303, 105-109.

Gaumet J L, Salomon P, Paillisse R. 1991. Automatic observations of the state of the soil for meteorological applications. *Preprints of the Seventh Symposium on Meteorological Observations and Instrumentation: Special Sessions on Laser Atmospheric Studies*. American Meteorological Society (New Orleans, 14—18 January 1991), J191-J193.

Gaumet J L, Salomon P, Paillisse R. 1991. Present weather determination by an optical method. *Preprints of the Seventh Symposium on Meteorological Observations and Instrumentation: Special Sessions on Laser Atmospheric Studies*. American Meteorological Society (New Orleans, 14-18 January 1991), 327-331.

GEO. 2015. http://earthobservations.org/index.php.

Goodison B E, et al. 1988. The Canadian automatic snow depth sensor: a performance update. *Proceedings of the Fifth-sixth Annual Western Snow Conference*. Atmospheric Environment Service, Canada, 178-181.

Harrison G. 2014. *Meteorological Measurements and Instrumentation*. John Wiley & Sons.

Holland G J, McGeer T, Youngren H. 1992. The autonomous aerosonde for economical atmospheric soundings anywhere on the globe. *Bulletin of the American Meteorological Society*, **73**:1987-1998.

Holland G J. 2002. Tropical cyclone reconnaissance using Aerosonde UAV. *WMO Bull.*, **51**: 235-246.

International Civil Aviation Organization. 1964. *Manual of the ICAO Standard Atmosphere*. Second edition, Doc. 7488, Montreal.

Kawasaki Z, Mardiana R. 2000. Ushio Tomoo Broadband and narrowband RF interferometers for lightning observation. *Geophys Res Lett*, **27**(19): 3189-3192.

Kongoli C, Pellegrino P, Ferraro R, et al. 2003. A new snowfall detection algorithm overland using measurements from the Advanced Microwave Sounding Unit (AMSU). *Geophys. Res. Lett.*, **30**: 1756-1759.

Krehbiel P R, Brook M, McCrog R A. 1979. An analysis of the charge structure of lightning discharge to ground. *J. Geophys. Res.*, **84**: 2432-2456.

Krider R P, Noggle, Uman M A. 1976. A gated, wide—band magnetic direction finder for lightning return stroke. *J Appl Meteor*, **15**: 301-306.

Larson K M, Small E E, Braun J J, et al. 2014. Environmental Sensing: A Revolution in GNSS Applications. www. insidegnss. com, July/August, 36-46.

Lawson R P, Cooprt W A. 1990. Perfomance of some airborne thermometers in clouds. *Journal of Atmospheric and Ocean Technolgy*, **7**: 480-494.

Leroy M, Bellevaux C, Jacob J P. 1998. *WMO intercomparison of present weather sensors/systems : Canada and France*, 1993—1995: *final report*. Instruments and observing methods report, 169.

Lin Po-hsiung, Lee Cheng-shang. 2008. The eyewall-penetration reconnaissance observation of typhoon Longwang (2005) with Unmanned Aerial Vehicle, Aerosonde. *Journal of atmospheric and oceanic technology*, 10.1175/2007jtecha914. **1**: 15-25.

Lorenz D, Wendling P. 1996. The chopped pyrgeometer: A New Step in Pyrgeometry. *J. of Atmos. and Oceanic*, **13**: 114-125.

Mach D M, Macgorman D R, Rust W D, Arnold R T. 1986. Site errors and direction efficiency in a magnetic direction finder network for location lightning strikes to ground. *J. Atmos. Oceanic Technol*, **3**: 67-74.

Machol J L, Ayers T, Schwenz K T, et al. 2004. Preliminary measurements with an automated compact differential absorption lidar for the profiling of water vapor. *Appl. Opt.*, **43**: 3110-3121.

Manabu K. 2001. GPS Meteorology: Ground-Based and Space-Borne Applications. Proceedings of GPS meteorology. Tsukuba, Japan, 3-12.

Mezösi M, Simon A, Hanák P, Szenn O. 1985. *Algorithms for automatic coding of the present and past weather by unmanned meteorological station*. Instruments and Observing Methods Report No. 22, WMO/TD-No. 50, 255-259.

Moteki Qoosaku, Ryuichi Shirooka, Kunio Yoneyama, et al. 2007. The impact of the assimilation of dropsonde observations during PALAU2005 in ALERA. *SOLA*, **3**: 97-100, doi: 10.2151/sola.

Nash J. 1994. Upper wind observing systems used for meteorological operations. *Annales Geo-*

physicae, **12**: 691-710.

Peltier. 1834. Nouvelles expériences surla caloricité des courants électrique. New experiments on the heat effects of electric currents. *Annales de Chimie et de Physique*, 56:371-386.

Proctor D E, Meredith B M. 1988. VHF radio pictures of lightning flashes to ground. *J Geophys Res*, **93**:12683-12727.

Richard P, Auffray G. 1985. VHF—UHF interferometric measurements, applications to lightning discharge mapping. *Radio Science*,(2):171-192.

Richard P, Delannoy A, Labaune G, et al. 1986. Results of spatial and temporal characterization of the VHF—UHF radiation of lightning. *J Geophys Res*,**91**. D1:1248-1260.

Rinehart R E. 1983. Out-of level instruments: errors in hydrometeor spectra and precipitation measurements. *Journal of Climate and Applied Meteorology*, **22**:1404-1415.

Rittersma Z M, Rittersma Z M. 2002. Recent achievements in miniaturised humidity sensors-a review of transduction techniques. *Sensors & Actuators A Physical*,**96**:196-210(15).

Rius A, Ruffini G, Romeo A. 1998. Analysis of ionospheric electron density distribution from GPS/MET occulations. *IEEE transactions on Geoscience and Remote Sensing*: 1-27.

Rocken C, Ware R, Van Hove T,et al. 1993. Sensing atmospheric water vapor with the Global Positioning System. *Geophys. Res. Lett.*, (20):2631-2634.

Rodi A R, Spyers-Duran P A. 1972. Analysis of time response of airborne temperature sensors. *Journal of Applied Meteorology*, **11**:554-556.

Rogers R, Coauthors. 2006. The intensity forecasting experiment: A NOAA multiyear field program for improving tropical cyclone intensity forecasts. *Bull. Amer. Meteor. Soc.*, **87**: 1523-1537.

Ronald J Thomas, Paul R Krehbiel, William Rison, et al. 2004. Accuracy of the Lightning Mapping Array. *J Geophys Res*, **109**(D14207), doi:10.1029/2004JD004549.

Sevruk B. 1984. Comments on "Out-of-level instruments: errors in hydrometeor spectra and precipitation measurements." *Journal of Climate and Applied Meteorology*, **23**:988-989.

Sevruk B, Zahlavova L. 1994. Classification system of precipitation gauge site exposure: evaluation and application. *Int. J. of Climatology*, **14**: 681

Shao X M. 1993. *The Development and Structure of Lightning Discharges Observed by VHF Radio Interferometer*. Dissertation for the Doctoral Degree. Socorro: New Mexico Institute of Mining and Technology, 19109.

Shao X M, Holden D N, Rhodes C T. 1996. Broad band radio interferometry for lightning observations. *Geophys Res Lett*, **23**(15): 1917-1920.

Sherman D J. 1985. *The Australian implementation of AMDAR/ACARS and the use of derived equivalent gust velocity as a turbulence indicator*. Structures Report No. 418, Department of Defence, Defence Science and Technology Organistion, Aeronautical Research Laboratories, Melboume, Victoria.

Solheim F S, Godwin J R, Westwater E R, et al. 1998. Radiometric profiling of temperature, water vapor,and cloud liquid water using various inversion methods. *Radio Sci.*, **33**: 393-404.

Starr K M, van Cauwenberghe R. 1991. The development of a freezing rain sensor for automated surface observing systems. *Preprints of the Seventh Symposium on Meteorological Observations and Instrumentation: Special Sessions on Laser Atmospheric Studies.* American Meteorological Society (New Orleans, 13-18 January 1991), 338-343.

Stickland J J. 1991. *Comparisons of AMDAR and Balloon Soundings.* Bureau of Meteorology, Australia (unpublished).

Takashi Shibata, Masahide Kobuchi, Mitsuo Maeda. 1986. Measurements of density and temperature profiles in the middle atmosphere with a XeF lidar. *Appl. Opt*, **25**:685-688.

Taylor D L, Landot D, Ligler G T. 1990. Automated meteorological reports. *Proceedings of the Aeronautical Telecommunications Symposium on Data Link Integration*, Annapoeia, Maryland: 141-144.

Taylor W L. 1978. A VHF technique for space-time mapping of lightning discharge processes. *J. Geophys. Res.*, **83**(C7):3575-3583.

Van der Meulen J P. 2003. Present Weathe—Science: Exploratory Actions on Automatic Present Weather Observations. Final Report, E-PWS-SCI, KNMI, de Bilt, Netherlands, EUMETNET 2003, http://www.knmi.nl/~samenw/geoss/eumetnet/E-PWSSci/report/PWS—Sci_final_report.pdf.

Wait J R. 1970. *Electromagnetic Waves in Stratified Media.* Pergamon Press, New York. 132-193.

Wallace J M, Hobbs P V. 2006. *Atmospheric Sciences.* Second Edition. Elsevier Inc. 483.

Walther H. 2005. Lidar: Range-Resolution Optical Remote Sensing of the Atmosphere. *Springer*, 3-5.

Ware R, Solheim F, Carpenter R J. et al. 2003. A multi-channel radiometric profiler of temperature,humidity and cloud liquid. *Radio Sci.*, **38**(4):8079.

Wells V E, et al. 1990. Migration of ACARS to the Aeronautical Telecommunication Network. *Proceedings of the Aeronautical Telecommnications Symposium on Data Link Integration*, Annapolis, Maryland: 209-216.

Weng F, Coauthors. 2005. NOAA operational hydrological products derived from the Advanced Microwave Sounding Unit (AMSU). *IEEE Trans. Geosci. Remote Sens.*, **43**:1036-1049.

Weng F, Grody N C, Zhao L. 2000. Precipitation characteristics over land from the NOAA-15 AMSU sensor. *Geophys. Res. Lett.*, **27**: 2669-2672.

White A B, Gottas D J, Strem E T, et al. 2002. An automated brightband height detection algorithm for use with Doppler radar spectral moments. *J. Atmos. Ocean. Tech.*, **19**:687-697.

Wiggins W L, Sheppard B E. 1991. Field test results on a precipitation occurrence and identification sensor. *Preprints of the Seventh Symposium on Meteorological Observations and Instru-*

mentation: *Special Sessions on Laser Atmospheric Studies*. American Meteorological Society (New Orleans, 13-18 January 1991), 348-351.

WMO-No. 8. 2008. *Guide to Meteorological Instruments and Methods of Observation*. Seventh edition.

World Meteorological Organization. 1981. *Manual on the Global Observing System*. Secretariat of the World Meteorological Organization, WMO-No. 544.

World Meteorological Organization. 1992. Development of the aircraft to satellite data relay (ASDAR) system (D. J. Painting). *WMO Technical Conference on Instruments and Methods of Observation* (*TECO*-92), Instruments and Observing Methods Report No. 49, WMO/TD-No. 462, Geneva:113-117.

World Meteorological Organization. 1992. *Snow Cover Measurements and Areal Assessment of Precipitation and Soil Moisture* (B. Sevruk, ed.). Operational Hydrology Report No. 35, WMO-No. 749, Geneva.

World Meteorological Organization. 1994. *Guide to Hydrological Practices*. Fifth edition. WMO-No. 168, Geneva.

World Meteorological Organization. 1995. *Manual on codes. Volumns I.1 and I.2*. Secretariat of the World Meteorological Organization, WMO-No. 306.

World Meteorological Organization. 2003. *Manual on the Global Observing System*. Secretariat of the World Meteorological Organization, 2 v. in 1, WMO-No. 544.

World Meteorological Organization. 2008. *Guide to meteorological instruments and methods of observation*. 7th ed. Secretariat of the World Meteorological Organization.

Young G J. 1976. A portable profiling snow-gauge: results of field tests on glaciers. *Proceedings of the Forty-fourth Annual Western Snow Conference*, Atmospheric Environment Service, Canada, 7-11.

附　录

附录 A　气象观测工作中通常使用的单位

(1) 气压用百帕(hPa);
(2) 温度用摄氏度(℃);
(3) 风速用米/秒(m/s);
(4) 风向用度(°),由北按顺时针旋转;
(5) 相对湿度用百分数(%);
(6) 降水用毫米(mm);
(7) 蒸发用毫米(mm);
(8) 能见度用米(m)和千米(km);
(9) 辐照度用瓦/米^2(W/m^2),辐照量用焦耳/米^2(J/m^2);
(10) 日照时数用小时(h);
(11) 云高用米(m);
(12) 云量用 1/8(我国用 1/10)。

附录 B　气象业务对仪器准确度等性能的要求

(1) 变量	(2) 仪器量程	(3) 报告的分辨率	(4) 观测/测量方式	(5) 业务要求的准确度	(6) 传感器时间常数	(7) 输出的平均时间
1. 温度						
1.1 气温	−60～+60℃	0.1 K	I	±0.1 K	20 s	1 min
1.2 气温极值	−60～+60℃	0.1 K	I	±0.5 K	20 s	1 min
1.3 海面温度	−2～+40℃	0.1 K	I	±0.1 K	20 s	1 min
2. 湿度						
2.1 露点温度	<−60～+35℃	0.1 K	I	±0.5 K	20 s	1 min
2.2 相对湿度	5%～100%	1%	I	±3%	20 s;40 s	1 min

续表

(1) 变量	(2) 仪器量程	(3) 报告的 分辨率	(4) 观测/测 量方式	(5) 业务要求的准确度	(6) 传感器 时间常数	(7) 输出的 平均时间
3. 大气压						
3.1 气压	920~1080 hPa	0.1 hPa	I	±0.1 hPa	20 s	1 min
3.2 气压倾向		0.1 hPa	I	±0.2 hPa		
4. 云						
4.1 云量	0~8/8(中国 10/10)	1/8	I	±1/8	不受影响	
4.2 云底高度	<30 m~30 km	30 m	I	±10 m,≤100 m 时； ±10%,>100 m 时	不受影响	
5. 风						
5.1 风速	0~75 m/s	0.5 m/s	A	±0.5 m/s,≤5 m/s 时；±10%,>5 m/s 时	距离常数 2~5 m	2 min 和/或 10 min
5.2 风向	0~360°	10°	A	10°	1 s	2 min 和/或 10 min
5.3 阵风	0~75 m/s	0.5 m/s	A	±10%		3 s
6. 降水						
6.1 降水量	0~>400 mm	0.1 mm	T	±0.1 mm,≤5 mm 时； ±2%,>5 mm 时；	不受影响	不受影响
6.2 雪深	0~10 m	1 cm	A	±1 cm,≤20 cm 时； ±5%,>20 cm 时；		
6.3 船上的积冰厚度		1 cm	I	±1 cm,≤10 cm 时； ±10%,>10 cm 时；		
7. 辐射						
7.1 日照时数	0~24 h	0.1 h	T	±0.1 h	20 s	不受影响
7.2 净辐射		1 MJ/(m²·d)	T	±0.4 MJ/(m²·d)在≤8 MJ/(m²·d)时； ±0.5%在>8 MJ/(m²·d)时	20 s	不受影响

续表

(1) 变量	(2) 仪器量程	(3) 报告的分辨率	(4) 观测/测量方式	(5) 业务要求的准确度	(6) 传感器时间常数	(7) 输出的平均时间
8. 能见度 8.1 气象光学视程	<50 m～70 km	50 m	I A	±50 m,≤500 m 时;±10%,>500 m 时		3 min
8.2 跑道视程	50 m～1500 m	25 m		±25 m,≤150 m 时;±50 m,>150～≤500 m 时;±100 m,>500～≤1000 m 时;±200 m,>1000 m 时		1 min 和 10 min
9. 波浪 9.1 波高	0～30 m	0.1 m	A	±0.5 m,≤5 m 时;±10%,>5 m 时	0.5 s	20 min
9.2 波浪周期	0～100 s	1 s	A	±0.5 s	0.5 s	20 min
9.3 波浪方向	0～360°	10°	A	±10°	0.5 s	20 min
10. 蒸发 10.1 蒸发皿的蒸发量	0～10 mm	0.1 mm	T	±0.1 mm,≤5 mm 时;±2%,>5 mm 时		

注:在第 4 列中,I 表示瞬时值,但为了排除自然的小尺度变率与噪声,1 分钟的平均可作为最小的和最合适的要求,高至 10 分钟的平均也可以接受。A 表示平均值,在一个固定时间间隔内的平均值。T 表示总量,在一个固定时间间隔内的总量。

附录 C 全球资料处理系统对三维场和地面场观测资料的要求

(1) 三维场

变量	水平分辨率 (km)	垂直分辨率 (km)	时间分辨率 (h)	准确度 (RMS 误差)
风(水平的)	100	0.1～2 0.5～16 2.0～30	3	在对流层中 2 m/s 在平流层中 3 m/s
温度(T)	100	0.1～2 0.5～16 2.0～30	3	在对流层中 0.5 K 在平流层中 1 K
相对湿度(RH)	100	0.1～2.0 0.5 直到对流层顶	3	5%(RH)

(2)地面场

变量	水平分辨率（km）	时间分辨率	准确度（RMS 误差）
气压	100	1 h	0.5 hPa
风	100	1 h	2 m/s
温度	100	1 h	1 K
相对湿度	100	1 h	5%
累积降水	100	1 h	0.1 mm
海面温度	100	1 d	0.5 K
土壤温度	100	3 h	0.5 K
海冰覆盖	100	1 d	10%
积雪	100	1 d	10%
相当水深的雪量	100	1 d	5 mm
土壤湿度,0~10 cm	100	1 d	0.02 m³/m³
土壤湿度,10~100 cm	100	1 week	0.02 m³/m³
植被比率	100	1 week	10%（相对的）
土壤温度 20 cm	100	6 h	0.5 K
深层土壤温度,100 cm	100	1 d	0.5 K
反照率,可见光	100	1 d	1%
反照率,近红外	100	1 d	1%
长波比辐射率	100	1 d	1%
海上波高	100	1 h	0.5 m

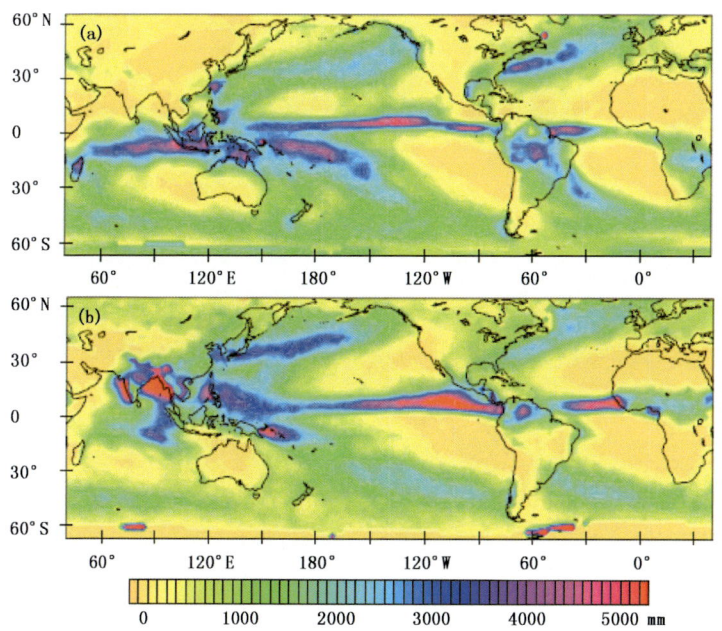

图 0.6 气候平均的降水分布图(a)1月;(b)7月

(Wallace 和 Hobbs,2006)

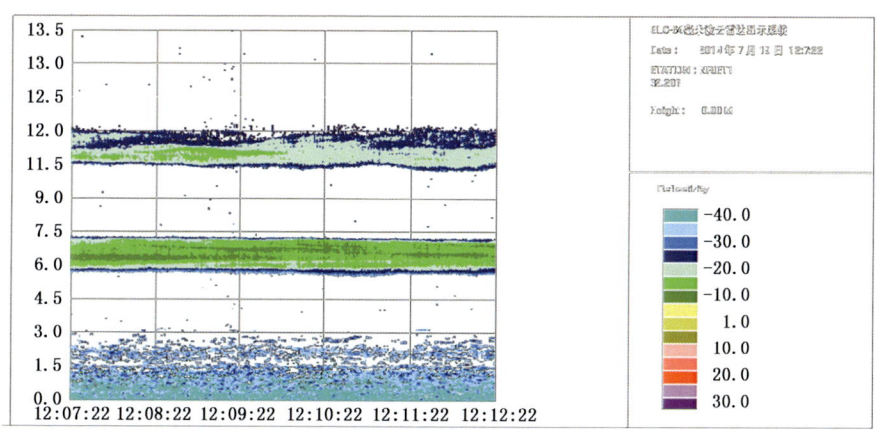

图 15.10 2014 年 7 月 19 日 12:07:22 的两层云回波(地点:南京信息工程大学)

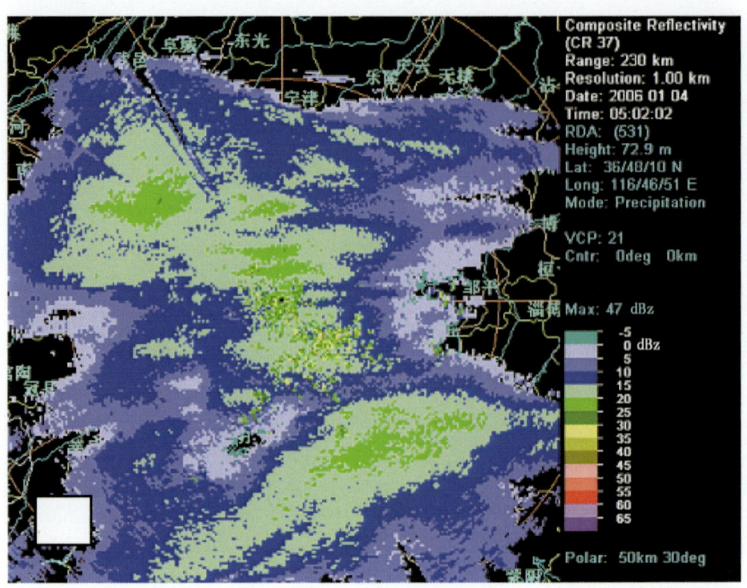

图 15.12　降雪的强度回波(2006 年 1 月 4 日 05:02,山东济南)

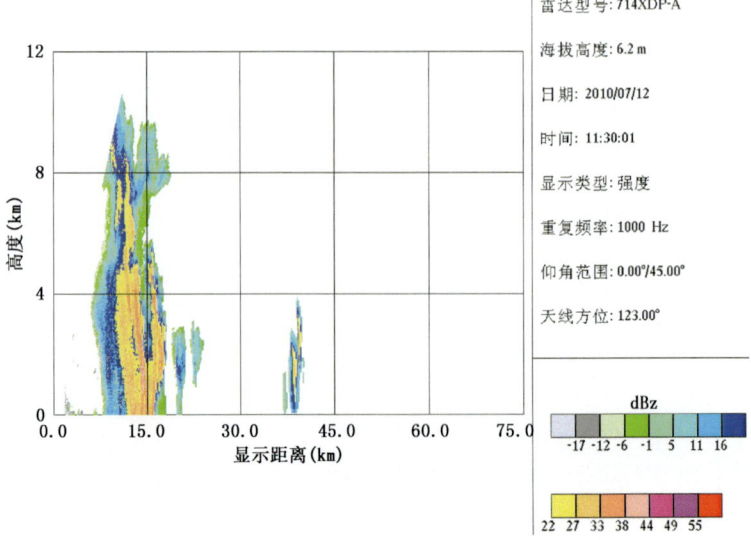

图 15.14　对流单体的 RHI 图像(2010 年 7 月 12 日中午,广东阳江)

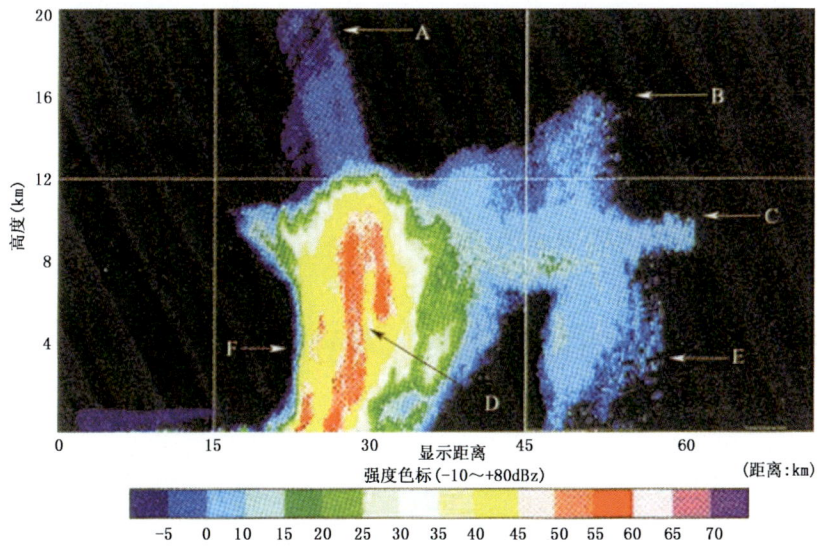

图 15.16　冰雹回波图像

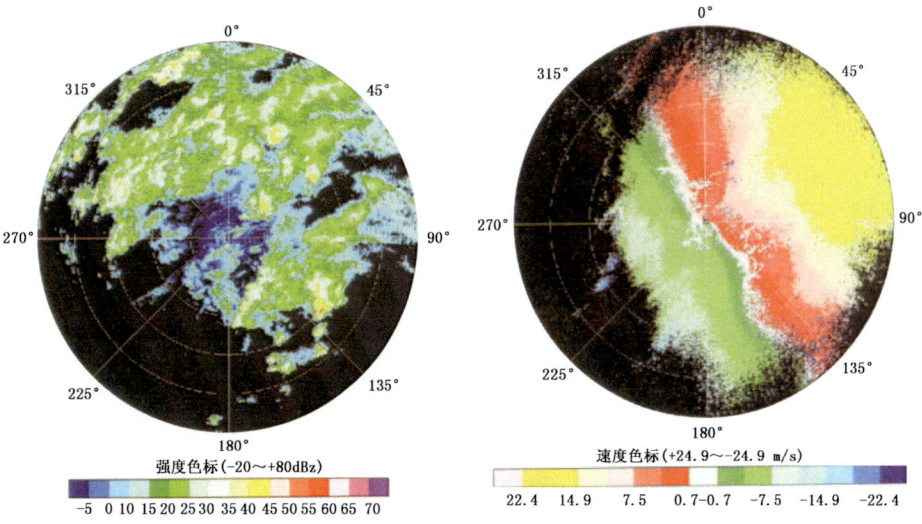

图 15.17　一次混合型降水的回波图像　　　　图 15.22　径向速度图

3

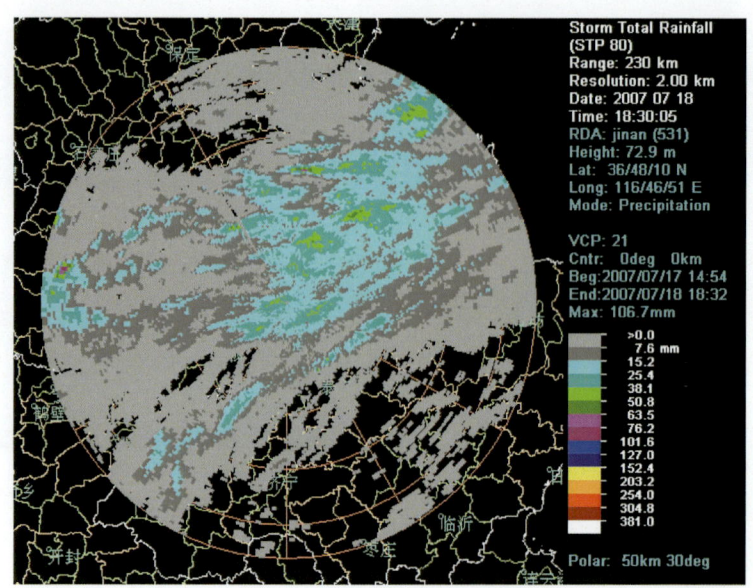

图 15.23 雷达测量的过程总降雨量

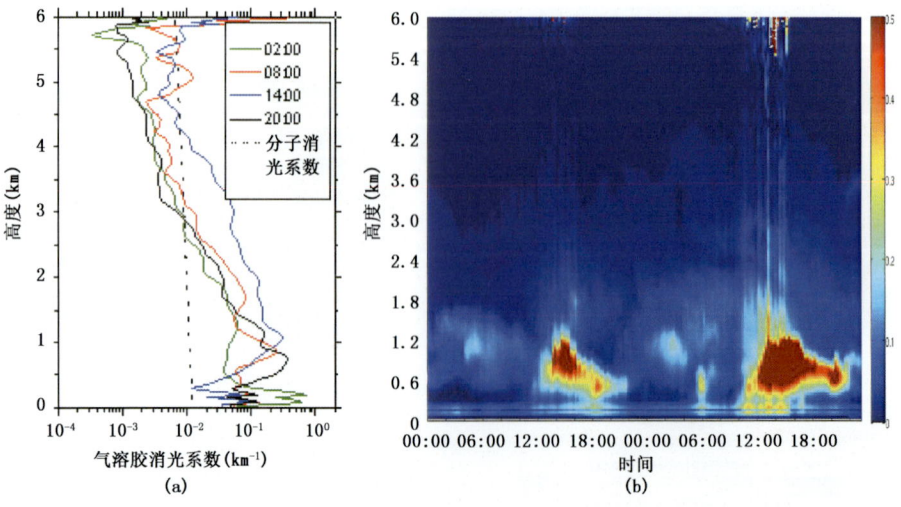

图 16.2 上海浦东 MPL 激光雷达气溶胶消光系数测量结果
(a) 2008 年 7 月各观测时次日平均廓线;(b) 2008 年 12 月 1—2 日廓线时序图

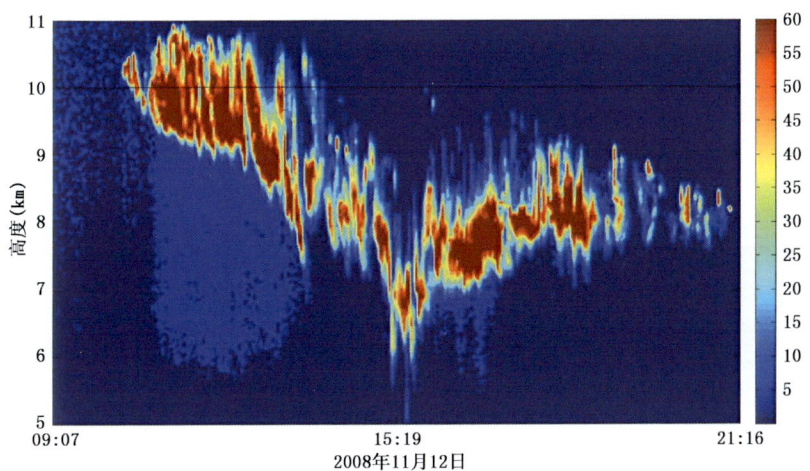

图 16.10 激光云高仪监测到的卷云云高变化过程

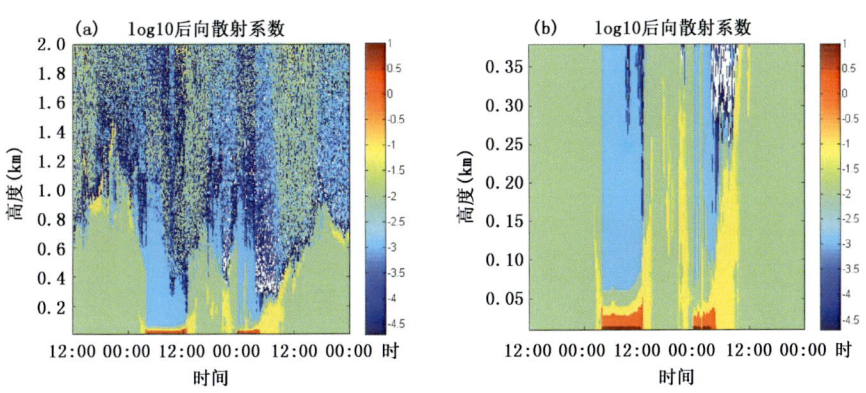

图 16.11 2013 年 1 月 13 至 15 日南京北郊气溶胶后向散射系数时序图(a)及局部放大图(b)

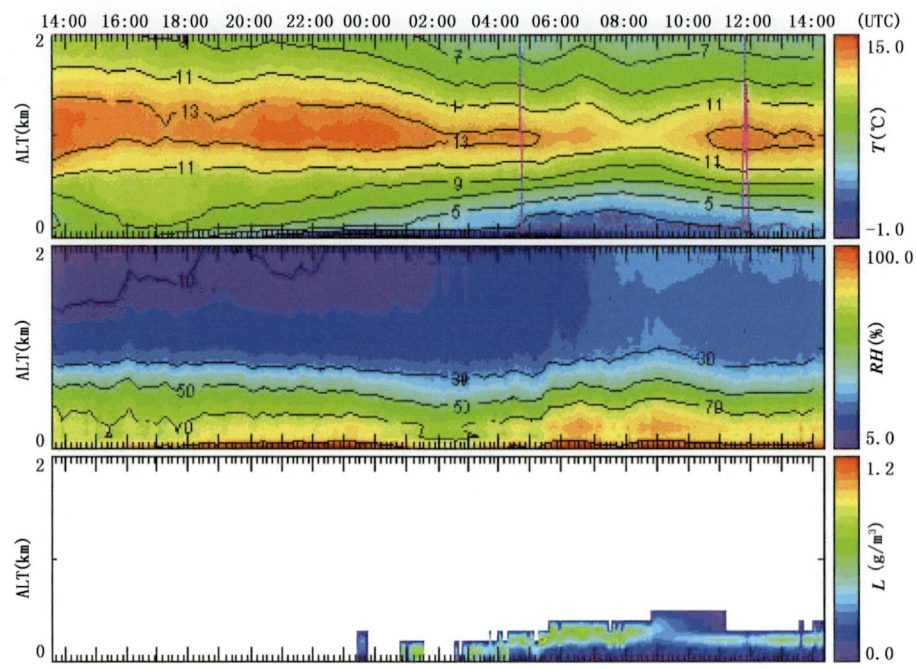

图 18.6 2003 年 11 月 5 日 14:00 至 6 日 14:00 TP-WVP3000 微波辐射计观测的温度(T)、相对湿度(RH)和液水含量(L)随高度(0～2 km)的分布

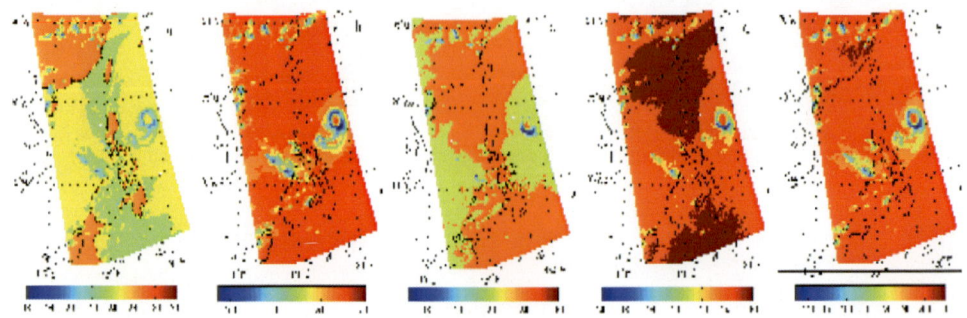

图 18.8 NOAA-16/AMSU-B 2004 年 6 月 27 日 06:05UTC 5 通道微波亮温度。通道频率从左向右依次为:89 GHz,150 GHz,(183.3±1)GHz,(183.3±3)GHz,(183.3±7)GHz